Software Defined Radio-Systeme für die Telemetrie

Albert Heuberger · Eberhard Gamm

Software Defined Radio-Systeme für die Telemetrie

Aufbau und Funktionsweise von der Antenne bis zum Bit-Ausgang

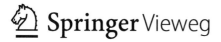

Albert Heuberger
Fraunhofer-Institut für Integrierte
Schaltungen IIS
Erlangen
Deutschland

Eberhard Gamm
Ebermannstadt
Bayern
Deutschland

Die Darstellung von manchen Formeln und Strukturelementen war in einigen elektronischen Aus-
gaben nicht korrekt, dies ist nun korrigiert. Wir bitten damit verbundene Unannehmlichkeiten zu
entschuldigen und danken den Lesern für Hinweise.

ISBN 978-3-662-53233-1   ISBN 978-3-662-53234-8 (eBook)
DOI 10.1007/978-3-662-53234-8

Die Deutsche Nationalbibliothek verzeichnet diese Publikation in der Deutschen National-bibliografie; detail-
lierte bibliografische Daten sind im Internet über http://dnb.d-nb.de abrufbar.

Springer Vieweg

Gedruckt auf säurefreiem und chlorfrei gebleichtem Papier

Springer Vieweg ist Teil von Springer Nature
Die eingetragene Gesellschaft ist Springer-Verlag GmbH Deutschland
Die Anschrift der Gesellschaft ist: Heidelberger Platz 3, 14197 Berlin, Germany

Vorwort

Software Defined Radios (SDR) gewinnen zunehmend an Bedeutung, vor allem in Bereichen, in denen der Einsatz von speziellen Hardware-Lösungen aus Kostengründen nicht möglich ist. Zu diesen Bereichen gehört auch die *Funktelemetrie*, auf die das vorliegende Buch in erster Linie abhebt. Aufgabe von Telemetrie-Systemen ist das Einsammeln von Sensordaten, z. B. von Strom-, Gas- und Wasserzählern oder *Umweltsensoren* für Wind, Regen und Emissionen. Diese mehr oder weniger intelligenten Sensoren werden auch als *Smart Sensors* bezeichnet. In diesem Bereich werden in den Sensoren häufig spezielle Hardware-Lösungen eingesetzt – das ist aufgrund der hohen Stückzahlen *möglich* und aufgrund der Stromversorgung mit Knopfzellen auch *nötig* –, während die zugehörigen Basisstationen als *Software Defined Radios* ausgeführt werden. Dies führt zu Verhältnissen, wie sie aus der Mobilkommunikation bekannt sind. Allerdings sind die Datenübertragungsraten in der Regel etwa um den Faktor 1000 geringer.

Während sich im Bereich der Mobilkommunikation und im Bereich des stationären, drahtlosen Internetzugangs mit GSM, UMTS/LTE und IEEE 802.11 (WLAN) bereits internationale Standards durchgesetzt haben, wird eine entsprechende Standardisierung von Funktelemetrie-Systemen zur Zeit (2016) gerade in Angriff genommen. Mobilkommunikations- und die WLAN-Anbieter versuchen, diesen Bereich zu besetzen.

Wie in der Mobilkommunikation kommt den Basisstationen auch in Telemetrie-Systemen eine zentrale Rolle zu, die eine Ausführung als *Software Defined Radio* nahelegt. Es ist nämlich zu erwarten, dass sich mehrere Standards entwickeln und anschließend auch weiterentwickeln werden, so dass die Basisstationen mehrere, zum Zeitpunkt ihrer Installation eventuell noch nicht bekannte Funkübertragungsprotokolle beherrschen sollten. Dies lässt sich unter der Voraussetzung, dass eine entsprechende Rechenleistung vorhanden ist, als *Software Update* realisieren. Im Falle einer erforderlichen Erhöhung der Rechenleistung könnten Basisstationen mit austauschbarem Prozessor-Modul eine kostengünstigere Lösung bieten als der Komplett-Tausch. Hier bleibt die technische Entwicklung abzuwarten.

Software Defined Radio-Systeme stellen in ihrer Gesamtheit ein interdisziplinäres Feld dar, das von der Antennenentwicklung bis zur Schnittstelle für die Nutzerdaten reicht. Dies umfasst in erster Linie die Fachgebiete *Hochfrequenztechnik*, *technische Elektronik*, *digitale Signalverarbeitung* und *Nachrichtentechnik*, aber auch die Fachgebiete *Regelungstechnik*, *Embeded Systems*, *Signalprozessoren* und *Programmierung*. Die Vorlesung *Kommunikationselektronik*, aus der dieses Buch hervorgegangen ist, trägt deshalb auch den Untertitel *Von der Antenne bis zum Bit-Ausgang*.

Die Interdisziplinarität bringt es mit sich, dass die erforderlichen Kenntnisse im Curriculum der universitären Ausbildung über zahlreiche verschiedene Vorlesungen verstreut sind und nur selten *kohärent* vermittelt werden. Diese Lücke versucht das vorliegende Buch zu schließen. Darüber hinaus gibt es einige Teilbereiche, die in der universitären Ausbildung nur unzureichend abgedeckt werden. Dazu gehört vor allem der Teilbereich Abtastraten-Konversion und Abtastraten-Regelung, aber auch der Teilbereich Präambel-Korrelation und Präambel-Detektion bei Paket-Sendungen. Diese Teilbereiche bilden die Schwerpunkte des Buchs.

Für die universitäre Ausbildung, aber auch für das Selbststudium, ist die praktische Anwendung für das Verständnis von zentraler Bedeutung. Etwas überspitzt könnte man sagen: *Was man nicht selbst programmiert hat, hat man auch nicht verstanden*. Wir versuchen dem mit zwei Maßnahmen gerecht zu werden. Zum einen machen wir umfangreichen Gebrauch von *MathWorks Matlab* bzw. dem Open-Source-Äquivalent *GNU Octave*, und zwar nicht nur in separaten Beispielen, sondern auch im Zusammenhang mit sämtlichen Abbildungen von Signalverläufen, Spektren und Kurven jeglicher Art, die allesamt mit *Matlab/Octave*-Skripten erzeugt wurden, die über die begleitende Web-Seite `www.sdr-ke.de` zum Download angeboten werden. Wir haben dabei darauf geachtet, dass die Skripten sowohl unter *Matlab* als auch unter *Octave* verwendet werden können. Für spezielle Funktionen – die sogenannten *mex*-Funktionen – stellen wir beide Varianten bereit.

Zum anderen möchten wir unsere Leser auch animieren, mit einer echten Telemetrie-Übertragung zu experimentieren und die Algorithmen zur Detektion und Demodulation von Paket-Sendungen unter Echtzeitbedingungen zu testen. Auf der Empfangsseite stehen dazu USB-Miniaturempfänger zur Verfügung, die zum Teil für unter 20€ angeboten werden und für die es bereits Software für eine Vielzahl von Anwendungen gibt. Stichwort für eine Internet-Recherche ist `rtl-sdr`. Die Web-Seiten `www.rtl-sdr.com` und `rtlsdr.org` bieten einen Einstieg. Wir stellen Funktionen für *Matlab* und *Octave* zur Verfügung, mit denen die Empfangssignale dieser Empfänger in Echtzeit unterabgetastet, gefiltert und verarbeitet werden können. Zur Realisierung einer eigenen Telemetrie-Übertragung wird zusätzlich ein Sender benötigt. Hier steht mit der Funk-Armbanduhr *EZ430-Chronos* von *Texas Instruments* (siehe `processors.wiki.ti.com/index.php/EZ430-Chronos`) ebenfalls eine sehr preisgünstige Lösung zur Verfügung, die einschließlich des benötigten USB-Programmiermoduls zur Zeit (2016) zu einem Preis von 58 $ angeboten wird. Wir stellen diese Komponenten hier nicht weiter vor, sondern verweisen auf die begleitende Web-Seite `www.sdr-ke.de`, auf der wir zusätzlich auch noch auf weitere preisgünstige

Komponenten zum Aufbau und Betrieb einer eigenen Telemetrie-Übertragungsstrecke hinweisen.

Wir danken Herrn Gerd Kilian und Herrn Jörg Robert für ihre Unterstützung bei der Konzeption des Buchs und ihre zahlreichen Hinweise. Darüber hinaus danken wir Frau Eva Hestermann-Beyerle und Herrn Michael Kottusch vom Verlag für die freundliche Aufnahme des Buchs.

Erlangen und Ebermannstadt im August 2016,   Albert Heuberger
                                                                         Eberhard Gamm

Inhaltsverzeichnis

Inhaltsverzeichnis

1.1 *Software Defined Radio*-Systeme

Funkübertragungssysteme, bei denen wesentliche Teile der Verarbeitung mittels Software erfolgen, werden als *Software Defined Radio* (SDR)-Systeme bezeichnet. Abb. 1.1 zeigt den grundsätzlichen Aufbau eines derartigen Systems, bei dem sowohl der Sender als auch der Empfänger nach diesem Prinzip aufgebaut sind. Darüber hinaus gibt es auch Systeme, bei denen entweder nur der Sender oder nur der Empfänger nach diesem Prinzip aufgebaut sind. Darüber hinaus kann die Funkübertragung nur in eine Richtung (unidirektional) oder in beide Richtungen (bidirektional) erfolgen. Bei bidirektionaler Übertragung stellt sich die Frage nach dem Aufbau von Sender und Empfänger für beide Seiten bzw. Stationen.

© Springer-Verlag GmbH Deutschland 2017
A. Heuberger und E. Gamm, *Software Defined Radio-Systeme für die Telemetrie*,
DOI 10.1007/978-3-662-53234-8_1

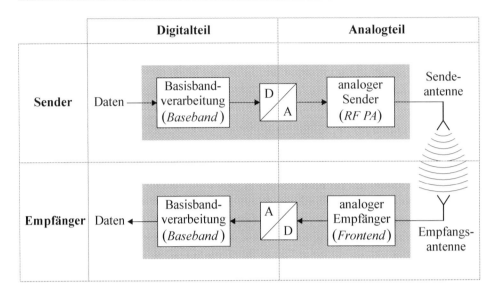

Abb. 1.1 Aufbau eines *Software Defined Radio*-Systems

1.1.1   Verarbeitung im Digitalteil

Im Digitalteil eines SDR Senders oder Empfängers findet die sogenannte *Basisband-verarbeitung* (*Baseband Processing*) statt. Sie setzt sich aus der Abtastraten-Konversion und der eigentlichen nachrichtentechnischen Verarbeitung zusammen. Die Abtastraten-Konversion ist erforderlich, da der D/A-Umsetzer im Sender und der A/D-Umsetzer im Empfänger aus technischen Gründen in der Regel mit höheren Abtastraten betrieben werden müssen, als dies aus Sicht der nachrichtentechnischen Verarbeitung erforderlich ist.

Die nachrichtentechnische Verarbeitung wiederum setzt sich aus den in Abb. 1.2 dargestellten Verarbeitungsschritten zusammen. Aus der Eins-zu-Eins-Gegenüberstellung der Verarbeitungsschritte im Sender und im Empfänger folgt jedoch nicht, dass die korrespondierenden Verarbeitungsschritte eine ähnliche Komplexität aufweisen. Das gilt in erster Linie für den Demodulator, der im Falle einer Paket-Übertragung mehrere komplexe Teilaufgaben zu erfüllen hat:

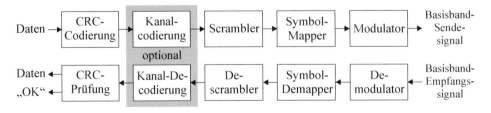

Abb. 1.2 Nachrichtentechnische Verarbeitungsschritte in der Basisbandverarbeitung eines *Software Defined Radio*-Systems: Sender (oben) und Empfänger (unten)

- Präambel-Korrelation
- Paket-Detektion
- Synchronisation in Frequenz, Phase und Zeit
- bei frequenz-selektiven Übertragungsstrecken zusätzlich eine Entzerrung

Für diese Teilaufgaben wird eine um Größenordnungen höhere Rechenleistung benötigt als im Modulator des Senders. Bei Verwendung eines Kanalcodes gilt dasselbe für die Kanal-Decodierung im Empfänger; auch sie ist um Größenordnungen rechenintensiver als die Kanalcodierung im Sender.

1.1.2 Hardware und Software im Digitalteil

Die Verarbeitung im Digitalteil kann mit spezieller Digital-Hardware oder mittels Software erfolgen. Bei einer Software-Lösung stehen dann wiederum verschiedene Prozessor-Architekturen zur Verfügung, vom Mikrocontroller in besonders einfachen Fällen über Universal-Prozessoren bis zu speziellen Signalprozessoren. In vielen SDR-Empfängern werden die verschiedenen Möglichkeiten kombiniert:

- Die Abtastraten-Konversion wird von spezieller Hardware übernommen, z. B. von einem programmierbaren Digital-Baustein (*Field Programmable Gate Array, FPGA*) oder einem anwendungsspezifischen Digital-Baustein (*Application Specific Integrated Circuit, ASIC*).
- Die besonders aufwendigen Teilaufgaben der Demodulation werden von speziellen Signalprozessoren (*Digital Signal Processor, DSP*) übernommen.
- Die weiteren nachrichtentechnischen Teilaufgaben übernimmt ein Universal-Prozessor oder ein Mikrocontroller.

Die Grenzen zwischen diesen Prozessor-Architekturen werden jedoch zunehmend verwischt. Zum einen werden die Befehlssätze von Universal-Prozessoren immer häufiger um spezielle Befehle zur effizienten digitalen Signalverarbeitung ergänzt. Dazu zählen z. B. die Befehlserweiterungen *SSE* und *AVX* bei x86-Prozessoren der Firma *Intel*. Die Programmierung wird dabei häufig durch von den Prozessor-Herstellern bereitgestellte Funktionsbibliotheken erleichtert. Zum anderen werden die verschiedenen Prozessor-Architekturen immer häufiger in einer integrierten Schaltung zusammengefasst. Dadurch können die Kosten gesenkt und das Zusammenspiel der Prozessoren verbessert werden. Man spricht in diesem Fall von einem *Ein-Chip-System* (*System on a Chip, SoC*). Welche Architektur gewählt wird, hängt von den Stückzahlen und den Kosten ab.

1.1.3 Telemetrie-Systeme

Wir werden im Folgenden schwerpunktmäßig auf Telemetrie-Übertragungssysteme mit vergleichsweise geringen Datenübertragungsraten eingehen. In diesem Bereich erfolgt die

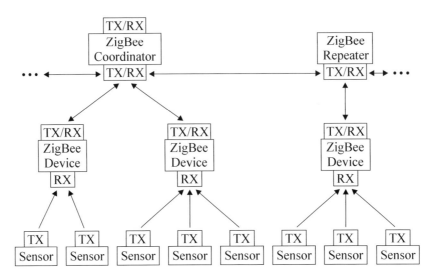

Abb. 1.3 Struktur eines Telemetrie-Systems am Beispiel des Standards *ZigBee*

Übertragung häufig unidirektional von einer großen Anzahl an Sensorknoten zu einer Basisstation. In diesem Fall werden in den Sensorknoten spezielle integrierte Schaltungen eingesetzt, die zwar häufig über programmierbare Betriebsparameter verfügen, deren Funktionalität darüber hinaus aber nicht die Flexibilität eines *Software Defined Radios* aufweist. Die Basisstationen dagegen sind in der Regel als *Software Defined Radios* realisiert. Das bietet sich nicht nur aufgrund der Stückzahlen und der damit verbundenen Kostenstruktur an, sondern erlaubt auch den gleichzeitigen Empfang von Funksignalen mehrerer verschiedener Funkübertragungsstandards. Abb. 1.3 zeigt die Struktur eines Telemetrie-Systems mit unidirektionaler Übertragung von den Sensoren zu den Knotenpunkten (*Device*) eines *ZigBee*-Netzes. Die Knotenpunkte wiederum kommunizieren bidirektional mit einem Zentralknoten (*Coordinator*), und zwar entweder direkt oder über einen oder mehrere *Repeater*. Im Kern unterscheidet sich diese Struktur nicht von den Strukturen in Mobilkommunikationssystemen GSM und UMTS oder den WLAN-Systemen für den drahtlosen Internetzugang. Die Datenraten sind aber in der Regel mindestens um den Faktor 1000 geringer.

1.1.4 SDR-Systeme für Entwicklung und Test

Aufgrund ihrer Flexibilität werden *Software Defined Radios* nicht nur in Endprodukten, sondern auch bei der Entwicklung zukünftiger Funkübertragungsverfahren eingesetzt. Neben professionellen Lösungen sind dabei auch kostengünstige Lösungen entstanden, die sich für die Ausbildung und das Selbststudium eignen. Beschränkt man sich auf den Empfang der Signale vorhandener Funkübertragungssysteme, kann man auf USB-Miniatur-Empfänger zurückgreifen, die zum Teil für unter 20 € angeboten werden. Einfache SDR-Systeme mit Sende- und Empfangsmöglichkeit werden ab etwa 450 €

| Terratec Cinergy | AIRSPY | HackRF One | Ettus Research USRP N200 |
| www.terratec.de | www.airspy.com | greatscottgadgets.com | www.ettus.com |

20 €   250 €   450 €   800 €   Preis

Abb. 1.4 Beispiele für preisgünstige SDR-Systeme (Stand 2016)

angeboten. Professionelle SDR-Systeme, die von Forschungsgruppen an Universitäten und in der Industrie verwendet werden, sind ab etwa 800 € erhältlich (Stand 2016). Da sich das Angebot ständig verändert, verzichten wir auf eine tabellarische Darstellung und verweisen auf die begleitende Web-Seite www.sdr-ke.de. Abb. 1.4 zeigt einige Beispiele.

1.2 *Matlab* und *Octave*

Wir betrachten alle Komponenten eines *Software Defined Radios*, von der Antenne bis zum Bitausgang. Der Schwerpunkt liegt auf dem Zusammenspiel der Komponenten und den Signalen eines Empfängers. Zur Veranschaulichung der Signale im Zeit- und im Frequenzbereich verwenden wir das numerische Mathematikprogramm *MathWorks Matlab* oder das für unsere Zweck kompatible Open-Source-Programm *GNU Octave*. Abb. 1.5 zeigt die Symbole und die Internet-Bezugsadressen. Alle in diesem Buch dargestellten Signale und Kurven wurden mit Hilfe von *Matlab* bzw. *Octave* erstellt. Die zugehörigen Funktionen stellen wir auf der begleitenden Web-Seite www.sdr-ke.de bereit. Der Anhang C enthält eine Übersicht einschließlich der Abbildungsnummern. Grundkenntnisse im Umgang mit *Matlab/Octave* sind vorteilhaft, können aber auch mit Hilfe der Einführung im Anhang A erworben werden. Durch die intensive Verwendung von *Matlab/Octave* wollen wir zusätzlich wichtige Grundlagen und Techniken zur Simulation von Kommunikationssystemen vermitteln.

Matlab ist ein sehr umfangreiches Produkt, das sich aus einem Basismodul und zahlreichen Erweiterungen – den *Toolboxes* – zusammensetzt. Für unsere Zwecke

Abb. 1.5 Numerische
Mathematikprogramme

 MathWorks Matlab
www.mathworks.com/products/matlab

 GNU Octave
www.gnu.org/software/octave

werden nur das Basismodul und die *Signal Processing Toolbox* benötigt. Das für nachrichtentechnische Simulationen häufig verwendete *Simulink* verwenden wir nicht, da es den Einblick in die konkrete Realisierung der verwendeten Algorithmen erschwert.

Darüber hinaus dient uns *Matlab/Octave* auch als Software-Plattform für den Echtzeit-Empfang von Funksignalen in Verbindung mit einem *RTL-SDR*-kompatiblen USB-Miniaturempfänger. Dazu werden spezielle Funktionen – sogenannte *mex-Funktionen* – benötigt, um den Empfänger von *Matlab/Octave* anzusteuern und die Signale in Echtzeit einlesen zu können. Zusätzlich stellen wir eine Funktion bereit, mit der Audio-Signale in Echtzeit ausgegeben werden können. Diese Funktionen stellen wir ebenfalls auf der Web-Seite `www.sdr-ke.de` bereit. Anhang A.3 enthält eine Beschreibung sowie Beispiele zur Anwendung.

1.3 Kapitelübersicht

Im Kap. 2 wird die Darstellung von Signalen im Zeit- und im Frequenzbereich in dem Umfang behandelt, der für das Verständnis der nachfolgenden Kapitel benötigt wird. Wir orientieren uns dabei an der Darstellung handelsüblicher Messgeräte – *Oszilloskope* für die Zeitsignale, *Spektralanalysatoren* für die Spektren im Frequenzbereich und *Signalanalysatoren* für bestimmte Signaleigenschaften –, indem wir deren Funktion in *Matlab/Octave* nachbilden. Damit wollen wir das Verständnis für die Funktion dieser Geräte fördern und eine Vertrautheit mit den jeweiligen Darstellungen herstellen. Zusätzlich gehen wir auf die Grundlagen der Abtastraten-Konversion ein und beschreiben die Berechnung der benötigten Filter. Eine tiefer gehende Behandlung folgt dann im Kap. 7.

Im Kap. 3 wird der Aufbau eines *Software Defined Radios* beschrieben. Wir beginnen mit einer Beschreibung der AM- und der FM-Modulation, aus deren Kombination sich dann die allgemeine I/Q-Modulation ergibt. Da Letztere im Analogteil oder im Digitalteil erfolgen kann, gehen wir anschließend am Beispiel eines Empfängers auf die gängigen Topologien ein. Ein detaillierter Blick in den Aufbau eines Multiband-Amateurfunk-Empfängers und in den USB-Miniatur-Empfänger, der in Abb. 1.4 am linken Rand dargestellt ist, runden diesen Teil ab. Anschließend wechseln wir von der Hardware-Ebene in die Funktionsebene und beschreiben die auftretenden Signale am Beispiel einer Paket-Übertragung mit QPSK-Modulation. Da wir auf Telemetrie-Systeme abzielen, gehen wir auch auf die einfachere GFSK/GMSK-Modulation ein, die in zahlreichen einfachen Telemetrie-Systemen zum Einsatz kommt. Dem gegenüber steht die komplexere Sequenz-Spreizung des Standards IEEE 802.15.4 bzw. *ZigBee*, die wir ebenfalls behandeln. Einige grundsätzliche Zusammenhänge zum Symbol-Rausch-Abstand schließen das Kapitel ab.

Auf die Klassifizierung drahtloser Netzwerke und die vorherrschenden Standards gehen wir im Kap. 4 nur kurz ein. Hier sei auf die umfangreiche Literatur verwiesen, die zu diesen jeweiligen Standards existiert. Unser Schwerpunkt liegt auf den Grundlagen. Konkrete Realisierungen dienen uns nur als Beispiele.

Im Kap. 5 gehen wir auf die Eigenschaften und Parameter einer Funkübertragungsstrecke und einer Antenne ein. Für den Systemingenieur stellt sich in diesem Zusammenhang vor allem die Frage nach der Reichweite, während der Schaltungstechniker eine ausreichend gute Antennenanpassung gewährleisten muss. Abschließend beschreiben wir die Simulation von zwei häufig verwendeten Antennen.

Das Kap. 6 ist den Leistungsdaten eines Empfängers gewidmet. Hier werden die durch das Rauschen vorgegebene Untergrenze und die durch die nichtlinearen Verzerrungen vorgegebene Obergrenze für den Empfangspegel ermittelt. Daraus erhalten wir dann den Dynamikbereich des Empfängers. Ein umfangreiches Beispiel verdeutlicht die Zusammenhänge.

Im Kap. 7 greifen wir den Themenbereich Abtastraten-Konversion erneut auf und beschreiben die in der Praxis üblichen Varianten. Zu diesem Themenbereich gehört auch die Interpolation, die zum Ausgleich der zeitlichen Verschiebung zwischen den Abtastzeitpunkten und zum Ausgleich der Takt-Abweichungen zwischen Sender und Empfänger benötigt wird. Auch dieses Kapitel beschließen wir mit einem ausführlichen Beispiel.

Bis zu diesem Punkt haben wir aus nachrichtentechnischer Sicht nur Vorverarbeitung betrieben. Der eigentlichen nachrichtentechnischen Aufgabe in einem Telemetrie-System – der Detektion und Demodulation von Paket-Sendungen im Empfänger – widmen wir uns im Kap. 8. Wir legen hier einen Schwerpunkt auf die Detektion, die in Büchern und Vorlesungen in der Regel sträflich vernachlässigt wird. In diesem Zusammenhang müssen wir die Simulation mit *Matlab/Octave* in besonders umfangreichem Maße einsetzen, um einen geeigneten Schwellwert für den Detektor zu ermitteln. Bei der Demodulation behandeln wir Paketsendungen mit GFSK- und DQPSK-Modulation. Wir gehen dabei auf die Synchronisation und die Abtastung und Auswertung der Symbole ein.

1.4 Vorkenntnisse

Wir setzen in diesem Buch die Grundkenntnisse voraus, die in den Grundlagenvorlesungen zur Schaltungstechnik, digitalen Signalverarbeitung und Nachrichtenübertragung an Universitäten und Fachhochschulen vermittelt werden. Soweit möglich wiederholen wir jedoch Themen, die nach unserer Erfahrung zu kurz kommen, von den Studierenden in der Regel nicht ausreichend verinnerlicht werden und vielleicht auch manchem Ingenieur in der Praxis nicht mehr geläufig sind. Auf ein generelles Repetitorium sämtlicher Grundlagen haben wir aber bewusst verzichtet. In der Vorlesung, aus der dieses Buch hervorgegangen ist, haben wir Kritik in beide Richtungen erfahren: Einige Studenten wünschten eine allgemeinere Einführung, andere beklagten die Wiederholung *alter Zöpfe* aus anderen Vorlesungen. Wir verweisen deshalb hier auf einige Bücher, die sich unserer Meinung nach besonders gut zur Auffrischung der Grundlagen eignen:

- Das Themengebiet *Antennen* ist bezüglich unserer Hauptzielrichtung ein Randthema. Zur Vertiefung empfehlen wir das Buch *Smart Antennas* von *Frank Gross* [1].

- Die *Schaltungstechnik* von Empfängern wird ausführlich im dritten Teil des Buchs *Halbleiter-Schaltungstechnik* von *Tietze/Schenk/Gamm* behandelt [2]. Insbesondere wird hier gezeigt, wie die Parameter der Komponenten – vor allem die Rauschzahl und die Intercept-Punkte – mit der Schaltungstechnik zusammenhängen.
- Zum Themengebiet *Digitale Signalverarbeitung* empfehlen wir das gleichnamige Buch von *Daniel von Grünigen* [3].
- Die *Nachrichtenübertragung* wird in zahlreichen Büchern behandelt. Da Telemetrie-Systeme von der nachrichtentechnischen Seite her in der Regel deutlich weniger komplex sind als Mobilkommunikationssysteme wie z. B. UMTS, sind Grundkenntnisse über die Modulationsarten (G)FSK und (D)QPSK ausreichend. Wir empfehlen hier das Buch *Nachrichtenübertragung* von *Karl-Dirk Kammeyer* [4].
- Zusätzlich sei das Buch *Signalübertragung* von *Ohm/Lücke* [5] empfohlen, das sich durch eine ansprechende Darstellung der Signaltheorie auszeichnet.

Wir weisen allerdings darauf hin, dass wir uns nicht konkret auf diese Bücher beziehen. Wenn Sie bereits andere Bücher zu diesen Themen besitzen, sollten Sie zunächst diese heranziehen. Darüber hinaus empfiehlt sich auch ein Ausflug in eine gut sortierte Fachbibliothek. Hat man eine offene Frage und schlägt dazu parallel in verschiedenen Büchern nach, zeigt sich in der Regel sehr schnell, mit welchem Buch man zurechtkommt und mit welchem nicht.

1.5 Notation

Wir verwenden folgende Notation:

Größe	Notation	Beispiel(e)
reelle Größen	ohne Unterstrich	x
komplexe Größen	mit Unterstrich	$\underline{x}$
kontinuierliche Zeitsignale	Kleinbuchstaben mit Argument t	$x(t), \underline{x}(t)$
diskrete Zeitsignale	Kleinbuchstaben mit Argument n	$x[n], \underline{x}[n]$
kontinuierliche Fourier-Transformierte	Großbuchstaben mit Argument f	$\underline{X}(f)$
diskrete Fourier-Transformierte	Großbuchstaben mit Argument m	$\underline{X}[m]$
kontinuierliche Spektren	Großbuchstaben mit Argument f	$S(f)$
diskrete Spektren	Großbuchstaben mit Argument m	$S[m]$
Vektoren (Signalverarbeitung)	Kleinbuchstaben in Fettdruck	$\boldsymbol{x}, \underline{\boldsymbol{x}}$
Matrizen	Großbuchstaben in Fettdruck	$\boldsymbol{H}, \underline{\boldsymbol{H}}$
Vektoren (Elektrodynamik)	Großbuchstaben mit Pfeilen	$\vec{E}, \vec{H}$

Häufig tritt der Fall auf, dass eine Größe im allgemeinen Fall komplex, im konkreten Fall aber reell ist. In diesen Fällen ist der konkrete Fall für die Notation maßgebend. Ein Beispiel dafür ist die Notation des Zeitsignal-Vektors x auf Seite 12 und $\underline{x}$ auf Seite 15. Im ersten Fall ist das konkrete Zeitsignal reell. Der zweite Fall bezieht sich dagegen auf ein allgemeines, komplexes Signal.

Darstellung von Signalen und Spektren

2

Inhaltsverzeichnis

Zur Verdeutlichung der Signalverarbeitung in einem *Software Defined Radio* (SDR) werden wir die relevanten Signale im Zeitbereich und im Frequenzbereich darstellen; wir sprechen dabei von *Signalen* (Zeitbereich) und *Spektren* (Frequenzbereich). Zur Darstellung verwenden wir das numerische Mathematikprogramm *Matlab* oder das kompatible Programm *GNU Octave*. Da in einem SDR kontinuierliche („analoge") und diskrete („digitale") Signale auftreten, in einem numerischen Mathematikprogramm aber nur diskrete Signale in Form von Vektoren mit Abtastwerten verarbeitet werden können, gehen wir in diesem Abschnitt zunächst auf die Darstellung der Signale und die Berechnung und Darstellung der Spektren ein.

2.1 Kontinuierliche und diskrete Signale

Als Beispiel betrachten wir das in Abb. 2.1 gezeigte kontinuierliche Signal

$$x(t) = \sin \omega t = \sin 2\pi f t$$

© Springer-Verlag GmbH Deutschland 2017
A. Heuberger und E. Gamm, *Software Defined Radio-Systeme für die Telemetrie*,
DOI 10.1007/978-3-662-53234-8_2

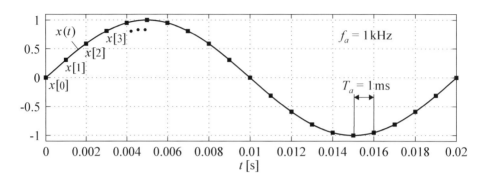

Abb. 2.1 Sinus-Signal als kontinuierliches und als diskretes Signal

mit $\omega = 2\pi f = 2\pi \cdot 50\,\text{Hz}$ und das daraus durch Abtastung mit der Abtastrate $f_a = 1\,\text{kHz}$ bzw. dem Abtastintervall $T_a = 1/f_a = 1\,\text{ms}$ hervorgehende diskrete Signal:

$$x[n] = x(nT_a) = \sin 2\pi f T_a n$$

In *Matlab/Octave* schreiben wir:

```
f_a = 1000;
t_a = 1 / f_a;
f = 50;
t = 0 : t_a : 0.02;
x = sin( 2 * pi * f * t );
```

Damit erhalten wir die Vektoren

$$t = [\,0.000\ \ 0.001\ \ 0.002\ \ 0.003\ \ 0.004\ \ 0.005\ \ldots\ 0.020\,]$$

$$x = [\,0.000\ \ 0.309\ \ 0.588\ \ 0.809\ \ 0.951\ \ 1.000\ \ldots\ 0.000\,]$$

der Länge 21, die den Punkten $x[n]$ des diskreten Signals in Abb. 2.1 entsprechen. Wenn wir das diskrete Signal nun mit dem Befehl

```
plot(t,x);
```

anzeigen, erhalten wir aber nicht die Punkte $x[n]$, sondern das kontinuierliche Signal $x(t)$. Das Programm zeigt also *mehr* an, als wir geliefert haben. Das liegt daran, dass wir dem Programm mit dem Befehl `plot` mitgeteilt haben, dass wir eine Kurve sehen möchten, für die wir aber nur Stützstellen, d. h. Abtastwerte, bereitstellen. Das Programm versucht in diesem Fall, die bereitgestellten Punkte zu einer *möglichst glatten* Kurve zu verbinden. Das funktioniert nur dann gut, wenn die Anzahl der Stützstellen ausreichend hoch ist. Wenn wir dagegen *nur* die Abtastwerte anzeigen wollen, müssen wir den Befehl

```
plot(t,x,'s');
```

verwenden. Die Darstellung in Abb. 2.1 erhalten wir demnach, indem wir beide Darstellungen kombinieren:

```
figure(1);
plot(t,x);
hold on;
plot(t,x,'s');
hold off;
grid on;
axis([ min(t) max(t) -1.1 1.1 ]);
```

Das Abtasttheorem für Tiefpass-Signale besagt, dass die Abtastrate f_a mindestens doppelt so großsein muss wie die maximale, im Signal vorhandene Frequenz f_{max}:

$$\boxed{f_a \geq 2f_{max}} \tag{2.1}$$

Für die Praxis liefert das Theorem in der Regel nur einen groben Anhaltspunkt, da:

- man aus praktischen Gründen, auf die wir im Abschn. 2.3 eingehen, immer eine etwas höhere Abtastrate wählen muss: $f_a > (1.1 \ldots 1.5) \cdot 2f_{max}$;
- bei vielen Signalen keine klar definierbare maximale Frequenz f_{max} existiert, z. B. bei Sprachsignalen.

Deshalb lautet das *praktische Abtasttheorem*:

Die Abtastrate muss so hoch sein, dass das System funktioniert !

Für das Sinussignal in unserem Beispiel gilt $f_{max} = f = 50\,Hz$. Demnach reicht eine Abtastung mit z. B. $f_a = 1.5 \cdot 2f_{max} = 150\,Hz$ aus. Die Berechnung der Zwischenwerte, die zur graphischen Darstellung des zugrunde liegenden kontinuierlichen Signals benötigt werden, muss dann mit einem ($\sin x/x$)–Interpolator (*Sinus-x-durch-x-Interpolator*) erfolgen; wir gehen darauf im Abschn. 7.4 noch ausführlich ein. Numerische Mathematikprogramme wie *Matlab* verzichten darauf und verbinden die Punkte statt dessen mit Geraden; Abb. 2.2 zeigt dies für verschiedene Abtastraten. Ein Vergleich der graphischen Darstellung für $f_a = 750\,Hz$ mit der graphischen Darstellung für $f_a = 1\,kHz$ in Abb. 2.1 zeigt, dass wir unter *Matlab* in der Tat eine Abtastrate von 1 kHz benötigen, um ein Signal mit einer Frequenz von 50 Hz graphisch ausreichend genau als kontinuierliches Signal darstellen zu können. Daraus folgt allgemein:

▹ In einem numerischen Mathematikprogramm wie Matlab oder Octave muss die Abtastrate eines diskreten Signals mindestens das 20-fache der maximalen Frequenz f_{max} betragen, damit das Programm das zugehörige kontinuierliche Signal graphisch ausreichend genau darstellt.

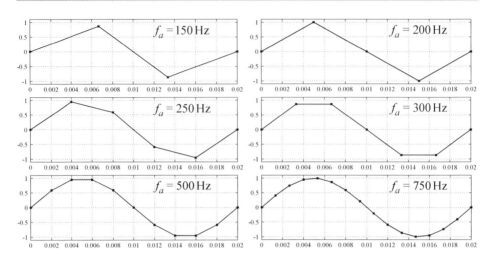

Abb. 2.2 Anzeige in *Matlab/Octave* für verschiedene Abtastraten f_a

Das heißt für uns:

▶ Da ein numerisches Mathematikprogramm wie Matlab oder Octave nur diskrete Signale verarbeiten kann, müssen wir auch die analogen Signale, die in einem SDR auftreten, durch diskrete Signale darstellen und dabei die Abtastrate so hoch wählen, dass das Programm die Signale graphisch als kontinuierliche Signale darstellen kann; dazu müssen wir $f_a \geq 20 f_{max}$ wählen.

2.2 Spektrum eines Signals

Das Spektrum eines diskreten Signals wird in der Praxis mit Hilfe der *Schnellen Fourier-Transformation* (*Fast Fourier Transform, FFT*) berechnet. Wir beschreiben im folgenden Abschnitt zunächst die Vorgehensweise bei der Berechnung und gehen anschließend auf die Hintergründe und Zusammenhänge ein.

2.2.1 Praktische Berechnung des Spektrums

Die Anwendung der FFT erfordert, dass das zu transformierende Signal eine Länge der Form $N = 2^L$ hat, d. h. N muss eine Potenz von 2 sein; man spricht dann von einer *N-Punkt-FFT*. Auf die Wahl von N gehen wir später noch näher ein. Für das zu transformierende, im allgemeinen komplexe Signal gilt demnach:

$$\underline{x} = \left[\underline{x}[0]\ \underline{x}[1]\ \underline{x}[2]\ \underline{x}[3]\ \ldots\ \underline{x}[N-2]\ \underline{x}[N-1] \right]$$

In der Praxis handelt es sich dabei fast immer um einen Ausschnitt aus einem längeren Signal. Damit sich die Unstetigkeiten an den Rändern des Ausschnitts nicht negativ bemerkbar machen, muss man das Signal mit einer *Fenster-Funktion*

$$w = \left[w[0]\ w[1]\ w[2]\ w[3]\ \ldots\ w[N-2]\ w[N-1] \right]$$

gewichten. Wir verwenden im folgenden das *Blackman-Fenster*, das aufgrund seiner ausgewogenen Eigenschaften zu den am häufigsten verwendeten Fenster-Funktionen gehört.

Für die FFT mit einer Fenster-Funktion w gilt:

$$\underline{X}[m] = \mathrm{FFT}_w\left\{\underline{x}[n]\right\} = \sum_{n=0}^{N-1} w[n]\,\underline{x}[n]\,e^{-j2\pi nm/N} \quad \text{mit } m = 0, \ldots, N-1 \qquad (2.2)$$

Das Spektrum entspricht dem gewichteten Betragsquadrat des FFT-Ergebnisses:

$$S_x[m] = \frac{1}{c_w^2}\left|\underline{X}[m]\right|^2 \quad \text{mit } c_w = \sum_{n=0}^{N-1} w[n] \qquad (2.3)$$

Wir haben bereits erwähnt, dass ein Signalwert $\underline{x}[n]$ bei einer Abtastrate $f_a = 1/T_a$ dem Zeitpunkt $t_n = nT_a$ zuzuordnen ist. Entsprechend ist ein Spektralwert $S_x[m]$ der Frequenz

$$f_m = \frac{mf_a}{N} \qquad (2.4)$$

zuzuordnen. Da man mit $m = 0, \ldots, N-1$ Spektralwerte im Frequenzbereich $0 \le f < f_a$ erhält und das Spektrum eines diskreten Signals wegen

$$S_x[m] = S_x[m+kN] \qquad \forall k \in \mathbb{Z}$$

mit f_a periodisch ist, entspricht der Frequenzbereich $f_a/2 \le f < f_a$ dem Frequenzbereich $-f_a/2 \le f < 0$; deshalb werden in der Praxis die linke und die rechte Hälfte des Spektrums vertauscht, damit man eine Darstellung im Bereich $-f_a/2 \le f < f_a/2$ erhält. Diese Vertauschung wird *FFT Shift* genannt. Der Wert für die Frequenz Null ist nach der

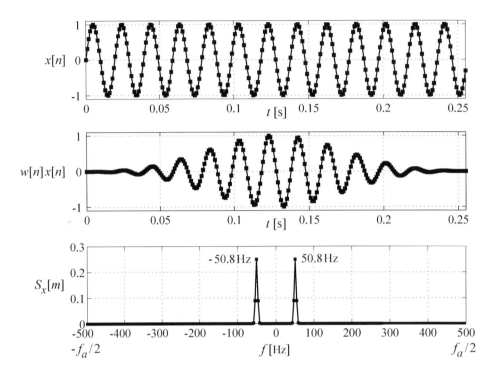

Abb. 2.3 Zeitsignal $x[n]$, gefenstertes Zeitsignal $w[n]\,x[n]$ und Spektrum $S_x[m]$ eines diskreten Sinus-Signals mit $f = 50\,\text{Hz}$, $f_a = 1\,\text{kHz}$ und $N = 256$

Vertauschung durch $S_x[N/2]$ gegeben; negative Frequenzen liegen links davon, positive rechts.

Abb. 2.3 zeigt ein Beispiel für ein Sinus-Signal. In *Matlab* schreiben wir dazu:

```
f_a = 1000;
t_a = 1 / f_a;
N = 256;
f = 13 * f_a / N;
t = ( 0 : N - 1 ) * t_a;
x = sin( 2 * pi * f * t );
w = blackman( N ).';
X_w = fft( w .* x );
c_w = sum( w );
S_x = fftshift( abs( X_w ).^2 / c_w^2 );
f_m = ( -N/2 : N/2 - 1 ) * f_a / N;
figure(1);
plot(f_m,S_x);
grid on;
```

Bei diesem Beispiel haben wir die Signalfrequenz $f = 50\,\text{Hz}$ des letzten Beispiels durch die Signalfrequenz $f = 13 f_a/N \approx 50.8\,\text{Hz}$ ersetzt, die im Frequenzraster der FFT liegt

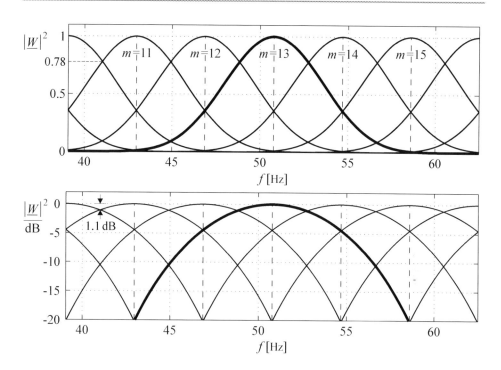

Abb. 2.4 Filterwirkung der FFT mit Blackman-Fenster im Bereich von 50 Hz

($m = 13$). In diesem Fall erhalten wir eine symmetrische Darstellung für die beiden Anteile, die sich aus der Zerlegung

$$x(t) \;=\; \sin\left(2\pi ft\right) \;=\; \frac{j}{2}\left(e^{-j2\pi ft} - e^{j2\pi ft}\right)$$

ergeben. Beide Anteile haben eine Amplitude von 0.5 und eine Leistung von 0.25.

Die FFT mit Fenster-Funktion wirkt in diesem Zusammenhang als Filterbank mit N Filtern mit den Mittenfrequenzen f_m. Abb. 2.4 zeigt einen Ausschnitt dieser Filterbank im Bereich von 50 Hz für das verwendete Blackman-Fenster; dabei ist $|\underline{W}|^2$ das Betragsquadrat der Übertragungsfunktion der Filter. Für die Signalfrequenz $f = 50.8$ Hz erhalten wir den korrekten Spektralwert $|\underline{W}|^2 = 1$ (0 dB) im Hauptfilter 13 ($m = 13$) und Nebenwerte mit $|\underline{W}|^2 \approx 0.36$ (−4.4 dB) in den benachbarten Filtern 12 und 14. Bei Signalfrequenzen außerhalb des Frequenzrasters erhalten wir einen zu geringen Spektralwert im Hauptfilter und unsymmetrische Nebenwerte in den benachbarten Filtern. Die maximale Abweichung ergibt sich für Signalfrequenzen, die genau in der Mitte zwischen zwei Rasterfrequenzen liegen; hier liefern die beiden angrenzenden Filter den Spektralwert $|\underline{W}|^2 \approx 0.78$ (−1.1 dB).

Die Länge N der FFT bestimmt die Zeit- und die Frequenzauflösung des Spektrums. Mit zunehmender Länge nimmt die Zeitauflösung ab und die Frequenzauflösung zu. Der

Abstand

$$\Delta f = \frac{f_a}{N} = RBW \tag{2.5}$$

der Linien des FFT-Frequenzrasters wird als *Auflösungsbandbreite* (*Resolution Bandwidth*, *RBW*) bezeichnet. Eine weitere, bei der Messung von Rauschleistungen benötigte Bandbreite ist die *Rauschbandbreite* (*Noise Bandwidth*, *NBW*), siehe Abschn. B.1:

$$NBW = \frac{f_a \sum\limits_{n=0}^{N-1} w^2[n]}{\left(\sum\limits_{n=0}^{N-1} w[n]\right)^2} \tag{2.6}$$

Für ein Blackman-Fenster gilt:

$$NBW \approx 1.7 \cdot RBW$$

Der exakte Wert hängt von der Länge N ab, das ist für die Praxis aber unbedeutend.

Da ein einzelnes Spektrum eine starke Varianz aufweist, werden in der Praxis mehrere Spektren gemittelt. Das am häufigsten angewendete Mittelungsverfahren ist die in Abb. 2.5 dargestellte Methode von *Welch*, bei der der auszuwertende Signalabschnitt in Blöcke der Länge $N/2$ eingeteilt wird, die dann paarweise ausgewertet werden. Wenn man die Länge des Signalschnitts wählen kann, wählt man ein Vielfaches von $N/2$, so dass kein „Rest" auftritt. Durch die Mittelung reduziert sich die Zeitauflösung entsprechend. In der Praxis werden stark unterschiedliche Mittelungsfaktoren verwendet; dabei muss man einen Kompromiss zwischen höherer Zeitauflösung auf der einen Seite und geringerer Varianz auf der anderen Seite eingehen. Gegebenenfalls muss man die Länge N und damit die Frequenzauflösung reduzieren, um einen sinnvollen Kompromiss zwischen Zeitauflösung und Varianz des Spektrums zu erzielen.

Bei Spektrum-Analysatoren stellt man die Bandbreite des zu analysierenden Bereichs, die Auflösungsbandbreite *RBW* und den Mittelungsfaktor ein; daraus ergeben sich dann die Länge N der FFT und die Zeitauflösung. Da es keinen Sinn macht, sehr viel mehr Punkte zu berechnen als auf dem Bildschirm des Spektrum-Analysators dargestellt werden können, ist die Länge in der Regel auf 1024, 2048 oder 4096 begrenzt. Bei sehr hohen Analyse-Bandbreiten kann die Länge auch durch die Rechenleistung des FFT-Prozessors begrenzt sein.

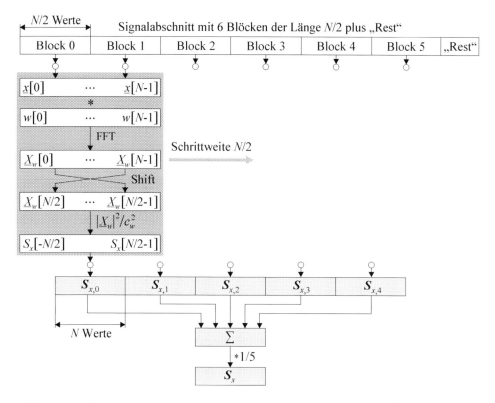

Abb. 2.5 Berechnung des Spektrums eines Signalabschnitts nach der Methode von *Welch*. Wenn möglich wählt man die Länge des Signalabschnitts so, dass kein „Rest" anfällt

2.2.2   Hintergründe zur Berechnung des Spektrums

Das Spektrum eines Signals entspricht dem Betragsquadrat der Fourier-Transformierten des Signals:

$$S_x(f) \;=\; \left| \underline{X}(f) \right|^2 \quad \text{mit } \underline{X}(f) = \mathcal{F}\left\{ \underline{x}(t) \right\} = \int_{-\infty}^{\infty} \underline{x}(t)\, e^{-j2\pi ft}\, dt$$

In der Praxis ist diese Definition aus zwei Gründen nicht direkt anwendbar:

- Ein Signal hat entweder nur eine bestimmte Dauer oder kann nur für eine bestimmte Dauer beobachtet werden. Während der Beobachtungsdauer kann sich die Charakteristik des Signals erheblich ändern, z. B. Sprache und Musik bei einem Rundfunksender. Die Beschreibung des Signals durch *ein* Spektrum wird dem nicht gerecht.

- Die Berechnung erfolgt mit digitalen Schaltkreisen oder digitalen Prozessoren, die
  nur diskrete Signale verarbeiten können; deshalb muss ein kontinuierliches Signal immer zunächst abgetastet werden, bevor das zugehörige Spektrum berechnet
  werden kann.

Dem ersten Punkt kann man dadurch Rechnung tragen, dass man das Signal mit einem
Fenster bewertet, d. h. einen Teil des Signals herausgreift. An die Stelle der normalen Fourier-Transformation tritt dann die *Kurzzeit-Fourier-Transformation* (*Short-Time
Fourier Transform*) mit der Fenster-Funktion $w(t)$ und der Verschiebung t_M, die der Mitte
des herausgegriffenen Teils entspricht:

$$\underline{X}(f, t_M) \; = \; \int_{-\infty}^{\infty} w(t - t_M)\,\underline{x}(t)\,e^{-j2\pi ft}\,dt$$

Für das *gefensterte* Signal gilt demnach:

$$\underline{x}_w(t, t_M) \; = \; w(t - t_M)\,\underline{x}(t)$$

Abb. 2.6 zeigt ein Beispiel. Wir können nun das *Kurzzeit-Spektrum*

$$S_x(f, t_M) \; = \; \left|\underline{X}(f, t_M)\right|^2$$

eines Signals für eine Folge von Verschiebungen t_M berechnen und damit die zeitliche
Änderung des Signals auch im Frequenzbereich erfassen. Da eine praktische Berechnung immer unter Verwendung einer Fenster-Funktion erfolgt und deshalb jedes praktisch
berechnete Spektrum ein Kurzzeit-Spektrum ist, lässt man den Zusatz *Kurzzeit* weg und
spricht nur vom *Spektrum*.

Als Fenster-Funktionen werden Funktionen verwendet, die nur in einem vorgegebenen Intervall ungleich Null sind; dadurch wird die Berechnung auf dieses Intervall
begrenzt. Das Ergebnis der Berechnung hängt von der Form der Fenster-Funktion ab;
deshalb werden in der Praxis zahlreiche verschiedene Fenster-Funktionen verwendet,
die entweder gezielt für eine bestimmte Aufgabe optimiert wurden oder einen guten
Kompromiss für mehrere verschiedene Aufgaben darstellen. Die Eigenschaften dieser
Fenster-Funktionen werden in Vorlesungen oder Büchern über Digitale Signalverarbeitung
ausführlich beschrieben. Wir verwenden in unseren Beispielen das *Blackman-Fenster*.

Wir kommen nun zum zweiten Punkt: dem Übergang zu diskreten Signalen und –
damit verbunden – zu diskreten Fenster-Funktionen. Der Übergang erfolgt durch
Abtastung. In der Signaltheorie wird die Abtastung durch Multiplikation mit einem
Dirac-Impulskamm

$$SAMPLE\,(t, T_a) \; = \; \sum_{n=-\infty}^{\infty} \delta_0(t - nT_a)$$

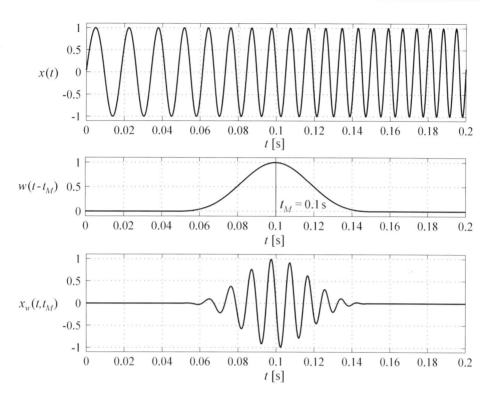

Abb. 2.6 Fensterung eines Signals mit einer Fenster-Funktion $w(t)$ bei einer Verschiebung von $t_M = 0.1$ s

beschrieben:

$$\underline{x}_S(t) = \underline{x}(t) \cdot SAMPLE(t, T_a) = \sum_{n=-\infty}^{\infty} \underline{x}(nT_a)\,\delta_0(t - nT_a)$$

Die Gewichte der Dirac-Impulse entsprechen den Werten des diskreten Signals:

$$\underline{x}[n] = \underline{x}(nT_a)$$

Man kann nun die Fourier-Transformation für diskrete Signale aus der Fourier-Transformation für kontinuierliche Signale ableiten:

$$\underline{X}_S(f) = \mathcal{F}\left\{\underline{x}_S(t)\right\} = \int_{-\infty}^{\infty} \underline{x}_S(t)\,e^{-j2\pi ft}\,dt$$

$$= \int_{-\infty}^{\infty} \left(\sum_{n=-\infty}^{\infty} \underline{x}(nT_a)\, \delta_0(t - nT_a) \right) e^{-j2\pi ft}\, dt$$

$$= \sum_{n=-\infty}^{\infty} \underline{x}[n]\, e^{-j2\pi f\, T_a n}$$

Wir wenden auch hier wieder eine Fenster-Funktion an. Diskrete Fenster-Funktionen $w[n]$ haben in der Praxis immer eine geradzahlige Länge N. Als Bezugspunkt wird hier nicht die Mitte, sondern der erste Wert verwendet; ohne Verschiebung gilt demnach:

$$w = \Big[\, w[0]\ \ w[1]\ \ w[2]\ \ \ldots\ \ w[N-2]\ \ w[N-1]\, \Big]$$

Bei einer Verschiebung um $t_M = n_M T_a$ erhalten wir die Fourier-Transformierte:

$$\underline{X}_w(f, n_M) = \sum_{n=n_M}^{n_M+N-1} w[n - n_M]\,\underline{x}[n]\, e^{-j2\pi f\, T_a n}$$

Sie ist periodisch mit der Periode $f_a = 1/T_a$, da

$$e^{-j2\pi f\, T_a n} = e^{-j2\pi (f + m f_a)\, T_a n} \qquad \forall m \in \mathbb{Z}$$

gilt. Auch diese Fourier-Transformierte müssen wir in der Praxis wieder als diskrete Folge darstellen, d. h. wir berechnen sie nur für bestimmte Werte der Frequenz f. Dabei erweist es sich als sinnvoll, $N = 2^L$ Werte der Form

$$f_m = \frac{m f_a}{N} \quad \text{mit } m = 0, 1, \ldots, N-1$$

zu verwenden, weil die Berechnung dann mit Hilfe der *Schnellen Fourier-Transformation* (*Fast Fourier Transform, FFT*) erfolgen kann:

$$\underline{X}_w(f_m, n_M) = \sum_{n=n_M}^{n_M+N-1} w[n - n_M]\,\underline{x}[n]\, e^{-j2\pi mn/N}$$

Für das Spektrum gilt dann:

$$\tilde{S}_x(f_m, n_M) = \Big|\underline{X}_w(f_m, n_M)\Big|^2$$

Da eine zeitliche Verschiebung eines Signals nur eine Phasendrehung der zugehörigen Fourier-Transformierten bewirkt und die Phase aufgrund der Betragsquadrat-Bildung nicht in das Spektrum eingeht, können wir anstelle des Fensters auch das Signal verschieben; dann gilt:

$$\tilde{S}_x(f_m, n_M) = \left| \sum_{n=0}^{N} w[n]\, \underline{x}[n + n_M]\, e^{-j2\pi mn/N} \right|^2$$

Für ein konstantes Signal $\underline{x}[n] = 1 \; \forall n$ erhalten wir für $f_m = 0$:

$$\tilde{S}_x(0, n_M) = \left| \sum_{n=0}^{N} w[n] \right|^2$$

Da das Spektrum bei $f_m = 0$ in diesem Fall Eins betragen muss, müssen wir also noch mit dem Quadrat der Summe der Fensterkoeffizienten normieren:

$$S_x(f_m, n_M) = \frac{\tilde{S}_x(f_m, n_M)}{c_w^2} \quad \text{mit } c_w = \sum_{n=0}^{N} w[n]$$

Damit haben wir die Berechnungsvorschrift für ein einzelnes Spektrum.

2.2.3   Beispiel

Für das Beispiel verwenden wir das in Abb. 2.7 gezeigte Mehrfrequenzsignal, das zur Wahl einer Telefonnummer in einem analogen Telefonsystem verwendet wird. Das Signal besteht aus 15 Abschnitten mit je einem Tonpaar. Am Zeitsignal können wir das aber nur bedingt erkennen. Die Abtastrate beträgt $f_a = 8\,\text{kHz}$. Vor der Berechnung haben wir noch Rauschen addiert, das in Abb. 2.7 nicht enthalten ist. Abb. 2.8 zeigt ein Spektrum aus dem ersten Tonpaar. Die Töne haben jeweils die Amplitude 0.5, den Effektivwert $0.5/\sqrt{2} = 0.3535$ und die Leistung 0.125; folglich haben die beiden Anteile eines Tons jeweils die Leistung 0.0625 bzw. $10\log_{10} 0.0625 = -12\,\text{dB}$.

Etwas schwieriger ist die Bestimmung der Leistung beim Rauschen. Wir haben dem Signal weißes Rauschen mit einer Leistung von 0.01 hinzugefügt. In *Matlab* verwendet man dazu den Befehl `randn`, der ein weißes Rauschsignal mit einer Leistung von Eins erzeugt, das durch Skalierung mit $\sqrt{P_n}$ auf die Leistung P_n umgerechnet wird; wir schreiben also:

```
% ... das Nutzsignal sei im Vektor x gegeben ...
P_n = 0.01;
n = sqrt( P_n ) * randn( 1, length(x) );
x = x + n;
```

Bei weißem Rauschen verteilt sich die Rauschleistung im langfristigen Mittel gleichmäßig auf den Frequenzbereich $-f_a/2 < f < f_a/2$, d. h. auf einen Bereich mit der Bandbreite f_a;

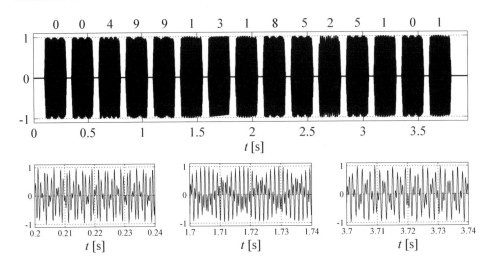

Abb. 2.7 Mehrfrequenzsignal (MFV) zur Wahl der Telefonnummer 004991318525101 in einem analogen Telefonsystem

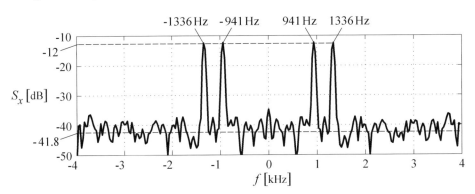

Abb. 2.8 Spektrum aus dem ersten Tonpaar

deshalb beträgt die *Rauschleistungsdichte*:

$$S_n(f) = \frac{P_n}{f_a} = \frac{0.01}{8\,\text{kHz}} = 1.25 \cdot 10^{-6}\,\text{Hz}^{-1}$$

Für ein Blackman-Fenster-erhalten wir bei einer FFT-Länge von $N = 256$ die Auflösungs-bandbreite

$$RBW = \frac{f_a}{N} = \frac{8\,\text{kHz}}{256} = 31.25\,\text{Hz}$$

und die Rauschbandbreite:

$$NBW \approx 1.7 \cdot RBW \approx 53\,\text{Hz}$$

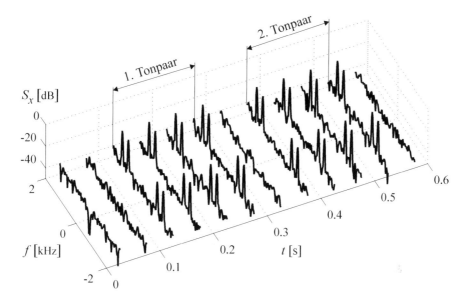

Abb. 2.9 3-dimensionale Darstellung der Spektren der ersten beiden Tonpaare

In jedes Filter der FFT-Filterbank fällt demnach im langfristigen Mittel die Rauschleistung:

$$P_n(f_m) = S_n(f) \cdot NBW \approx 1.25 \cdot 10^{-6}\,\text{Hz}^{-1} \cdot 53\,\text{Hz} \approx 6.6 \cdot 10^{-5}$$

$$\Rightarrow \quad 10\log_{10} P_n(f_m) \approx -41.8\,\text{dB}$$

Diesen Wert können wir in Abb. 2.8 ablesen. Bei einer Messung mit einem Spektral-Analysator wird entsprechend *rückwärts* gerechnet.

Wir haben in diesem Beispiel Signalabschnitte mit einer Länge von 400 Abtastwerten ausgewertet. Das entspricht bei einer Abtastrate von 8 kHz einer Signaldauer von 50 ms. Für jeden Abschnitt haben wir nach der Welch-Methode zwei Spektren der Länge 256 berechnet und gemittelt. Da wir dazu nur 384 Abtastwerte benötigen, wurden in jedem Abschnitt die letzten 16 Abtastwerte nicht berücksichtigt; hier war uns aber eine *runde* Dauer von 50 ms wichtiger.

Ein Spektrum-Analysator stellt die berechneten Spektren sukzessive mit einer Rate von 1/0.05 = 20 Bildern pro Sekunde dar. Die ersten 12 Spektren sind in Abb. 2.9 als 3D-Graphik dargestellt; dabei haben wir den dargestellten Frequenzbereich auf ±2 kHz begrenzt. Eine weitere, häufig verwendete Darstellung ist das in Abb. 2.10 gezeigte *Spektrogramm*, bei der die Spektren farb- oder grau-codiert in einer *t–f*–Ebene dargestellt werden.

Es fällt auf, dass bei der Berechnung der Leistungsanzeige der Töne die Länge N der FFT nicht eingeht, bei der Berechnung der Leistungsanzeige des Rauschens dagegen

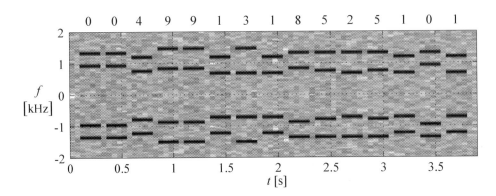

Abb. 2.10 2-dimensionale Darstellung der Spektren in Form eines Spektrogramms

schon. Das hängt mit dem Verhältnis der Bandbreiten der verschiedenen Signalanteile – hier jeweils zwei Töne und Rauschen – zur Auflösungsbandbreite zusammen:

- Ein konstanter Ton hat die Bandbreite Null und fällt damit immer als Ganzes in eines der Filter der FFT-Filterbank; deshalb ändert sich die angezeigte Leistung nicht, wenn man die Länge N bzw. die Auflösungsbandbreite ändert. Das gilt auch für Signale mit endlicher Bandbreite, solange ihre Bandbreite kleiner als die Auflösungsbandbreite bleibt.
- Bei breitbandigen Signalen, deren Leistung in mehrere Filter fällt, hängt die angezeigte Leistung von der Rauschbandbreite der FFT-Filterbank ab. Hier ändern sich die angezeigten Werte, wenn man die Länge N ändert. Bei einer Verdoppelung von N halbiert sich die Rauschbandbreite; dadurch nehmen die angezeigten Werte um 3 dB ab.

Abb. 2.11 zeigt dies am Beispiel eines Sinus-Signals mit Rauschen. Die Anzeige der Leistung des Sinus-Signals bleibt unverändert, während die Anzeige der Rauschleistung mit

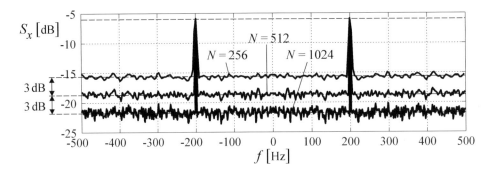

Abb. 2.11 Spektren eines Sinus-Signals mit Rauschen für verschiedene FFT-Längen

zunehmender FFT-Länge abnimmt. Da wir für alle drei Fälle einen Signalabschnitt gleicher Länge verwendet haben, nimmt mit zunehmender FFT-Länge auch die Anzahl der nach der Welch-Methode gemittelten Spektren ab, so dass der Verlauf der angezeigten Rauschleistung aufgrund der größeren Varianz *rauer* wird. Ist das Sinus-Signal deutlich schwächer als hier angenommen, kann es in der Anzeige des Rauschens *versinken* und auch bei hoher FFT-Länge nicht mehr erkannt werden. In diesem Fall kann nur ein längerer Signalabschnitt Abhilfe schaffen.

In der Praxis werden häufig zwei Messungen durchgeführt: eine Messung mit hoher FFT-Länge zur Ermittlung der sinus-förmigen Anteile und eine Messung mit geringer FFT-Länge zur exakteren Ermittlung der Rauschleistungsdichte.

2.3 Unterabtastung und Überabtastung

Eine der wichtigsten Signalverarbeitungsoperationen in einem SDR ist die Änderung der Abtastrate (*Resampling*) diskreter Signale durch Unterabtastung oder Überabtastung. Da wir diese Operationen in den folgenden Beispielen immer wieder anwenden werden, gehen wir im folgenden auf die einfachsten Realisierungen unter *Matlab* ein; effizientere Realisierungen behandeln wir im Kap. 7.

Bei einer Unterabtastung wird die Abtastrate von $f_{a,high}$ auf $f_{a,low} = f_{a,high}/M$ reduziert. Die Unterabtastung selbst erfolgt unter *Matlab*, indem man aus einem Signalvektor mit der Abtastrate $f_{a,high}$ jeden M-ten Werte entnimmt:

```
x_low = x_high( 1 : M : end );
```

Vorher müssen wir das Signal aber so filtern, dass das Abtasttheorem auch nach der Unterabtastung erfüllt ist, sofern das nicht ohnehin schon der Fall ist. Bei einer Überabtastung wird die Abtastrate von $f_{a,low}$ auf $f_{a,high} = Mf_{a,low}$ erhöht, indem zunächst zwischen je zwei Abtastwerten $M - 1$ Nullen eingefügt werden. In *Matlab* erfolgt dies mit Hilfe des Kronecker-Produkts `kron`:

```
x_high = kron( x_low, [ 1 zeros(1,M-1) ] );
```

Hier muss anschließend auf jeden Fall eine Filterung erfolgen, die die eingefügten Nullen durch interpolierte Werte ersetzt. Das Filter muss dabei die Gleichverstärkung M besitzen, damit die Leistung des Signals trotz der eingefügten Nullen erhalten bleibt.

Abb. 2.12 zeigt die Blockschaltbilder und die Spektren für die beiden Operationen am Beispiel $M = 4$. Bei der Unterabtastung dient die Filterung der Unterdrückung unerwünschter Signalanteile, die über den Alias-Effekt in den Nutzbereich am Ausgang fallen würden. Bei der Überabtastung erhält man durch das Einfügen der Nullen eine periodische

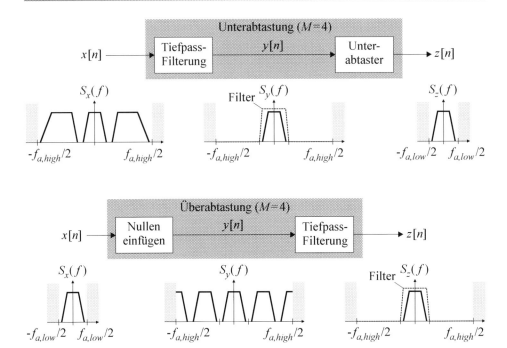

Abb. 2.12 Unterabtastung und Überabtastung am Beispiel $M = 4$

Fortsetzung des Nutzbereichs, aus der der ursprüngliche Nutzbereich durch Filterung herausgeschnitten werden muss.

Das ideale Filter für die Tiefpass-Filterung wäre der aus der Signaltheorie bekannte *ideale Tiefpass* mit der Übertragungsfunktion

$$\underline{H}(f) = \begin{cases} 1 & \text{für } -f_{a,low}/2 \leq f \leq f_{a,low}/2 \\ 0 & \text{für } f_{a,low}/2 < |f| < f_{a,high}/2 \end{cases}$$

und der zeitdiskreten Impulsantwort:

$$h[n] = \frac{1}{f_{a,high}} \int\limits_{-f_{a,high}/2}^{f_{a,high}/2} \underline{H}(f)\, e^{j2\pi nf/f_{a,high}}\, df = \frac{1}{f_{a,high}} \int\limits_{-f_{a,low}/2}^{f_{a,low}/2} e^{j2\pi nf/f_{a,high}}\, df$$

$$= \frac{1}{\pi n} \sin\left(\pi n\, \frac{f_{a,low}}{f_{a,high}}\right) = \frac{1}{\pi n} \sin\left(\frac{\pi n}{M}\right) \quad \text{mit } M = \frac{f_{a,high}}{f_{a,low}}$$

2.3.1 Einfache Berechnung von Tiefpass-Filtern

In der Praxis wird ein FIR-Filter verwendet; dazu müssen wir die unendlich lange Impuls-antwort $h[n]$ auf einen Bereich $-N_h \leq n \leq N_h$ beschränken, so dass wir ein Filter mit $N = (2N_h + 1)$ Koeffizienten erhalten. In *Matlab* schreiben wir dazu:

```
% ... die Abtastraten f_a_high und f_a_low seinen gegeben ...
N_h = <vorgegebener Wert>;
M = f_a_high / f_a_low;
n = 1 : N_h;
h = sin( pi * n / M ) ./ ( pi * n );
h = [ fliplr(h) 1/M h ];
```

Abb. 2.13 zeigt ein Beispiel für den Betragsfrequenzgang eines *abgeschnittenen* ide-alen Tiefpass-Filters. Der Verlauf ist aufgrund der durch das Abschneiden verursachten Welligkeit im Durchlassbereich und der geringen Dämpfung im Sperrbereich unbefriedi-gend. Wir können aber eine deutliche Verbesserung erreichen, indem wir die Koeffizienten mit einer Fenster-Funktion bewerten. Dafür eignet sich das *Kaiser-Fenster*, da es einen Parameter β besitzt, mit dem man einen Kompromiss zwischen der Steilheit der Filter-flanken und der Sperrdämpfung erzielen kann; dabei gilt für die Sperrdämpfung a an der Flanke des Filters:

$$a \approx \beta \cdot 10\,\mathrm{dB}$$

In *Matlab* führen wir die Bewertung mit

```
beta = <Sperrdämpfung an der Flanke in dB / 10>;
h = h .* kaiser( length(h), beta ).';
```

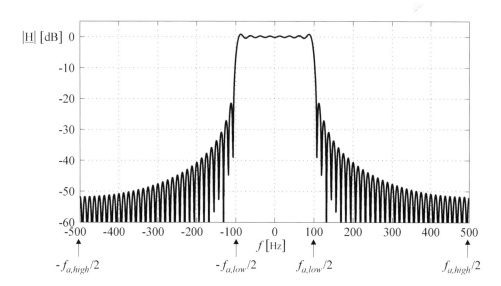

Abb. 2.13 Betragsfrequenzgang eines *abgeschnittenen* idealen Tiefpass-Filters mit $f_{a,high} = 1000$ Hz, $f_{a,low} = 200$ Hz und $N_h = 40$ (81 Filter-Koeffizienten)

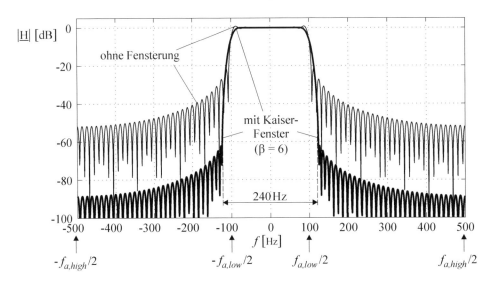

Abb. 2.14 Betragsfrequenzgang des Filters aus Abb. 2.13 vor und nach der Bewertung mit einem Kaiser-Fenster mit $\beta = 6$

durch; Abb. 2.14 zeigt das Ergebnis. Durch die Fensterung nimmt allerdings die Bandbreite des Filters zu. Das können wir kompensieren, indem wir anstelle von M einen etwas größeren Wert $\tilde{M} \approx (1.1 \ldots 1.2) M$ einsetzen. Anschließend müssen wir die resultierende Breite des Durchlassbereichs prüfen, die von der zulässigen Dämpfung an den Rändern des Durchlassbereichs abhängt.

Wir haben demnach drei Parameter, mit denen wir das Filter an unsere Anforderungen anpassen können:

- die Bereichsgrenze N_h, die die Anzahl N der Koeffizienten des Filters bestimmt;
- den Parameter β des Kaiser-Fensters, mit dem wir die Sperrdämpfung einstellen;
- den Bandbreiten-Faktor $\tilde{M}/M \approx 1.1 \ldots 1.2$, mit dem wir die Bandbreite justieren.

Für unsere weiteren Beispiele verwenden wir $\beta = 6$, $\tilde{M}/M = 1.11$ und $N_h \approx 16\,M$:

```
% ... die Abtastraten f_a_high und f_a_low seinen gegeben ...
M = f_a_high / f_a_low;
N_h = floor( 16 * M );
K = 1.11;
n = 1 : N_h;
h = sin( pi * n / ( K * M ) ) ./ ( pi * n );
h = [ fliplr(h)  1 / ( K * M )  h ] .* kaiser( 2 * N_h + 1, 6 ).';
```

Bei einer zulässigen Dämpfung von 0.1 dB an den Rändern des Durchlassbereichs erhalten wir damit eine Bandbreite:

$$B \approx 0.8 f_{a,low} = \frac{0.8 f_{a,high}}{M}$$

Impulsantwort des idealen Tiefpass-Filters

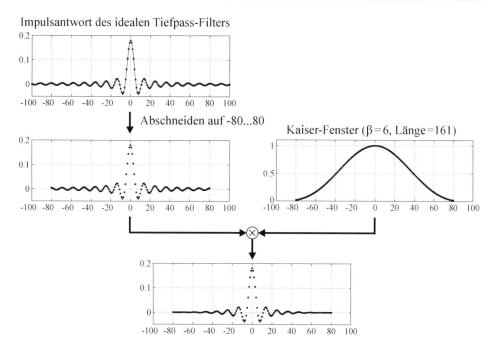

Abb. 2.15 Berechnung der Koeffizienten eines Tiefpass-Filters für $M = 5$ ($N = 161$)

Die $-3\,\mathrm{dB}$–Bandbreite beträgt etwa $0.875 f_{a,low}$. Abb. 2.15 zeigt die Berechnung der Koeffizienten eines Tiefpass-Filters für $M = 5$; in diesem Fall erhalten wir

$$N = 2N_h + 1 \overset{N_h = 16M}{=} 32M + 1 \overset{M=5}{=} 32 \cdot 5 + 1 = 161$$

Koeffizienten.

Für eine systemtheoretisch korrekte Darstellung als kausales Filter müssen wir die Koeffizienten um N_h Werte nach *rechts* verschieben, damit

$$h[n] = 0 \quad \text{für } n < 0$$

gilt; dadurch wird der Bereich $n = -N_h \ldots N_h$ nach $n = 0 \ldots 2N_h$ verschoben. Für die Anwendung bedeutet das, dass das Filter eine Verzögerung um N_h Abtastwerte verursacht.

Ein derart berechnetes Filter ist in der Regel nicht optimal. In der Praxis kann man mit dem iterativen *Remez-Verfahren* Filter mit günstigeren Eigenschaften berechnen, muss dazu aber ein Toleranzschema für den Betragsfrequenzgang angeben und ggf. mehrere Versuche unternehmen, bis das Verfahren konvergiert. Für unsere Zwecke reicht die hier vorgestellte nicht-iterative Berechnung, in die nur der Faktor $M = f_{a,high}/f_{a,low}$ als variabler Parameter eingeht, aber vollkommen aus.

2.3.2   Filter-Berechnungsfunktion

In unseren weiteren Beispielen werden wir die Überabtastung nicht nur an den Stellen
einsetzen, an denen in einem SDR tatsächlich eine Überabtastung erfolgen muss, sondern
auch immer dann, wenn wir von einem diskreten Signal nicht nur die einzelnen Abtastwerte, sondern den Verlauf des zugrunde liegenden kontinuierlichen Signals graphisch
darstellen wollen; dazu benötigen wir – wie in Abschn. 2.1 beschrieben – ein diskretes
Signal mit einer etwa 10-fach höheren Abtastrate.

   Zur bequemeren Nutzung in den folgenden Beispielen fassen wir die Berechnung zu
einer eigenen Funktion zusammen:

```
function h = resampling_filter(M)
% h = resampling_filter(M)
%
% FIR lowpass filter for resampling
%
%   M - ratio of sampling rates (M >= 1)

N_h = floor( 16 * M );
n = 1 : N_h;
K = 1.11;
h = sin( pi * n / ( K * M ) ) ./ ( pi * n );
h = [ fliplr(h)  1 / ( K * M )  h ] .* kaiser( 2 * N_h + 1, 6 ).';
```

Das resultierende Filter hat die Gleichverstärkung Eins (0 dB). Um die bei einer Überab-
tastung erforderliche Gleichverstärkung M zu erhalten, können wir entweder das Ein- oder
Ausgangssignal des Filters oder die Filterkoeffizienten mit M multiplizieren. In unseren
Beispielen realisieren wir die Multiplikation mit M in der Regel dadurch, dass wir beim
Einfügen der Nullen

```
x_high = kron( x_low, [ M zeros(1,M-1) ] );
```

schreiben; dadurch werden die Abtastwerte mit M multipliziert.

   Durch das Einfügen von Nullen können wir die Filterung mit den Funktionen
conv bzw. filter durchführen. Das ist für unsere Zwecke ausreichend, für praktische Anwendungen jedoch ineffizient. Das Einfügen von Nullen bei der Überabtastung und das Verwerfen von berechneten Werten bei der Unterabtastung kann durch
die Verwendung eines Polyphasen-FIR-Filters vermieden werden. Wir gehen darauf im
Abschn. 7.2 ein.

2.4   Berechnung allgemeiner Tiefpass-Filter

Die Berechnung allgemeiner Tiefpass-Filter kann ebenfalls mit dem im vorausgehenden
Abschnitt beschriebenen Verfahren erfolgen. In diesem Fall liegt kein Bezug zu einer

Unter- oder Überabtastung vor, d. h. die Abtastraten am Eingang und am Ausgang haben denselben Wert f_a. An die Stelle des Faktors M tritt die auf die Abtastrate f_a bezogene *relative Bandbreite*:

$$B_{rel} = \frac{B}{f_a} = 0.01\ldots0.8$$

Zur einfachen Berechnung haben wir die Funktion

```
h = lowpass_filter( B_rel, beta, N )
```

erstellt, bei der neben der relativen Bandbreite `B_rel` optional der Parameter `beta` des Kaiser-Fensters und die Koeffizientenanzahl `N` angegeben werden kann. Letztere beträgt ohne explizite Vorgabe:

$$N \approx \frac{32}{B_{rel}}$$

Wir haben für B_{rel} die willkürliche Untergrenze 0.01 festgelegt, um die maximale Koeffizientenanzahl auf etwa 4000 zu beschränken. Das zur Bandbegrenzung eines Signals mit der Abtastrate f_a auf die Bandbreite B benötigte Filter können wir nun bequem mit

```
h = lowpass_filter( B / f_a );
```

berechnen.

2.5 Zusammenfassung

Im diesem Abschnitt haben wir die zur Darstellung von Signalen und Spektren benötigten Grundlagen behandelt und durch Beispiele verdeutlicht. Nach diesen Grundlagen arbeiten auch moderne Messgeräte wie z. B. Oszilloskope, Spektrum-Analysatoren und spezielle Signalanalysatoren. Die konkreten Berechnungen erfolgen zwar häufig mit Hilfe von optimierten Algorithmen, bei denen bestimmte Zusammenhänge ausgenutzt werden, um den Rechenaufwand zu reduzieren, die zugrunde liegenden Grundprinzipien sind aber dieselben.

Aufbau und Signale eines *Software Defined Radio*-Systems

3

Inhaltsverzeichnis

© Springer-Verlag GmbH Deutschland 2017
A. Heuberger und E. Gamm, *Software Defined Radio-Systeme für die Telemetrie*,
DOI 10.1007/978-3-662-53234-8_3

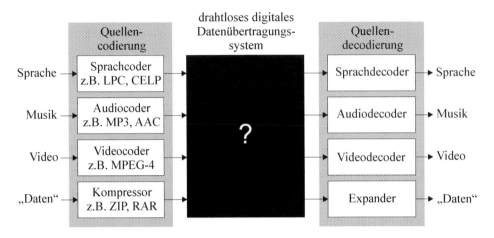

Abb. 3.1 Datenquellen und Datensenken eines drahtlosen digitalen Datenübertragungssystems

Bei einem *Software Defined Radio* (*SDR*) handelt es sich um eine besondere Form eines drahtlosen digitalen Datenübertragungssystems. Die zu übertragenden Daten werden von Datenquellen geliefert und an Datensenken ausgegeben. Je nach Datenquelle werden die Daten vor der Übertragung durch eine Quellencodierung komprimiert und nach der Übertragung durch eine entsprechende Quellendecodierung wieder expandiert. Abb. 3.1 zeigt dies für die vier möglichen Typen von Datenquellen; dabei fassen wir unter „Daten"-Quellen alle Quellen zusammen, die *nicht* Sprach-, Musik- oder Video-Daten liefern. Auf die Datenquellen und die Quellencodierung gehen wir im folgenden nicht ein.

Unsere Aufgabe der Datenübertragung beginnt am Eingang der *Black Box* in Abb. 3.1 und endet an ihrem Ausgang. Wir fragen also nicht nach dem *Inhalt* oder der *Bedeutung* der Daten. Unsere Aufgabe lautet, Daten – genauer gesagt einen Bit-Datenstrom – fehlerfrei von A nach B zu übertragen. Dass bei quellencodierten Sprach-, Musik- oder Video-Daten eine fehlerfreie Übertragung nicht unbedingt erforderlich, da in diesem Fall die Sinnesorgane des *menschlichen Empfängers* bei einer geringen Fehlerrate noch in der Lage sind, den Inhalt oder die Bedeutung zu erfassen, lassen wir dabei außer acht.

Das Besondere an einem SDR ist die weitgehende Unabhängigkeit der Hardware-Komponenten von den nachrichtentechnischen Parametern der Übertragung (Modulation, Symbolrate, etc.); dadurch kann man dieselbe Hardware-Plattform für verschiedene Übertragungsverfahren, d. h. verschiedene *Standards*, verwenden. Die Funktionalität der Plattform wird in diesem Fall durch die vorhandene Software bzw. Firmware bestimmt. Die Hardware eines SDR wird deshalb auch als *Multi-Standard-Plattform* bezeichnet.

Die Abgrenzung von Software und Firmware ist nicht eindeutig. Die Bezeichnung Firmware für *fest einprogrammierte Software* (*Embedded Software*) bezieht sich bei modernen Plattformen, bei denen die gesamte Betriebs-Software durch Fernwartung ausgetauscht werden kann, eigentlich nur noch auf die *eingebaute* Funktionalität zur Durchführung eben dieser Fernwartung. Man spricht zwar beim Update eines *Nicht-PC* immer noch von einem *Firmware Update*, da aber viele Plattformen einen *eingebetteten*

PC enthalten und man beim Update von PC-Software von einem *Software Update* spricht, bleiben die Bezeichnungen wage. Wir sprechen im folgenden nur noch von Software und verwenden den Begriff Firmware nicht mehr. Das steht im Einklang mit der Bezeichnung *Software* Defined Radio.

3.1   Blockschaltbilder eines *SDR*-Systems

Abb. 3.2 zeigt das Blockschaltbild der Komponenten eines SDR-Systems. Auf der rechten Seite sind die Antennen und die analogen Sende- und Empfangskomponenten dargestellt. Der analoge Eingangsteil eines Empfängers wird in der Regel als *Frontend* bezeichnet. In der Mitte befinden sich die Komponenten, mit denen die Umsetzung der Signale zwischen dem *Basisband* auf der linken Seite und dem *Trägerbereich* auf der rechten Seite erfolgt:

- ein D/A-Umsetzer und ein I/Q-Modulator im Sender;
- ein und ein I/Q-Demodulator im Empfänger.

Sowohl im Sender als auch im Empfänger kann die Umsetzung vor oder nach dem I/Q-(De-)Modulator erfolgen. Die Umsetzer bilden die Schnittstelle zwischen den Komponenten mit diskreten Signalen auf der linken Seite der Umsetzer und den Komponenten mit kontinuierlichen Signalen auf der rechten Seite der Umsetzer. Auf die zentrale Funktion der I/Q-(De-)Modulation und ihren Zusammenhang mit dem Begriff *Basisband* gehen wir im nächsten Abschnitt ausführlich ein.

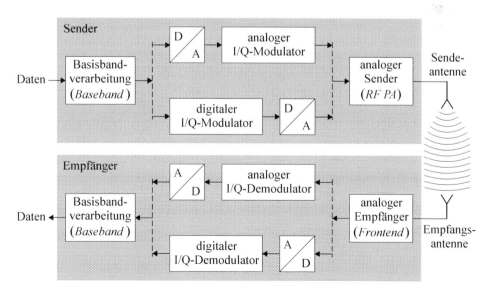

Abb. 3.2 Blockschaltbild eines *Software Defined Radio* (SDR) Systems (*RF PA = Radio Frequency Power Amplifier*)

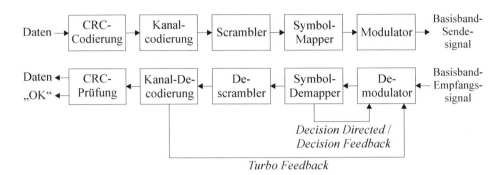

Abb. 3.3 Nachrichtentechnisches Blockschaltbild eines digitalen Übertragungssystems. Bei einem *Software Defined Radio* System sind alle Funktionen per Software realisiert und in der Basisbandverarbeitung lokalisiert

Ein weiteres wichtiges Blockschaltbild ist das funktionelle Blockschaltbild aus nachrichtentechnischer Sicht, das in Abb. 3.3 gezeigt ist. Dieses Blockschaltbild beschreibt, wie im Sender aus den zu sendenden Daten ein Sendesignal mit einem bestimmten Modulationsverfahren erzeugt wird und wie der Empfänger die gesendeten Daten aus dem Empfangssignal zurückgewinnt. Hier bleibt zunächst völlig offen, welche Funktionen mit digitaler oder analoger Signalverarbeitung erfolgen, d. h. welche Signale diskret und welche Signale kontinuierlich sind. Das besondere an einem SDR liegt nun aber gerade darin, dass *alle* in Abb. 3.3 gezeigten Funktionen per Software realisiert und in der Basisbandverarbeitung lokalisiert sind.

Während im Sender eine reine Vorwärts-Verarbeitung vorliegt, kann es im Empfänger auch Rückkopplungen geben. Eine sehr häufig verwendete Rückkopplung ist die Rückführung der entschiedenen Symbole. Da wir den Symbolentscheider als Teil des Symbol-Demappers auffassen, handelt es sich dabei um eine lokale Rückkopplung zwischen Symbol-Demapper und Demodulator. Wir gehen darauf im folgenden noch näher ein.

Eine weitere, vom Kanal-Decoder zum Demodulator führende Rückkopplung wird bei *Turbo-Verfahren* verwendet; dabei wird für einen bestimmten Signalabschnitt die Schleife vom Demodulator zum Kanal-Decoder mehrfach durchlaufen. Turbo-Verfahren sind demnach *iterative* Verfahren. Typische Bezeichnungen sind *Turbo-Demodulation*, *Turbo-Entzerrung* und *Turbo-Synchronisation*. Damit nicht zu verwechseln ist die *Turbo-Codierung*; dabei handelt es sich um ein spezielles Verfahren zur Kanalcodierung, bei dem eine Rückkopplung *innerhalb* Kanaldecoders stattfindet.

3.2 Basisbandsignale und Trägersignale

Am Ausgang der Basisbandverarbeitung im Sender erhalten wir das Basisband-Sendesignal; entsprechend liegt am Eingang der Basisbandverarbeitung im Empfänger das

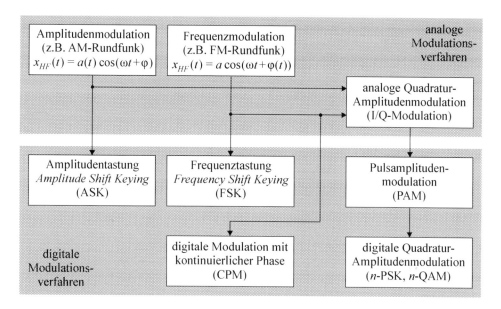

Abb. 3.4 Grundlegende analoge und digitale Modulationsverfahren

Basisband-Empfangssignal an. Da das Konzept des *Basisbands* für digitale Datenübertragungsverfahren von zentraler Bedeutung ist, erläutern wir dieses Konzept zunächst anhand eines kurzen Einschubs über die Entstehung der in Abb. 3.4 gezeigten grundlegenden analogen und digitalen Modulationsverfahren.

3.2.1 Amplituden- und Frequenzmodulation

Ein Trägersignal hat die allgemeine Form:

$$x_{HF}(t) \ = \ a\cos(\omega_0 t + \varphi) \quad \text{mit } \omega_0 = 2\pi f_0$$

Von den Parametern a, f_0 und φ ist f_0 durch die Frequenz des Trägersignals vorgegeben, während a und φ für eine Modulation zur Verfügung stehen. Historisch wurden zunächst die Amplitudenmodulation (AM) – zum Beispiel beim analogen AM-Rundfunk – und die Amplitudentastung (ASK) – zum Beispiel beim Morse-Verkehr – verwendet; dabei wird nur die Amplitude a moduliert:

$$x_{HF}(t) \ = \ a(t)\cos(\omega_0 t + \varphi) \quad \text{mit } a(t) > 0$$

Für die einfachste Form von ASK gilt mit binären Sendedaten „0"/„1":

$$\text{„0"} \ \rightarrow \ a(t) = 0 \quad , \quad \text{„1"} \ \rightarrow \ a(t) = a_1$$

Da man für die Aussendung eines AM-Signals einen linearen Sendeverstärker benötigt, der nur einen geringen Wirkungsgrad erzielt, wurde bei neueren analogen Rundfunksystemen die Frequenzmodulation (FM) verwendet, bei der man aufgrund der konstanten Amplitude a einen nichtlinearen Sendeverstärker mit einem hohem Wirkungsgrad verwenden kann; dabei gilt:

$$x_{HF}(t) \;=\; a \cos\left(\omega_0 t + \varphi(t)\right) \quad \text{mit } \varphi(t) = \int\limits_{-\infty}^{t} \omega(t_1)\, dt_1$$

Die etwas ungewohnte Darstellung wird verständlich, wenn wir die Momentanfrequenz bilden:

$$\omega_{HF}(t) \;=\; \frac{d}{dt}\left(\omega_0 t + \varphi(t)\right) \;=\; \omega_0 + \omega(t)$$

Bei einem FM-Signal kann man über eine stärkere Modulation eine Aufweitung der Bandbreite erzielen, die im Empfänger zu einem Modulationsgewinn führt; davon wird beim FM-Rundfunk Gebrauch gemacht. Auch bei FM gibt es mit der Frequenztastung (FSK) eine digitale Variante, bei der die Momentanfrequenz zwischen zwei oder mehreren Werten wechselt; bei zwei Werten gilt mit binären Sendedaten „0"/„1":

$$\text{„0"} \;\rightarrow\; \omega(t) = -\omega_1 \quad , \quad \text{„1"} \;\rightarrow\; \omega(t) = \omega_1$$

Sowohl bei AM als auch bei FM wird der jeweils andere modulierbare Parameter nicht verwendet: AM-Empfänger arbeiten unabhängig von der Phase φ, während in FM-Empfängern das Empfangssignal mit einem Begrenzer auf eine konstante Amplitude a gebracht wird.

Im Gegensatz zum analogen Rundfunk ist bei den digitalen Varianten ASK und FSK eine Synchronisation im Empfänger erforderlich, um das Empfangssignal zum richtigen Zeitpunkt abzutasten und die gesendeten Daten zurückzugewinnen. Auf das Thema Synchronisation gehen wir im Kap. 8 noch näher ein.

3.2.2 I/Q-Modulation

Um die Übertragungskapazität optimal zu nutzen, liegt es nahe, Amplituden- und Frequenzmodulation zu kombinieren; dann gilt:

$$x_{HF}(t) \;=\; a(t) \cos\left(\omega_0 t + \varphi(t)\right)$$

In diesem Fall würde man im Empfänger getrennte Demodulatoren für AM und FM einsetzen. Trotz der Einfachheit hat sich dieses Verfahren in der Praxis nicht durchgesetzt, da AM und FM unterschiedliches Verhalten zeigen und die beiden Kanäle deshalb

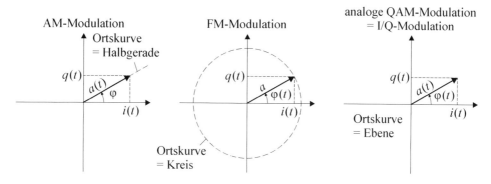

Abb. 3.5 Ortskurven der Signale bei AM-, FM- und I/Q-Modulation

nicht gleichwertig sind. Zwei Kanäle mit gleichem Verhalten erhält man, wenn man das Additionstheorem

$$\cos(\alpha + \beta) = \cos\alpha\cos\beta - \sin\alpha\sin\beta$$

anwendet:

$$x_{HF}(t) = a(t)\cos(\omega_0 t + \varphi(t))$$

$$= \underbrace{a(t)\cos\varphi(t)}_{i(t)}\cos\omega_0 t - \underbrace{a(t)\sin\varphi(t)}_{q(t)}\sin\omega_0 t$$

Dabei ist $i(t)$ das *Inphase-Signal* und $q(t)$ das *Quadratur-Signal*. Der Zusammenhang zwischen den Größen hat eine einfache geometrische Bedeutung:

- $a(t)$ und $\varphi(t)$ bilden die Polarkoordinaten für eine Ebene;
- $i(t)$ und $q(t)$ bilden die kartesischen Koordinaten für diese Ebene.

Die Umrechnung entspricht demnach der Umrechnung zwischen kartesischen und Polarkoordinaten:

$$i(t) = a(t)\cos\varphi(t) \quad , \quad q(t) = a(t)\sin\varphi(t) \quad , \quad a(t) = \sqrt{i^2(t) + q^2(t)}$$

$$\varphi(t) = \arctan\frac{q(t)}{i(t)} + \begin{cases} 0 & \text{für } i(t) \geq 0 \\ \pi & \text{für } i(t) < 0 \end{cases}$$

Diese Modulation wird als *(analoge) Quadratur-Amplitudenmodulation (QAM)* oder als *I/Q-Modulation* bezeichnet. Da die Bezeichnung QAM auch für eine Klasse von digitalen Modulationsverfahren verwendet wird, verwenden wir zur Abgrenzung im folgenden die Bezeichnung *I/Q-Modulation*. Abb. 3.5 zeigt die Ortskurven der durch $[a(t), \varphi(t)]$ bzw. $[i(t), q(t)]$ gegebenen Zeiger für AM-, FM- und I/Q-Modulation.

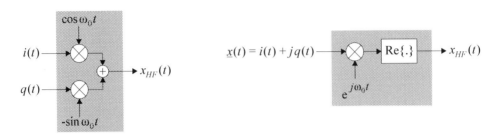

Abb. 3.6 I/Q-Modulator in reell-wertiger (links) und komplex-wertiger (rechts) Darstellung

Die *Quadratur-Komponenten* $i(t)$ und $q(t)$ können auch als Real- und Imaginärteil eines komplexen Signals

$$\underline{x}(t) \;=\; i(t) + j\,q(t) \;=\; a(t)\,e^{j\varphi(t)}$$

aufgefasst werden. Dieses Signal wird *(komplexes) Basisbandsignal* (*Equivalent Complex Baseband signal, ECB signal*) genannt. Die geometrische Darstellung in Abb. 3.5 bleibt dabei unverändert. Für das Trägersignal können wir dann

$$x_{HF}(t) \;=\; \mathrm{Re}\left\{\underline{x}(t)\,e^{j\omega_0 t}\right\} = \mathrm{Re}\{(i(t) + j\,q(t))\,(\cos \omega_0 t + j\,\sin \omega_0 t)\}$$

$$= i(t)\cos \omega_0 t \;-\; q(t)\sin \omega_0 t$$

schreiben. Daraus ergeben sich die beiden Darstellungen eines I/Q-Modulators in Abb. 3.6.

Während die reell-wertige Darstellung immer dann verwendet wird, wenn die I/Q-Modulation praktisch durchgeführt wird, werden wir in den folgenden Blockschaltbildern überwiegend die komplex-wertige Darstellung verwenden, da wir primär mit dem komplexen Basisbandsignal $\underline{x}(t)$ und nicht mit den Quadratur-Komponenten $i(t)$ und $q(t)$ arbeiten werden. Diese Unterscheidung hat ihre Ursache darin, dass die komplex-wertige Darstellung suggeriert, dass zunächst das vollständige komplexe Produkt aus $\underline{x}(t)$ und $e^{j\omega_0 t}$ gebildet wird – dazu wären vier reelle Multiplikationen erforderlich –, dann aber nur der Realteil des Produkts verwendet wird. Das ist in einer praktischen Implementierung natürlich nicht der Fall; hier erfolgt die Berechnung immer entsprechend der reell-wertigen Darstellung, d. h. es wird nur der Realteil des komplexen Produkts berechnet. Das gilt allerdings nicht für unsere Beispiele unter *Matlab*; hier gehen wir tatsächlich stur nach der komplex-wertigen Darstellung vor, da die Ausführungszeit für

```
%  ... x sei der Vektor mit dem komplexen Basisbandsignal und
%      t der zugehörige Zeitvektor ...
x_hf = real( x .* exp( 1i * w_0 * t ) );
```

geringer ist als die Ausführungszeit für:

```
x_hf = real( x ) .* cos( w_0 * t ) - imag( x ) .* sin( w_0 * t );
```

Das hängt mit der internen Verarbeitung zusammen.

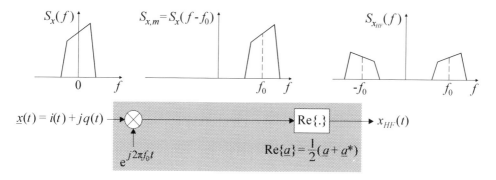

Abb. 3.7 Spektren bei I/Q-Modulation

3.2.3   Spektren des Basisbandsignals und des Trägersignals

Abb. 3.7 zeigt die Spektren der Signale bei einer I/Q-Modulation. Zunächst ist festzuhalten, dass das Spektrum $S_x(f)$ des komplexen Basisbandsignals $\underline{x}(t)$ im allgemeinen unsymmetrisch ist, d. h. es gilt:

$$S_x(-f) \neq S_x(f)$$

Das Spektrum $S_x(f)$ ist nur dann symmetrisch, wenn eine der Quadratur-Komponenten gleich Null ist oder wenn eine Proportionalität vorliegt: $i(t) \sim q(t)$. Letzteres ist bei AM der Fall – die Ortskurve für AM in Abb. 3.5 ist eine Gerade –, bei FM und allgemeiner I/Q-Modulation dagegen nicht. Durch die Multiplikation mit $e^{j2\pi f_0 t}$ wird das Signal spektral verschoben; wir bezeichnen diesen Vorgang als (*komplexe*) *Mischung* und den Multiplizierer als (*komplexen*) *Mischer*. Der Übergang zum reellen Trägersignal $x_{HF}(t)$ durch Realteil-Bildung erfolgt entsprechend der Berechnungsvorschrift

$$\mathrm{Re}\left\{\underline{a}\right\} = \frac{1}{2}\left(\underline{a} + \underline{a}^*\right)$$

unter Verwendung von:

$$S_{x^*}(f) = \left|\mathcal{F}\left\{\underline{x}^*(t)\right\}\right|^2 = \left|\underline{X}^*(-f)\right|^2 = \left|\underline{X}(-f)\right|^2 = S_x(-f)$$

Damit erhalten wir ein reelles Signal mit einem symmetrischen Spektrum $S_{x_{HF}}(f)$. Das Spektrum setzt sich aus dem um die Frequenz f_0 verschobenen und mit dem Faktor $1/2$ skalierten Spektrum $S_x(f)$ des Basisbandsignals bei positiven Frequenzen und dem für reelle Signale typischen gespiegelten Anteil bei negativen Frequenzen zusammen.

3.2.4 I/Q-Demodulation

Die I/Q-Demodulation als Umkehrung der I/Q-Modulation stellt sich nicht so einfach dar, da wir hier den Anteil bei negativen Frequenzen im Spektrum $S_{x_{HF}}(f)$ des Trägersignals eliminieren müssen. Das erfordert eine Filterung. Da wir zusätzlich auch wieder eine Verschiebung in Form einer komplexen Mischung benötigen, ergeben sich zwei Varianten:

- Filterung mit einem Filter zur Hilbert-Transformation *vor* der Mischung;
- Filterung mit einem Tiefpass-Filter *nach* der Mischung.

Abb. 3.8 zeigt die Variante mit Hilbert-Transformation. Da bei dieser Variante die Phasenbeziehungen relevant sind, können wir die Funktion nicht mit Hilfe der Spektren darstellen, sondern müssen auf die Fourier-Transformierten zurückgreifen. Die Hilbert-Transformation $\mathcal{H}$ ist eine auf den ersten Blick etwas eigentümliche Transformation mit der Eigenschaft:

$$\mathcal{H}\{\cos(\omega t + \varphi)\} = \sin(\omega t + \varphi)$$

Mit Hilfe dieser Transformation kann man das zu einem reellen Signal $x_{HF}(t)$ gehörige *analytische Signal*

$$\underline{x}_A(t) = x_{HF}(t) + j\,\mathcal{H}\{x_{HF}(t)\}$$

bilden, so dass

$$x_{HF}(t) = \text{Re}\left\{\underline{x}_A(t)\right\} \overset{!}{=} \text{Re}\left\{\underline{x}(t)\,e^{j\omega_0 t}\right\} \quad \Rightarrow \quad \underline{x}_A(t) = \underline{x}(t)\,e^{j\omega_0 t}$$

gilt, d. h. das analytische Signal entspricht dem um ω_0 verschobenen Basisbandsignal. Für ein harmonisches Signal

$$x_{HF}(t) = a(t)\cos(\omega_0 t + \varphi(t))$$

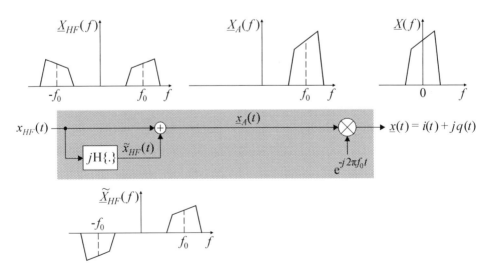

Abb. 3.8 I/Q-Demodulation mit *Hilbert-Transformation*

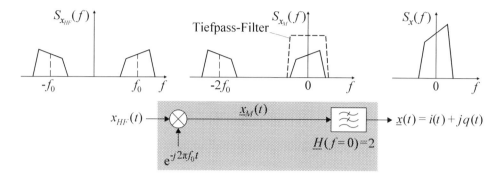

Abb. 3.9 I/Q-Demodulation durch *Downconversion*. In der Praxis wird anstelle der Verstärkung 2 in der Regel die Verstärkung Eins verwendet

ist das offensichtlich:

$$\underline{x}_A(t) \;=\; a(t)\cos\left(\omega_0 t + \varphi(t)\right) + j\,a(t)\sin\left(\omega_0 t + \varphi(t)\right) \;=\; a(t)\,e^{j(\omega_0 t + \varphi(t))}$$

Da jedes Signal als Summe von harmonischen Signalen darstellbar ist, gilt der Zusammenhang demnach für alle Signale.

Die Hilbert-Transformation erfordert ein Filter mit der Übertragungsfunktion:

$$\underline{H}_H(f) \;=\; \begin{cases} -j & \text{für } f > 0 \\ \;\;0 & \text{für } f = 0 \\ \;\;j & \text{für } f < 0 \end{cases}$$

Die Approximation dieser Übertragungsfunktion durch ein reales Filter wird in der Literatur zur Signalverarbeitung beschrieben. Wir gehen darauf nicht ein, da wir im folgenden die nachstehend beschriebene zweite Variante verwenden werden.

Abb. 3.9 zeigt die Variante mit Filterung nach der Mischung; sie wird auch als *Downconversion* bezeichnet. *Down* bedeutet hier: vom Trägerbereich *herunter* in das Basisband. Da in diesem Fall die Phasenbeziehungen keine Rolle spielen, können wir hier wieder die Spektren zur Darstellung der Funktion verwenden. Mit der Impulsantwort $h(t)$ des Tiefpass-Filters gilt:

$$\underline{x}(t) \;=\; \left(x_{HF}(t)\,e^{-j2\pi f_0 t}\right) * h(t)$$

Damit man bei dieser Variante dasselbe Ausgangssignal erhält wie bei der Variante mit Hilbert-Transformation, muss das Tiefpass-Filter die Verstärkung $H(f = 0) = 2$ haben; in der Praxis wird darauf aber meist verzichtet.

In Blockschaltbildern findet man in der Regel die in Abb. 3.10 gezeigte reell-wertige Darstellung. Sie kommt vor allem dann zur Anwendung, wenn der I/Q-Demodulator analog realisiert wird, was wir hier durch die Verwendung kontinuierlicher Signale stillschweigend unterstellt haben. Die digitale Form, die (*Digital Downconverter, DDC*)

Abb. 3.10 Reell-wertige
Darstellung der
I/Q-Demodulation

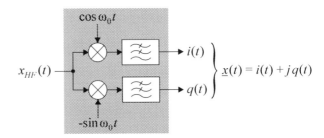

genannt wird, erhalten wir, indem wir die kontinuierlichen Signale durch diskrete Signale ersetzen; die Funktion bleibt dieselbe. Bei der digitalen Form erfolgt in den meisten Fällen zusätzlich eine Reduktion der Abtastrate, d. h. die Abtastrate der Quadratur-Komponenten $i(t)$ und $q(t)$ bzw. des Basisbandsignals $\underline{x}(t)$ wird soweit wie möglich reduziert; wir gehen darauf im Kap. 7 noch näher ein.

In *Matlab* stellt sich der I/Q-Demodulator wie folgt dar:

```
% ... x_hf sei der Vektor mit dem Trägersignal, t der zugehörige
%     Zeitvektor und h der Koeffizientenvektor des Tiefpasses ...
x_m = x_hf .* exp( - 1i * w_0 * t );
x   = conv( x_m, h );
% optionale Unterabtastung um den Faktor M
x = x( 1 : M : end );
```

Auf die optionale Unterabtastung gehen wir im Abschn. 2.3 ein. In der Praxis werden natürlich nur die tatsächlich benötigten Abtastwerte berechnet, d. h. die Unterabtastung erfolgt durch eine Reduktion der berechneten Werte am Ausgang des Filters und nicht durch vollständige Berechnung mit anschließendem Verwerfen berechneter Werte.

3.2.5 Beispiel zur I/Q-Modulation und I/Q-Demodulation

Wir demonstrieren die I/Q-Modulation und die I/Q-Demodulation am Beispiel eines AM- und eines FM-modulierten Signals. Als Nutzsignal werden wir einen etwa 30 Sekunden langen Ausschnitt aus einer Nachrichtensendung, die wir mit einer Abtastrate $f_a = 48\,\text{kHz}$ aufgezeichnet haben.

Zunächst lesen wir das Signal in *Matlab* ein und begrenzen die *einseitige* Bandbreite auf etwa 3.2 kHz, indem wir das Signal mit einem Tiefpass mit der *zweiseitigen* Bandbreite $B = 6.4\,\text{kHz}$ filtern:

```
% Signal einlesen und in Zeilenvektor umwandeln
[ x, f_a ] = wavread( 'radio.wav' );
x = x.';

% Zeitvektor bilden
t = ( 1 : length(x) ) / f_a;
```

```
% Bandbreite reduzieren
h   = lowpass_filter( 6400 / f_a );
x_h = filter( h, 1, x );
```

Das zur Filterung verwendete Tiefpass-Filter berechnen wir mit der im Abschn. 2.4 beschriebenen Funktion `lowpass_filter`.

Danach bilden wir das AM- und das FM-modulierte Signal für eine Trägerfrequenz $f_0 = 10\,\text{kHz}$:

```
% Trägerfrequenz
f_0 = 10000;
% AM-Modulation
c_am = 2.5;
x_am = ( 1 + c_am * x_h ) .* cos( 2 * pi * f_0 * t );
% FM-Modulation
c_fm = 2;
phi  = c_fm * cumsum( x_h );
x_fm = cos( 2 * pi * f_0 * t + phi );
```

Die Modulationsfaktoren `c_am` und `c_fm` haben wir so gewählt, dass wir bei AM einen in der Praxis üblichen Modulationsgrad und bei FM eine für unsere Zwecke passende Bandbreite des modulierten Signals erhalten. Die bei FM erforderliche Integration des Nutzsignals geht bei diskreten Signalen in eine laufende Summation über, die mit der Funktion `cumsum` (*cumulative sum*) realisiert wird. Abb. 3.11 zeigt die Spektren und die Spektrogramme der modulierten Signale. Ein Spektrum-Analysator würde nur den Bereich der positiven Frequenzen darstellen, da der Bereich der negativen Frequenzen bei reellen Signalen redundant ist; zusätzlich würde man den angezeigten Frequenzbereich in der Regel weiter einschränken, um den relevanten Bereich formatfüllend darzustellen.

Die Bandbreite des AM-modulierten Signals beträgt $B_{AM} = 8\,\text{kHz}$, die des FM-modulierten Signals etwa $B_{FM} = 16\,\text{kHz}$. Die Leistung des FM-modulierten Signals beträgt exakt 0.5, da die Änderung der Phase eines harmonischen Signals keinen Einfluss auf die Leistung hat. Beim AM-modulierten Signal setzt sich die Leistung aus den beiden Trägeranteilen bei $\pm10\,\text{kHz}$ mit einer Leistung von jeweils 0.25 ($-6\,\text{dB}$) und der Leistung der Seitenbänder zusammen; die Leistung ist demnach etwas größer als 0.5.

Bevor wir die Signale mit I/Q-Demodulatoren in die entsprechenden Basisbandsignale umwandeln, addieren wir weißes Rauschen mit einer Leistung $P_n = 0.0048$ bzw. einer Rauschleistungsdichte:

$$S_n \;=\; \frac{P_n}{f_a} \;=\; \frac{0.0048}{48\,\text{kHz}} \;=\; 10^{-7}\,\text{s}$$

In *Matlab* schreiben wir dazu:

```
P_n  = 0.0048;
x_am = x_am + sqrt( P_n ) * randn( 1, length(x_am) );
x_fm = x_fm + sqrt( P_n ) * randn( 1, length(x_fm) );
```

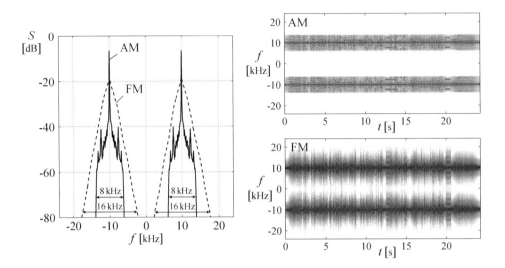

Abb. 3.11 Spektren und Spektrogramme der modulierten Signale des Beispiels

Daraus folgt für die Signal-Rausch-Abstände der modulierten Signale:

$$SNR_{HF,AM} = \frac{P_{HF,AM}}{2\,S_n B_{AM}} \approx \frac{0.5}{2 \cdot 10^{-7} \cdot 8000} \approx 312 \approx 25\,\text{dB}$$

$$SNR_{HF,FM} = \frac{P_{HF,FM}}{2\,S_n B_{FM}} = \frac{0.5}{2 \cdot 10^{-7} \cdot 16000} \approx 156 \approx 22\,\text{dB}$$

Der Faktor 2 im Nenner hat seine Ursache darin, dass sich die Signale aus *zwei* Bereichen mit der Bandbreite B_{AM} bzw. B_{FM} zusammensetzen, siehe Abb. 3.11. Die im Vergleich zum AM-modulierten Signal doppelte Bandbreite des FM-modulierten Signals führt bei etwa gleicher Signalleistung und gleicher Rauschleistungsdichte auf einen um den Faktor 2 (3 dB) geringeren Signal-Rausch-Abstand. Abb. 3.12 zeigt die Spektren nach der Addition des Rauschens.

Wir nehmen nun eine I/Q-Demodulation durch *Downconversion* vor, d. h. durch komplexe Mischung und anschließende Filterung gemäß Abb. 3.9. Als Filter verwenden wir Tiefpass-Filter mit den Bandbreiten B_{AM} und B_{FM}:

```
h_am = lowpass_filter( 8000 / f_a );
h_fm = lowpass_filter( 16000 / f_a );
```

Da die Trägerfrequenzen in Sender und Empfänger von separaten Oszillatoren erzeugt werden und deshalb nicht gleich sind, müssen wir einen *Frequenzoffset* vorsehen, für den hier f_{off} = 77 Hz angenommen wird. Damit stellt sich die I/Q-Demodulation der Signale wie folgt dar:

Abb. 3.12 Spektren der
modulierten Signale nach der
Addition von weißem Rauschen
mit der Rauschleistungsdichte
$S_n = 10^{-7}$ s

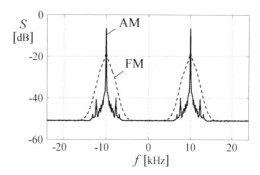

Abb. 3.13 Spektren der
Basisbandsignale nach
I/Q-Demodulation

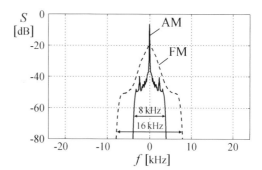

```
f_off    = 77;
x_mix    = exp( - 2i * pi * ( f_0 + f_off ) * t );
x_am_bb  = filter( h_am, 1, x_am .* x_mix );
x_fm_bb  = filter( h_fm, 1, x_fm .* x_mix );
```

Abb. 3.13 zeigt die Spektren der Basisbandsignale x_am_bb und x_fm_bb. Die Verschiebung der Mittenfrequenz auf $f = -f_{off} = -77$ Hz ist bei genauer Betrachtung erkennbar. Abb. 3.14 zeigt Ausschnitte aus den Ortskurven der Basisbandsignale; dabei haben wir beim AM-Signal den Frequenzoffset f_{off} zu Null gesetzt und identische Phasenlage in Sender und Empfänger angenommen, um den idealen Verlauf der Ortskurve für $f_{off} = 0$ und $\varphi = 0$ zu erhalten. Bei beiden Ortkurven zeigt sich der Einfluss des Rauschens.

Da wir Filter mit der Verstärkung $\underline{H}(f = 0) = 1$ verwendet haben, ist die Amplitude $a(t)$ im Empfänger im Vergleich zum Sender um den Faktor 2 reduziert. Das ist aber nur eine Eigenschaft unseres Beispiels, bei dem wir stillschweigend angenommen haben, dass das Sendesignal ohne Dämpfung zum Empfänger übertragen wird. In der Praxis ist das natürlich nicht der Fall; hier ist das Empfangssignal in der Regel um Größenordnungen kleiner als das Sendesignal und wird mit Hilfe von Verstärkern und einer Verstärkungsregelung auf eine *vorgegebene* mittlere Amplitude geregelt. Ein Vergleich mit der Amplitude im Sender ist deshalb in der Praxis sinnlos. Bei Labormessungen mit einem Oszilloskop

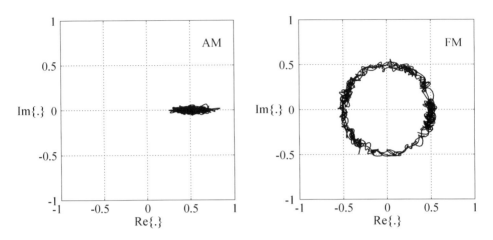

Abb. 3.14 Ausschnitte aus den Ortskurven der Basisbandsignale. Beim AM-Signal haben wir den Frequenzoffset f_{off} zu Null gesetzt und identische Phasenlage in Sender und Empfänger angenommen

hat man dagegen oft den Wunsch, das Sende- und das Empfangssignal zu Vergleichszwecken *übereinander zu legen*; in diesem Fall muss man dazu die Amplituden- und Zeit-Einstellmöglichkeiten des Oszilloskops nutzen.

Nach der I/Q-Demodulation müssen wir nun noch eine AM- bzw. FM-Demodulation der Basisbandsignale durchführen, um die Nutzsignale zurückzugewinnen. Bei AM müssen wir dazu den Betrag $a(t)$ bilden und anschließend den Gleichanteil in $a(t)$ entfernen. Ersteres ist einfach:

```
y_am = abs( x_am_bb );
```

Zur Entfernung des Gleichanteils müssen wir ein Hochpass-Filter mit $\underline{H}_{HP}(f = 0) = 0$ verwenden; dazu eignet sich ein diskretes IIR-Filter mit der Übertragungsfunktion:

$$\underline{H}_{HP}(z) = \frac{1+c}{2}\frac{z-1}{z-c} \quad \text{mit } c \approx 0.8\ldots0.99$$

Die Frequenz $f = 0$ entspricht bei diskreten Filtern dem Wert $z = 1$, d. h. es gilt:

$$\underline{H}_{HP}(f = 0) = \underline{H}_{HP}(z = 1) = \frac{1+c}{2}\frac{1-1}{1-c} = 0$$

Die Frequenzen $f = \pm f_a/2$ entsprechen dem Wert $z = -1$; hier gilt:

$$\underline{H}_{HP}(f = \pm f_a/2) = \underline{H}_{HP}(z = -1) = \frac{1+c}{2}\frac{-1-1}{-1-c} = 1$$

Damit ist gezeigt, dass es sich bei dem Filter um ein Hochpass-Filter handelt.

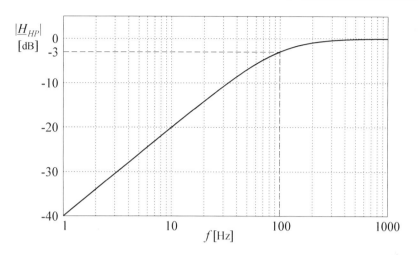

Abb. 3.15 Betragsfrequenzgang des Hochpass-Filters

Die Grenzfrequenz f_g des Hochpass-Filters wird mit dem Parameter c eingestellt. Wir gehen hier von der $-3\,\mathrm{dB}$–Grenzfrequenz aus uns müssen deshalb c so wählen, dass

$$\underline{H}_{HP}(f = \pm f_g) = \underline{H}_{HP}\left(z = e^{\pm j2\pi f_g/f_a}\right) \stackrel{!}{=} \frac{1}{\sqrt{2}}$$

gilt. Als Lösung ergibt sich nach einer etwas längeren Rechnung:

$$c = \frac{1 - \sin\Omega_g}{\cos\Omega_g} \quad \text{mit } \Omega_g = 2\pi f_g/f_a$$

Damit stellt sich die AM-Demodulation unter *Matlab* wie folgt dar:

```
f_g   = 100;
o_g   = 2 * pi * f_g / f_a;
c     = ( 1 - sin(o_g) ) / cos(o_g);
b     = 0.5 * ( 1 + c ) * [ 1 -1 ];
a     = [ 1 -c ];
y_am  = filter( b, a, abs( x_am_bb ) );
```

Abb. 3.15 zeigt den Betragsfrequenzgang des Hochpass-Filters.

Bei der FM-Demodulation müssen wir die Phase differenzieren, um die Momentanfrequenz zu erhalten. Bei einem diskreten Signal erfolgt die Differentiation durch Differenzbildung aufeinanderfolgender Werte, d. h. durch Umkehrung der laufenden Summe, die wir bei der FM-Modulation mit der Funktion cumsum gebildet haben. Aufgrund der 2π–Mehrdeutigkeit der Phase können wir aber nicht einfach die Phase des Basisbandsignals bilden und daraus die Phasendifferenzen berechnen; wir müssten *zusätzlich* Über- und Unterläufe behandeln (Stichwort: *phase unwrap*). Deshalb ist es besser, zunächst *Drehzeiger* der Form

$$\underline{dx}[n] = \underline{x}[n]\,\underline{x}^*[n-1]$$

zu bilden, bei denen keine 2π–Mehrdeutigkeit auftritt. Aus den Phasen dieser Drehzeiger erhalten wir dann das FM-demodulierte Signal:

$$\omega[n] = \arg\left\{\underline{dx}[n]\right\} = \arctan\frac{\text{Im}\left\{\underline{dx}[n]\right\}}{\text{Re}\left\{\underline{dx}[n]\right\}} + \begin{cases} 0 & \text{für Re}\left\{\underline{dx}[n]\right\} \geq 0 \\ \pi & \text{für Re}\left\{\underline{dx}[n]\right\} < 0 \end{cases}$$

Die Fallunterscheidung ist bei ausreichend hoher Abtastrate unnötig, da in diesem Fall $\text{Re}\left\{\underline{dx}[n]\right\} \geq 0$ gilt. Darüber hinaus gibt es zahlreiche mehr oder weniger genaue Approximationen für die arctan-Funktion, auf die wir hier aber nicht eingehen. Unter *Matlab* verwenden wir die Funktion `angle`, die zwar suboptimal, als eingebaute Funktion aber schneller ist als jede suboptimale Realisierung, die mehrere eingebaute Funktionen benötigt und Fallunterscheidungen im *Matlab*–m–Code erfordert. Damit erhalten wir für die FM-Demodulation:

```
dx = x_fm_bb( 2 : end ) .* conj( x_fm_bb( 1 : end - 1 ) );
omega = angle( dx );
```

Da ein Frequenzoffset zwischen Sender und Empfänger einen Gleichanteil verursacht, setzen wir auch hier das Hochpass-Filter aus der AM-Demodulation ein. Zusätzlich müssen wir die zweiseitige Bandbreite des Ausgangssignals auf 8 kHz beschränken; dazu können wir das FIR-Filter mit den Koeffizienten `h_am` aus dem I/Q-Demodulator für AM verwenden. Die Filterung erfolgt demnach mit:

```
y_fm_h = filter( h_am, 1, omega );
y_fm   = filter( b, a, y_fm_h );
```

In der Praxis erfolgen beide Filterungen durch ein gemeinsames, speziell für diesen Anwendungsfall entworfenes IIR-Filter; damit kann der Rechenaufwand für die Filterung deutlich verringert werden. Für unser Beispiel reicht die hier verwendete Lösung aber aus.

Wenn wir die demodulierten Signale wiedergeben, können wir die Überlegenheit der FM-Modulation deutlich wahrnehmen; dabei fällt auf, dass das Rauschen im FM-demodulierten Signal nicht weiß, sondern *farbig* ist: das Rauschen ist bei hohen Frequenzen stärker als bei niedrigen Frequenzen. Die im Betrieb befindlichen FM-Rundfunk-Systeme nutzen dies, um durch eine Anhebung der hohen Frequenzen im Sender (*Preemphase*) und eine entsprechende Absenkung im Empfänger (*Deemphase*) eine weitere Verbesserung der Übertragungsqualität zu erzielen. Wir verweisen dazu auf die Literatur zum FM-Rundfunk.

Mit diesem Beispiel haben wir den Empfang von AM- und FM-Rundfunksignalen mit einem SDR bezüglich der erforderlichen Verarbeitungsschritte vollständig behandelt. Wir verarbeiten hier aber nur *einen* Signalabschnitt *am Stück*. Dagegen muss die Verarbeitung in einem realen Rundfunkempfänger kontinuierlich erfolgen, d. h. in einer Schleife, die repetierend durchlaufen wird. Bei jedem Durchlauf wird ein Signalabschnitt bestimmter

Länge verarbeitet; dabei müssen die Werte in den internen Speichern am Ende jedes Blocks erhalten und beim nächsten Block wieder verwendet werden. Man nennt die zu erhaltenden Werte *Zustandsgrößen* (*state variables*) und die Art der Verarbeitung *Streaming*.

3.3 Empfänger-Topologien

Die zentrale Komponente eines Empfängers für ein SDR-System ist der I/Q-Demodulator. Wir greifen dazu das Blockschaltbild des Empfängers aus Abb. 3.2 in Abb. 3.16a noch einmal auf. Die A/D-Umsetzung kann vor oder nach der I/Q-Demodulation erfolgen. Da der I/Q-Demodulator *zwei* Ausgangssignale besitzt, werden bei einer A/D-Umsetzung *nach* der I/Q-Demodulation zwei A/D-Umsetzer benötigt.

Aus dem allgemeinen Digitalempfänger in Abb. 3.16a erhalten wir zwei minimale Topologien, indem wir die einfachste Ausführung eines *Frontends* verwenden: ein Vorfilter (*Preselector Filter*) und einen Verstärker. Wenn wir dieses einfache Frontend mit einem analogen I/Q-Demodulator kombinieren, erhalten wir den in Abb. 3.16b gezeigten *Direct Conversion Receiver*. Die Bezeichnung *Direct Conversion* bedeutet, dass die Frequenzumsetzung des Empfangssignals in das Basisband *direkt* erfolgt, d. h.

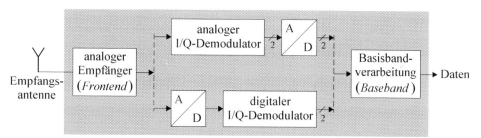

a allgemeiner Digitalempfänger mit analoger oder digitaler I/Q-Demodulation

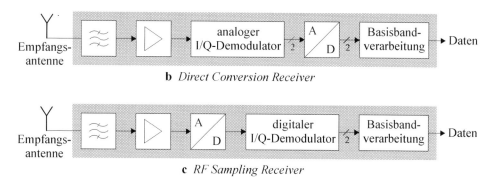

b *Direct Conversion Receiver*

c *RF Sampling Receiver*

Abb. 3.16 Allgemeine Empfänger-Topologie und Varianten mit minimalem *Frontend*

mit nur *einer* Frequenzumsetzung im Analogteil, die hier im analogen I/Q-Demodulator erfolgt. Wenn wir statt dessen einen digitalen I/Q-Demodulator verwenden, erhalten wir den in Abb. 3.16c gezeigten *RF Sampling Receiver*, bei dem *keine* Frequenzumsetzung im Analogteil erfolgt. Wie die Bezeichnung *RF Sampling* besagt, wird hier das gefilterte und verstärkte Empfangssignal (*Radio Frequency Signal*) abgetastet. Alle weiteren Empfänger-Topologien erhalten wir, indem wir ein Frontend mit mindestens einer weiteren Frequenzumsetzung verwenden.

3.3.1 Direct Conversion Receiver

Abb. 3.17 zeigt ein detailliertes Blockschaltbild eines *Direct Conversion Receivers*. Die Spektren der Signale sind in Abb. 3.18 am Beispiel eines Empfängers für das *2-Meter-Amateurfunk-Band* (144 ... 146 MHz) symbolisch dargestellt. In dieser Darstellung sind der I- und der Q-Zweig gleichwertig; wir verzichten deshalb auf eine Kennzeichnung.

Mit einem *Preselector-Filter* wird das zu empfangende Frequenzband aus dem in der Regel breitbandigeren Antennensignal ausgefiltert, damit der nachfolgende umschaltbare Verstärker und der analoge I/Q-Demodulator nur den Bereich verarbeiten müssen, der tatsächlich für einen Empfang in Frage kommt. In unserem Beispiel würde man einen LC-Bandpass mit einer Mittenfrequenz von 145 MHz einsetzen, dessen Bandbreite so gewählt ist, dass an den Rändern des Bandes (144 MHz und 146 MHz) noch keine nennenswerte Dämpfung auftritt. Bei einem Empfänger für sehr breite Bänder oder einem Empfänger für mehrere getrennte Bänder werden häufig mehrere Filter eingesetzt, zwischen denen in Abhängigkeit von der Empfangsfrequenz umgeschaltet wird; man spricht dann von einer *Preselector-Filterbank*.

Mit einem *umschaltbaren Verstärker* (*Programmable Gain Amplifier*, PGA) wird das Signal so weit verstärkt, dass der I/Q-Demodulator mit einem passenden Signalpegel

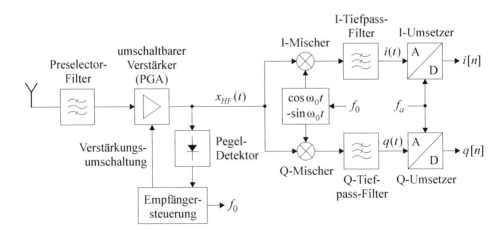

Abb. 3.17 Blockschaltbild eines *Direct Conversion Receivers*

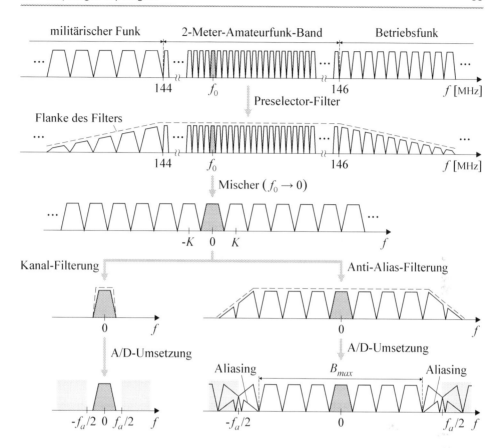

Abb. 3.18 Spektren der relevanten Signale in einem Direct Conversion Receiver am Beispiel eines Empfängers für das 2-Meter-Amateurfunk-Band (144...146 MHz). Im Fall mit Anti-Alias-Filterung erfolgt die weitere Filterung des Empfangssignals mit digitalen Kanal-Filtern in der Basisbandverarbeitung

betrieben wird. Die Umschaltung der Verstärkung erfolgt durch die *Empfängersteuerung*, die den Signalpegel am Eingang des I/Q-Demodulators mit Hilfe eines *Pegel-Detektors* überwacht. Die Empfängersteuerung, über die auch die Empfangsfrequenz f_0 eingestellt wird, wird von speziellen Logik-Bausteinen oder von einem Mikrocontroller (μC) übernommen.

Die Signale $\cos \omega_0 t$ und $\sin \omega_0 t$ für die Mischer des I/Q-Demodulators werden von einem programmierbaren *(Frequenz-) Synthesizer* bereitgestellt; dabei handelt es sich um einen *Phasenregelkreis (Phase-Locked Loop, PLL)*, auf den wir im folgenden noch näher eingehen werden. Das zu digitalisierende Signal wird mit den Tiefpass-Filtern des I/Q-Demodulators ausgefiltert; dabei gibt es zwei Varianten:

- Mit den Tiefpass-Filtern wird bereits das zu verarbeitende Empfangssignal ausge-filtert, d. h. ein bestimmter (Frequenz-) Kanal aus einem (Frequenz-) Kanalraster,

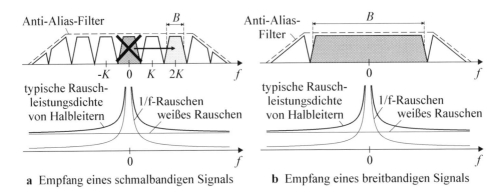

a Empfang eines schmalbandigen Signals   **b** Empfang eines breitbandigen Signals

Abb. 3.19 Empfang von schmalbandigen und breitbandigen Signalen. Bei schmalbandigen Signalen wird anstelle des Kanals bei $f = 0$ ein Kanal am Rand des Durchlassbereichs der Anti-Alias-Filters verwendet

z. B. ein bestimmtes Rundfunksignal. In diesem Fall werden die Tiefpass-Filter als *Kanal-Filter* (*Channel Filter*) bezeichnet.

- Mit den Tiefpass-Filtern wird ein größerer Bereich ausgefiltert, der mehrere Kanäle enthält. Die Ausfilterung des zu verarbeitenden Empfangssignals erfolgt in diesem Fall erst nach der A/D-Umsetzung durch eine weitere Filterung des diskreten Basisbandsignals $\underline{x}[n] = i[n] + j\,q[n]$. Die Tiefpass-Filter dienen in diesem Fall nur noch der Anti-Alias-Filterung vor der A/D-Umsetzung und werden deshalb als *Anti-Alias-Filter* bezeichnet.

Bei der ersten Variante spricht man von *analoger Kanal-Filterung*, bei der zweiten von *digitaler Kanal-Filterung*. Da man bei einer digitalen Kanal-Filterung diskrete FIR-Filter mit linearer Phase verwenden kann, die man darüber hinaus auch jederzeit *umprogrammieren* kann, wird in modernen Empfängern fast nur noch die zweite Variante verwendet. Bei einem SDR-Empfänger ist die zweite Variante sogar zwingend, damit Signale mit verschiedenen Kanal-Bandbreiten verarbeitet werden können; die Tiefpass-Filter im I/Q-Demodulator bestimmen in diesem Fall nur noch die *maximal mögliche* Bandbreite B_{max} des Empfangssignals.

In den Mischern, den Tiefpass-Filtern und den A/D-Umsetzern kommen Halbleiter-Bauelement zum Einsatz, die neben weißem Rauschen auch ein mehr oder weniger starkes *1/f-Rauschen* aufweisen; dadurch nimmt die Rauschleistungsdichte dieser Komponenten für $f \to 0$ stark zu. Das ist vor allem beim Empfang schmalbandiger Signale störend, da das Signal dann vollständig im Bereich des 1/f-Rauschens liegt, siehe Abb. 3.19a. In diesem Fall wird anstelle des Kanals bei $f = 0$ ein Kanal am Rand des Durchlassbereichs der Anti-Alias-Filter verwendet, um den Einfluss des 1/f-Rauschens der Halbleiter zu minimieren. Beim Empfang breitbandiger Signale, deren Bandbreite einen großen Teil des Durchlassbereichs der Anti-Alias-Filter einnimmt, ist dies nicht möglich, siehe Abb. 3.19b.

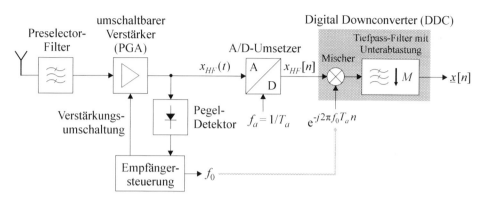

Abb. 3.20 Blockschaltbild eines *RF Sampling Receivers*. Der Pegel-Detektor kann auch digital realisiert werden und das Ausgangssignal $x_{HF}[n]$ des A/D-Umsetzers auswerten

3.3.2 RF Sampling Receiver

Durch Vertauschen des I/Q-Demodulators und der A/D-Umsetzung erhalten wir den in Abb. 3.20 gezeigten *RF Sampling Receiver* mit nur *einem* A/D-Umsetzer. Die Anti-Alias-Filterung für die A/D-Umsetzung muss hier bereits durch das Preselector-Filter erfolgen; alternativ kann zwischen dem umschaltbaren Verstärker und dem A/D-Umsetzer ein zusätzlicher Tiefpass eingefügt werden. Die Pegel-Detektion kann alternativ auch mit einem digitalen Pegel-Detektor erfolgen, der das Ausgangssignal $x_{HF}[n]$ des A/D-Umsetzers auswertet.

Auf den A/D-Umsetzer folgt ein digitaler I/Q-Demodulator bestehend aus einem komplexen Mischer und einem programmierbaren Tiefpass-Filter mit einer ebenfalls programmierbaren Unterabtastung um einen Faktor M. Die Kombination dieser beiden Komponenten wird *Digital Downconverter* (DDC) genannt. Der Faktor M kann je nach Realisierung des Tiefpass-Filters entweder nur ganzzahlige oder gebrochen rationale Werte annehmen. Wir gehen darauf im Kap. 7 noch näher ein.

Die Frequenz f_0 des Trägersignals $x_{HF}(t)$ liegt in der Regel im Hauptbereich des A/D-Umsetzers:

$$0 < f_0 < \frac{f_a}{2}$$

Aufgrund der f_a–Periodizität des Spektrums eines diskreten Signals, die sich im Alias-Effekt manifestiert, kann man einen A/D-Umsetzer aber auch zur Unterabtastung (*Subsampling*) verwenden. Dabei nutzt man aus, dass alle Frequenzen der Form

$$f_x + \quad m \quad \frac{f_a}{2} \qquad \text{mit } m = 0, 2, 4, \ldots$$

$$-f_x + (m + 1)\,\frac{f_a}{2} \qquad \text{mit } m = 1, 3, 5, \ldots$$

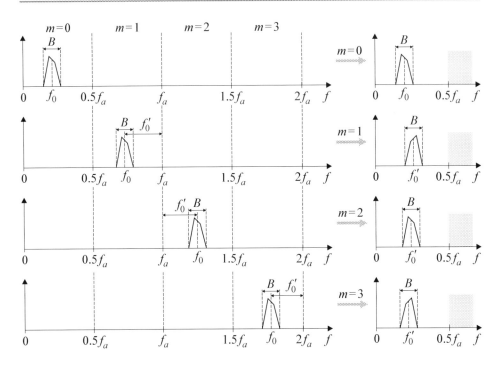

Abb. 3.21 Abtastung im Hauptbereich ($m = 0$) und Unterabtastung (*Subsampling*, $m > 0$) bei einem A/D-Umsetzer

durch die Abtastung auf die Frequenz f_x fallen; dabei entspricht $m = 0$ dem Hauptbereich und $m > 0$ dem m–ten Unterabtastbereich. Abb. 3.21 zeigt die Abtastung im Hauptbereich und in den ersten drei Unterabtastbereichen; dabei haben wir nur den positiven Teil der Frequenzachse dargestellt. In den Unterabtastbereichen mit ungeradem Wert m tritt aufgrund des Terms $-f_x$ eine Frequenzspiegelung des Signals auf. Ein A/D-Umsetzer wirkt deshalb wie ein Abwärtsmischer, der für gerade Werte von m in Gleichlage, d. h. ohne Frequenzspiegelung, und für ungerade Werte von m in Kehrlage, d. h. mit Frequenzspiegelung, arbeitet.

Aus den Zusammenhängen bei der Unterabtastung erhalten wir das *Abtasttheorem für Bandpass-Signale*, in dem das Abtasttheorem für Tiefpass-Signale als Spezialfall enthalten ist. Im Hauptbereich ($m = 0$) muss gelten:

$$f_0 - \frac{B}{2} > 0 \quad , \quad f_0 + \frac{B}{2} < \frac{f_a}{2}$$

Allgemein gilt:

$$f_0 - \frac{B}{2} > m\frac{f_a}{2} \quad , \quad f_0 + \frac{B}{2} < (m + 1)\frac{f_a}{2}$$

Daraus erhalten wir die Bedingung:

$$\frac{2f_0 + B}{m + 1} < f_a < \frac{2f_0 - B}{m} \quad \text{mit } m \le \frac{f_0}{B} - \frac{1}{2} \text{ und } m \in \mathcal{N} \tag{3.1}$$

Sie gilt mit $m = 0$ auch für den Hauptbereich; in diesem Fall entfällt die obere Grenze. Mit dem maximal möglichen Wert für m erhalten wir für die bezüglich der Wahl von m minimale Abtastrate:

$$2B < f_{a,min}^{(m)} < 2B\left(1 + \frac{B}{2f_0}\right)$$

In der Praxis muss die obere Grenzfrequenz $f_0 + B/2$ des Trägersignals noch innerhalb der Bandbreite des analogen Eingangsteils des A/D-Umsetzers liegen; dadurch wird der maximal mögliche Wert für m zusätzlich begrenzt. Darüber hinaus nehmen die dynamischen Verzerrungen eines A/D-Umsetzers oft bereits bei Frequenzen unterhalb der Analogbandbreite deutlich zu, was die Wahl von m weiter einschränken kann. Wir gehen hier nicht weiter auf diese Zusammenhänge ein, sondern halten nur fest, dass in der Praxis nur selten größere Werte für m verwendet werden können.

3.3.3 Beispiel für einen RF Sampling Receiver

Abb. 3.22 zeigt das Blockschaltbild eines Kurzwellen-Amateurfunk-Empfängers mit RF Sampling für die vier am häufigsten verwendeten Amateurfunk-Bänder (80-/40-/30-/ 20-Meter). Abb. 3.23 zeigt die Betragsfrequenzgänge der Filter der Preselector-Filterbank. Der Empfänger ist in dieser Form zwar nur für die vier Bänder geeignet, bietet in diesen Bändern aber eine sehr gute Empfangsleistung, da alle außerhalb des gewählten Bandes liegenden Signale gedämpft werden; dadurch wird der Pegel am Ausgang des Preselector-Filters in der Regel so weit reduziert, dass der Verstärker aktiviert werden kann, ohne dass der A/D-Umsetzer übersteuert wird. Da die Preselector-Filter noch keine

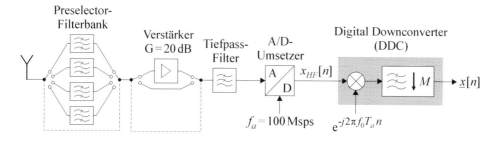

Abb. 3.22 Kurzwellen-Amateurfunk-Empfänger mit RF Sampling für die vier am häufigsten verwendeten Amateurfunk-Bänder (80-/40-/30-/20-Meter)

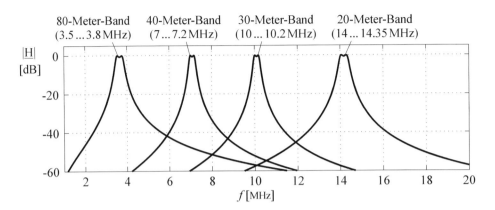

Abb. 3.23 Preselector-Filterbank für den Kurzwellen-Amateurfunk-Empfänger aus Abb. 3.22. Die Filter sind als 2-kreisige Bandfilter realisiert

ausreichend hohe Alias-Dämpfung für den A/D-Umsetzer gewährleisten, wird zusätzlich ein Tiefpass-Filter mit einer Grenzfrequenz von 20 MHz eingesetzt. Die Verstärkungsumschaltung aus Abb. 3.20 beschränkt sich hier auf das Zu- bzw. Abschalten des Verstärkers. Das zugehörige Steuersignal können wir mit Hilfe eines digitalen Pegel-Detektors aus dem diskreten Ausgangssignal des A/D-Umsetzers gewinnen; dadurch kann der analoge Pegel-Detektor aus Abb. 3.20 entfallen. Alle vier Bänder liegen im Hauptbereich ($m = 0$) des A/D-Umsetzers, d. h. es gilt immer $f_0 < f_a/2$. Die Leistungsdaten dieses Empfängers werden wir im Kap. 6 bestimmen.

3.3.4　Überlagerungsempfänger

Sowohl bei einem Direct Conversion Receiver als auch bei einem RF Sampling Receiver ist die maximal mögliche Trägerfrequenz f_0 begrenzt. Beim Direct Conversion Receiver ergibt sich die Begrenzung aus der erforderlichen Genauigkeit des analogen I/Q-Demodulators, die bei sehr hohen Trägerfrequenzen nicht mehr sichergestellt werden kann. Beim RF Sampling Receiver ist die Grenze durch die Abtastrate des A/D-Umsetzers und die Art der Abtastung – im Hauptbereich ($m = 0$) oder in einem Unterabtastbereich ($m > 0$) – gegeben.

Zur Erweiterung des Empfangsbereichs wird ein analoger Frequenzumsetzer verwendet, der die höheren Trägerfrequenzen in den Empfangsbereich eines nachfolgenden Direct Conversion Receivers oder RF Sampling Receivers umsetzt, siehe Abb. 3.24. Ein derart aufgebauter Empfänger wird *Überlagerungsempfänger* (*Superheterodyne Receiver* oder *Superhet*) genannt. Die Trägerfrequenz des zu empfangenden Signals wird als *HF-Frequenz* (*RF Frequency*) und die reduzierte Trägerfrequenz am Ausgang des Frequenzumsetzers als *ZF-Frequenz* (*IF Frequency*) bezeichnet. Die Frequenz des Lokaloszillators wird als *LO-Frequenz* (*LO Frequency*) bezeichnet.

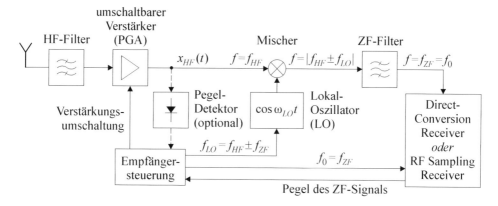

Abb. 3.24 Überlagerungsempfänger (*Superheterodyne Receiver* oder *Superhet*)

Der Zusammenhang der Frequenzen hängt davon ab, ob der Mischer des Frequenzumsetzers in *Gleichlage* oder in *Kehrlage* betrieben wird:

- Bei Gleichlage gilt $f_{HF} = f_{LO} + f_{ZF}$, d. h. die HF-Frequenz liegt um die ZF-Frequenz *oberhalb* der LO-Frequenz. Der Mischer wird in diesem Fall als *Oberband-Mischer* (*High Side Mixer* bzw. *Upper Sideband Mixer*) bezeichnet.
- Bei Kehrlage gilt $f_{HF} = f_{LO} - f_{ZF}$, d. h. die HF-Frequenz liegt um die ZF-Frequenz *unterhalb* der LO-Frequenz. Der Mischer wird in diesem Fall als *Unterband-Mischer* (*Low Side Mixer* bzw. *Lower Sideband Mixer*) bezeichnet.

Abb. 3.25 zeigt als Beispiel die Spektren der Signale im Frequenzumsetzer eines Empfängers für das 70 cm-Amateurfunk-Band (430 … 440 MHz). Die Umsetzung erfolgt hier in Gleichlage mit einer ZF-Frequenz f_{ZF} = 10.7 MHz; daraus folgt, dass der Lokaloszillator den Frequenzbereich

$$f_{LO} = f_{HF} - f_{ZF} = 430 \ldots 440\,\text{MHz} - 10.7\,\text{MHz} = 419.3 \ldots 429.3\,\text{MHz}$$

abdecken muss.

Der Mischer als solcher arbeitet grundsätzlich in Gleich- *und* in Kehrlage, d. h. er setzt sowohl die *Oberband-Frequenz* $f_{LO} + f_{ZF}$ als auch die *Unterband-Frequenz* $f_{LO} - f_{ZF}$ auf die ZF-Frequenz um. Die Funktion als Ober- oder Unterband-Mischer ergibt sich demnach nur im Zusammenspiel mit dem vorausgehenden HF-Filter, in dem eines der beiden Bänder unterdrückt werden muss. Das zu empfangende Band wird als *Empfangsband*, das zu unterdrückende Band als *Spiegelfrequenzband* bezeichnet. Abb. 3.26 zeigt die zugehörigen Frequenzen. Für das Beispiel in Abb. 3.25 folgt daraus, dass das HF-Filter nicht nur als Preselector-Filter für das Empfangsband wirken muss, sondern auch als *Spiegelfrequenz-Filter*, indem es das Spiegelfrequenzband

$$f_{HF,Sp} = f_{HF} - 2f_{ZF} = 430 \ldots 440\,\text{MHz} - 2 \cdot 10.7\,\text{MHz} = 408.6 \ldots 418.6\,\text{MHz}$$

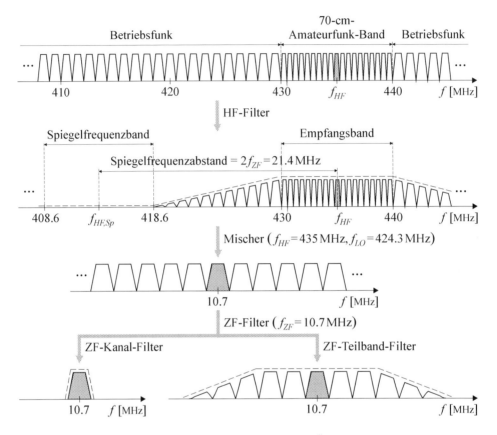

Abb. 3.25 Spektren der Signale im Frequenzumsetzer eines Überlagerungsempfängers für das 70 cm-Amateurfunk-Band (430 ... 440 MHz). Die Frequenzumsetzung erfolgt in Gleichlage

Betriebsart	Frequenzlage	Empfangsfrequenz	Spiegelfrequenz
Oberband	Gleichlage	$f_{HF} = f_{LO} + f_{ZF}$	$f_{HF,Sp} = f_{LO} - f_{ZF}$
Unterband	Kehrlage	$f_{HF} = f_{LO} - f_{ZF}$	$f_{HF,Sp} = f_{LO} + f_{ZF}$

Abb. 3.26 Frequenzen bei einem Überlagerungsempfänger

unterdrückt. Bei einigen Empfängern werden separate Filter verwendet; in diesem Fall wird das Preselector-Filter vor und das Spiegelfrequenz-Filter nach dem Verstärker angeordnet, siehe Abb. 3.27.

Das ZF-Filter kann gemäß Abb. 3.25 als Kanal-Filter oder als Teilband-Filter arbeiten, d. h. entweder genau einen Kanal oder einen Teil des Empfangsbandes ausfiltern. Zusätzlich ist das ZF-Filter des Frequenzumsetzers zusammen mit dem Preselector-Filter des nachfolgenden Direct Conversion Receivers oder RF Sampling Receivers zu betrachten, da die beiden Filter zusammenfallen, sofern keine weiteren Frequenzumsetzer vorhanden sind. Wir gehen darauf im folgenden noch näher ein.

Abb. 3.27 Aufspaltung des HF-Filters eines Frequenzumsetzers in zwei Filter

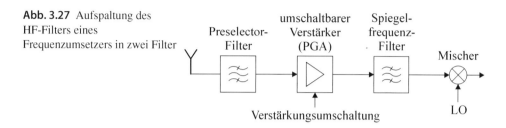

3.3.5 Hintergründe zur Frequenzumsetzung mit einem Mischer

Aufgabe eines Mischers ist die Multiplikation eines Eingangssignals $x(t)$ mit einem *Lokaloszillator-Signal* $x_{LO}(t)$; dabei enthält man ein Ausgangssignal $y(t)$ mit Signalanteilen bei den Summen- und Differenzfrequenzen. Bei Einton-Signalen

$$x(t) = \cos\omega t \quad , \quad x_{LO}(t) = \cos\omega_{LO} t$$

gilt:

$$y(t) = x(t) \cdot x_{LO}(t) = \frac{1}{2}\,[\ \underbrace{\cos(\omega + \omega_{LO})\,t}_{\substack{\text{Anteil bei der} \\ \text{Summenfrequenz}}} \ + \ \underbrace{\cos(\omega - \omega_{LO})\,t}_{\substack{\text{Anteil bei der} \\ \text{Differenzfrequenz}}} \ ]$$

Durch die Multiplikation wird demnach jeder Anteil im Eingangssignal $x(t)$ um $+\omega_{LO}$ und um $-\omega_{LO}$ verschoben; daraus ergeben sich die in Abb. 3.28 gezeigten Betriebsarten eines Mischers als *Aufwärts-Mischer* (*Upconversion Mixer*) und als *Abwärts-Mischer* (*Downconversion Mixer*).

Bei einem Aufwärts-Mischer erhalten wir zwei Seitenbänder, die *oberes Seitenband* (*Upper Sideband*) bzw. *Oberband* (*OB*) und *unteres Seitenband* (*Lower Sideband*) bzw. *Unterband* (*UB*) genannt werden und die symmetrisch zur Lokaloszillator-Frequenz f_{LO} liegen. Da in der Regel nur eines der beiden Seitenbänder weiter verarbeitet werden soll, muss das jeweils andere Seitenband durch ein *nachfolgendes* Filter unterdrückt werden. Bei einem Abwärts-Mischer haben wir umgekehrt den Fall, dass *beide* Seitenbänder in das ZF-Band gemischt werden; in diesem Fall muss das unerwünschte Seitenband durch ein *vorausgehendes Filter* unterdrückt werden. Bei einem Abwärts-Mischer erhält man zusätzlich Anteile bei $\pm(f_{HF} + f_{LO})$, die durch ein nachfolgendes ZF-Filter unterdrückt werden müssen. Abb. 3.29 verdeutlicht das Zusammenspiel zwischen den Mischern und den Filtern für die beiden Betriebsarten; dabei haben wir die Frequenz des ausgewählten Seitenbandes – hier das Oberband mit der Frequenz $f_{HF,OB}$ – nach der Bandselektion mit f_{HF} bezeichnet. Hier gilt demnach $f_{HF} = f_{HF,OB}$. Bei einem Abwärts-Mischer wird das ausgewählte Seitenband als *Empfangsband* (*Receive Band*) und das unerwünschte Seitenband als *Spiegelfrequenz-Band* (*Image Band*) bezeichnet; darauf sind wir bereits im letzten Abschnitt eingegangen. Die Dämpfung, die das Spiegelfrequenz-Band im Vergleich zum

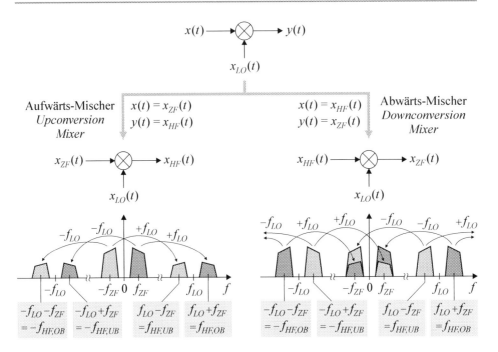

Abb. 3.28 Betrieb eines Mischers als Aufwärts- und als Abwärts-Mischer. Beim Abwärts-Mischer erhält man zusätzlich Anteile bei $\pm 2f_{LO} \pm f_{ZF}$, die durch die Pfeile nach links und rechts außen angedeutet sind. (OB = Oberband mit $|f| > |f_{LO}|$, UB = Unterband mit $|f| < |f_{LO}|$)

Empfangsband erfährt, wird als *Spiegelfrequenz-Dämpfung* (*Image Rejection Ratio*) bezeichnet. Das ZF-Filter nach dem Abwärts-Mischer kann auch als Tiefpass-Filter ausgeführt werden, das die Anteile bei $\pm (f_{HF} + f_{LO})$ unterdrückt.

Bis jetzt haben wir angenommen, dass das Lokaloszillator-Signal $x_{LO}(t)$ ein Einton-Signal mit der Frequenz f_{LO} ist und dass die Mischer bezüglich den beiden Eingangssignalen linear sind. In der Praxis ist das effektiv wirksame Lokaloszillator-Signal jedoch kein Einton-Signal, sondern ein allgemeines periodisches Signal mit der Fourier-Reihe:

$$x_{LO}(t) = c_0 + c_1 \cos(\omega_{LO} t + \varphi_1) + c_2 \cos(2\omega_{LO} t + \varphi_2) + c_3 \cos(3\omega_{LO} t + \varphi_3) + \dots$$

$$= c_0 + \sum_{n=1}^{\infty} c_n \cos(n\omega_{LO} t + \varphi_n)$$

Dabei spielt es keine Rolle, ob der Gleichanteil c_0 und die Oberwellen bei Vielfachen der Lokaloszillator-Frequenz durch nichtlineare Effekte im Mischer oder bereits bei der Erzeugung und Zuführung des Signals zum Mischer entstehen.

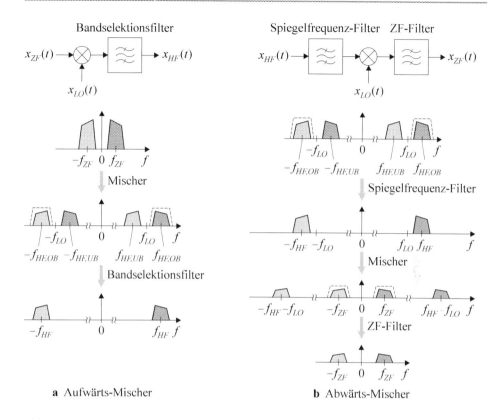

a Aufwärts-Mischer   **b** Abwärts-Mischer

Abb. 3.29 Zusammenspiel der Mischer und Filter bei Oberband-Mischern (*High-Side Mixer* bzw. *Upper Sideband Mixer*)

Zahlreiche praktische Mischer arbeiten näherungsweise als Schalter, d. h. das wirksame Lokaloszillator-Signal ist näherungsweise ein Rechteck-Signal mit der Fourier-Reihe

$$x_{LO}(t) \approx \frac{1}{2} + \frac{2}{\pi} \sum_{n=0}^{\infty} \frac{(-1)^n}{2n+1} \cos(2n+1)\omega_{LO}\, t$$

und den Koeffizienten:

$$c_0 \approx \frac{1}{2}\,,\ c_1 \approx \frac{2}{\pi}\,,\ c_2 \approx 0\,,\ c_3 \approx -\frac{2}{3\pi}\,,\ c_4 \approx 0\,,\ c_5 \approx \frac{2}{5\pi}\,,\ \dots$$

Abb. 3.30 zeigt den Betrieb eines Mischers als idealen Schalter.

Im allgemeinen Fall erhalten wir für ein sinusförmiges Eingangssignal

$$x(t) = \cos\omega t$$

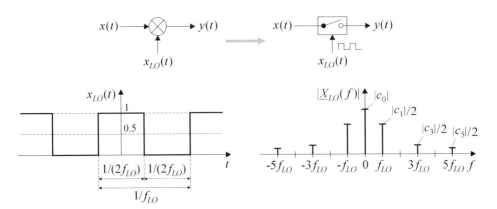

Abb. 3.30 Mischer als idealer Schalter

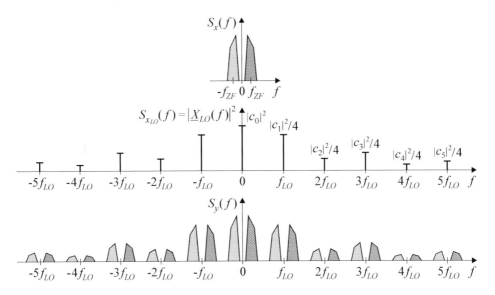

Abb. 3.31 Spektren bei einem Aufwärts-Mischer mit allgemeinem Lokaloszillator-Signal. Bei einem Abwärts-Mischer werden umgekehrt *alle* unten gezeigten Seitenbänder in das oben gezeigte ZF-Band übertragen

das Ausgangssignal:

$$y(t) = x(t) \cdot x_{LO}(t)$$

$$= \underbrace{c_0 \cos \omega t}_{\text{Durchgriff}} + \frac{1}{2} \sum_{n=1}^{\infty} \underbrace{c_n \left(\cos (\omega + n\omega_{LO}) t + \cos (\omega - n\omega_{LO}) t \right)}_{\text{Seitenbänder der Ordnung } n}$$

Abb. 3.31 zeigt die zugehörigen Spektren für den Betrieb als Aufwärts-Mischer. Bei einem Abwärts-Mischer erfolgt die Übertragung in umgekehrter Richtung, d. h. *alle* Seitenbänder werden in das ZF-Band übertragen. Die Selektion des gewünschten Bandes erfolgt wieder mit den bereits beschriebenen Filtern. Prinzipiell könnte man jedes der in Abb. 3.31 unten gezeigten Bänder verwenden; in der Praxis werden jedoch nur die Bänder im Bereich von $\pm f_{LO}$ verwendet, da der Betrag des Koeffizienten c_1 größer ist als die Beträge der Koeffizienten c_n für $n > 1$.

Bei einem Abwärts-Mischer sind die Seitenbänder höherer Ordnung auch dann von Belang, wenn sie durch ein Filter unterdrückt werden, da in jedem Fall thermisches Rauschen aus diesen Bändern in das ZF-Band übertragen wird; deshalb müssen die Beträge der Koeffizienten c_n für $n > 1$ in diesem Fall möglichst klein sein.

3.3.6 Beispiel für einen Multiband-Amateurfunk-Empfänger

Abb. 3.32 zeigt ein Beispiel für einen Multiband-Amateurfunk-Empfänger, der den Empfang von sechs Bändern ermöglicht. Kern ist der digitale I/Q-Demodulator im rechten Teil der Abbildung. Zusammen mit dem links unten gezeigten HF-Teil erhalten wir den RF Sampling Receiver aus Abb. 3.22 für die vier wichtigsten Kurzwellen-Bänder. Preselector-Filter für weitere Kurzwellen-Bänder können bei Bedarf ergänzt werden.

Das VHF-Band (2-Meter) wird durch Unterabtastung mit $m = 2$ von $144\ldots146$ MHz auf $44\ldots46$ MHz umgesetzt; dabei muss das Anti-Alias-Filter vor dem A/D-Umsetzer umgangen werden. Als Preselector-Filter und nachfolgendes Bandfilter werden Bandpass-Filter mit einer Mittenfrequenz von 145 MHz und einer Bandbreite von 2 MHz verwendet.

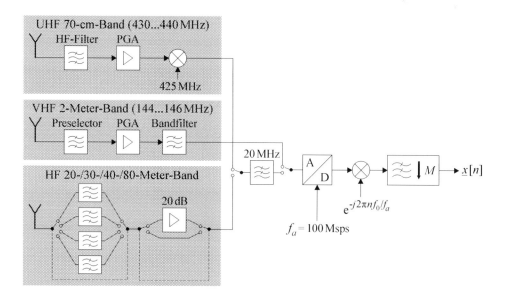

Abb. 3.32 Beispiel für einen Multiband-Amateurfunk-Empfänger

Das UHF-Band (70-cm-Band) wird mit einem Frequenzumsetzer mit einer festen LO-Frequenz $f_{LO} = 425$ MHz von $f_{HF} = 430\ldots440$ MHz auf $f_{ZF} = 5\ldots15$ MHz umgesetzt. Auf eine Frequenzabstimmung des LO kann verzichtet werden, da die Bandbreite des digitalen I/Q-Demodulators eine Verarbeitung des gesamten Bandes erlaubt. Auf ein separates ZF-Filter kann ebenfalls verzichtet werden, da das Anti-Alias-Filter vor dem A/D-Umsetzer diese Funktion übernehmen kann. Die Bandbreite des Anti-Alias-Filters ist in diesem Fall zwar zu groß – es lässt auch die nicht benötigten Bereiche $0\ldots5$ MHz und $15\ldots20$ MHz durch –, das stört hier aber nicht. Das HF-Filter entspricht dem HF-Filter in Abb. 3.25, das Spiegelfrequenzband liegt jetzt aber bei $f_{HF,Sp} = 410\ldots420$ MHz.

Der Empfänger zeichnet sich durch eine hohe Empfangsleistung aus, da für jedes der sechs Bänder ein separates Preselector-Filter vorhanden ist und deshalb alle außerhalb des aktuellen Bandes liegenden Signale bereits vor dem ersten Verstärker gedämpft werden.

3.3.7   Beispiel für einen Miniatur-Empfänger

Abb. 3.33 zeigt die Ausführung und das Blockschaltbild eines USB-Miniatur-Empfängers für den Frequenzbereich $22\ldots1100$ MHz. Die maximale Abtastrate der A/D-Umsetzer beträgt $f_{a,max} = 2.8$ MHz; daraus ergibt sich eine maximale Empfangsbandbreite:

$$B_{max} \approx 0.8 f_{a,max} = 0.8 \cdot 2.8\,\text{MHz} \approx 2.2\,\text{MHz}$$

Auf den Einsatz einer Preselector-Filterbank am Eingang wird hier komplett verzichtet; die Miniaturisierung lässt dies auch nicht zu. Im Zusammenspiel mit einer geeigneten Antenne ergibt sich dennoch eine Filterung, da sowohl die Antenne als auch das Netzwerk zur Impedanzanpassung zwischen Antenne und Empfängereingang eine Filterwirkung aufweisen. Wir gehen darauf im Abschn. 5.2 noch näher ein.

Der Empfänger ist als Direct Conversion Receiver aufgebaut. Die Abtastrate f_a und die Empfangsfrequenz $f_0 = 22\ldots1100$ MHz werden von Phasenregelschleifen (PLL) erzeugt. Auf die A/D-Umsetzer folgt ein Digital Downconverter mit einem komplexen

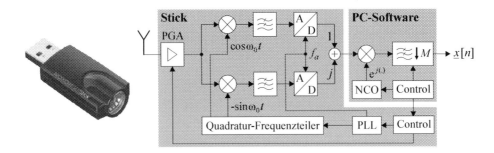

Abb. 3.33 Beispiel für einen USB-Miniatur-Empfänger für den Frequenzbereich $22\ldots1100$ MHz mit einer maximalen Bandbreite $B_{max} \approx 2.2$ MHz

Mischer und einem Tiefpass-Filter mit optionaler Unterabtastung. Das Oszillator-Signal für den komplexen Mischer wird von einem numerisch-gesteuerten Oszillators (*Numerically-Controlled Oscillator*, *NCO*) erzeugt. Die PLL beinhaltet einen gesteuerten Oszillator, dessen Frequenz über die Oktave 550...1100 MHz (Faktor 2) abgestimmt werden kann; daraus erhält man durch fortgesetzte Frequenzteilung mit dem Teilerfaktor 2 die Signale für die tiefer liegenden Oktaven.

Die Empfangsleistung dieses Miniatur-Empfängers ist deutlich geringer als die des Multiband-Amateurfunk-Empfängers aus Abb. 3.32; die wichtigsten Ursachen dafür lauten:

- Aufgrund der fehlenden Preselector-Filter ist der Anteil des zu empfangenden Nutzsignals am Gesamtsignal wesentlich geringer; dadurch wird der Signal-Rausch-Abstand des Nutzsignals reduziert.
- Die im Rahmen der Miniaturisierung erforderliche Reduktion der Baugröße und der Verlustleistung bedingt den Einsatz von Komponenten mit schlechteren Leistungsdaten.

3.4   Signale in einem *SDR*-System

In diesem Abschnitt beschreiben wir die Signale in einem *Software Defined Radio*-System, die sich aus dem nachrichtentechnisches Blockschaltbild in Abb. 3.3 ergeben. Die Komponenten zur Erzeugung eines digital modulierten Basisbandsignals im Sender sind in Abb. 3.34 noch einmal dargestellt.

3.4.1   Übertragungsarten

Die Übertragung in einem digitalen Datenübertragungssystem kann kontinuierlich oder in Paketen erfolgen. Unter einem *Paket* verstehen wir hier eine abgeschlossene Übertragung einer bestimmten Dauer, für die auch der Begriff *Burst* verwendet wird; deshalb wird die Paket-Übertragung auch als *Burst-Übertragung* (*Burst Transmission*) bezeichnet. Im Amateurfunk-Bereich wird auch die Bezeichnung *Packet Mode* verwendet.

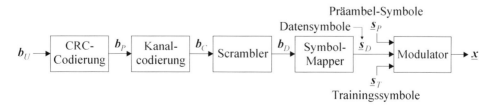

Abb. 3.34 Erzeugung eines digital modulierten Basisbandsignals im Sender (*b* = Bit-Vektor, $\underline{s}$ = Symbol-Vektor, $\underline{x}$ = Signal-Vektor)

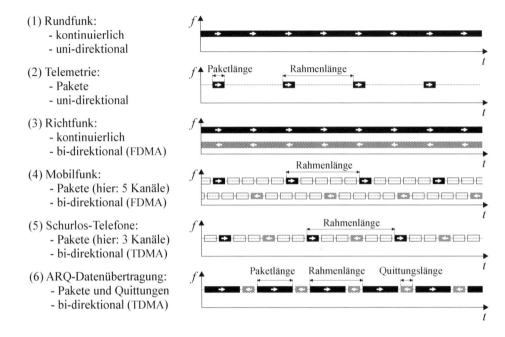

(1) Rundfunk:
   - kontinuierlich
   - uni-direktional

(2) Telemetrie:
   - Pakete
   - uni-direktional

(3) Richtfunk:
   - kontinuierlich
   - bi-direktional (FDMA)

(4) Mobilfunk:
   - Pakete (hier: 5 Kanäle)
   - bi-direktional (FDMA)

(5) Schurlos-Telefone:
   - Pakete (hier: 3 Kanäle)
   - bi-direktional (TDMA)

(6) ARQ-Datenübertragung:
   - Pakete und Quittungen
   - bi-direktional (TDMA)

Abb. 3.35 Übertragungsverhalten einiger typischer Übertragungssysteme mit kontinuierlicher Übertragung und Paket-Übertragung

Abb. 3.35 zeigt das Übertragungsverhalten einiger typischer Übertragungssysteme. Die Systeme unterscheiden sich in drei Punkten:

- Übertragungsmodus: kontinuierliche Übertragung oder Paket-Übertragung;
- Übertragungsrichtung: uni-direktional oder bi-direktional;
- Multiplex: in Frequenz-Richtung (*Frequency Division Multiple Access*, *FDMA*), in Zeit-Richtung (*Time Division Multiple Access*, *TDMA*) oder in beiden Richtungen.

Wir konzentieren uns im folgenden auf die *(drahtlose) Telemetrie*, d. h. die uni-direktionale Übertragung von Paketen mit Messdaten im weitesten Sinne; ein Beispiel dafür ist die Übertragung der Temperatur-Messwerte eines abgesetzten Thermometers an eine Wetterstation.

3.4.2 Paket-Übertragung

Bei einer Paket-Übertragung sind die Paketdauer und der zeitliche Abstand zwischen zwei Paketen von Interesse. Obwohl es sich dabei um Zeiten handelt, werden im deutschen Sprachraum die Begriffe *Paketlänge* und *Rahmenlänge* verwendet, siehe Abb. 3.35; dagegen findet man im englischen Sprachraum sowohl die Begriffe *Burst Length* und *Frame Length* als auch die Begriffe *Burst Duration* und *Frame Duration*.

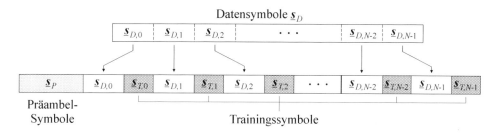

Abb. 3.36 Paketierung der Symbole bei einer Paket-Übertragung

Damit die Pakete im Empfänger detektiert und ausgewertet werden können, muss man neben den zur Informationsübertragung verwendeten *Datensymbolen* zusätzliche Symbole zur Synchronisation übertragen. Dies geschieht in der Regel in Form einer *Präambel (Preamble)*, d. h. einer bestimmten Anzahl an vordefinierten *Präambel-Symbolen* am Beginn des Pakets. Bei Systemen, bei denen sich das Übertragungsverhalten zwischen Sender und Empfänger während der Übertragung eines Pakets deutlich ändern kann, müssen darüber hinaus vordefinierte *Trainingssysmbole* in das Paket eingefügt werden, damit der Empfänger die Änderungen kompensieren kann. Die wichtigsten Ursachen für die Änderung des Übertragungsverhaltens sind Bewegungen des Senders oder Empfängers, Mehrwege-Ausbreitung mit Reflektionen an bewegten Objekten und – bei Weitverkehrsverbindungen über Kurzwelle – Änderungen der Ladungsträgerkonzentration in der Ionosphäre. Abb. 3.36 zeigt die resultierende Paketierung der Symbole.

Im folgenden beschreiben wir die Berechnung des Basisbandsignals eines Pakets aus den Nutzdaten (*User Data*) $\boldsymbol{b}_U$ gemäß Abb. 3.34; dabei verzichten wir zunächst auf eine Kanalcodierung und setzen die geschützten Daten (*Protected Data*) $\boldsymbol{b}_P$ gleich den codierten Daten (*Coded Data*) $\boldsymbol{b}_C$. Da wir einen Scrambler einsetzen, der die Daten verwürfelt, können wir die Nutzdaten zu Null setzen: $\boldsymbol{b}_U = \boldsymbol{0} = [\,0, 0, \dots, 0\,]$.

3.4.3 CRC-Codierung

Durch Rauschen, Störungen oder Signalverzerrungen können bei der Übertragung Fehler auftreten, d. h. der Empfänger kann die gesendeten Nutzdaten $\boldsymbol{b}_U$ nicht korrekt zurückgewinnen. Dieser Fall muss im Empfänger erkannt werden, damit die fehlerhaften Nutzdaten verworfen werden können und nicht zu fehlerhaften Anzeigen oder Aktionen führen. Bei einer Wetterstation mit einem abgesetztem Thermometer wird die Wetterstation bei einem fehlerhaften Empfang der Daten den darin enthaltenen Messwert verwerfen und entweder den letzten korrekt empfangenen Messwert oder – nach einer bestimmten Zeit – eine Störungsmeldung anzeigen.

Zur Erkennung von Übertragungsfehlern erfolgt mit Hilfe eines *Cyclic Redundancy Codes (CRC)*; dazu werden im Sender *CRC-Bits* ergänzt, die im Sender ausgewertet werden. Die Fehlererkennung mit einem CRC-Code hat ihrerseits eine bestimmte Fehlerwahrscheinlichkeit, die von der Länge der Nutzdaten, der Anzahl der CRC-Bits und der

Länge der Nutzdaten	CRC Polynom	
	Polynom $C(x)$	hex
20 ... 135	$x^{16} + x^{15} + x^{12} + x^7 + x^6 + x^4 + x^3 + 1$	0xC86C
136 ... 241	$x^{16} + x^{14} + x^{12} + x^{11} + x^8 + x^5 + x^4 + x^2 + 1$	0xAC9A
242 ... 2048	$x^{16} + x^{14} + x^{13} + x^{12} + x^{10} + x^8 + x^6 + x^4 + x^3 + x + 1$	0xBAAD

Abb. 3.37 CRC Polynome für CRC Codes der Länge 16. Die hexadezimale Dar- stellung erfolgt von links nach rechts ohne den konstanten Term 1: x^{16} = 0x8000, x^{15} = 0x4000, ... , x^2 = 0x0002, x = 0x0001

Berechnungsvorschrift für die CRC-Bits abhängt; deshalb muss man für jede Anwendung einen passenden CRC-Code auswählen. Spezifiziert wird ein CRC Code durch ein *CRC Polynom*, das in der Regel in hexadezimaler Form angegeben angegeben wird. Eine Auswahl geeigneter CRC Polynome findet man in [6, 7]. In Telemetrie-Systemen mit Nutzdatenlängen von 20 ... 2048 bit werden die in Abb. 3.37 gezeigten CRC Polynome für CRC Codes der Länge 16 verwendet. Die Berechnung der CRC-Bits erfolgt durch Polynom-Division des Nutzdaten-Polynoms $U(x)$ durch das CRC-Polynom $C(x)$:

$$\frac{U(x)}{C(x)} = Q(x) + \frac{R(x)}{C(x)}$$

Dabei ist $Q(x)$ der Quotient und $R(x)$ der Rest (*Remainder*). Die CRC-Bits entsprechen den Koeffizienten des Rest-Polynoms $R(x)$. Abb. 3.38 zeigt ein Berechnungsbeispiel.

In der Praxis erfolgt die Spezifikation eines CRC Codes der Länge N durch Angabe der hexadezimalen Darstellung der $N+1$ binären Koeffizienten des zugehörigen Polynoms mit dem Grad N:

$$C(x) = c_N x^N + c_{N-1} x^{N-1} + c_{N-2} x^{N-2} \cdots + c_2 x^2 + c_1 x + c_0$$

Dazu werden die Koeffizienten zu einem binären Vektor zusammengefasst:

$$\underline{c} = [\, c_N, c_{N-1}, c_{N-2}, \ldots, c_2, c_1, c_0 \,] \quad \text{mit } c_i \in \begin{cases} [\,0,1\,] & \text{für } i = 1, \ldots, N-1 \\ 1 & \text{für } i = 0 \text{ und } i = N \end{cases}$$

Es sind zwei verschiedene hexadezimale Darstellungen üblich, bei denen jeweils ein Koeffizient nicht in die Darstellung aufgenommen wird:

- Bei der *Standard-Darstellung* wird der Koeffizient $c_N = 1$ weggelassen:

$$\underline{c}_S = [\, c_{N-1}, c_{N-2}, \ldots, c_2, c_1, c_0 \,]$$

- Bei der *Darstellung nach Koopman* wird der Koeffizient $c_0 = 1$ weggelassen:

$$\underline{c}_K = [\, c_N, c_{N-1}, c_{N-2}, \ldots, c_2, c_1 \,]$$

Nutzdaten: 10100011011101100101
CRC-Polynom: 1100100001101100 1 (0xC86C)

Binär-Arithmetik: 0±0=0
(Exklusiv-Oder)   1±0=1
                  0±1=1
                  1±1=0

Polynom-Division:

```
10100011011101100101                ➤  10011110110000110
11001000011011001                      11001000011011001

 11010110001101011                      10101101010111110
 11001000011011001                      11001000011011001

  00111100101100100                       11001010011001110
  11001000011011001                       11001000011011001

  01111001011001001                        00000100000101110
  11001000011011001 ....0                  11001000011011001

  11110010110010010                        00001000001011100
  11001000011011001 .. 0                   11001000011011001

  01110101010010110                        00010000010111000
  11001000011011001 ...0                   11001000011011001

  11110101010101100                        00100000101110000
  11001000011011001 ...0                   11001000011011001

  01000101111101010                        01000001011100000
  11001000011011001 ...0                   11001000011011001

  10001011111010100                        10000010111000000
  11001000011011001                        11001000011011001

  10000111000011010                        10010101000110010
  11001000011011001                        11001000011011001

  10011110110000110                         10111010111010110
                                                 CRC-Bits
```

Abb. 3.38 Beispiel zur Berechnung eines CRC-Codes

Da die Anzahl der Bits in der hexadezimalen Darstellung ein Vielfaches von vier beträgt – vier Bit pro Hexadezimalziffer –, muss der binäre Vektor für Codes, deren Länge *kein* Vielfaches von vier beträgt, durch führende Nullen ergänzt werden. Da der Vektor $\underline{c}_S$ der Standard-Darstellung selbst bereits führende Nullen enthalten kann, ist in diesem Fall nicht mehr klar, wie viele der führenden Nullen ergänzt wurden und wie viele zum Vektor $\underline{c}_S$ gehören; deshalb muss bei der Standard-Darstellung neben der hexadezimalen Darstellung zusätzlich der Grad N angegeben werden. Bei der Darstellung nach Koopman ist dies nicht erforderlich, da der relevante Teil $\underline{c}_K$ der hexadezimalen Darstellung mit dem Koeffizienten $c_N = 1$ beginnt und deshalb alle eventuell vorhandenen führenden Nullen *nicht* zum Polynom gehören. Als Beispiel betrachten wir die CRC-6 mit dem Polynom:

$$C(x) \;=\; x^6 + x^4 + x^3 + 1 \quad \Rightarrow \quad \underline{c} \;=\; [\,1, 0, 1, 1, 0, 0, 1\,]$$

In der Standard-Darstellung folgt daraus:

$$\underline{c}_S \;=\; [\,0, 1, 1, 0, 0, 1\,] \;=\; [\,\underbrace{0, 0, 0, 1}_{0x1}, \underbrace{1, 0, 0, 1}_{0x9}\,] \;=\; 0x19$$

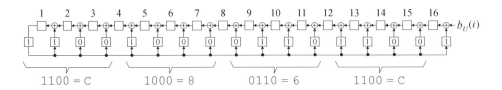

$$1100 = C \qquad 1000 = 8 \qquad 0110 = 6 \qquad 1100 = C$$

Abb. 3.39 Hardware zur CRC-Berechnung mit dem Polynom `0xC86C`. Bei den Addierern handelt es sich um binäre Addierer, die durch *Exklusiv-Oder*-Gatter realisiert werden: $0 + 0 = 0$, $0 + 1 = 1 + 0 = 1$, $1 + 1 = 0$

Die heaxdezimale Darstellung hat hier also 3 führende Nullen. Ohne die zusätzliche Angabe $N = 6$ ist unklar, wie viele dieser Nullen zum Polynom gehören. Dagegen ist bei der Darstellung nach Koopman der Koeffizient c_N und damit der Grad N durch das höchstwertige 1-Bit gegeben:

$$\underline{c}_K = [\,1,0,1,1,0,0\,] = [\,\underbrace{0,0,1,0}_{0x2},\underbrace{1,1,0,0}_{0xC}\,] = 0x2C$$

Die Berechnung der CRC-Bits kann mit der in Abb. 3.39 gezeigten Anordnung mit 16 1-Bit-Registern und binären Addierern erfolgen. Wir haben hier die formal vollständige Rückkopplungsstruktur dargestellt, um den Zusammenhang mit dem CRC-Polynom zu betonen. In einer konkreten Realisierung werden alle Pfade mit einem Gewicht 1 durch einfache Verbindungen realisiert, während die Pfade mit einem Gewicht 0 entfallen; im dargestellten Fall werden demnach 7 binäre Addierer benötigt, die durch *Exklusiv-Oder*-Gatter realisiert werden. Die Berechnung erfolgt für binäre Nutzdaten b_U der Länge l_U nach folgendem Ablauf:

1. Die Register werden rückgesetzt.
2. In den ersten 16 Takten werden die ersten 16 Nutzdatenbits von rechts in die Register eingeschoben.
3. In den nächsten l_U Takten erfolgt jeweils eine Polynom-Division; dabei werden in den ersten ($l_U - 16$) Takten die weiteren Nutzdatenbits und in den letzten 16 Takten Nullen von rechts nachgeschoben.
4. Die CRC-Bits werden aus den Registern ausgelesen.

Im einem SDR erfolgt die CRC-Berechnung in Software; in *Matlab* schreiben wir dazu:

```
% Nutzdaten
b_u = [ 1 0 1 0 0 0 1 1 0 1 1 1 0 1 1 0 0 1 0 1 ];
l_u = length(b_u);

% CRC-Polynom 0xC86C = 1100 1000 0110 1100
% OHNE die führende Eins und MIT nachfolgender Eins
poly = [ 1 0 0   1 0 0 0   0 1 1 0   1 1 0 0   1 ];
% Anzahl CRC-Bits
l_crc = length(poly);

% CRC-Berechnung
reg = b_u( 1 : l_crc );
```

```
for i = 1 + l_crc : l_u
    reg = mod( [ reg(2:end) b_u(i) ] + reg(1) * poly, 2 );
end
for i = 1 : l_crc
    reg = mod( [ reg(2:end) 0 ] + reg(1) * poly, 2 );
end
b_crc = reg;
```

Dabei werden die ersten beiden Schritte des oben genannten Ablaufs dadurch realisiert, dass die ersten 16 Nutzdatenbits direkt in den Register-Vektor `reg` geladen werden:

```
reg = b_u( 1 : l_crc );
```

Der dritte Schritt wird durch zwei Schleifen realisiert; dabei werden in der ersten Schleife die weiteren Nutzdatenbits `b_u(i)` und in der zweiten Schleife Nullen nachgeschoben.

Im Empfänger wird der CRC-Code geprüft, um Fehler in der Übertragung zu erkennen. Die Prüfung erfolgt entsprechend der Berechnung, nur werden nun in den letzten 16 Takten keine Nullen, sondern die 16 CRC-Bits nachgeschoben. Bei fehlerfreier Übertragung enthalten alle Register nach dem letzten Takt Nullen. In *Matlab* schreiben wir dazu:

```
% ... Fortsetzung des obigen Matlab-Beispiels ...

% CRC-geschützte Daten bilden
b_p = [ b_u b_crc ];
l_p = length(b_p);

% ggf. Erzeugung von Bitfehlern durch Invertierung
% b_p(9) = 1 - b_p(9);

% CRC-Prüfung
reg = b_p( 1 : l_crc );
for i = 1 + l_crc : l_p
    reg = mod( [ reg(2:end) b_p(i) ] + reg(1) * poly, 2 );
end
crc_ok = ( sum(reg) == 0 );
```

3.4.4   Scrambler

Damit die Leistung des Sendesignals möglichst gleichmäßig über die genutzte Bandbreite verteilt wird und die Verfahren zur Synchronisation und Demodulation im Empfänger optimal arbeiten, ist es erforderlich, dass die gesendeten Datensymbole s_D eine möglichst geringe Korrelation aufweisen, d. h. möglichst *unabhängig* voneinander sind; dazu müssen die binären Daten b_D am Eingang des Symbol-Mappers ihrerseits eine möglichst geringe Korrelation aufweisen. Wir können dies unabhängig von den Nutzdaten b_U und den

Registerlänge m	Periodenlänge $M = 2^m - 1$	Polynom $P(x)$
6	63	$x^6 + x^5 + 1$
7	127	$x^7 + x^6 + 1$
8	255	$x^8 + x^6 + x^5 + x^4 + 1$
9	511	$x^9 + x^5 + 1$
10	1023	$x^{10} + x^7 + 1$
11	2047	$x^{11} + x^9 + 1$

Abb. 3.40 Typische Polynome für Pseudo-Zufallsfolgen (PRBS)

daraus resultierenden geschützten und kanalcodierten Daten sicherstellen, indem wir die codierten Daten b_C oder – in unserem Fall ohne Kanal-Codierung – die geschützten Daten b_P mit einer binären Pseudo-Zufallsfolge *verwürfeln*. Dieser Vorgang wird als *Scrambling* bezeichnet. Die dazu verwendeten Pseudo-Zufallsfolgen (*Pseudo-Random Binary Sequence, PRBS*) werden mit Hilfe eines rückgekoppelten Schieberegisters der Länge m erzeugt, dessen Aufbau durch ein *Generator-Polynom* mit dem Grad m beschrieben wird; deshalb wird die Folge auch *m-Sequenz (m-Sequence)* genannt.

Eine PRBS $b_R[n]$ mit einem *primitiven*, d. h. nicht weiter zerlegbaren Polynom

$$P(x) = x^m + p_{m-1}x^{m-1} + \ldots p_2 x^2 + p_1 x + 1 \quad \text{mit } p_i \in \{0, 1\}$$

ist periodisch mit der Periodenlänge $M = 2^m - 1$. Die zugehörige Autokorrelationsfolge

$$r_{b_R b_R}[d] = \sum_{n=0}^{M} b_R[n]\, b_R[n+d] = \begin{cases} 2^{m-1} & \text{für } \mathrm{mod}\{d, M\} = 0 \\ 2^{m-2} & \text{für } \mathrm{mod}\{d, M\} \neq 0 \end{cases}$$

weist nur zwei Werte auf, die sich um den Faktor 2 unterscheiden. Abb. 3.40 zeigt einige ausgewählte Polynome. Die Periodenlänge muss mindestens so lang sein wie die Länge der zu verwürfelnden Daten, damit die dekorrelierende Wirkung voll zum Tragen kommt.

Abb. 3.41 zeigt die Hardware zur Erzeugung von drei typischen Zufallsfolgen. Die Hardware für $m = 8$ wird aufgrund der zwei zusätzlich benötigten Binär-Addierer in der Praxis nicht verwendet; bei einer Software-Realisierung in einem SDR ist dies aber belanglos. In *Matlab* erzeugen wir eine Periode wie folgt:

```
% Polynom x^6 + x^5 + 1 ohne konstanten Term
p = [ 1 1 0 0 0 0 ];
m = length(p);
M = 2^m - 1;

% Vektor für eine Periode anlegen
```

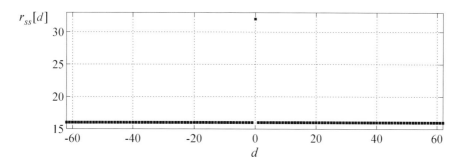

$P(x) = x^6 + x^5 \qquad + \qquad 1$

$P(x) = x^7 + x^6 \qquad\qquad + \qquad 1$

$P(x) = x^8 \quad + \quad x^6 + x^5 + x^4 \qquad + \qquad 1$

Abb. 3.41 Hardware zur Erzeugung von Pseudo-Zufallsfolgen (PRBS) mit $m = 6$, $m = 7$ und $m = 8$

```
b_r_period = zeros( 1, M );

% Register initialisieren
reg = ones( 1, m );

% Periode berechnen
for i = 1 : M
    b_r_period(i) = reg(end);
    reg = mod( [ 0 reg(1:end-1) ] + reg(end) * p, 2 );
end
```

Die Autokorrelationsfolge berechnen wir mit:

```
d = - M + 1 : M - 1;
r = zeros( 1, 2 * M - 1 );
for i = 1 : 2 * M - 1
    r(i) = sum( b_r_period .* circshift( b_r_period, [ 0 d(i) ] ) );
end
```

Dabei machen wir davon Gebrauch, dass die Verschiebung einer periodischen Folge wie eine zirkuläre Rotation einer Periode wirkt, die wir mit dem Befehl `circshift` durchführen. Abb. 3.42 zeigt die Autokorrelationsfolge der Pseudo-Zufallsfolge mit $m = 6$. Sie nimmt nur die Werte $2^{m-1} = 32$ und $2^{m-2} = 16$ an.

Abb. 3.42 Autokorrelationsfolge der Pseudo-Zufallsfolge (PRBS) mit $m = 6$

Die Verwürfelung der codierten Daten b_C erfolgt durch eine bit-weise Modulo-2-Addition mit einer PRBS b_R entsprechender Länge:

$$b_D = b_C \oplus b_R$$

Dies entspricht einer EXOR-Verknüpfung. Im Empfänger wird die Verwürfelung durch eine erneute bit-weise Modulo-2-Addition mit der PRBS rückgängig gemacht:

$$b_C^{(r)} = b_D \oplus b_R = (b_C \oplus b_R) \oplus b_R = b_C \oplus (b_R \oplus b_R) = b_C \oplus \mathbf{0} = b_C$$

In *Matlab* gehen wir von dem im obigen Beispiel berechneten Vektor b_r_period mit einer Periode der PRBS aus und erzeugen daraus durch Verkettung einen Vektor b_r, der mindestens die Länge l_C der codierten Daten b_C besitzt; anschliessend verwürfeln wir die Daten:

```
% ... der Vektor b_r_period enthalte eine Periode der PRBS
%      und der Vektor b_c enthalte die codierten Daten ...

% PRBS mit ausreichender Länge erzeugen
l_c = length(b_c);
l_p = length(b_r_period);
n_p = ceil( l_c / l_p );
b_r = repmat( b_r_period, 1, n_p );

% Verwürfelung der Daten
b_d = mod( b_c + b_r( 1 : l_c ), 2 );
```

Im Empfänger wird die Verwürfelung auf dieselbe Weise rückgängig gemacht.

Wir bezeichnen die verwürfelten Daten b_D ohne weiteren Zusatz als *Daten* oder *Datenbits*, da aus ihnen die *Datensymbole* $\underline{s}_D$ generiert werden. Diese *Daten* sind nicht zu verwechseln mit den ursprünglichen Daten b_U, die wir als *Nutzdaten* bezeichnet haben.

3.4.5 Symbol-Mapper

Der *Symbol-Mapper* (*Mapper*) generiert die Datensymbole $\underline{s}_D$ aus den binären Daten b_D; dazu werden jeweils m Datenbits gruppiert und zur Auswahl eines der $M = 2^m$ Symbole des verwendeten *Symbol-Alphabets* $\underline{s}_M$ verwendet. Wir verwenden für das Alphabet den Index M, der sowohl auf die Anzahl der Symbole des Alphabets als auch auf die *Modulation* hinweist.

Wir beschränken uns in diesem Abschnitt auf die *Pulsamplituden-Modulation* (*Pulse Amplitude Modulation, PAM*), bei der nur *eine* Signalform verwendet wird, die gemäß den Symbolen des Alphabets in der Amplitude und der Phase moduliert wird. Abb. 3.43 zeigt typische Symbol-Alphabete für die Pulsamplituden-Modulation. Man nennt diese Alphabete auch *Modulationsarten* und spricht deshalb z. B. von *QPSK-Modulation* oder

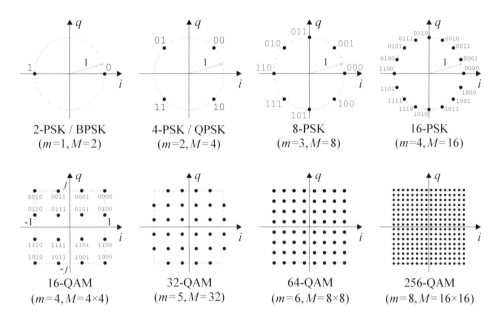

Abb. 3.43 Typische Symbol-Alphabete für Pulsamplituden-Modulation (PAM)

16-QAM-Modulation. Diese Bezeichnungen sind zwar allgemein üblich, streng formal aber nicht korrekt; korrekt wären die Bezeichnungen *Pulsamplituden-Modulation mit QPSK-Alphabet* bzw. *Pulsamplituden-Modulation mit 16-QAM-Alphabet*. In der Praxis werden jedoch die kürzeren Bezeichnungen verwendet.

Die Auswahl eines der M Symbole des Alphabets durch die m gruppierten Datenbits muss so erfolgen, dass sich Übertragungsfehler möglichst wenig auswirken. Ein Übertragungsfehler kommt dadurch zustande, dass einige der vom Empfänger empfangenen Symbole durch das im Übertragungspfad hinzukommende Rauschen oder andere Störungen so stark verfälscht werden, dass sie nicht mehr korrekt zugeordnet werden können. Diese Fehler werden *Symbolfehler* genannt. Da die Symbole im Empfänger wieder in die zugehörigen Datenbits aufgelöst werden und für die weitere Verarbeitung die Anzahl der *Bitfehler* maßgebend ist, muss die Zuordnung von Datenbits und Symbolen so erfolgen, dass ein Symbolfehler möglichst wenige Bitfehler verursacht, im Idealfall nur einen einzigen. Dazu wird anstelle einer fortlaufenden Nummerierung der Symbole mit $0, 1, 2, \ldots, M - 1$ eine Nummerierung mit *Gray-Codes* verwendet, bei denen sich die binären Darstellungen aufeinander folgender Werte nur in einem Bit unterscheiden. Abb. 3.44 zeigt die Gray-Codes für $m = 1, 2, 3$ bzw. $M = 2, 4, 8$.

Bei den in Abb. 3.43 oben gezeigten M-PSK-Alphabeten werden die Werte des jeweiligen Gray-Codes im Gegenuhrzeigersinn zugeordnet. Bei den unten gezeigten M-QAM-Alphabeten mit vollständiger quadratischer Form ($M = 16, 64, 256$) erfolgt die Zuordnung mit *zwei* Gray-Codes der Länge $\sqrt{M}$, d. h. separaten Codes für die i- und die q-Richtung. Für das gezeigte 32-QAM-Alphabet und zahlreiche weitere Alphabete,

m	M	Code	
		binär	dezimal
1	2	(0 1)	[0 1]
2	4	(00 01 11 10)	[0 1 3 2]
3	8	(000 001 011 010 110 111 101 100)	[0 1 3 2 6 7 5 4]

Abb. 3.44 Gray-Codes für $m = 1, 2, 3$ bzw. $M = 2, 4, 8$

auf die wir nicht eingehen, muss man Zuordnungen wählen, die dem Idealfall möglichst nahe kommen. Aus der dezimalen Darstellung der Gray-Codes in Abb. 3.44 können wir die Konstruktionsvorschrift für Gray-Codes ableiten. Aus dem Gray-Code der Ordnung m mit der Länge $M = 2^m$ erhalten wir den Gray-Code der Ordnung $m + 1$ mit der Länge $2M$, indem wir:

- die Dezimal-Darstellung der ersten M Werte übernehmen;
- die Dezimal-Darstellung der zweiten M Werte durch Spiegelung der ersten M Werte und Addition von M bilden.

Nach dieser Vorschrift können wir die Codes in *Matlab* iterativ berechnen:

```
m_max = 4;
code  = 0;
for i = 1 : m_max
    % Code berechnen
    code = [ code fliplr(code) + 2^(i-1) ];
    % Code ausgeben
    fprintf( 1, 'Gray(%d) = [ ', i );
    for k = 1 : 2^i
        fprintf( 1, '%d ', code(k) );
    end
    fprintf( 1, ']\n' );
end
```

Abb. 3.45 verdeutlicht das Symbol-Mapping für QPSK mit $m = 2$ bzw. $M = 4$. Die rechts oben gezeigten Symbole s_M des QPSK-Alphabets sind entsprechend dem zugehörigen Gray-Code $[0, 1, 3, 2]$ im Gegenuhrzeigersinn nummeriert. Zur Auswahl der Symbole werden jeweils zwei Datenbits verwendet, aus denen die zugehörigen Indices i_s in das Alphabet berechnet werden. In *Matlab* können wir dazu die Funktion `reshape` verwenden, mit der wir den 1×20–Datenvektor $\boldsymbol{b}_D$ in eine 2×10–Datenmatrix $\boldsymbol{b}'_D$ umwandeln, deren Zeilen wir anschließend gewichtet addieren. Beim Zugriff auf das Alphabet müssen wir die Indices $i_s + 1$ verwenden, da die Indizierung von Vektoren in *Matlab* nicht mit dem Index 0, sondern mit dem Index 1 beginnt. Damit stellt sich der QPSK-Mapper in *Matlab* wie folgt dar:

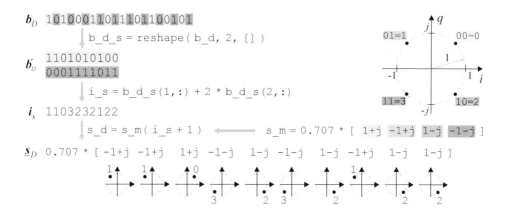

Abb. 3.45 QPSK-Symbol-Mapping für 20 Datenbits = 10 Symbole

```
% ... der Zeilenvektor b_d enthalte die Datenbits ...

% QPSK-Alphabet
s_m = 0.707 * [ 1+1i -1+1i 1-1i -1-1i ];

% Berechnung der Indices in das Alphabet
b_d_s = reshape( b_d, 2, [] );
i_s   = b_d_s(1,:) + 2 * b_d_s(2,:);

% Symbole aus dem Alphabet entnehmen
s_d = s_m( i_s + 1 );
```

Bei der Berechnung der Indices haben wir die Gewichtung der Datenbits nach dem Schema *LSB first* (*Least Significant Bit first*) vorgenommen, d. h. das jeweils erste Bit erhält das Gewicht 1 und das zweite Bit das Gewicht 2. Alternativ hätten wir auch das Schema *MSB first* (*Most Significant Bit first*) verwenden können, bei dem die Gewichtung umgekehrt erfolgt; in *Matlab* schreiben wir dazu:

```
i_s = 2 * b_d_s(1,:) + b_d_s(2,:);
```

In der Praxis werden beide Schemata verwendet.

Bei größeren Alphabeten erfolgt das Mapping prinzipiell in gleicher Weise. Als Beispiel betrachten wir ein 16-QAM-Alphabet, bei dem 4 Datenbits gruppiert werden:

```
% Datenbits als Matrix mit vier Zeilen darstellen
b_d_s = reshape( b_d, 4, [] );

% Berechnung der Indices nach dem Schema LSB first
i_s = b_d_s(1,:) + 2 * b_d_s(2,:) + 4 * b_d_s(3,:) + 8 * b_d_s(4,:);
% ... oder ...
% Berechnung der Indices nach dem Schema MSB first
i_s = 8 * b_d_s(1,:) + 4 * b_d_s(2,:) + 2 * b_d_s(3,:) + b_d_s(4,:);
```

3.4.6 Präambel

Im Abb. 3.34 und 3.36 haben wir dargestellt, dass ein Paket neben den Datensymbolen $\underline{s}_D$ im allgemeinen noch *Präambel-Symbole* $\underline{s}_P$ und *Trainingssymbole* $\underline{s}_T$ enthält. Bei einfachen Telemetrie-Systemen mit kurzen Paketen werden in der Regel keine Trainingssymbole benötigt; wir beschränken uns deshalb darauf, den Datensymbolen eine Präambel voranzustellen:

$$\underline{s} = \left[\, \underline{s}_P, \underline{s}_D \,\right]$$

Für die Präambel-Symbole kann dasselbe Symbol-Alphabet verwendet werden wie für die Datensymbole; bei QPSK-Datensymbolen verwendet man dazu *Binary Correlation Sequences* oder *Quadriphase Correlation Sequences*, d. h. Folgen von BPSK- oder QPSK-Symbolen mit besonders guten Korrelationseigenschaften. Darüber hinaus werden allgemeine *Polyphase Correlation Sequences* verwendet – z. B. *Frank Sequences* oder *Chu Sequences* –, die ein eigenes Symbol-Alphabet verwenden.

Wir verwenden im folgenden *Chu Sequences*, die besonders einfach zu berechnen sind. Für die Symbole einer Chu Sequence der Länge N gilt:

$$\underline{s}_P[n] = \begin{cases} e^{j\pi n(n+1)/N} & N \text{ ungerade} \\ e^{j\pi n^2/N} & N \text{ gerade} \end{cases} \quad \text{mit } n = 0, \ldots, N-1$$

Bevorzugt verwenden wir eine Chu Sequence der Länge 31, die wir mit

```
N = 31;
n = 0 : N - 1;
s_p_chu = exp( 1i * pi * n .* ( n + 1 ) / N );
```

berechnen. Als Alternative käme eine BPSK-modulierte PRBS der Länge 31 mit dem Polynom $x^5 + x^3 + 1$ in Frage, die wir mit

```
p = [ 1 0 1 0 0 ];
m = length(p);
M = 2^m - 1;
s_p_prbs = zeros( 1, M );
reg = ones( 1, m );
for i = 1 : M
    s_p_prbs(i) = 1 - 2 * reg(end);
    reg = mod( [ 0 reg(1:end-1) ] + reg(end) * p, 2 );
end
```

berechnen; dabei rechnen wir die Bits $(0, 1)$ mit

```
s_p_prbs(i) = 1 - 2 * reg(end);
```

in die BPSK-Symbole $(1, -1)$ um.

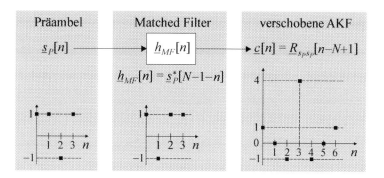

Abb. 3.46 Berechnung der Autokorrelationsfunktion (AKF) durch FIR-Filterung mit einem *Matched Filter* am Beispiel einer BPSK-modulierten Präambel der Länge $N = 4$. Die Länge der AKF beträgt $2N - 1 = 7$ ($n = 0, \ldots, 6$)

Die wichtigste Eigenschaft einer Präambel $\underline{s}_P$ ist der Betrag ihrer Autokorrelationsfunktion (AKF) $\underline{R}_{s_P s_P}[d]$. Die AKF ist ein Maß für die Selbstähnlichkeit der Präambel in Abhängigkeit von der Verschiebung d und nur für $|d| < N$ ungleich Null; hier gilt:

$$
\underline{R}_{s_P s_P}[d] =
\begin{cases}
\displaystyle\sum_{n=d}^{N-1} \underline{s}_P[n]\,\underline{s}_P^*[n-d] & \text{für } d = 1, 2, \ldots, N-2, N-1 \\[3mm]
\displaystyle\sum_{n=0}^{N-1} \left|\underline{s}_P[n]\right|^2 & \text{für } d = 0 \\[3mm]
\displaystyle\sum_{n=0}^{N-1+d} \underline{s}_P[n]\,\underline{s}_P^*[n-d] & \text{für } d = -N+1, -N+2, \ldots, -2, -1
\end{cases}
$$

Das reell-wertige Maximum $\underline{R}_{s_P s_P}[0]$ entspricht der Energie der Präambel. In der Regel haben die Symbole den Betrag Eins; dann entspricht die Energie der Länge der Präambel:

$$
\left|\underline{s}_P[n]\right| = 1 \quad \text{für } n = 0, \ldots, N-1 \quad \Rightarrow \quad \underline{R}_{s_P s_P}[0] = N
$$

Da die Berechnung der AKF einer FIR-Filterung mit einem *Matched Filter* mit den durch Spiegelung und Konjugierung der Präambel erzeugten Koeffizienten

$$
\underline{h}_{MF}[n] = \underline{s}_P^*[N-1-n] \quad \text{für } n = 0, \ldots, N-1
$$

entspricht, können wir die AKF durch die Faltung

$$
\underline{c}[n] = \underline{s}_P[n] * \underline{h}_{MF}[n]
$$

$$
= \underline{s}_P[n] * \underline{s}_P^*[N-1-n] \quad \text{für } n = 0, \ldots, 2N-2
$$

$$
= \underline{R}_{s_P s_P}[n - N + 1]
$$

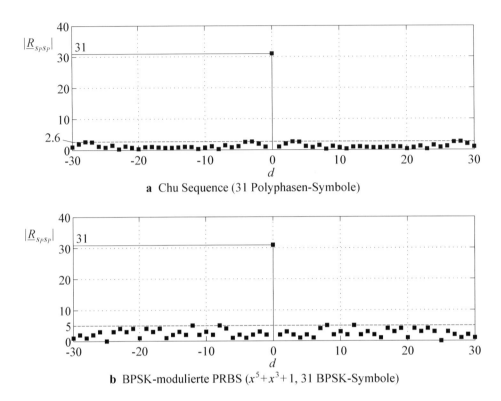

a Chu Sequence (31 Polyphasen-Symbole)

b BPSK-modulierte PRBS ($x^5 + x^3 + 1$, 31 BPSK-Symbole)

Abb. 3.47 Beträge der Autokorrelationsfunktionen der Präambeln

berechnen; dabei tritt aufgrund der kausalen Darstellung des Matched Filters eine Verschiebung um $N - 1$ Werte auf. Abb. 3.46 verdeutlicht die Zusammenhänge.

In *Matlab* erfolgt die Faltung mit der Funktion `conv`, die Spiegelung mit der Funktion `fliplr` und die Konjugierung mit der Funktion `conj`; wir können deshalb die AKF der beiden Präambeln mit

```
R_sp_sp_chu  = conv( s_p_chu , conj( fliplr(s_p_chu) ) );
R_sp_sp_prbs = conv( s_p_prbs , conj( fliplr(s_p_prbs) ) );
```

berechnen. Den Vektor mit den zugehörigen Verschiebungen erhalten wir mit:

```
N = length( s_p_chu );
d = - N + 1 : N - 1;
```

Abb. 3.47 zeigt die Beträge der Autokorrelationsfunktionen. Die Werte für $d \neq 0$ sollten möglichst gering sein; hier zeigt sich die Chu Sequence der BPSK-modulierten PRBS überlegen.

Bei der Übertragung tritt in der Regel ein Frequenzoffset f_{off} und ein Phasenoffset φ_{off} auf; wir gehen darauf in Abschn. 3.4.13 noch näher ein. Anstelle der gesendeten Symbole

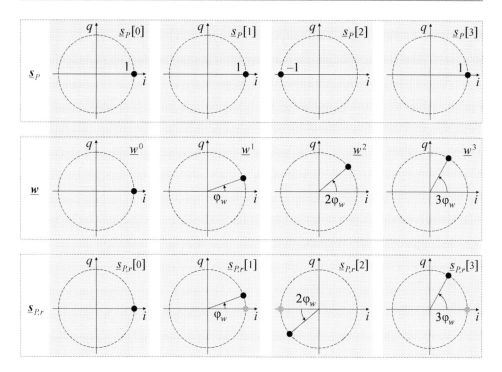

Abb. 3.48 Einfluss eines relativen Frequenzoffsets $f_{off}/f_s = 1/18$ ($\varphi_w = 20°$) auf eine BPSK-modulierte Präambel $\underline{s}_P = [\, 1\,,\, 1\,,\, -1\,,\, 1\,]$

$$\underline{s}_P = \left[\, \underline{s}_P[0]\,,\, \underline{s}_P[1]\,,\, \underline{s}_P[2]\,,\, \underline{s}_P[3]\,,\, \ldots\,,\, \underline{s}_P[N-1]\,\right]$$

werden die mit dem *Rotator*

$$\underline{w} = e^{j2\pi f_{off}/f_s} = e^{j\varphi_w} \quad \text{mit } \varphi_w = 2\pi f_{off}/f_s \tag{3.2}$$

gedrehten Symbole

$$\underline{s}_{P,r} = \left[\, \underline{s}_{P,r}[0]\,,\, \underline{s}_{P,r}[1]\,,\, \underline{s}_{P,r}[2]\,,\, \underline{s}_{P,r}[3]\,,\, \ldots\,,\, \underline{s}_{P,r}[N-1]\,\right]$$

$$= e^{j\varphi_{off}} \left[\, \underline{w}^0 \underline{s}_P[0]\,,\, \underline{w}^1 \underline{s}_P[1]\,,\, \underline{w}^2 \underline{s}_P[2]\,,\, \underline{w}^3 \underline{s}_P[3]\,,\, \ldots\,,\, \underline{w}^{N-1} \underline{s}_P[N-1]\,\right]$$

empfangen; dabei ist f_s die *Symbolrate* und f_{off}/f_s der *relative Frequenzoffset*. Abb. 3.48 zeigt ein Beispiel. An die Stelle der Autokorrelationsfunktion (AKF)

$$\underline{R}_{s_P s_P}[d] = \underline{s}_P[d] * \underline{s}_P^*[-d] \quad \text{für } d = -N+1, \ldots, N-1$$

tritt nun die Kreuzkorrelationsfunktion (KKF):

$$\underline{R}_{s_{P,r} s_P}[d] = \underline{s}_{P,r}[d] * \underline{s}_P^*[-d] \quad \text{für } d = -N+1, \ldots, N-1$$

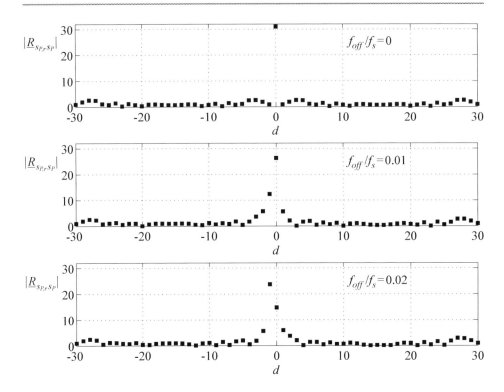

Abb. 3.49 Betrag der Kreuzkorrelationsfunktion (KKF) einer Chu Sequence der Länge $N = 31$ für verschiedene Werte des relativen Frequenzoffsets f_{off}/f_s

Während der Phasenoffset nur die Phase der KKF beeinflusst und deshalb nicht in den Betrag eingeht, führt bereits ein geringer relativer Frequenzoffset f_{off}/f_s zu einer erheblichen Verschlechterung der Korrelationseigenschaften. In *Matlab* berechnen wir die KKF für eine Chu Sequence der Länge $N = 31$ mit:

```
% Chu Sequence der Länge 31
N = 31;
n = 0 : N - 1;
s_p = exp( 1i * pi * n .* ( n + 1 ) / N );

% Potenzen w^n des Rotators w für f_off / f_s = 0.01
w_n = exp( 2i * pi * 0.01 * n );

% Kreuzkorrelationsfunktion
R_spr_sp = conv( s_p .* w_n , conj( fliplr( s_p ) ) );
```

Abb. 3.49 zeigt den Betrag der Kreuzkorrelationsfunktion für verschiedene Werte des relativen Frequenzoffsets f_{off}/f_s. Bereits für $f_{off}/f_s = 0.02$ erhalten wir ein falsches Ergebnis, d. h. das Maximum liegt nicht mehr bei $d = 0$. Abb. 3.50 zeigt den Betrag des zentralen Wertes $\underline{R}_{s_{P,r} s_P}[0]$ und des größten Wertes mit $d \neq 0$ in Abhängigkeit vom relativen

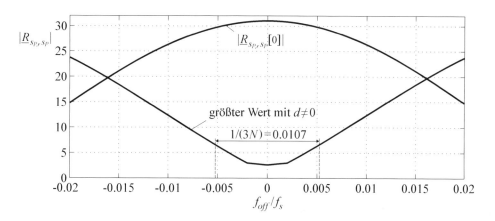

Abb. 3.50 Betrag des zentralen Wertes $\underline{R}_{s_{P,r} s_P}[0]$ und des größten Wertes mit $d \neq 0$ für eine Chu Sequence der Länge $N = 31$ in Abhängigkeit vom relativen Frequenzoffset f_{off}/f_s

Frequenzoffset f_{off}/f_s. In der Praxis kann man die KKF nur dann ohne nennenswerten Verlust zur Detektion einer Chu Sequence verwenden, wenn

$$-\frac{1}{6N} < \frac{f_{off}}{f_s} < \frac{1}{6N}$$

gilt. Ist dies nicht gewährleistet, kann man eine der beiden folgenden Varianten verwenden:

- Man kann die in Abb. 3.51 gezeigte *Korrelator-Bank* mit mehreren Filtern verwenden, mit der die KKF für Frequenzoffsets im Abstand von

Abb. 3.51 Korrelator-Bank mit Filtern $h_{MF}^{(i)}[n]$ für die Frequenzoffsets $f_{off} = i f_{step}$

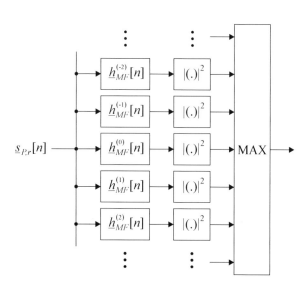

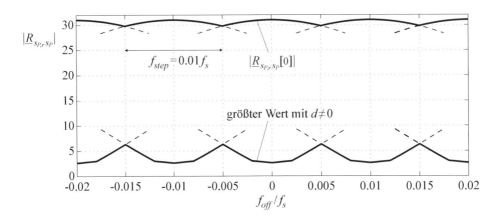

Abb. 3.52 Verläufe der Beträge in einer Korrelator-Bank für eine Chu Sequence der Länge $N = 31$ bei einem *Stepping* von $f_{step} = 0.01f_s$

$$f_{step} \approx \frac{f_s}{3N}$$

berechnet und das Maximum der Beträge oder der für die praktische Berechnung besser geeigneten Betragsquadrate selektiert wird. Für die Filter gilt:

$$h_{MF}^{(i)}[n] = \underline{s}_P^*[N-1-n]\, e^{j2\pi i n f_{step}/f_s} \quad \text{für } n = 0, \ldots, N-1$$

Abb. 3.52 zeigt die Verläufe der Beträge in einer Korrelator-Bank für eine Chu Sequence der Länge $N = 31$ bei einem *Stepping* von $f_{step} = 0.01f_s$.

- Man kann die N Symbole der Präambel als *Differenzsymbole* auffassen und die daraus berechneten $N + 1$ *absoluten Symbole*

$$\underline{s}_A[n] = \begin{cases} \underline{s}_R & \text{für } n = 0 \\ \underline{s}_A[n-1]\,\underline{s}_P[n-1] & \text{für } n = 1, \ldots, N \end{cases}$$

als Präambel senden; dabei ist $\underline{s}_R$ das *Referenzsymbol*, mit dem die Präambel beginnt. Im Empfänger werden aus den empfangenen Symbolen

$$\underline{s}_{A,r}[n] = e^{j\varphi_{off}}\,\underline{w}^n\,\underline{s}_A[n] \quad \text{für } n = 0, \ldots, N$$

die Differenzsymbole

$$\underline{s}_{P,r}[n] = \underline{s}_{A,r}[n+1]\,\underline{s}_{A,r}^*[n] = \underline{w}\,\underline{s}_P[n] \quad \text{für } n = 0, \ldots, N-1$$

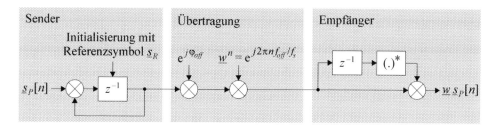

Abb. 3.53 Übertragung einer Präambel mit Differenzsymbolen

berechnet, siehe Abb. 3.53; dabei fällt der Phasenoffset φ_{off} heraus und der Frequenzoffset f_{off} verursacht eine konstante Phasendrehung entsprechend dem Rotator $\underline{w}$ aus (3.2) auf Seite 85. In diesem Fall entspricht die KKF der mit dem Rotator $\underline{w}$ gedrehten AKF und wir können den Frequenzoffset aus der Phase des Maximums der KKF bestimmen:

$$\underline{R}_{s_{P,r}\,s_P}[n] \;=\; \underline{w}\,\underline{R}_{s_P s_P}[n] \quad \Rightarrow \quad f_{off} \;=\; \frac{f_s}{2\pi}\,\arg\left\{\underline{R}_{s_{P,r}\,s_P}[0]\right\}$$

Aufgrund der Mehrdeutigkeit der Phase kann der Frequenzoffset nur im Bereich

$$-\frac{f_s}{2} \;<\; f_{off} \;<\; \frac{f_s}{2}$$

eindeutig bestimmt werden; das ist in der Praxis in der Regel ausreichend.

Welche der beiden Varianten verwendet wird, hängt stark vom Verhältnis des maximal zu erwartenden Frequenzoffsets und der Symbolrate f_s ab. Bei breitbandigen Systemen mit hoher Symbolrate und sehr gutem Gleichlauf der Oszillatoren im Sender und im Empfänger kann die erste Variante zum Einsatz kommen. Sie ermöglicht bei ausreichend geringem Stepping f_{step} eine praktisch optimale Detektion der Präambel, erfordert aber häufig eine relativ hohe Anzahl an Filtern und damit einen hohen Rechenaufwand.

Bei Telemetrie-Systemen ist die Symbolrate in der Regel gering und der Frequenzoffset aufgrund des Einsatzes preisgünstiger Oszillatoren relativ hoch; gleichzeitig ist die verfügbare Rechenleistung begrenzt. In diesem Fall scheidet die erste Variante aus und man muss die zweite Variante verwenden. Dem Vorteil der zweiten Variante, einen großen Bereich für den Frequenzoffset mit *einem* Filter erfassen zu können, steht allerdings der Nachteil einer nicht-optimalen Detektion gegenüber, da sich das bei der Übertragung einwirkende Rauschen durch die Bildung der Differenzsymbole im Empfänger stärker auswirkt. Während bei der normalen Korrelation mit Rauschen $\underline{n}[n]$ – hier ohne Frequenz- und Phasenoffset – der einfache Zusammenhang

$$\underline{s}_{P,r}[n] \;=\; \underline{s}_P[n] + \underline{n}[n]$$

gilt, erhalten wir bei einer Präambel mit Differenzsymbolen:

$$\underline{s}_{P,r}[n] = \underline{s}_{A,r}[n+1]\,\underline{s}_{A,r}^*[n] \;=\; \big(\underline{s}_A[n+1] + \underline{n}[n+1]\big)\big(\underline{s}_A[n] + \underline{n}[n]\big)^*$$

$$= \underline{s}_P[n] \,+\, \underline{s}_A[n+1]\,\underline{n}^*[n] \,+\, \underline{s}_A^*[n]\,\underline{n}[n+1] \,+\, \underline{n}[n+1]\,\underline{n}^*[n]$$

Zur Berechnung des Signal-Rausch-Abstandes müssen wir den Erwartungswert des Betragsquadrats bilden und anschließend den Signal-Term von den Rausch-Termen trennen. Bei der normalen Korrelation erhalten wir:

$$P = \mathrm{E}\left\{\big|\underline{s}_{P,r}[n]\big|^2\right\} \;=\; \mathrm{E}\left\{(\underline{s}_P[n] + \underline{n}[n])\,(\underline{s}_P[n] + \underline{n}[n])^*\right\}$$

$$= \underbrace{\mathrm{E}\left\{\big|\underline{s}_P[n]\big|^2\right\}}_{\text{Signal-Term}} + \underbrace{\mathrm{E}\left\{\underline{s}_P[n]\,\underline{n}^*[n]\right\}}_{=\,0} + \underbrace{\mathrm{E}\left\{\underline{s}_P^*[n]\,\underline{n}[n]\right\}}_{=\,0} + \underbrace{\mathrm{E}\left\{\big|\underline{n}[n]\big|^2\right\}}_{\text{Rausch-Term}}$$

Die beiden mittleren Terme sind Null, da die Präambel-Symbole und das Rauschen *unkorreliert* sind und der Erwartungswert des Rauschens gleich Null ist; Für den zweiten Term gilt demnach:

$$\mathrm{E}\left\{\underline{s}_P[n]\,\underline{n}^*[n]\right\} \overset{\text{unkorreliert}}{=} \mathrm{E}\left\{\underline{s}_P[n]\right\}\,\mathrm{E}\left\{\underline{n}^*[n]\right\} \overset{\mathrm{E}\left\{\underline{n}^*[n]\right\}=0}{=} 0$$

Damit erhalten wir für den Signal-Rausch-Abstand der normalen Korrelation:

$$SNR_P \;=\; = \; \frac{\mathrm{E}\left\{\big|\underline{s}_P[n]\big|^2\right\}}{\mathrm{E}\left\{\big|\underline{n}[n]\big|^2\right\}} \;=\; \frac{1}{\mathrm{E}\left\{\big|\underline{n}[n]\big|^2\right\}} \quad \text{mit } \big|\underline{s}_P[n]\big| = 1 \text{ für } n = 0,\dots,N-1$$

Die entsprechende Berechnung für eine Präambel mit Differenzsymbolen ist wesentlich aufwendiger und hängt zudem von der AKF der Präambel ab. Wir verzichten hier auf eine exakte Darstellung und halten nur fest, dass der Signal-Rausch-Abstand etwa um den Faktor 2 = 3 dB geringer ist.

3.4.7 Modulator

Der *Modulator* erzeugt das zu den Symbolen gehörende Basisbandsignal. Wir haben bereits erwähnt, dass bei Pulsamplituden-Modulation nur eine einzige Signalform verwendet wird, die wir mit $g(t)$ bezeichnen; dann gilt für eine Folge von n_s Symbolen:

$$\underline{s} \;=\; \big[\,\underline{s}_P, \underline{s}_D\,\big] \;=\; \big[\,\underline{s}_0, \underline{s}_1, \dots, \underline{s}_{n_s-1}\,\big] \quad \Rightarrow \quad \underline{x}(t) = \sum_{i=0}^{n_s-1} \underline{s}_i\, g(t - i\,T_s)$$

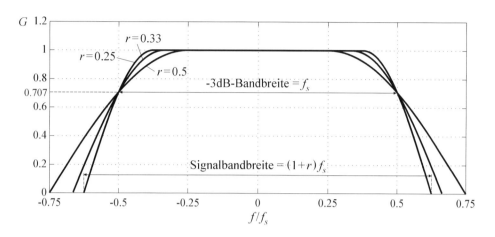

Abb. 3.54 *Root Raised Cosine* Impulse im Frequenzbereich

Dabei ist T_s der Symbolabstand, dessen Kehrwert auch als *Symbolrate* oder *Baudrate* bezeichnet wird:

$$f_s = \frac{1}{T_s}$$

Für das diskrete Basisbandsignal mit der Abtastrate $f_a = 1/T_a$ gilt

$$\underline{x}[n] = \underline{x}(nT_a) = \sum_{i=0}^{n_s-1} \underline{s}_i\, g(nT_a - iT_s) = \sum_{i=0}^{n_s-1} \underline{s}_i\, g((n-iM)T_a)$$

mit dem *Überabtastfaktor*:

$$M = \frac{T_s}{T_a}$$

Typische Werte sind $M = 2$ und $M = 4$; man spricht dann von *T/2-Abtastung* (*T/2 spaced*) bzw. *T/4-Abtastung* (*T/4 spaced*).

Als Signalform wird ein *Root Raised Cosine* Impuls verwendet, der primär über die zugehörige Übertragungsfunktion

$$G(f) = \begin{cases} 1 & \text{für } |f| \le (1-r)f_s/2 \\[2ex] \sqrt{\dfrac{1}{2} + \dfrac{1}{2}\cos\dfrac{\pi}{2r}\left(\dfrac{2|f|}{f_s} - 1 + r\right)} & \text{für } (1-r)f_s/2 < |f| < (1+r)f_s/2 \\[2ex] 0 & \text{für } |f| \ge (1+r)f_s/2 \end{cases}$$

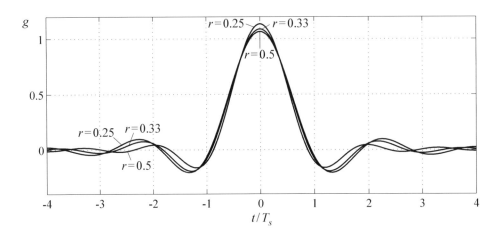

Abb. 3.55 *Root Raised Cosine* Impulse im Zeitbereich

definiert ist; dabei ist $r = 0.1 \ldots 1$ der *Rolloff-Faktor*. Abb. 3.54 zeigt die Übertragungsfunktionen für die typischen Werte $r = 0.25$, $r = 0.33$ und $r = 0.5$.

Die $-3\,$dB–Bandbreite entspricht der Symbolrate f_s, während die Signalbandbreite durch

$$B_{RRC} = (1 + r)f_s \qquad (3.3)$$

gegeben ist. Aus den Übertragungsfunktionen $G(f)$ erhalten wir durch inverse Fourier-Transformation die in Abb. 3.55 gezeigten Impulse:

$$g(t) = \frac{\sqrt{f_s}}{\pi \left(1 - (4rf_st)^2\right)} \left(4r\cos\left(1 + r\right)\pi f_st + \frac{\sin(1 - r)\pi f_st}{f_st}\right)$$

Die Modulation erfolgt durch Überabtastung der Symbole mit dem Faktor M entsprechend der im Abschn. 2.3 beschriebenen Vorgehensweise:

• Zwischen den Symbolen werden mit

```
x_0 = kron( s, [ M zeros( 1, M - 1 ) ] );
```

$M - 1$ Nullen eingefügt. Zusätzlich werden die Symbole um den Faktor M verstärkt, um die Abschwächung durch die Nullen auszugleichen.
• Anschließend erfolgt eine FIR-Filterung mit den Abtastwerten $g[n] = g(nT_a)$ des Root Raised Cosine Impulses:

```
x = conv( x_0, g );
```

Da die Impulse im Frequenzbereich eine endliche Bandbreite haben, ist ihre Länge im Zeitbereich unbegrenzt. Wir müssen deshalb auch hier wieder eine Begrenzung

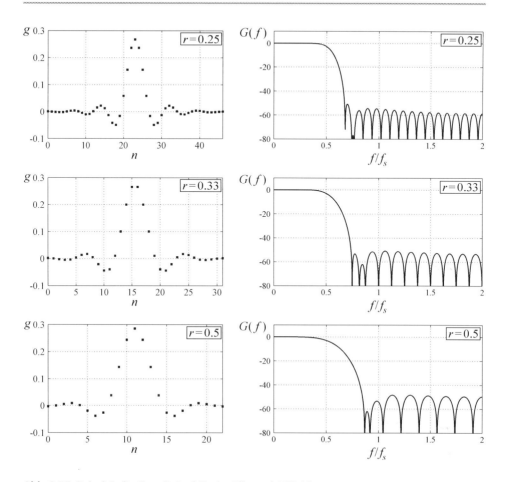

Abb. 3.56 Beispiele für *Root Raised Cosine* Filter mit T/4-Abtastung

vornehmen, wie wir es bereits im Zusammenhang mit dem idealen Tiefpass-Filter im Abschn. 2.3 getan haben; die Berechnung ist hier aber erheblich komplexer und sprengt den Rahmen unserer Darstellung. Wir haben Filterkoeffizienten für T/4-Abtastung für die drei genannten Rolloff-Faktoren berechnet und zusammen mit den zugehörigen Frequenzgängen in Abb. 3.56 dargestellt. Als Zielgröße haben wir eine Sperrdämpfung von 50 dB verwendet. Für $r = 0.25$ und $r = 0.5$ ist die Anzahl der Koeffizienten ungerade: $N = 47$ bzw. $N = 23$; in diesem Fall gilt unter Berücksichtigung der Verschiebung der Indices von $[-(N-1)/2, \ldots, (N-1)/2]$ nach $[0, \ldots, N-1]$:

$$g[n] \sim g(\underbrace{(n-(N-1)/2)}_{\in\,\mathcal{N}} T_a) \quad \text{für } n = 0, \ldots, N-1 \text{ und } N \text{ ungerade}$$

und der mittlere Koeffizient entspricht dem Maximum des kontinuierlichen Impulses. Für $r = 0.33$ hat sich dagegen eine gerade Anzahl an Koeffizienten als optimal herausgestellt: $N = 32$; hier gilt:

$$g[n] \sim g(\underbrace{(n - N/2)}_{\in \mathcal{N}} T_a + T_a/2) \quad \text{für } n = 0, \dots, N-1 \text{ und } N \text{ gerade}$$

Demnach liegt bei einer geraden Anzahl eine Verschiebung um ein halbes Abtastintervall vor. In beiden Fällen müssen die Koeffizienten so normiert werden, dass die Gleichverstärkung des Filters (= Summe der Koeffizienten) gleich Eins wird:

$$G(f = 0) = \sum_{n=0}^{N-1} g[n] \overset{!}{=} 1$$

Aus diesem Grund sind die Koeffizienten in Abb. 3.56 etwa um den Faktor 4 kleiner als die kontinuierlichen Impulse in Abb. 3.55.

Wir haben eine Funktion `root_raised_cosine_filter` erstellt, die die Filterkoeffizienten eines Root Raised Cosine Filters berechnet; damit stellt sich der Modulator wie folgt dar:

```
% ... der Vektor s_p enthalte die Präambel-Symbole
%       und der Vektor s_d enthalte die Datensymbole ...

% Root Raised Cosine Filter bereitstellen
r = 0.33;
M = 4;
N = 32;
g = root_raised_cosine_filter( N, M, r );
% Basisbandsignal erzeugen
x = conv( kron( [ s_p s_d ], [ M zeros( 1, M - 1 ) ] ), g );
```

3.4.8 Nyquist Filter und Root Nyquist Filter

Das im vorausgehenden Abschnitt verwendete Root Raised Cosine Filter gehört zur Klasse der *Root Nyquist Filter*. Diese Filter haben die Eigenschaft, dass die Impulsantwort von zwei aufeinander folgenden Filtern g dieser Art, die zusammen ein *Nyquist Filter* h bilden, Nullstellen im Symbolabstand T_s aufweist und damit eine interferenzfreie Übertragung der Symbole ermöglicht, wenn eines der beiden Filter im Sender und das andere im Empfänger angeordnet wird, siehe Abb. 3.57; damit werden zwei Dinge erreicht:

- Das Filter im Sender begrenzt das Spektrum des Basisbandsignals entsprechend seinem Frequenzgang:

$$S_x(f) \sim |G(f)|^2$$

Abb. 3.57 Root Nyquist Filter *g*
und Nyquist Filter *h*

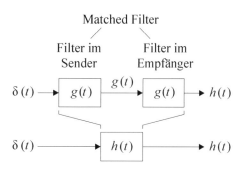

Dieser Zusammenhang gilt, weil die gesendeten Symbole durch das Scrambling nahezu unkorreliert sind und deshalb näherungsweise ein weißes Spektrum besitzen, das durch das Filter geformt wird.

• Die Filter im Sender und im Empfänger bilden ein *Matched Filter* Paar, d. h. das Filter im Empfänger ist das optimale Empfangsfilter für das gesendete Signal, sofern bei der Übertragung keine nennenswerten Verzerrungen auftreten. Die *Matched Filter Bedingung* $g_{MF}(t) = g^*(-t)$ ist hier erfüllt, da die Impulse reell und symmetrisch sind, d. h. es gilt:

$$g(t) = g^*(-t) \quad \Rightarrow \quad g_{MF}(t) = g(t)$$

Der Zusammenhang zwischen den Filtern ist durch

$$h(t) = g(t) * g^*(-t) = g(t) * g(t) \quad \Longleftrightarrow \quad H(f) = |G(f)|^2 = G^2(f)$$

gegeben. Die Forderung nach Nullstellen im Symbolabstand wird *Nyquist-Bedingung* (*Nyquist ISI Criterion*, *ISI = Intersymbol Interference*) genannt und lautet:

$$h(nT_s) = \begin{cases} 1 & \text{für } n = 0 \\ 0 & \text{für } n \neq 0 \end{cases}$$

Für ein *Raised Cosine* Filter, d. h. eine Reihenschaltung von zwei *Root Raised Cosine* Filtern, gilt:

$$h(t) = \frac{\sin \pi f_s t}{\pi f_s t} \frac{\cos \pi r f_s t}{1 - (2 r f_s t)^2}$$

Hier wird die Nyquist-Bedingung durch den (sin x/x)–Term erfüllt. Abb. 3.58 zeigt die Impulse für $r = 0.25$.

Der Modulator im Sender bildet das Basisbandsignal:

$$\underline{x}(t) = \sum_{i=0}^{n_s-1} \underline{s}_i \, g(t - i \, T_s)$$

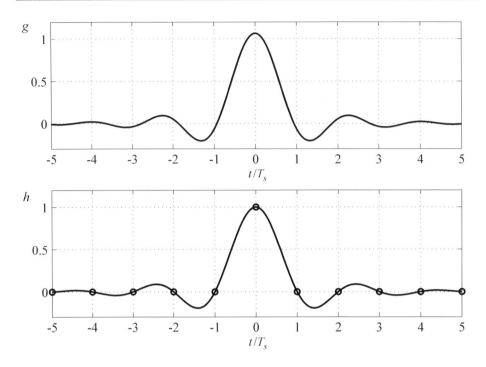

Abb. 3.58 Root Raised Cosine Impuls $g(t)$ (oben) und Raised Cosine Impuls $h(t)$ (unten) für einen Rolloff-Faktor von $r = 0.25$

Wenn wir annehmen, dass das Signal ohne Verzerrungen übertragen wird und die Verstärkungsregelung im Empfänger den ursprünglichen Pegel wiederherstellt, gilt für das Basisbandsignal nach dem Filter im Empfänger:

$$\underline{x}_h(t) \; = \; \underline{x}(t) * g(t) \; = \; \sum_{i=0}^{n_s-1} \underline{s}_i \, g(t - i \, T_s) * g(t) \; = \; \sum_{i=0}^{n_s-1} \underline{s}_i \, h(t - i \, T_s)$$

Durch Abtastung dieses Signals erhalten wir die gesendeten Symbole:

$$\underline{x}_h(n T_s) \; = \; \sum_{i=0}^{n_s-1} \underline{s}_i \, h((n - i) \, T_s) \; = \; \underline{s}_n$$

Dabei bleibt von der Summe aufgrund der Nyquist-Bedingung nur der Term $\underline{s}_n$ übrig.

Abb. 3.59 verdeutlicht die Zusammenhänge am Beispiel der Übertragung einer BSPK-modulierten Symbolfolge:

$$\underline{s} \; = \; \left[\, \underline{s}_0 , \underline{s}_1 , \ldots , \underline{s}_7 \,\right] \; = \; [\, 1 , 1 , -1 , 1 , -1 , -1 , -1 , 1 \,]$$

Die Abbildung zeigt deutlich, dass zu den mit Kreisen markierten Abtastzeitpunkten jeweils nur der zum abgetasteten Symbol gehörende Impuls $h(t)$ einen Beitrag liefert, während

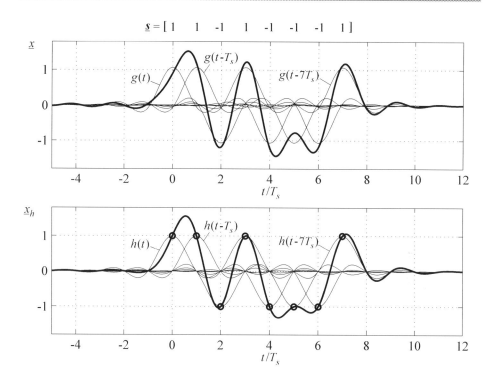

Abb. 3.59 Beispiel für die Übertragung einer BPSK-modulierten Symbolfolge $\underline{s}$ mit Root Raised Cosine Filtern ($r = 0.25$). $\underline{x}$ und $\underline{x}_h$ sind die Basisbandsignale im Sender und im Empfänger, jeweils am Ausgang des Filters

die Impulse der anderen Symbole zu Null werden. Das gilt in der Praxis allerdings nur unter der Voraussetzung, dass der im nächsten Abschnitt beschriebene *nachrichtentechnische Kanal*, d. h. die Übertragungsstrecke zwischen dem Basisband-Ausgang des Senders und dem Basisband-Eingang des Empfängers, das Signal unverfälscht überträgt.

Wenn wir alle möglichen BPSK-modulierten Symbolfolgen bilden, die resultierenden Signale $\underline{x}_h(t)$ in Abschnitte der Dauer T_s aufteilen und diese übereinander legen, erhalten wir die in Abb. 3.60 gezeigten *Augendiagramme* (*Eye Pattern*), die die Auswirkungen eines falschen Abtastzeitpunkts verdeutlichen. Bei idealer Abtastung zum symbolrelativen Zeitpunkt $t = 0$ erhalten wir die gesendeten BPSK-Symbole $(1, -1)$. Eine Abweichung davon verursacht einen Fehler, der nicht nur von der Abweichung, sondern auch vom Rolloff-Faktor r abhängt. Der innere Bereich wird *Auge* genannt. Seine Größe ist ein Maß für die Robustheit gegen Abweichungen in Zeit-Richtung durch eine ungenaue Synchronisation im Empfänger und Abweichungen in Amplituden-Richtung durch im Zuge der Übertragung auftretende Signalverzerrungen oder einwirkendes Rauschen. Ein höherer Rolloff-Faktor r hat zwar eine höhere Robustheit zur Folge, führt aber auch zu einer Zunahme der Bandbreite des Signals, siehe Abb. 3.54 auf Seite 91; deshalb werden in der Praxis Werte im Bereich von $0.25 \ldots 0.5$ verwendet.

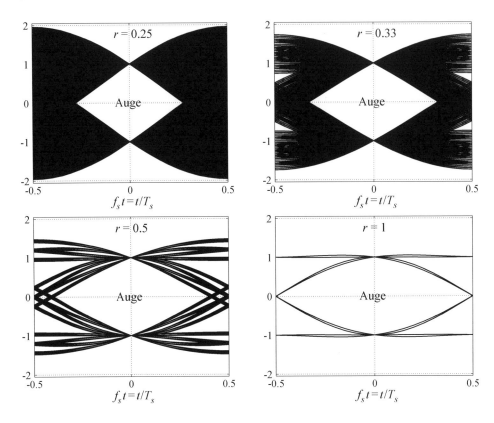

Abb. 3.60 Augendiagramme für BPSK-Modulation mit einem Raised Cosine Filter $h(t)$ für verschiedene Rolloff-Faktoren r

In einem SDR erfolgt die Filterung mit diskreten Filtern $g[n]$ der Länge N; in Abb. 3.56 auf Seite 93 haben wir bereits Beispiele gezeigt, die für unsere Belange ausreichend sind. Es gilt:

$$h[n] \;=\; g[n] * g[n] \;=\; \begin{cases} \displaystyle\sum_{i=0}^{n} g(i)\,g(n-i) & \text{für } n = 0, \dots, N-1 \\[3mm] \displaystyle\sum_{i=n-N+1}^{N-1} g(i)\,g(n-i) & \text{für } n = N, \dots, 2N-2 \end{cases}$$

Bei einem Überabtastfaktor M lautet die Nyquist-Bedingung:

$$h[N-1] \;=\; 1 \quad, \quad h[N-1 \pm kM] \;=\; 0 \quad \text{für } k = 1, 2, \dots$$

In der Praxis wird meist von einem Root Raised Cosine Filter ausgegangen, dessen Koeffizienten anschließend nach zwei Kriterien optimiert werden:

- Die Sperrdämpfung des Root Nyquist Filters $g[n]$ soll möglichst hoch sein.

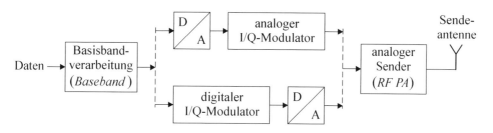

Abb. 3.61 Blockschaltbild eines Senders

- Die Summe der Beträge der Koeffizienten $h[N-1\pm kM]$ des Nyquist Filters $h[n]$ soll möglichst gering sein.

In der Regel sind Grenzwerte für beide Kriterien vorgegeben; dann wird mit Hilfe einer numerischen Optimierung ein Filter mit möglichst wenigen Koeffizienten ermittelt, das die Grenzwerte einhält.

3.4.9 I/Q-Modulation und D/A-Umsetzung

Der Übergang vom diskreten Basisbandsignal $\underline{x}[n]$ zum analogen Sendesignal $x_{HF}(t)$ erfolgt durch I/Q-Modulation und D/A-Umsetzung. Die beiden Ausführungsformen eines Senders sind in Abb. 3.61 noch einmal dargestellt.

Abb. 3.62 zeigt die D/A-Umsetzung bei einem Sender mit analoger I/Q-Modulation. Zunächst wird die Abtastrate durch Überabtastung bzw. Interpolation um den Faktor

$$P = \frac{f_{a.i}}{f_a}$$

erhöht, damit die Anforderungen an die analogen Anti-Alias-Filter nach den D/A-Umsetzern reduziert werden. Die D/A-Umsetzung selbst lässt sich als Umwandlung des

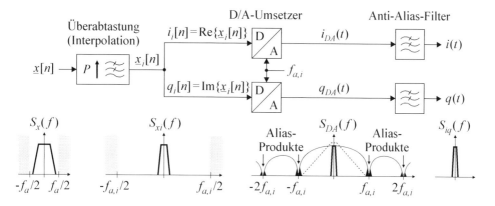

Abb. 3.62 D/A-Umsetzung in einem Sender mit analogem I/Q-Modulator

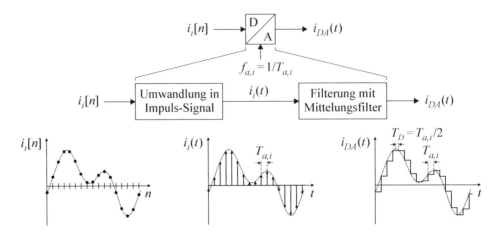

Abb. 3.63 Systemtheoretische Darstellung einer D/A-Umsetzung am Beispiel des überabgetasteten Signals $i_i[n] = \text{Re}\{\underline{x}_i[n]\}$. *Achtung:* Die Amplituden der Pfeile des Impuls-Signals $i_i(t)$ repräsentieren die *Gewichte* $i_i[n]$ der Impulse und *nicht* ihre Amplituden

überabgetasteten Basisbandsignals $\underline{x}_i[n]$ in ein analoges Impuls-Signal

$$\underline{x}_i(t) = \sum_{n=-\infty}^{\infty} \underline{x}_i[n]\,\delta_0(t - n\,T_{a,i}) \quad \text{mit } T_{a,i} = \frac{1}{f_{a,i}}$$

und anschliessende Filterung mit einem *Mittelungsfilter* mit der Impulsantwort

$$h_{DA}(t) = \begin{cases} 1 & \text{für } 0 \le t \le T_{a,i} \\ 0 & \text{für } t < 0 \text{ und } t > T_{a,i} \end{cases}$$

und der Übertragungsfunktion

$$\underline{H}_{DA}(f) = \mathcal{F}\{h_{DA}(t)\} = \frac{\sin \pi\, T_{a,i}f}{\pi\, T_{a,i}f}\, e^{-j\pi\, T_{a,i}f}$$

darstellen. Abb. 3.63 zeigt dies am Beispiel des überabgetasteten Signals $i_i[n]$. Die komplexe e-Funktion in der Übertragungsfunktion $\underline{H}_{DA}(f)$ beschreibt eine Verzögerung

$$T_D = \frac{T_{a,i}}{2}$$

des Signals, die sich auch aus dem Schwerpunkt der Impulsantwort ergibt und im Verlauf des Ausgangssignals des D/A-Umsetzers deutlich zu erkennen ist. Wichtiger ist allerdings der für Mittelungsfilter charakteristische (sin x/x)–Term in der Übertragungsfunktion, der im praktisch genutzten Bereich $|f| < 0.3f_{a,i}$ eine leichte Tiefpass-Filterung mit

$$|\underline{H}_{DA}(f)| \approx 1 - \frac{1}{6}\left(\pi\, T_{a,i}f\right)^2 \quad \text{für } |f| < 0.3f_{a,i}$$

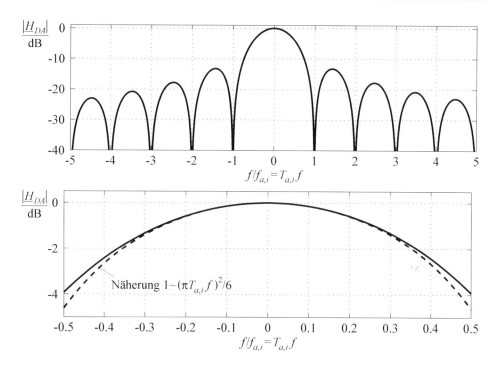

Abb. 3.64 Frequenzgang des Mittelungsfilters der D/A-Umsetzung

verursacht, siehe Abb. 3.64. Diese Tiefpass-Filterung muss in dem durch das Sendesignal belegten Frequenzbereich entweder durch ein diskretes Filter *vor* dem D/A-Umsetzer oder durch ein kontinuierliches Filter *nach* dem D/A-Umsetzer kompensiert werden muss. Dieses Kompensation-Filter tritt in Abb. 3.62 nicht explizit in Erscheinung, da es im diskreten Fall in das Filter der Überabtastung und im kontinuierlichen Fall in das Anti-Alias-Filter integriert wird. Bei Verwendung eines diskreten IIR-Filters oder eines kontinuierlichen Filters muss die Gruppenlaufzeit der Filter im belegten Frequenzbereich näherungsweise konstant sein, damit das Signal nicht verzerrt wird.

In Abb. 3.62 ist die Tiefpass-Filterung durch den D/A-Umsetzer im Spektrum $S_{DA}(f)$ angedeutet. Es zeigt sich, dass bei einem schmalbandigen Signal bzw. bei einer hohen Überabtastung P nur eine geringe Kompensation erforderlich ist. In diesem Fall werden auch die Alias-Produkte bei $\pm m f_{a,i}$ bereits durch die Mittelung relativ stark gedämpft, so dass die Anforderungen an die Anti-Alias-Filter reduziert werden. In der Praxis muss man den Aufwand für eine hohe Abtastrate $f_{a,i}$ gegen den Aufwand der Anti-Alias-Filter abwägen. Auch hier ist darauf zu achten, dass die Gruppenlaufzeit im belegten Frequenzbereich näherungsweise konstant ist.

Abb. 3.65 zeigt die D/A-Umsetzung bei einem Sender mit digitaler I/Q-Modulation. Auch hier wird zunächst die Abtastrate durch Überabtastung erhöht; anschließend erfolgt die I/Q-Modulation auf die Trägerfrequenz f_0. In der Praxis wird häufig $f_0 = f_{a,i}/4$ gewählt,

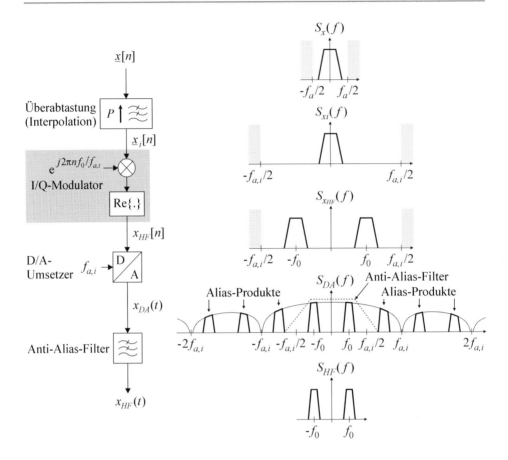

Abb. 3.65 D/A-Umsetzung in einem Sender mit digitalem I/Q-Modulator

da in diesem Fall im Mischer des I/Q-Modulators nur die Werte

$$e^{j2\pi n f_0/f_{a,i}} \in \{1, j, -1, -j\}$$

auftreten; dann gilt anstelle des allgemeinen Zusammenhangs

$$x_{HF}[n] = \mathrm{Re}\left\{\underline{x}_i[n]\, e^{j2\pi n f_0/f_{a,i}}\right\} = i_i[n]\cos(2\pi n f_0/f_{a,i}) - q_i[n]\sin(2\pi n f_0/f_{a,i})$$

der einfachere Zusammenhang:

$$x_{HF}[n] = \begin{cases} i_i[n] & \text{für } n = 0, 4, 8, \dots \\ -q_i[n] & \text{für } n = 1, 5, 9, \dots \\ -i_i[n] & \text{für } n = 2, 6, 10, \dots \\ q_i[n] & \text{für } n = 3, 7, 11, \dots \end{cases}$$

Die Anforderungen an das Anti-Alias-Filter steigen dadurch allerdings deutlich, da nun bei einer Bandbreite B des Sendesignals nur noch der Bereich zwischen $(f_{a,i}/4 + B/2)$ und $(3f_{a,i}/4 - B/2)$ für die abfallende Flanke zur Verfügung steht. Dem begegnet man in der Praxis dadurch, dass anstelle eines Anti-Alias-*Tiefpass*-Filters ein Anti-Alias-*Bandpass*-Filter mit der Mittenfrequenz f_0 und der Bandbreite B eingesetzt wird; dabei kommen häufig *Oberflächenwellen-Filter* (*SAW Filter*) zum Einsatz, die über steile Flanken und eine konstante Gruppenlaufzeit verfügen.

3.4.10 Analoger Sender

Auf den analogen Sender gehen wir an dieser Stelle nicht näher ein. Er setzt sich in der Minimal-Konfiguration aus kaskadierten Verstärkerstufen und der Sendeantenne zusammen. Bei Sendern für höhere Sendefrequenzen findet in der Regel eine weitere Frequenzumsetzung mit Aufwärts-Mischern und den zugehörigen Bandfiltern gemäß Abb. 3.29a auf Seite 65 statt.

3.4.11 GFSK: Eine einfache Alternative

Für viele einfache Telemetrie-Systeme ist die in den vorausgehenden Abschnitten beschriebene Pulsamplitudenmodulation zu aufwendig. Als einfache Alternative können wir eine digitale Frequenzmodulation verwenden, die als *Frequenzumtastung* (*Frequency Shift Keying, FSK*) oder – mit einer entsprechenden Filterung – als *Gauß'sche Frequenzumtastung* (*Gaussian Frequency Shift Keying, GFSK*) bezeichnet wird. Die Besonderheit dieser Verfahren liegt darin, dass sie in der Praxis weitgehend mit analoger Hardware realisiert werden und deshalb auch keine originären *Software Defined Radio* Verfahren sind. Ihre praktische Bedeutung liegt neben der einfachen Realisierung auch darin, dass das Sendesignal aufgrund der ausschließlichen Modulation der Frequenz eine konstante Einhüllende (*Constant Envelope*) besitzt und deshalb mit stark nichtlinearen Verstärkern verstärkt werden kann, ohne dass dabei Verzerrungen im Nutzband entstehen.

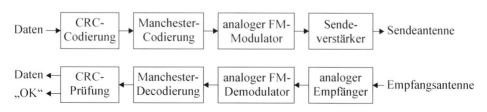

Abb. 3.66 Blockschaltbild eines FSK/GFSK-Übertragungssystems mit Manchester-Codierung (EN 13757-4, *Wireless M-Bus*)

Abb. 3.67 Manchester-
Codierung

Bit am Eingang	Dibit am Ausgang
0	01
1	10

Abb. 3.66 zeigt das Blockschaltbild eines FSK/GFSK-Übertragungssystems mit Manchester-Codierung, letzteres in Anlehnung an den Übertragungsstandard EN 13757-4 (*Wireless M-Bus*). Eine komplex-wertige digitale Basisband-Signalverarbeitung existiert in diesem Fall nicht. Der digitale Teil beschränkt sich auf eine CRC-Codierung und eine anschließende Manchester-Codierung gemäß Abb. 3.67. Die Manchester-Codierung stellt eine einfache Kanalcodierung im Sinne eines *Wiederholungscodes* dar – jedes Bit wird einmal normal und einmal invertiert gesendet – und stellt gleichzeitig sicher, dass die Anzahl der gesendeten 0-Bits gleich der Anzahl der gesendeten 1-Bits ist; deshalb kann auch der Scrambler entfallen. Die D/A-Umsetzung im Sender beschränkt sich auf die Umsetzung der zu sendenden Bits in zwei Spannungswerte, die einem analogen FM-Modulator (VCO) zugeführt werden und diesen zwischen den Frequenzen $f(b = 0)$ und $f(b = 1)$ *umtasten*. Diese direkte Umtastung wird *FSK* genannt und hat aufgrund der FM-Modulation mit einem rechteckförmigen Signal eine hohe Bandbreite, siehe Abb. 3.70 oben ($BT = 100$).

Wenn die Bandbreite begrenzt werden muss, wird dem FM-Modulator ein *Gauß-Filter* mit der in Abb. 3.68a gezeigten Impulsantwort

$$g_g(t) = \sqrt{\frac{2\pi}{\ln 2}} \, B_g \, e^{-2(\pi B_g t)^2 / \ln 2}$$

und der Übertragungsfunktion

$$G_g(f) = \mathcal{F}\{g_g(t)\} = e^{-(\ln 2)(f/B_g)^2/2}$$

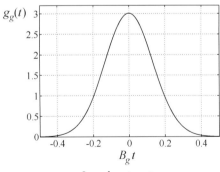

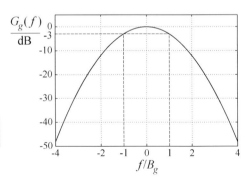

a Impulsantwort   **b** Frequenzgang

Abb. 3.68 Gauß-Filter für GFSK

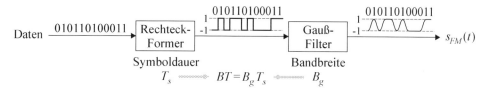

Abb. 3.69 Erzeugung eines GFSK-Modulationssignals

vorangestellt; dabei ist B_g die -3 dB–Bandbreite des Gauß-Filters. Der Frequenzgang in
Dezibel entspricht einer nach unten geöffneten Parabel, siehe Abb. 3.68b:

$$20\,\mathrm{dB} \cdot \log_{10} G_g(f) \;=\; -3\left(\frac{f}{B_g}\right)^2 \mathrm{dB}$$

Eine derart gefilterte Umtastung wird *Gaussian FSK* bzw. *GFSK* genannt und durch das
BT-Produkt aus der Bandbreite B_g und der Symboldauer T_s gekennzeichnet:

$$\boxed{BT \;=\; B_g\,T_s} \tag{3.4}$$

Typische Werte sind $BT = 1$ und $BT = 0.5$.

Abb. 3.69 zeigt die Erzeugung des Modulationssignals $s_{FM}(t)$, das auf den FM-
Modulator gegeben wird. Der FM-Modulator bildet die Momentanfrequenz

$$f_m(t) \;=\; f_0 + \Delta f \cdot s_{FM}(t) \quad \mathrm{mit} -1 \leq s_{FM}(t) \leq 1$$

und die Momentanphase:

$$\varphi_m(t) \;=\; 2\pi \int\limits_{t_1=-\infty}^{t} f_m(t_1)\,dt_1 = 2\pi f_0\,t \;+\; \varphi_0 \;+\; 2\pi\,\Delta f \int\limits_{t_1=-\infty}^{t} s_{FM}(t_1)\,dt_1 \tag{3.5}$$

$$\underbrace{}_{\text{Träger}} \qquad \underbrace{\phantom{2\pi\,\Delta f \int s_{FM}}}_{\text{Modulation}}$$

$$= \qquad \varphi_T(t) \qquad + \qquad \varphi_{FM}(t)$$

Dabei ist f_0 die Trägerfrequenz, φ_0 die Phase des Trägeranteils zum Zeitpunkt $t = 0$ und
Δf der *Frequenzhub*. Letzteres setzt voraus, dass das Modulationssignal die Extremwerte
± 1 annimmt; dann nimmt der Modulationsanteil *pro Symbol* die Werte $\pm 2\pi\,\Delta f\,T_s$ an.
Die Differenz zwischen den Extremwerten der Momentanfrequenz wird *Shift* (*Frequency
Shift*) f_{shift} genannt und entspricht dem doppelten Frequenzhub:

$$f_{shift} \;=\; 2\Delta f$$

Das Produkt aus Shift und Symboldauer ergibt den *Modulationsindex*:

$$\boxed{h = f_{shift} T_s = 2\Delta f T_s}$$ (3.6)

Daraus folgt, dass der Modulationsanteil pro Symbol die Werte

$$\pm 2\pi \Delta f T_s = \pm \pi f_{shift} T_s = \pm \pi h$$

annimmt, d. h. jedes 0-Bit verursacht eine Phasenänderung von $-\pi h$ und jedes 1-Bit verursacht eine Phasenänderung von $+\pi h$. Ein GFSK-Signal wird demnach durch drei Parameter beschrieben:

- die Symboldauer T_s bzw. die Symbolrate $f_s = 1/T_s$;
- den Modulationsindex h und die daraus resultierende Shift $f_{shift} = h/T_s = hf_s$;
- das BT-Produkt $BT = B_g T_s$.

In der Praxis wird häufig $h = 0.5$ verwendet. Diese Variante wird auch *Gaussian Minimum Shift Keying* (GMSK) genannt. Abb. 3.70 zeigt die Spektren der Basisbandsignale

$$\underline{x}(t) = e^{j\varphi_{FM}(t)}$$ (3.7)

von GFSK-Signalen ohne Manchester-Codierung mit $h = 0.5$ sowie $BT = 100$, $BT = 1$ und $BT = 0.5$. Der Fall $BT = 100$ entspricht FSK, da die Gauß-Filterung in diesem Fall praktisch unwirksam ist, d. h. das Modulationssignal $s_{FM}(t)$ ist praktisch rechteckförmig.

Wir haben bereits erwähnt, dass GFSK-Signale in einfachen Telemetrie-Systemen mit analogen Komponenten erzeugt werden, siehe Abb. 3.71a. In diesem Fall erzeugt der FM-Modulator das kontinuierliche Trägersignal

$$x_{HF}(t) = \cos \varphi_m(t) = \cos (2\pi f_0 t + \varphi_0 + \varphi_{FM}(t))$$

direkt aus dem kontinuierlichen Modulationssignal $s_{FM}(t)$; das zugehörige Basisbandsignal $\underline{x}(t)$ aus (3.7) tritt dabei nicht explizit auf. Das Gauß-Filter wird durch einen Bessel-Tiefpass höherer Ordnung approximiert.

In einem Software Defined Radio wird zunächst das diskrete Basisbandsignal $\underline{x}[n]$ mit digitalen Komponenten erzeugt, siehe Abb. 3.71b; anschließend erfolgt die Umwandlung in das analoge Trägersignal $x_{HF}(t)$ durch eine I/Q-Modulation und eine D/A-Umsetzung in der gewohnten Weise. Für den digitalen Teil müssen wir eine Abtastrate wählen, die um einen *Überabtastfaktor M* über der Symbolrate liegt:

$$f_a = \frac{1}{T_a} = Mf_s = \frac{M}{T_s}$$

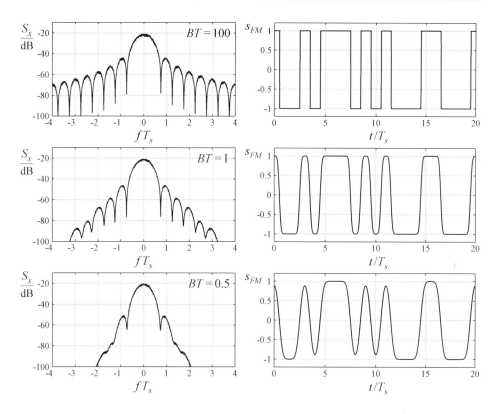

Abb. 3.70 Spektren und Signalabschnitte von GFSK-Signalen ohne Manchester-Codierung mit einem Modulationsindex $h = 0.5$ und den BT-Produkten $BT = 100$, $BT = 1$ und $BT = 0.5$. GFSK mit $h = 0.5$ entspricht GMSK

Für $h = 0.5$ und $BT = 1$ liegt das Spektrum gemäß Abb. 3.70 im Bereich $-4 < fT_s < 4$; wir wählen deshalb $M = 8$. Zunächst werden aus den binären Daten die Symbole $s[k] \in \{-1, 1\}$ erzeugt; dabei wird in der Regel die Zuordnung („0" $\rightarrow$ -1 , „1" $\rightarrow$ 1) verwendet. Dieser Schritt ist in Abb. 3.71 nicht dargestellt. Jedes Symbol wird durch den Rechteck-Former M-fach wiederholt. Die anschließende Filterung mit dem diskreten Gauß-Filter $g_g[n]$ liefert das Modulationssignal $s_{FM}[n]$. Da die Impulsantwort $g_g(t)$ des kontinuierlichen Gauß-Filters gemäß Abb. 3.68a nur im Bereich $-0.5 < B_g t < 0.5$ praktisch bedeutsame Werte annimmt und wir die Koeffizienten $g_g[n]$ des diskreten Gauß-Filters durch die Abtastung

$$g_g[n] = T_a\, g_g(nT_a) = T_a\, g_g\left(\frac{nT_s}{M}\right)$$

erhalten, können wir uns auf den Bereich

$$B_g|t| < 0.5 \quad \Rightarrow \quad B_g \frac{|n|\, T_s}{M} < 0.5 \quad \Rightarrow \quad |n| < \frac{M}{2\, B_g\, T_s} = \frac{M}{2BT}$$

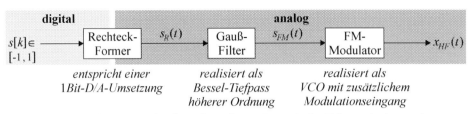

a analoge Signalerzeugung in einem integrierten Baustein für Telemetrie-Anwendungen

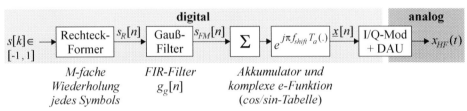

b digitale Signalerzeugung in einem *Software Defined Radio*

Abb. 3.71 Erzeugung von GFSK-Signalen

beschränken. Die Multiplikation der Koeffizienten $g_g[n]$ mit dem Abtastintervall T_a ist erforderlich, da das Integral über $g_g(t)$ den Wert Eins ergibt und deshalb auch die Summe über die Koeffizienten $g_g[n]$ den Wert Eins ergeben muss. In beiden Fällen handelt es sich um die Gleichverstärkung des Filters. Die Integration über das Modulationssignal $s_{FM}(t)$ in (3.5) geht im diskreten Fall in eine Summation über:

$$\int_{t_1=-\infty}^{t} s_{FM}(t_1)\, dt_1 \quad \Rightarrow \quad T_a \sum_{n_1=-\infty}^{n} s_{FM}[n_1] \quad \text{mit } s_{FM}[n_1] = s_{FM}(n_1 T_a)$$

Aus dem Ergebnis der Summation erhalten wir mit

$$\underline{x}[n] = e^{j\pi f_{shift} T_a z[n]} = e^{j\pi h z[n]/M} \quad \text{mit } z[n] = \sum_{n_1=-\infty}^{n} s_{FM}[n_1] \text{ und } f_{shift} T_a = \frac{h}{M} \quad (3.8)$$

das Basisbandsignal. In *Matlab* stellt sich die GFSK-Signalerzeugung wie folgt dar:

```
% ... der Vektor b enthalte die binären Daten ...

% Modulationsindex
h = 0.5;
% BT-Produkt
BT = 1;
% Symboldauer
T_s = 1;
% Überabtastung
```

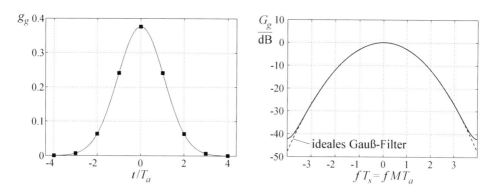

Abb. 3.72 Diskretes Gauß-Filter für $BT = 1$ und $M = 8$. Die Rand-Koeffizienten bei $t/T_a = \pm 4$ sind bereits so klein, dass sie entfallen können

```
M = 8;
% Abtastrate
f_a = M / T_s;
% Abtastintervall
T_a = 1 / f_a;
% Shift
f_shift = h / T_s;
% Bandbreite des Gauss-Filters
B_g = BT / T_s;


% Symbole erzeugen (1 -> 1 , 0 -> -1)
s = 2 * b - 1;


% Rechteck-Former = M-fache Wiederholung jedes Symbols
s_r = kron( s, ones( 1, M ) );


% Gauss-Filter berechnen
n   = floor( 0.5 * M / BT );
t   = ( -n : n ) * T_a;
g_g = sqrt( 2 * pi / log(2) ) * B_g * T_a * ...
      exp( -2 * ( pi * B_g * t ).^2 / log(2) );


% Gauss-Filterung
s_fm = conv( s_r, g_g );


% Basisbandsignal erzeugen
x = exp( 1i * pi * f_shift * T_a * cumsum( s_fm ) );
```

Die M-fache Wiederholung der Symbole im Rechteck-Former erfolgt mit der Funktion kron, die fortlaufende Summation mit der Funktion cumsum. Abb. 3.72 zeigt die Koeffizienten und den Frequenzgang des Gauß-Filters.

Abschließend betrachten wir die Modi *S1* und *S2* des Übertragungsstandards EN 13757-4 (*Wireless M-Bus*) mit f_{shift} = 100 kHz und einer Manchester-Codierung gemäß Abb. 3.67 auf Seite 104. Bei einer Manchester-Codierung in Verbindung mit FSK/GFSK

$$b_D = [\; 0\;\; 1\;\; 0\;\; 1\;\; 1\;\; 0\;\; 1\;\; 0\;\;] \;\xrightarrow[\;0 \to -1\;]{\text{Bit} \to \text{Symbol}}\; s_D = [\; -1\;\; 1\;\; -1\;\; 1\;\; 1\;\; -1\;\; 1\;\; -1\;]$$

$$\left.\begin{array}{l}\text{Manchester-} \\ \text{Codierung}\end{array}\right|\; \begin{array}{l} 0 \to 01 \\ 1 \to 10 \end{array} \qquad \begin{array}{l} 1 \to 1 \\ \end{array} \qquad \left.\begin{array}{l}\text{Sequenz-} \\ \text{Spreizung}\end{array}\right|\; \begin{array}{l} -1 \to [\,-1\;\;1\,] \\ 1 \to [\;1\;-1\,] \end{array}$$

$$b_C = [\; 01\;\;10\;\;01\;\;10\;\;10\;\;01\;\;10\;\;01\;] \;\xrightarrow[\;0 \to -1\;]{\text{Bit} \to \text{Symbol}}\; s_C = [\,-1\;1\;1\,-1\,-1\;1\;1\,-1\;1\,-1\,-1\;1\;1\,-1\,-1\;1\,]$$
$$1 \to 1$$

Abb. 3.73 Äquivalenz einer Manchester-Codierung auf der Bit-Ebene und einer entsprechenden Sequenz-Spreizung auf der Symbol-Ebene

wird häufig zwischen der Symbolrate f_s *vor* der Codierung und der *Chip-Rate* f_c *nach* der Codierung unterschieden. Bei EN 13757-4 gilt

$$f_c = 2f_s = 32768 \,\text{cps}$$

mit der Einheit *chips per second* (cps). Diese Bezeichnung hängt damit zusammen, dass die Manchester-Codierung nicht nur als *Wiederholungscodierung* auf der *Bit-Ebene*, sondern auch als *Sequenz-Spreizung* auf der *Symbol-Ebene* aufgefasst werden kann, siehe Abb. 3.73. Auf die Sequenz-Spreizung gehen wir im nächsten Abschnitt noch näher ein. Die effektive Symbolrate am Eingang des FM-Modulators entspricht der Chip-Rate, die deshalb auch für die Berechnung des Modulationsindex h maßgebend ist:

$$h = \frac{\text{Frequenzhub}}{\text{effektive Symbolrate}} = \frac{f_{shift}}{f_c} = \frac{100 \,\text{kHz}}{32768 \,\text{cps}} \approx 3.05$$

Abb. 3.74 zeigt das Spektrum eines FSK-Signals mit Manchester-Codierung gemäß EN 13757-4 im Mode S1/S2 im Vergleich zum Spektrum eines uncodierten FSK-Signals. Die Unterschiede sind gering. Mit Manchester-Codierung fällt das Spektrum nach außen etwas langsamer ab, da die höherfrequenten Signalanteile aufgrund der höheren Anzahl an Symbolwechseln etwas stärker ausgeprägt sind. In *Matlab* erzeugen wir das Signal mit:

```
% ... der Vektor b_d enthalte die binären Daten ...

% Parameter EN 13757-4 Mode S1/S2
% Symbolrate
f_s = 32768;
% Überabtastung
M = 16;
% Abtastrate
f_a = M * f_s;
% Abtastintervall
T_a = 1 / f_a;
% Shift
f_shift = 1e5;
```

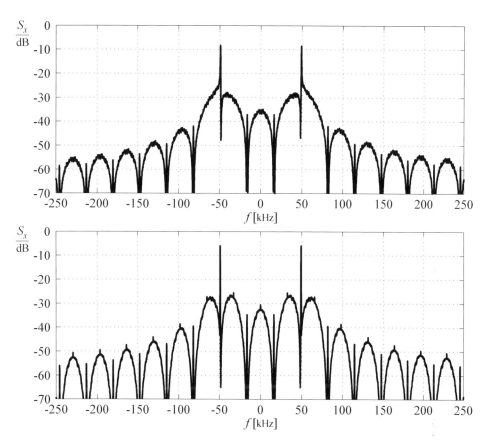

Abb. 3.74 Spektren einer uncodierten FSK-Übertragung mit f_s = 32768 sps und f_{shift} = 100 kHz (oben) und einer FSK-Übertragung mit Manchester-Codierung gemäß EN 13757-4 im Mode S1/S2 (unten)

```
% Symbole bilden
s_d = 2 * b_d - 1;

% Manchester-Codierung durch Sequenz-Spreizung
s_c = kron( s_d, [ 1 -1 ] );

% Rechteck-Former = M-fache Wiederholung jedes Symbols
s_r = kron( s_c, ones( 1, M ) );

% Basisbandsignale erzeugen
x = exp( 1i * pi * f_shift * T_a * cumsum( s_r ) );
```

Dabei haben wir die Manchester-Codierung mit Hilfe einer Sequenz-Spreizung erzeugt, da wir diese mit der Funktion `kron` besonders einfach durchführen können.

In der Praxis haben die tatsächlich *ausgesendeten* FSK-Signale in der Regel nicht die hohe Bandbreite, die sich zum Beispiel aus Abb. 3.74 ergibt. Wir betrachten dazu noch einmal die Blockschaltbilder zur Erzeugung von GFSK-Signalen in Abb. 3.71 auf Seite 108:

- Bei der analogen Signalerzeugung in Abb. 3.71a ist die Modulationsbandbreite des FM-Modulators begrenzt, d. h. der FM-Modulator wirkt als Tiefpass, so dass auch ohne explizite Gauß-Filterung eine gewisse, die Bandbreite des Signals begrenzende Filterung stattfindet.
- Bei der digitalen Signalerzeugung in Abb. 3.71b wird beim Übergang vom Basisbandsignal $\underline{x}[n]$ zum Trägersignal $x_{HF}(t)$ eine Überabtastung durchgeführt; dabei wird das Signal gemäß Abb. 2.12 auf Seite 28 ebenfalls mit einem Tiefpass gefiltert, der die Bandbreite des Signals begrenzt.

Daraus folgt, dass das Spektrum eines GFSK-Signals mit einem in der Praxis üblichen *BT*-Wert im Bereich $BT = 0.25 \ldots 1$ durch das Gauß-Filter *vor* dem FM-Modulator begrenzt wird, während bei einem FSK-Signal eine mehr oder weniger starke Filterung *nach* dem FM-Modulator erfolgt. Letztere ist bei GFSK-Signalen in der Regel vernachlässigbar.

3.4.12 Sequenz-Spreizung

Bei einer *Sequenz-Spreizung* (*Sequence Spreading*) werden anstelle der einzelnen Datensymbole *Gruppen* von Symbolen – die sogenannten *Spreizsequenzen* (*Spreading Sequences*) – gesendet. Die Länge der verwendeten Spreizsequenzen wird *Spreizfaktor* (*Spreading Factor*) *SF* genannt. Es gibt zwei grundsätzlich verschiedene Verfahren zur Sequenz-Spreizung:

- Bei der *direkten Sequenz-Spreizung* (*Direct Sequence Spreading* (DSS) oder *Direct Sequence Spread Spectrum* (DSSS)) wird *eine* Spreizsequenz verwendet, die in Amplitude und Phase moduliert wird. Die gespreizten Symbole werden durch ein Kronecker-Produkt der pulsamplitudenmodulierten Datensymbole mit der Spreizsequenz berechnet:

```
% ... der Vektor s_d enthalte pulsamplitudenmodulierte
%     Datensymbole und der Vektor s_seq enthalte die
%     Symbole der Spreizsequenz ...

% Spreizung
s_s = kron( s_d, s_seq );
```

  Dabei wird die Amplitude und die Phase jedes Datensymbols auf eine zugehörige Spreizsequenz übertragen, d. h. die Datensymbole *modulieren* die aufeinander folgenden Spreizsequenzen.
- Bei der *orthogonalen Sequenz-Spreizung* wird ein *Sequenz-Alphabet* mit exakt oder näherungsweise *orthogonalen Sequenzen* verwendet, das an die Stelle des gewöhnlichen Symbol-Alphabets tritt. Die Erzeugung der gespreizten Symbole erfolgt wie

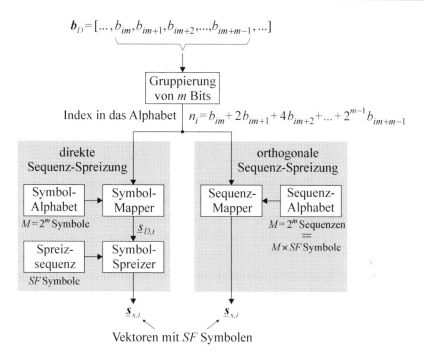

Abb. 3.75 Verfahren zur Sequenz-Spreizung

bei einer Pulsamplitudenmodulation, nur dass im Mapper anstelle eines Symbols aus dem Symbol-Alphabet eine Sequenz aus dem Sequenz-Alphabet ausgewählt wird.

Abb. 3.75 verdeutlicht die Erzeugung eines gespreizten Symbols

$$\underline{s}_{s,i} = \left[\, \underline{s}_{s,i}(0),\, \underline{s}_{s,i}(1),\, \underline{s}_{s,i}(2),\, \ldots,\, \underline{s}_{s,i}(SF-1)\,\right]$$

mit *SF* Symbolen bei den beiden Verfahren.

Die Kombination beider Verfahren kann als Mehrfach-Zugriffsverfahren mit der Bezeichnung *Code Division Multiple Access* (CDMA) eingesetzt werden; dabei werden mehrere Signale im selben Frequenzkanal übertragen, indem jedes Signal direkt gespreizt wird und näherungsweise orthogonale Sequenzen für die einzelnen Signale verwendet werden.

Es gibt mehrere Gründe bzw. Anwendungsfelder für eine Spreizung. Da das Thema sehr komplex ist, beschränken wir uns auf die Anwendung der Spreizung in einfachen Telemetrie-Systemen; hier dient die Spreizung häufig anderen Zwecken als z. B. in der Mobilkommunikation.

Durch die Sequenz-Spreizung nimmt die Anzahl der zu sendenden Symbole um den Spreizfaktor *SF* zu. Man unterscheidet in diesem Zusammenhang zwischen der Symbolrate (*Symbol Rate* oder *Baud Rate*)

$$f_s = \frac{1}{T_s}$$

der ungespreizten Datensymbole $\underline{s}_{D,i}$ und der um den Spreizfaktor höheren *Chip-Rate* (*Chip Rate*)

$$f_c = \frac{1}{T_c} = SF \cdot f_s$$

der einzelnen Symbole $\underline{s}_{s,i}[n]$ eines gespreizten Symbols $\underline{s}_{s,i}$. Für den Spreizfaktor gilt demnach:

$$\boxed{SF = \frac{f_c}{f_s} = \frac{\text{Chip-Rate}}{\text{Symbolrate}}} \tag{3.9}$$

Die Modulation der gespreizten Symbole erfolgt in der gewohnten Weise, nur mit dem Unterschied, dass nun die Chip-Rate f_c bzw. die Chip-Dauer T_c an die Stelle der Symbolrate f_s bzw. der Symboldauer T_s tritt; dadurch nimmt die Bandbreite des Signals um den Spreizfaktor zu.

Bei BPSK ($m = 1, M = 2$) und QPSK ($m = 2$, $M = 4$) erfolgt die direkte Sequenz-Spreizung in der Praxis häufig nicht durch eine Spreizung der Symbole $\underline{s}_D$, sondern durch eine äquivalente Spreizung der binären Daten $\boldsymbol{b}_D$. Bei BPSK gilt:

$$\left. \begin{array}{l} b_{D,i} = 0 \;\rightarrow\; \underline{s}_{D,i} = \;\;1 \\ b_{D,i} = 1 \;\rightarrow\; \underline{s}_{D,i} = -1 \end{array} \right\} \quad\Rightarrow\quad \underline{s}_{D,i} = 1 - 2b_{D,i} \quad\Rightarrow\quad \underline{s} = \underline{1} - 2\boldsymbol{b}_D$$

In diesem Fall ist wird auch die Spreizsequenz nicht durch einen Symbol-Vektor

$$\underline{s}_{seq} = \left[\underline{s}_{seq}(0), \underline{s}_{seq}(1), \underline{s}_{seq}(2), \ldots, \underline{s}_{seq}(SF-1) \right] \quad \text{mit } \underline{s}_{seq}(i) \in \{1,-1\}$$

dargestellt, sondern durch einen Bit-Vektor:

$$\boldsymbol{b}_{seq} = \left[b_{seq}(0), b_{seq}(1), b_{seq}(2), \ldots, b_{seq}(SF-1) \right] \quad \text{mit } b_{seq}(i) \in \{0,1\}$$

Dieser Bit-Vektor wird *Spreizcode* genannt.

Als Beispiel verwenden wir den Spreizcode

$$\boldsymbol{b}_{seq} = [\,1, 1, 1, 1, 0, 1, 0, 1, 1, 0, 0, 1, 0, 0, 0\,]$$

der Länge 15, der einer PRBS mit dem Polynom $x^4 + x^3 + 1$ entspricht und bei den Übertragungsstandards IEEE 802.15.4 bzw. *ZigBee* für Übertragungen mit BPSK-Modulation im Frequenzbereich 868 MHz verwendet wird. Die Spreizung der Datenbits erfolgt dadurch, dass jedes 0-Datenbit durch den Spreizcode und jedes 1-Datenbit durch den *negierten* Spreizcode ersetzt wird; alternativ kann man die Datenbits jeweils 15-fach wiederholen und den resultierenden Bitstrom synchron mit der PRBS

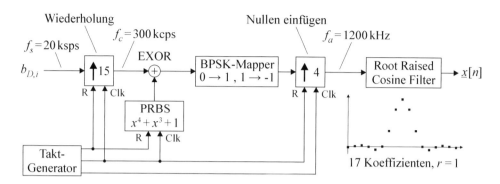

Abb. 3.76 Erzeugung eines BPSK-modulierten Basisbandsignals bei IEEE 802.15.4 bzw. *ZigBee* für den Frequenzbereich 868 MHz (R = Reset, Clk = Clock)

exklusiv-oder-verknüpfen (EXOR). Anschließend werden die gespreizten Bits in BPSK-Symbole umgesetzt und mit einem Root Raised Cosine Filter mit dem Roffoff-Faktor $r = 1$ pulsamplitudenmoduliert. Abb. 3.76 zeigt die Verarbeitungsschritte von den Datenbits $b_{D,i}$ bis zum Basisbandsignal $\underline{x}[n]$; dabei wird die Abtastrate ausgehend von der Symbolrate $f_s = 20$ ksps (sps = *symbols per second*) über die Chip-Rate $f_c = 300$ kcps (cps = *chips per second*) auf die Basisband-Abtastrate $f_a = 1200$ kHz erhöht. In *Matlab* erzeugen wir das Basisbandsignal mit:

```
% ... der Vektor b_d enthalte die zu sendenden binären Daten ...

% Spreizcode
b_seq = [ 1 1 1 1 0 1 0 1 1 0 0 1 0 0 0 ];

% Spreizfaktor
SF = length( b_seq );

% Überabtastfaktor für das Basisbandsignal
M = 4;

% Root Raised Cosine Filter berechnen
r = 1;
N = 17;
g = root_raised_cosine_filter( N, M, r );

% Spreizung
b_1 = kron( b_d, ones( 1, SF ) );
b_2 = repmat( b_seq, 1, length( b_d ) );
b_s = mod( b_1 + b_2, 2 );

% BPSK-Mapper
s_s = 1 - 2 * b_s;

% Basisbandsignal bilden
x = conv( kron( s_s, [ M zeros( 1, M - 1 ) ] ), g );
```

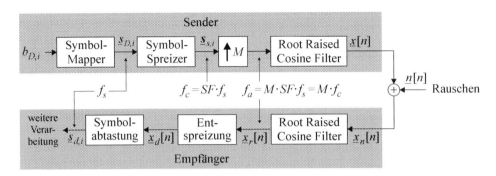

Abb. 3.77 Verarbeitungsschritte im Sender und im Empfänger bei gespreizter Pulsamplitudenmodulation mit Root Raised Cosine Filterung

Dabei verwenden wir die Funktion kron zur *SF*-fachen Wiederholung der *einzelnen* Datenbits des Vektors b_d und die Funktion repmat zur Wiederholung des *gesammten* Spreizcodes b_seq entsprechend der Anzahl der Datenbits, die wir mit der Funktion length bestimmen. Die Exklusiv-Oder-Verknüpfung (EXOR) können wir durch eine Addition mit anschließender Modulo-2-Begrenzung mit der Funktion mod bilden. Die einfache Realisierung eines BPSK-Mappers haben wir bereits im Zusammenhang mit dem Verhältnis zwischen einer BPSK-Spreizsequenz und dem zugehörigen Spreizcode erwähnt. Im letzten Schritt bilden wir das Basisbandsignal durch Überabtastung mit $M = 4$ (*T/4-spaced*) und Filterung mit einem Root Raised Cosine Filter.

Wir nehmen an, dass im Zuge der Übertragung vom Sender zum Empfänger nur Rauschen hinzugefügt wird und dass das Basisbandsignal im Empfänger auf den Pegel des Basisbandsignals im Sender verstärkt wird. Komplex-wertiges Rauschen mit einem vorgegebenen, auf die Chip-Rate f_c bezogenen Signal-Rausch-Abstand *SNR* erzeugen wir mit:

```
% Beispiel für den Signal-Rausch-Abstand
SNR = 6.3;
% Rauschen erzeugen
l_x = length(x);
P_x = real( x * x' ) / l_x;
P_n = M * P_x / SNR;
n   = sqrt( P_n / 2 ) * ( randn( 1, l_x ) + 1i * randn( 1, l_x ) );
```

Dabei müssen wir die Rauschleistung P_n um den Überabtastfaktor $M = f_a/f_c$ anheben, damit wir bezogen auf die *M*-fach geringere Chip-Rate $f_c = f_a/M$ den gewünschten Signal-Rausch-Abstand erhalten, hier $SNR = 6.3 = 8\,\text{dB}$.

Abb. 3.77 zeigt die Verarbeitungsschritte im Sender und im Empfänger bei gespreizter Pulsamplitudenmodulation in allgemeiner Form mit den jeweiligen Abtastraten. Im Sender erfolgt die Erhöhung der Abtastrate in zwei Stufen:

- um den Spreizfaktor *SF* im Symbol-Spreizer;
- um den Überabtastfaktor *M* im Pulsamplitudenmodulator.

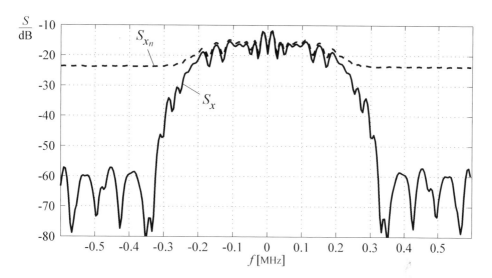

Abb. 3.78 Spektrum eines *ZigBee*-DSSS-Sendesignals mit BPSK-Modulation vor (S_x) und nach (S_{x_n}) der Addition von Rauschen mit einem Signal-Rausch-Abstand *SNR* = 8 dB

Im Empfänger wird die Abtastrate im Rahmen der Symbolabtastung auf die Symbolrate f_s reduziert; es handelt sich dabei aber nicht um eine gewöhnliche Unterabtastung, sondern um eine *synchronisierte*, pseudo-kontinuierliche Abtastung im optimalen Symbol-Abtastraster, das im Empfänger bestimmt werden muss. Wir gehen darauf im Kap. 8 noch ein. Für unser Beispiel nehmen wir an, dass das optimale Symbol-Abtastraster bekannt ist. Das ist hier trivial, da wir die Signalverzögerung durch die Übertragung komplett vernachlässigen; deshalb arbeiten Sender und Empfänger bis auf die bekannte Verzögerung der verwendeten FIR-Filter ohnehin synchron. Auch weitere, durch die Übertragung verursachte Effekte berücksichtigen wir hier nicht; näheres dazu im Abschn. 3.4.13.

Abb. 3.78 zeigt das Spektrum des Signals aus unserem Beispiel vor und nach der Addition von Rauschen mit einem Signal-Rausch-Abstand *SNR* = 8 dB. Die Verarbeitung im Empfänger führen wir getrennt für den Signal- und den Rauschanteil durch, damit wir den Signal-Rausch-Abstand an jeder Stelle durch eine einfache Berechnung der Leistungen der Anteile durchführen können. Das ist zulässig, da alle Verarbeitungsschritte *linear* sind und deshalb der Überlagerungssatz für lineare Systeme gilt. Abb. 3.79 zeigt die Spektren des Signal- und des Rauschanteils im Signal $\underline{x}_r[n]$ am Ausgang des Root Raised Cosine Filters im Empfänger.

Die Entspreizung im Empfänger erfolgt durch ein *Matched Filter* $\underline{h}_{seq}[n]$ für die Spreizsequenz $\underline{s}_{seq}[n]$ unter Berücksichtigung der Überabtastung M:

$$\underline{h}_{seq}[n] = \begin{cases} \underline{s}_{seq}^*(SF - 1 - n/M) & \text{für mod}(n, M) = 0 \\ 0 & \text{für mod}(n, M) \neq 0 \end{cases} \quad \text{für } n = 0, \ldots, M \cdot SF - 1$$

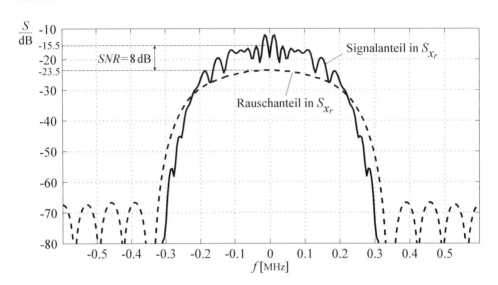

Abb. 3.79 Spektren des Signal- und des Rauschanteils im Signal $\underline{x}_r[n]$ am Ausgang des Root Raised Cosine Filters im Empfänger

In *Matlab* erhalten wir das Matched Filter ausgehend von der Spreizsequenz `s_seq` mit:

```
h_seq = fliplr( conj( kron( s_seq, [ 1 zeros( 1, M - 1 ) ] ) ) );
```

In unserem Beispiel mit einer reellen BPSK-Spreizsequenz kann die Konjunktion mit `conj` entfallen. Zusätzlich normieren wir die Koeffizienten mit dem Spreizfaktor *SF*, damit die abgetasteten Symbole ihre ursprüngliche Skalierung behalten. Dann gilt:

```
h_seq = fliplr( kron( s_seq, [ 1/SF zeros( 1, M - 1 ) ] ) );
```

Dieses *lange* Filter, bei dem nur jeder *M*-te Koeffizient ungleich Null ist, verwenden wir allerdings nur in *Matlab*, da hier die Entspreizung durch die gewöhnliche Faltung

$$\underline{x}_d[n] = \underline{x}_r[n] * \underline{h}_{seq}[n]$$

bzw.

```
x_d = conv( x_r, h_seq );
```

in der Regel weniger Rechenzeit benötigt als effizientere Varianten. In der Praxis erfolgt die Entspreizung durch eine *Polyphasen-Filterung* mit dem Filter:

$$\underline{h}_{seq}^{(p)}[n] = \underline{h}_{seq}[Mn] = \underline{s}_{seq}^*(SF - 1 - n) \quad \text{für } n = 0, \dots, SF - 1$$

Dazu wird das Eingangssignal $\underline{x}_r[n]$ gemäß Abb. 3.80 mit einem Demultiplexer (DEMUX) in *M* parallele Signale mit *M*-fach geringerer Abtastrate zerlegt, die separat mit

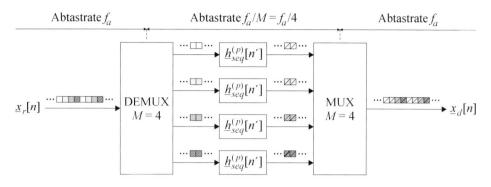

Abb. 3.80 Entspreizung durch Polyphasen-Filterung für $M = 4$

$\underline{h}_{seq}^{(p)}[n]$ gefiltert und anschließend mit einem Multiplexer (MUX) wieder zu *einem* Signal mit der ursprünglichen Abtastrate zusammengesetzt werden. Diese Zerlegung in parallele Zweige mit reduzierter Abtastrate wird *Polyphasen-Zerlegung* genannt. In *Matlab* werden sowohl der Demultiplexer als auch der Multiplexer mit der Funktion reshape realisiert; dabei erfolgt der Demultiplex durch die Umwandlung des Zeilenvektors x_r der Länge $M \cdot L$ mit

```
x_r_poly = reshape( x_r, M, [] );
```

in eine $M \times L$–Matrix x_r_poly, d.h. M Zeilenvektoren der Länge L, und der Multiplex durch die Zusammenfassung der am Ausgang der Filter anfallenden $M \times L$–Matrix x_d_poly zu einem Zeilenvektor x_d mit:

```
x_d = reshape( x_d_poly, 1, [] );
```

Die Polyphasen-Filterung stellt sich demnach wir folgt dar:

```
%  ... x_r enthalte den Vektor mit dem Eingangssignal,
%      dessen Länge ein Vielfaches von M ist, und der
%      Vektor s_seq enthalte die Spreizsequenz ...

% Matched Filter bilden
h_seq_poly = fliplr( conj( s_seq ) ) / SF;

% Polyphasen-Zerlegung = Demultiplexer
x_r_poly = reshape( x_r, M, [] );

% Matrix für die Ausgangssignale der Faltung erzeugen
x_d_poly = zeros( M, length( x_r_poly( 1, : ) ) ...
                  + length( h_seq_poly ) - 1 );

% Polyphasen-Filterung
for i = 1 : M
    x_d_poly( i, : ) = conv( x_r_poly( i, : ), h_seq_poly );
end
```

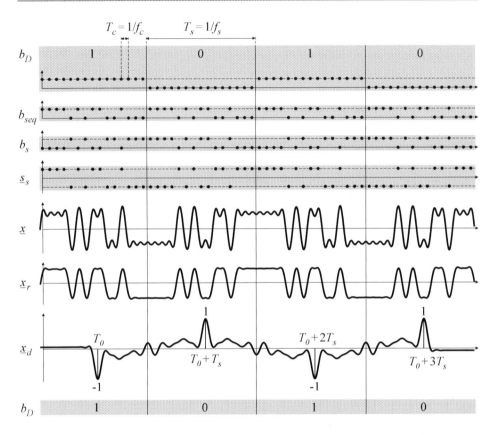

Abb. 3.81 Bits, Symbole und Signale bei IEEE 802.15.4 bzw. *ZigBee* mit gespreizter BPSK-Modulation im Frequenzbereich 868 MHz. Der Spreizfaktor beträgt $SF = 15$

```
% Multiplexer
x_d = reshape( x_d_poly, 1, [] );
```

Diese effizientere Art der Entspreizung benötigt in *Matlab* allerdings mehr Rechenzeit als die herkömmliche Faltung mit dem *langen* Filter $\underline{h}_{seq}[n]$.

Abb. 3.81 zeigt die bei IEEE 802.15.4 bzw. *ZigBee* mit BPSK-Modulation im Frequenzbereich 868 MHz auftretenden Bits, Symbole und Signale:

- Die Datenbits b_D werden SF–fach wiederholt und mit dem Spreizcode b_{seq} exklusiv-oder-verknüpft.
- Der Symbol-Mapper erzeugt aus den gespreizten Bits b_s die gespreizten Symbole $\underline{s}_s$.
- Der Modulator erzeugt aus den gespreizten Symbolen das Basisbandsignal $\underline{x}$, das bei idealer Übertragung – wir vernachlässigen dabei *alle* Auswirkungen einer realen Übertragung einschließlich der Signalverzögerung – in unveränderter Form am Eingang der Basisbandverarbeitung des Empfängers anliegt.

- Nach dem Root Raised Cosine Filter im Empfänger erhalten wir das Signal $\underline{x}_r$.
- Durch Entspreizung erhalten wir das Signal $\underline{x}_d$, dessen Abtastung im optimalen Symbol-Abtastraster $T_0 + mT_s$ die Symbole $\underline{s}_s$ liefert.
- Aus den abgetasteten Symbolen erhalten wir die Datenbits b_D.

Zwei Punkte sind bei der Darstellung in Abb. 3.81 zu beachten:

- Wir haben alle Größen, die im allgemeinen komplex-wertig sein *können*, als komplex-wertige Größen mit Unterstrich gekennzeichnet, auch wenn im konkreten Fall alle Größen reell sind.
- Wir haben nicht nur die Signalverzögerung durch die Übertragung, sondern *alle* Signalverzögerungen vernachlässigt, um die zu den Datenbits gehörenden Symbole und Signalabschnitte untereinander darstellen zu können. In einem realen System sind die Symbole und Signalabschnitte eines Datenbits bereits durch die Laufzeiten der Root Raised Cosine Filter und des Matched Filters zur Entspreizung gegeneinander verschoben.
- Wir haben die Basisbandsignale als kontinuierliche Signale dargestellt, obwohl es sich in der Praxis um diskrete Signale mit der Abtastrate $f_a = M \cdot f_c$ handelt. Diese Darstellung weist darauf hin, dass die Symbole im Empfänger durch Interpolation quasi-kontinuierlich abgetastet werden, d. h. das Symbol-Abtastraster $T_0 + mT_s$ fällt im allgemeinen *nicht* mit dem Signal-Abtastraster nT_a zusammen. Wir gehen darauf im Abschn. 8.4.2 noch näher ein.

Die abgetasteten Symbole $\underline{s}_{d,i}$ im Empfänger setzen sich bei der in Abb. 3.77 auf Seite 116 angenommenen Übertragung aus den gesendeten Symbolen $\underline{s}_{D,i}$ und einem Rausch-Anteil $\underline{s}_{n,i}$ zusammen, der auch als Fehler-Vektor (*Error Vector*) bezeichnet wird:

$$\underline{s}_{d,i} = \underline{s}_{D,i} + \underline{s}_{n,i}$$

Daraus ergibt sich der Symbol-Rausch-Abstand:

$$SNR_d = \frac{\mathrm{E}\left\{|\underline{s}_{D,i}|^2\right\}}{\mathrm{E}\left\{|\underline{s}_{n,i}|^2\right\}} \tag{3.10}$$

Da sich bei der Entspreizung die Signalanteile aufgrund der Matched Filterung in der Amplitude, die Rauschanteile dagegen nur in der Leistung addieren, ist der Symbol-Rausch-Abstand SNR_d der abgetasteten Symbole um den Spreizfaktor SF höher als der Symbol-Rausch-Abstand SNR_r der gespreizten Symbole vor der Entspreizung:

$$\boxed{SNR_d = SF \cdot SNR_r} \tag{3.11}$$

In unserem Beispiel, in dem wir die Verarbeitung im Empfänger getrennt nach Signal- und Rauschanteilen durchführen, können wir die Symbol-Rausch-Abstände vor und nach der Entspreizung direkt berechnen:

```
% Root Raised Cosine Filterung im Empfänger
x_r = conv( x, g );
n_r = conv( n, g );


% Abtastung der gespreizten Symbole (Abstand M)
s_r = x_r( N : M : end - N );
s_n = n_r( N : M : end - N );

% Symbol-Rausch-Abstand SNR_r
SNR_r = s_r * s_r' / ( s_n * s_n' );

% Entspreizung
s_seq = 1 - 2 * b_seq;
h_seq = fliplr( conj( kron( s_seq, [ 1/SF zeros( 1, M - 1 ) ] ) ) );
x_d = conv( x_r, h_seq );
n_d = conv( n_r, h_seq );

% Symbolabtastung (Abstand M * SF)
s_d = x_d( N + M * SF - 1 : M * SF : end - M * SF );
s_n = n_d( N + M * SF - 1 : M * SF : end - M * SF );

% Symbol-Rausch-Abstand SNR_d
SNR_d = s_d * s_d' / ( s_n * s_n' );

% Symbol-Rausch-Abstände in dB
SNR_r_dB = 10 * log10( SNR_r );
SNR_d_dB = 10 * log10( SNR_d );
```

Wir erhalten $SNR_r = 6.3 = 8\,\mathrm{dB}$ – entsprechend dem zuvor addierten Rauschen – und $SNR_d \approx 95 \approx 19.8\,\mathrm{dB}$. Die Differenz von etwa $11.8\,\mathrm{dB}$ entspricht dem Spreizfaktor:

$$SF = 15 \quad \Rightarrow \quad 10\,\mathrm{dB} \cdot \log_{10} SF = 10\,\mathrm{dB} \cdot \log_{10} 15 = 11.76\,\mathrm{dB}$$

Bei der Berechnung der Symbol-Rausch-Abstände haben wir davon Gebrauch gemacht, dass wir den Quotienten der Erwartungswerte aus (3.10) durch den Quotienten der Energien der Vektoren s_d und s_n approximieren können:

$$SNR_d = \frac{\mathrm{E}\left\{|\underline{s}_{D,i}|^2\right\}}{\mathrm{E}\left\{|\underline{s}_{n,i}|^2\right\}} \approx \frac{\sum |\underline{s}_{D,i}|^2}{\sum |\underline{s}_{n,i}|^2} = \frac{\texttt{s\_d * s\_d'}}{\texttt{s\_n * s\_n'}}$$

Für den Symbol-Rausch-Abstand SNR_r gilt dies in gleicher Weise. Dem Gewinn an Symbol-Rausch-Abstand bei der Entspreizung steht allerdings ein entsprechender Verlust

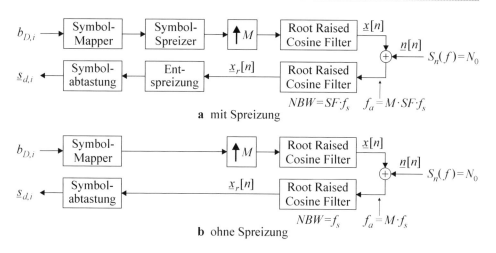

a mit Spreizung

b ohne Spreizung

Abb. 3.82 Vergleich einer gespreizten und einer ungespreizten Übertragung

aufgrund der höheren Bandbreite des gespreizten Signals gegenüber, so dass die Symbol-Rausch-Abstände der gespreizten Übertragung in Abb. 3.82a und der ungespreizten Übertragung in Abb. 3.82b bei gleicher Sendeleistung und gleicher Rauschleistungsdichte $S_n(f) = N_0$ identisch sind. Während die Leistung P_s der Symbole bei beiden Übertragungen identisch ist, ist die Leistung des Rauschanteils P_n im Signal $\underline{x}_r[n]$ bei der gespreizten Übertragung aufgrund der um den Faktor SF größeren Rauschbandbreite NBW um den Faktor SF größer; der Symbol-Rausch-Abstand SNR_r am Ausgang des Filters ist folglich um den Faktor SF geringer:

$$ SNR_r = \frac{P_s}{P_n} = \frac{P_s}{NBW \cdot N_0} = \begin{cases} \dfrac{P_s}{SF \cdot f_s \cdot N_0} & \text{mit Spreizung} \\[2ex] \dfrac{P_s}{f_s \cdot N_0} & \text{ohne Spreizung} \end{cases} $$

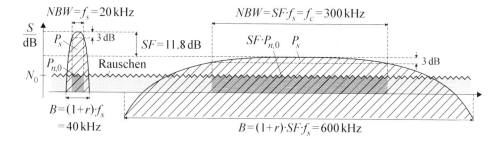

Abb. 3.83 Spektren und Leistungen mit und ohne Spreizung. Die Zahlenwerte beziehen sich auf *ZigBee* mit BPSK-Modulation im Frequenzbereich 868 MHz: Symbolrate f_s = 20 ksps, Rolloff-Faktor $r = 1$, $SF = 15 = 11.8$ dB

Abb. 3.83 verdeutlicht die Zusammenhänge. Der Verlust durch die Spreizung wird durch den Gewinn bei der Entspreizung ausgeglichen, d. h. der Symbol-Rausch-Abstand SNR_d am Ausgang der Symbolabtastung ist in beiden Fällen gleich. Die Spreizung führt also *nicht* zu einem höheren Symbol-Rausch-Abstand im Empfänger.

Der praktische Nutzen der Spreizung liegt bei Telemetrie-Systemen vor allem in einer erhöhten Störfestigkeit gegen andere Signale im selben Frequenzband. Dies ist wichtig, da diese Systeme in der Regel in Lizenz-freien Frequenzbereichen betrieben werden.

3.4.13 Nachrichtentechnischer Kanal

Der Übertragungskanal zwischen Sender und Empfänger wird als *Kanal* (*channel*) bezeichnet; dabei wird zwischen dem *physikalischen Kanal* und dem *nachrichtentechnischen Kanal* unterschieden, siehe Abb. 3.84:

- Der *physikalische Kanal* ist bei drahtlosen Übertragungssystemen durch die Wellenausbreitung zwischen Sende- und Empfangsantenne gegeben. Die dabei auftretenden Effekte wie z. B. Mehrwege-Ausbreitung und Doppler-Effekt werden durch *Kanalmodelle* beschrieben und können mit einem *Kanalsimulator* nachgebildet werden.
- Der *nachrichtentechnische Kanal* umfasst alle Komponenten zwischen dem Basisband-Ausgang des Senders und dem Basisband-Eingang des Empfängers. Er enthält neben den Übertragungseigenschaften des physikalischen Kanals auch die Übertragungseigenschaften aller weiterer Komponenten im Sender und im Empfänger, die das Signal beeinflussen oder verfälschen. Da die digitalen Komponenten in der Regel

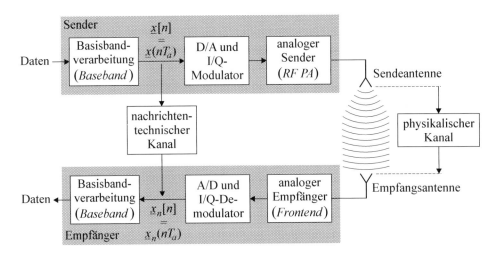

Abb. 3.84 Physikalischer und nachrichtentechnischer Kanal

ohne größere Probleme so ausgelegt werden können, dass keine spürbare Beeinflussung des Signals auftritt, handelt es sich dabei primär um den Einfluss der analogen Komponenten und der D/A- bzw. A/D-Umsetzer.

In der Praxis werden auch die analogen Komponenten im Sender und im Empfänger so ausgelegt, dass das Signal möglichst wenig verfälscht wird; dem sind aber sowohl durch die technischen Möglichkeiten als auch durch die Kosten der Komponenten wesentlich engere Grenzen gesetzt als bei den digitalen Komponenten. In der Regel wird das Übertragungsverhalten aber durch den physikalischen Kanal bestimmt, während die anderen Komponenten nur einen geringen Einfluss haben; deshalb wird in der Praxis häufig nicht zwischen den beiden Kanälen unterschieden.

Der nachrichtentechnische Kanal beeinflusst das Signal wie folgt:

- Durch die Laufzeiten sämtlicher Komponenten ergibt sich eine unbekannte zeitliche Verschiebung zwischen den Basisbandsignalen $\underline{x}(t)$ im Sender und $\underline{x}_n(t)$ im Empfänger; deshalb müssen die Abtastzeitpunkte der Symbole im Empfänger mit einem Verfahren zur *zeitlichen Synchronisation* bestimmt werden.
- Durch Abweichungen der Frequenzen der Taktoszillatoren im Sender und im Empfänger stimmen die Abtastraten nicht exakt überein. Bei Telemetrie-Systemen mit kurzen Paketen kann man diese Abweichung vernachlässigen, solange die über die Dauer eines Paketes auftretende Verschiebung weniger als 10 % der Symboldauer beträgt.
- Durch die Phasen- und Frequenzverschiebung sämtlicher Komponenten liegt eine unbekannte Phasen- und eine in Grenzen unbekannte Frequenzverschiebung vor; deshalb müssen im Empfänger Verfahren zur *Phasen-/Frequenz-Synchronisation* eingesetzt werden, um die Verschiebungen zu kompensieren.
- Durch Mehrwege-Ausbreitung zwischen Sende- und Empfangsantenne erfolgt eine Verzerrung des Signals; man spricht dann von einem *Schwundkanal* (*Fading Channel*) oder einem *frequenzselektiven Kanal* (*Frequency-Selective Channel*). Bei geringen Verzerrungen kann man das Signal noch ohne besondere Maßnahmen empfangen, muss dabei aber einen Verlust an Übertragungsqualität in Kauf nehmen. Wenn der Verlust zu groß wird, muss ein *Entzerrer* (*Equalizer*) eingesetzt werden.
- Im Zuge der Übertragung wird dem Signal Rauschen hinzugefügt. Zusätzlich können Störungen durch technische Anlagen oder atmosphärische Störungen auf die Übertragung einwirken.

Wir beschränken uns im folgenden auf Kanäle ohne Mehrwege-Ausbreitung und verwenden das in Abb. 3.85 gezeigte Kanalmodell. Ein derartiger Kanal wird in der Literatur als *AWGN-Kanal* (*Additive White Gaussian Noise Channel*) bezeichnet.

In *Matlab* können wir den Phasen- und den Frequenzoffset wie folgt realisieren:

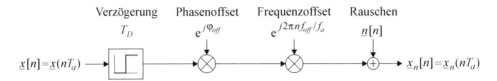

Abb. 3.85 Modell eines nachrichtentechnischen Kanals ohne Mehrwege-Ausbreitung (AWGN-Kanal)

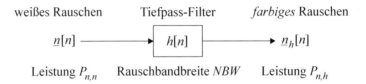

Abb. 3.86 Rauschleistung bei Filterung mit einem Tiefpass-Filter

```
% ... der Vektor x enthalte das Basisbandsignal und
%     f_a die zugehörige Abtastrate ...

% Beispiel für den Phasenoffset (1 rad = 57 Grad)
phi_off = 1;

% Beispiel für den Frequenzoffset
f_off = 100;

% Offsets anwenden
x = x .* exp( 2i * pi * ( 0 : length(x) ) * f_off / f_a ) ...
        * exp( 1i * phi_off );
```

Komplex-wertiges weißes Gauß'sches Rauschen mit der Leistung $P_{n,n}$ addieren wir mit:

```
l_x = length(x);
n   = sqrt( P_n_n / 2 ) * ( randn( 1, l_x ) + 1i * randn( 1, l_x ) );
x_n = x + n;
```

Da das Signal die Abtastrate f_a besitzt, entspricht dies einer Rauschleistungsdichte von:

$$S_n(f) \;=\; \frac{P_{n,n}}{f_a} \quad \text{für} \; -\frac{f_a}{2} < f < \frac{f_a}{2}$$

Wird das Rauschen gemäß Abb. 3.86 mit einem Tiefpass-Filter $h[n]$ der Länge N, der Gleichverstärkung $H_0 = \underline{H}(f=0)$ und der *Rauschbandbreite* (*noise bandwidth*) *NBW* gefiltert, erhalten wir am Ausgang des Filters die Rauschleistung:

$$P_{n,h} \;=\; \int\limits_{-f_a/2}^{f_a/2} S_n(f)\,|\underline{H}(f)|^2\,df \;=\; \frac{P_{n,n}H_0^2}{f_a} \int\limits_{-f_a/2}^{f_a/2} \frac{|\underline{H}(f)|^2}{H_0^2}\,df \;=\; \frac{P_{n,n}H_0^2}{f_a}\,NBW$$

Dabei ist

$$\underline{H}(f) = \mathcal{F}\{h[n]\} = \sum_{n=0}^{N-1} h[n]\,e^{-j2\pi nf/f_a} \quad \text{für} \ -\frac{f_a}{2} < f < \frac{f_a}{2}$$

die diskrete Fourier-Transformierte der Filterkoeffizienten $h[n]$. Wir können die Rauschbandbreite aber auch direkt aus den Filterkoeffizienten berechnen; davon haben wir bereits im Zusammenhang mit dem Einsatz von Fenster-Funktionen bei der praktischen Berechnung des Spektrums im Abschn. 2.2.1 Gebrauch gemacht. Wir verweisen auch hier wieder auf den Abschn. B.1, aus dem wir die Zusammenhänge

$$NBW = \frac{f_a \sum\limits_{n=0}^{N-1} h^2[n]}{\left(\sum\limits_{n=0}^{N-1} h[n]\right)^2} = \frac{f_a}{H_0^2} \sum_{n=0}^{N-1} h^2[n] \quad \text{mit } H_0 = \sum_{n=0}^{N-1} h[n] \tag{3.12}$$

entnehmen. Daraus folgt für die Rauschleistung am Ausgang des Filters:

$$P_{n,h} = \frac{P_{n,n}H_0^2}{f_a} \, NBW = P_{n,n} \sum_{n=0}^{N-1} h^2[n] \tag{3.13}$$

Bei Filtern mit komplexen Koeffizienten $\underline{h}[n]$ ist anstelle des Quadrats $h^2[n]$ das Betragsquadrat $|\underline{h}[n]|^2$ einzusetzen.

Für uns sind diese Zusammenhänge vor allem bei der Simulation von pulsamplitudenmodulierten Übertragungssystemen mit Root Raised Cosine Filterung von Interesse. Dabei stellt sich die Frage, welchen Wert die Leistung $P_{n,n}$ des addierten Rauschsignals $\underline{n}[n]$ haben muss, damit wir bei der Abtastung der Symbole im Empfänger einen vorgegebenen *Symbol-Rausch-Abstand SNR$_d$* erhalten. Dieser Symbol-Rausch-Abstand wird auch als *Symbol-SNR* oder E_s/N_0 (*E-s-zu-N-Null*) bezeichnet. Wir betrachten dazu das einfache Modell mit Rauschen in Abb. 3.87a; dabei haben wir alle weiteren Einflüsse des Kanals aus Abb. 3.85 vernachlässigt, da sich diese nicht auf den Symbol-Rausch-Abstand auswirken. In Abb. 3.87a ist bereits ein für die weitere Betrachtung wichtiger Sachverhalt enthalten:

▶ Die Rauschbandbreite *NBW* eines Root Raised Cosine Filters entspricht der Symbolrate f_s, d. h. unabhängig vom Rolloff-Faktor r gilt: $NBW = f_s$.

Damit können wir mit Bezug auf Abb. 3.87b den Zusammenhang zwischen der Leistung $P_{n,n}$ des addierten Rauschens $\underline{n}[n]$ und der Leistung $P_{n,r}$ des Rauschens $\underline{x}_{r,n}[n]$ am

Ausgang des Root Raised Cosine Filters im Empfänger angeben:

$$P_{n,r} = P_{n,n} \frac{NBW}{f_a} = P_{n,n} \frac{f_s}{f_a} = \frac{P_{n,n}}{M}$$

Bei der Symbolabtastung, die einer Unterabtastung um den Faktor M entspricht, erhalten wir die abgetasteten Symbole $\underline{s}_{d,i}$, die sich aus den gesendeten Datensymbolen $\underline{s}_{D,i}$ und dem Rauschanteil $\underline{s}_{n,i}$ zusammensetzen:

$$\underline{s}_{d,i} = \underline{s}_{D,i} + \underline{s}_{n,i}$$

Da der Rauschanteil $\underline{s}_{n,i}$ *stationär* ist, d. h. seine statistischen Eigenschaften hängen nicht von der Zeit ab, bleibt die Rauschleistung bei der Symbolabtastung unverändert; daraus folgt:

$$P_n = P_{n,r} = \frac{P_{n,n}}{M} \quad \Rightarrow \quad P_{n,n} = M \cdot P_n$$

Demnach muss die Leistung $P_{n,n}$ des addierten Rauschens um den Überabtastfaktor M größer sein als die gewünschte Rauschleistung P_n der abgetasteten Symbole.

Die Datensymbole $\underline{s}_{D,i}$ werden gemäß Abb. 3.87b unverändert übertragen, d. h. die Leistung P_s des Nutzanteils der im Empfänger abgetasteten Symbole entspricht der Leistung der Symbole im Sender. Die Root Raised Cosine Filterung im Sender hat ferner die Eigenschaft, dass die Leistung P_x des Basisbandsignals $\underline{x}[n]$ der Leistung P_s der Symbole entspricht:

$$P_x = P_s$$

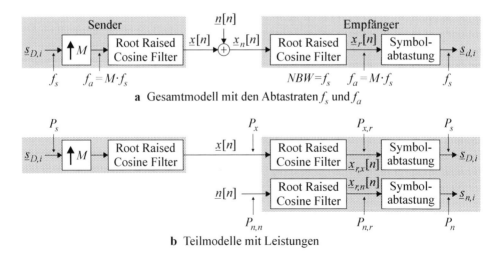

a Gesamtmodell mit den Abtastraten f_s und f_a

b Teilmodelle mit Leistungen

Abb. 3.87 Modell für eine pulsamplitudenmodulierte Übertragung mit Rauschen

Das gilt unabhängig vom Rolloff-Faktor. Bei der Root Raised Cosine Filterung im Empfänger geht ein kleiner Teil der Leistung verloren, d.h. für die Leistung $P_{x,r}$ des Signals $\underline{x}_{r,x}[n]$ gilt:

$$P_{x,r} < P_x$$

Dieser Verlust hängt vom Rolloff-Faktor r ab. Eine umfangreiche Berechnung, die wir hier nicht wiedergeben, ergibt:

$$k_P = \frac{P_{x,r}}{P_x} = 1 - \frac{r}{4} \tag{3.14}$$

Die Signale $\underline{x}[n]$ und $\underline{x}_{r,x}[n]$ sind allerdings *instationär* – genauer: *zyklo-stationär* –, d.h. ihre statistischen Eigenschaften hängen von der Zeit ab; deshalb hat der Nutzanteil $\underline{s}_{D,i}$ der zum korrekten Zeitpunkt abgetasteten Symbole eine *höhere* Leistung als das Signal $\underline{x}_{r,x}[n]$, das der Abtastung zugrunde liegt. Wir gehen hier nicht näher auf die statistische Beschreibung der Signale ein, halten aber die im Zusammenhang mit Abb. 3.87 geltenden Verhältnisse fest:

$$P_s = P_x > P_{x,r} \quad , \quad P_n = P_{n,r} = \frac{P_{n,n}}{M} \tag{3.15}$$

Daraus folgt für den Symbol-Rausch-Abstand SNR_d der abgetasteten Symbole $\underline{s}_{d,i}$

$$SNR_d = \frac{E_s}{N_0} = \frac{E\left\{|\underline{s}_{D,i}|^2\right\}}{E\left\{|\underline{s}_{n,i}|^2\right\}} = \frac{P_s}{P_n} = \frac{M \cdot P_s}{P_{n,n}} = \frac{M \cdot P_x}{P_{n,n}} \tag{3.16}$$

und für die Wahl der Rauschleistung in *Matlab*:

$$P_{n,n} = \frac{M \cdot P_x}{SNR_d}$$

Abb. 3.88 zeigt die Spektren des Nutzsignals und des Rauschsignals am Eingang des Empfängers für $SNR_d = 10\,\text{dB}$. Nach der Root Raised Cosine Filterung erhalten wir die in Abb. 3.89 im oberen Teil gezeigten Spektren. Der Abstand der Verläufe bei $f = 0$ beträgt zwar $10\,\text{dB}$, das Spektrum $S_{n,r}$ ist aber etwas breiter als das Spektrum $S_{x,r}$; darin zeigt sich der oben genannte Verlust an Nutzleistung, d.h. das Verhältnis $P_{x,r}/P_{n,r}$ ist *kleiner* als SNR_d. Da die Bandbreite beider Anteile größer ist als die Symbolrate f_s, tritt bei der Symbolabtastung ein spürbarer Alias-Effekt auf, d.h. die Anteile *außerhalb* des Bereichs $|f|/f_s > 0.5$ werden in den Hauptbereich $|f|/f_s < 0.5$ übernommen. Der Alias-Effekt wirkt sich unterschiedlich aus, da der Nutzanteil *korreliert* und der Rauschanteil *unkorreliert*

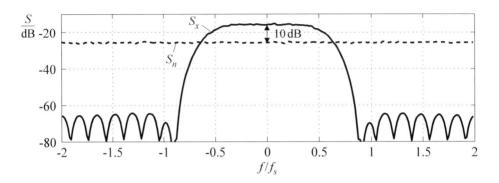

Abb. 3.88 Spektrum S_x des Nutzsignals $\underline{x}[n]$ und Spektrum S_n des Rauschsignals $\underline{n}[n]$ am Eingang des Empfängers für $M = 4$ und $SNR_d = 10\,\mathrm{dB}$

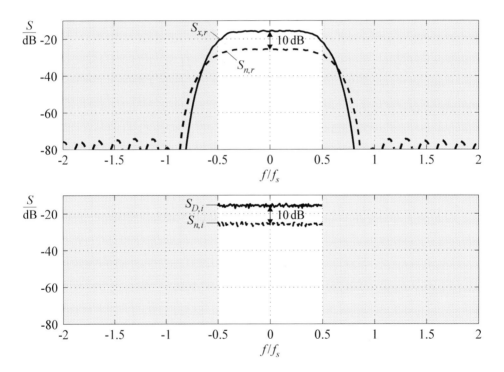

Abb. 3.89 Spektren im Empfänger nach der Root Raised Cosine Filterung (oben) und nach der Symbolabtastung (unten) für $M = 4$ und $SNR_d = 10\,\mathrm{dB}$. Die Alias-Bereiche bezüglich der Symbolabtastung sind grau unterlegt

ist. Der Nutzanteil addiert sich in der Amplitude, der Rauschanteil in der Leistung. In beiden Fällen erhalten wir nach der Abtastung ein *weißes*, d. h. konstantes Spektrum. Der Abstand zwischen dem Nutzspektrum $S_{D,i}$ und dem Rauschspektrum $S_{n,i}$ entspricht dem Symbol-Rausch-Abstand SNR_d.

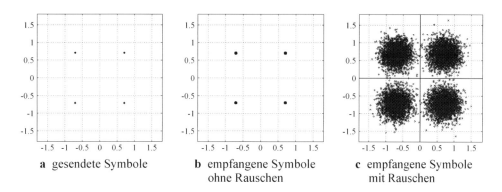

a gesendete Symbole   **b** empfangene Symbole   **c** empfangene Symbole
                                     ohne Rauschen   mit Rauschen

Abb. 3.90 Symbole bei einer Übertragung mit QPSK-Modulation und einem Symbol-Rausch-Abstand $SNR_d = 10\,\mathrm{dB}$

Abb. 3.90 zeigt die Symbole bei einer Übertragung mit QPSK-Modulation und einem Symbol-Rausch-Abstand $SNR_d = 10\,\mathrm{dB}$. Die gesendeten Symbole in Abb. 3.90a entsprechen dem Alphabet der QPSK-Modulation. Abb. 3.90b zeigt die empfangenen Symbole ohne Rauschen; dabei tritt eine geringe Streuung der Symbole auf, da die Root Raised Cosine Filter im Sender und im Empfänger das Nyquist-Kriterium für eine interferenzfreie Übertragung aufgrund ihrer endlichen Länge nicht exakt einhalten. In der Praxis versucht man, die Anzahl der Filterkoeffizienten zu minimieren und nimmt dabei eine gewisse Streuung in Kauf. In Abb. 3.90b ist die Streuung im Vergleich zu den Abständen der Symbole noch so gering, dass eine Reduktion der Koeffizientenanzahl auf jeden Fall möglich ist; wir gehen darauf aber hier nicht weiter ein. Abb. 3.90c zeigt die empfangenen Symbole mit Rauschen. In diesem Fall treten bereits Symbolfehler auf, d. h. einige Symbole haben durch den Rauschanteil $\underline{s}_{n,i}$ die Grenze zu einem der benachbarten Symbole des Alphabets überschritten und werden deshalb im Empfänger falsch erkannt. Die Wahrscheinlichkeit für Symbolfehler in Abhängigkeit vom Symbol-Rausch-Abstand $SNR_d = E_s/N_0$ wird in der nachrichtentechnischen Literatur ausführlich behandelt, siehe z. B. [4]. Ausgangspunkt für die Berechnung ist die Verteilungsdichte p_d der empfangenen Symbole $\underline{s}_{d,i}$. Abb. 3.91 zeigt die Verteilungsdichte für unser Beispiel. Die Verteilungsdichte p_n des Rauschanteils $\underline{s}_{n,i}$ mit der Rauschleistung P_n entspricht einer zweidimensionalen Gauß-Funktion:

$$p_n(\underline{s}) = \frac{1}{\pi P_n}\, e^{-|\underline{s}|^2/P_n}$$

Da das QPSK-Alphabet vier Symbole besitzt, die etwa mit derselben Wahrscheinlichkeit 1/4 auftreten – dafür sorgt der Scrambler aus Abschn. 3.4.4 –, entspricht die Verteilungsdichte der empfangenen Symbole $\underline{s}_{d,i}$ einer Überlagerung von vier zweidimensionalen Gauß-Funktionen, deren Maxima bei den vier Symbolen $\{\underline{s}_m(0),\,\underline{s}_m(1),\,\underline{s}_m(2),\,\underline{s}_m(3)\}$

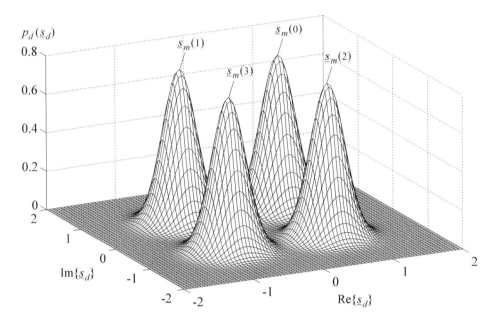

Abb. 3.91 Verteilung der empfangenen Symbole $\underline{s}_{d,i}$ bei einer Übertragung mit QPSK-Alphabet und einem Symbol-Rausch-Abstand $SNR_d = 10\,\mathrm{dB}$

des Alphabets liegen:

$$p_d(\underline{s}_d) \;=\; \frac{1}{4}\left(p_n(\underline{s}_d - \underline{s}_m(0)) \;+\; p_n(\underline{s}_d - \underline{s}_m(1)) \;+\; p_n(\underline{s}_d - \underline{s}_m(2)) \;+\; p_n(\underline{s}_d - \underline{s}_m(3))\right)$$

Die Ausdehnung der Gauß-Funktionen nimmt mit zunehmender Rauschleistung P_n zu; dadurch überlappen sich die vier Anteile immer stärker und die Wahrscheinlichkeit für Symbolfehler nimmt entsprechend zu. Die Auswertung kann bei einfachen Alphabeten wie z. B. BPSK oder QPSK noch in geschlossener Form erfolgen; dagegen muss man bei komplexeren Alphabeten wie z. B. 16-QAM auf Näherungen oder Simulationsergebnisse zurückgreifen. Abb. 3.92 zeigt die Symbolfehlerraten (*Symbol Error Rate, SER*) für einige wichtige Alphabete. Für unser Beispiel mit QPSK-Alphabet und $SNR_d = 10\,\mathrm{dB}$ erhalten wir $SER \approx 1.6 \cdot 10^{-3}$. Bei den 10000 Symbolen, die wir in Abb. 3.90c dargestellt haben, *erwarten* wir demnach 16 Symbolfehler; über die *tatsächliche* Anzahl an Symbolfehlern sagt das aber nur wenig aus. Je geringer die Anzahl der ausgewerteten Symbole ist, desto stärker kann die tatsächliche von der erwarteten Symbolfehlerrate abweichen.

Wir sind hier ausführlich auf die Zusammenhänge bei einer pulsamplitudenmodulierten Übertragung eingegangen. Wir haben uns dabei auf die Beschreibung der Phänomene und der für eine Simulation in *Matlab* notwendigen Grundlagen beschränkt

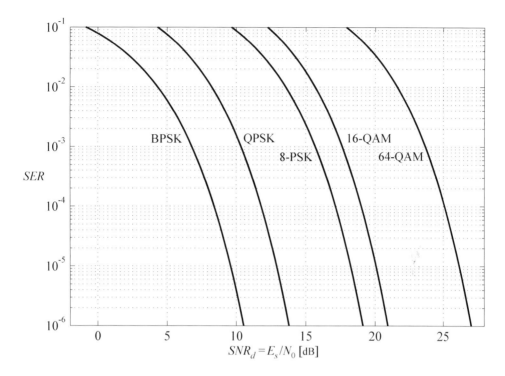

Abb. 3.92 Symbolfehlerrate *SER* für verschiedene Symbol-Alphabete in Abhängigkeit vom Symbol-Rausch-Abstand $SNR_d = E_s/N_0$

und auf eine Darstellung der signalstatistischen Grundlagen verzichtet. Näheres zu den Grundlagen findet man in den Lehrbüchern [4, 5] sowie der dort zitierten Literatur.

Drahtlose Netzwerke

4

Inhaltsverzeichnis

Abb. 4.1 zeigt eine Übersicht über die verschiedenen Klassen von drahtlosen Netzwerken (*Wireless Network*) und die wichtigsten Übertragungsstandards. Auf der obersten Ebene wird zunächst zwischen *zellularen Netzwerken* (*Cellular Networks*) und *örtlichen Netzwerken* (*Area Networks*).

Zellulare Netzwerke werden auch *Mobilfunknetze* genannt und zeichnen sich dadurch aus, dass die Funkstrecke zwischen einem Endgerät – z. B. einem Mobiltelefon – und der nächstgelegenen Basisstation (*Base Station*) in der Regel nicht besonders lang ist, die Basisstationen jedoch über ein weltweites Verbindungsnetz so eng verknüpft sind, dass der Eindruck eines weltweiten Netzwerks entsteht. Ein besonderes Merkmal von zellularen Netzen ist der sogenannte *Hand-Over*, d. h. die für den Nutzer unmerkliche Umschaltung der Verbindung auf eine andere Basisstation; dadurch wird eine vor allem für die Telefonie benötigte unterbrechungsfreie Übertragung bei mobilem Betrieb der Endgeräte sichergestellt. Bei zellularen Netzwerken steht demnach die Mobilität im Vordergrund.

Örtliche Netzwerke dienen der Versorgung eines bestimmten Gebiets und werden je nach Größe des Gebiets in vier Unterklassen eingeteilt:

- *Weitbereichsnetzwerke* (*Wireless Wide Area Wireless Networks, WWAN*) dienen der Verbindung von Kontinenten, Ländern, Regionen, größeren Zentren (*Ballungsräumen*) und Städten. Interkontinentale Verbindungen werden über Satellitenfunk betrieben. Für innerkontinentale Verbindungen werden in der Regel Richtfunkstrecken verwendet; damit können auch größere Entfernungen überbrückt werden, indem die Strecke in Segmente aufgeteilt wird.

© Springer-Verlag GmbH Deutschland 2017
A. Heuberger und E. Gamm, *Software Defined Radio-Systeme für die Telemetrie*,
DOI 10.1007/978-3-662-53234-8_4

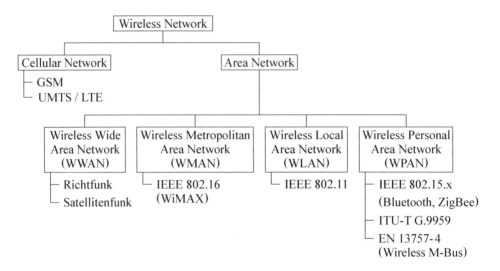

Abb. 4.1 Drahtlose Netzwerke und Übertragungsstandards

- *Regionale Netzwerke* (*Wireless Metropolitan Area Networks*, *WMAN*) dienen der Verbindung *innerhalb* einer Region, eines Ballungsraumes oder einer Stadt. Diese Netzwerke sind innerhalb ihres Versorgungsgebiets in der Regel ebenfalls zellular aufgebaut und stehen deshalb bezüglich bestimmter Dienste – z. B. dem mobilen Internet-Zugang – in Konkurrenz zu den Mobilfunknetzen.
- *Lokale Netzwerke* (*Wireless Local Area Networks*, *WLAN*) dienen in der Regel der Versorgung eines kleinräumigen Bereichs mit einem drahtlosen Internet-Zugang. Typische Bereiche sind Wohnungen und öffentliche Gebäude wie z. B. Wartehallen in Bahnhöfen oder Flughäfen.
- *Persönliche Netzwerke* (*Wireless Personal Area Networks*, *WPAN*) dienen der kleinräumigen Verbindung von technischen Geräten innerhalb eines Raumes oder benachbarter Räume. Sie werden häufig an Stellen eingesetzt, an denen im Prinzip auch eine Verkabelung möglich wäre, aus praktischen Gründen oder aus Bequemlichkeit aber unerwünscht ist. Oft handelt es sich dabei um *Sensornetzwerke* zur Verbindung mehrerer abgesetzter Sensoren mit einer Basisstation, die die Messwerte anzeigt oder verarbeitet. Bei einigen dieser Netzwerke ist die Abgrenzung zu den lokalen Netzwerken fragwürdig, z. B. bei Netzwerken zur drahtlosen Fernauslesung von Verbrauchszählern (Gas, Wasser, Strom, Wärme) in Wohnanlagen. Letztere werden unter dem Oberbegriff *Automatic Meter Reading* (AMR) zusammengefasst und bilden ein stark wachsendes Marktsegment.

Ein wichtige Rolle spielen die Übertragungsstandards der *IEEE 802* Familie. Abb. 4.2 zeigt eine Klassifizierung der wichtigsten Standards dieser Familie zusammen mit einigen technisch einfacheren Alternativen für WPANs und der Abgrenzung zu den WWANs.

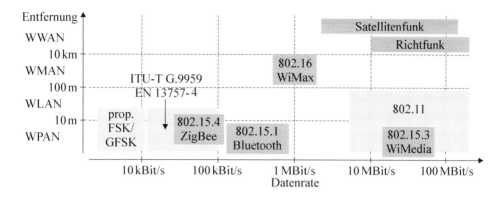

Abb. 4.2 Übertragungsstandards der IEEE 802 Familie und einige technisch einfachere Alternativen für geringe Datenraten. Da die Standards ständig erweitert werden, sind die markierten Bereiche nur als typische Betriebsbereiche zu verstehen

4.1 Wireless Personal Area Networks

Für uns sind die in Abb. 4.3 näher aufgeschlüsselten Wireless Personal Area Networks und darunter vor allem die Netzwerke für niedrige Datenraten (*Low-Rate*, *LR*) von Interesse. Zwei der genannten Vertreter – IEEE 802.15.4 bzw. *ZigBee* und EN 13757-4 (*Wireless M-Bus*) – haben wir bereits in den Abschn. 3.4.11 (FSK/GFSK) und 3.4.12 (Sequenz-Spreizung) als Beispiele betrachtet.

Daneben gibt es zahlreiche proprietäre Verfahren mit FSK- oder GFSK-Modulation, die in Punkt-zu-Punkt-Verbindungen (*Wireless Point-to-Point Links*) eingesetzt werden, z. B. zur drahtlosen Verbindung eines Außenthermometers mit einer Wetterstation. Diese einfachen Übertragungssysteme werden in der Praxis mit integrierten FSK-/GFSK-Sendern und -Empfängern realisiert, bei denen die FSK-/GFSK-Übertragungsparameter

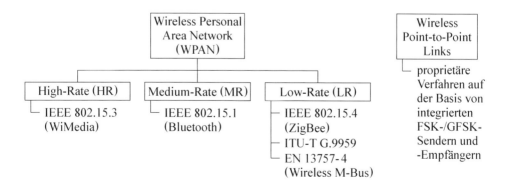

Abb. 4.3 Übertragungsstandards für kleinräumige Netzwerke

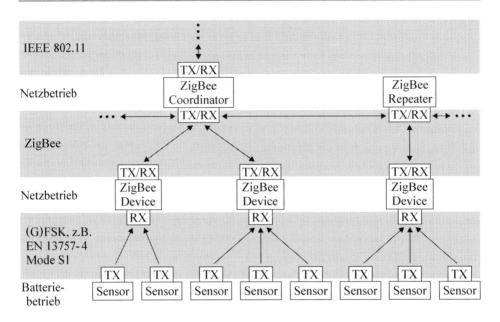

Abb. 4.4 Beispiel für eine hierarchische Netzstruktur zur Überwachung von Sensoren. Die unterste Übertragungsebene ist unidirektional, d. h. die Sensoren senden kurze Pakete mit einem vorgegebenen zeitlichen Abstand. (TX = Sender, RX = Empfänger)

innerhalb gewisser Grenzen eingestellt werden können. Diese Systeme sind demnach nicht frei programmierbar und stellen deshalb auch keine Software Defined Radio-Systeme im eigentlichen Sinne dar. Das hängt damit zusammen, dass die in Sensornetzwerken zur Fernauslesung von Messstationen und Verbrauchszählern auf der Sensor-Seite eingesetzten Sender häufig batterie-betrieben sind und deshalb in erster Linie auf minimalen Energieverbrauch optimiert werden müssen; dagegen können in den Basisstationen – den sogenannten *Konzentratoren* oder *Koordinatoren* (*WPAN Coordinator*) – durchaus Software Defined Radio Konzepte zum Einsatz kommen, vor allem dann, wenn mehrere verschiedene Verfahren oder Signaltypen zu empfangen sind.

Die Koordinatoren stellen die Verbindung zu übergeordneten Netzwerken her, die ihrerseits wieder als drahtlose Netzwerke realisiert sein können, so dass sich eine hierarchische Netzstruktur ergibt. Abb. 4.4 zeigt ein Beispiel, bei dem in der untersten Ebene Messwerte von Sensoren über unidirektionale Verbindungen an *ZigBee*-Endgeräte (*ZigBee Device*) übertragen werden. Die nächste Ebene wird durch ein *ZigBee*-Netzwerk gebildet. Neben den Koordinatoren gibt es in vielen Netzwerken auch noch spezielle *Relais-Stationen* (*Repeater*), die empfangene Pakete erneut aussenden und damit eine Erweiterung der Reichweite ermöglichen; ein Beispiel dafür ist der *ZigBee Repeater* in Abb. 4.4.

4.2 Sensornetzerke

Wir konzentrieren uns im folgenden auf die in Abb. 4.4 unten gezeigte Verbindungsebene zwischen Sensoren mit Batteriebetrieb und der untersten Konzentratorebene mit Netzbetrieb, d. h. Verbindung zum normalen Stromversorgungsnetz. Hier wird häufig die in Abb. 4.5a gezeigte Betriebsart mit unidirektionaler Übertragung verwendet, bei der der Sender (TX) im Sensor im zeitlichen Abstand T_f Pakete der Dauer T_p aussendet. Das Verhältnis T_p/T_f ist kleiner als 10^{-2}, oft sogar kleiner als 10^{-3}. Der Sender wird demnach

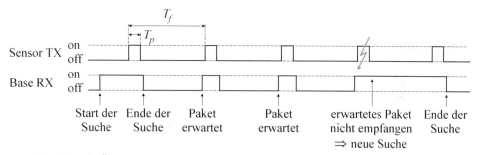

a unidirektionale Übertragung von einem einzelnen Sensor zu einer Basisstation (Base)

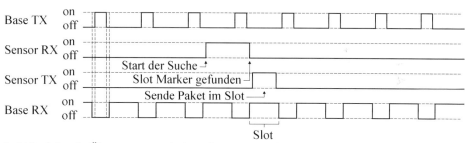

b bidirektionale Übertragung zwischen einem von mehreren Sensoren und der gemeinsamen Basisstation (Base) mit Synchronisation über Zeitschlitze (Slots)

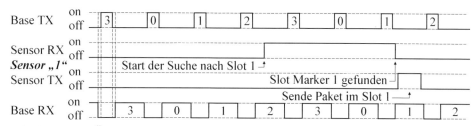

c bidirektionale Übertragung zwischen einem von mehreren Sensoren und der gemeinsamen Basisstation (Base) mit Synchronisation über exklusive (nummerierte) Zeitschlitze (Slots)

Abb. 4.5 Beispiele für einfache Betriebsarten in Sensornetzwerken

nur sehr selten aktiviert. Typische Werte sind $T_p \approx 10 \ldots 100\,\text{ms}$ und $T_f \approx 1\,\text{s} \ldots 1\,\text{h}$. Der Empfänger (RX) in der Basisstation (Base) muss ebenfalls nicht dauerhaft betrieben werden, da er den Abstand T_f kennt und nach einer erfolgreichen Suche nach einem Paket das Eintreffen weiterer Pakete vorhersagen kann. Wenn ein erwartetes Paket nicht empfangen wird oder eine Änderung des Senderasters erfolgt – z. B. bei einem Batteriewechsel oder Rücksetzvorgang – des Senders –, wird ein neuer Suchvorgang gestartet. Diese Betriebsart wird häufig verwendet, wenn nur *ein* Sensor vorhanden ist und auch die Basisstation batterie-betrieben ist. Ein Beispiel dafür ist eine Funkuhr mit einem Raumthermometer und einem drahtlos angebundenen Außenthermometer.

Wenn mehrere Sensoren vorhanden sind und/oder die Sensoren nur bei Bedarf ausgelesen werden sollen, kann die in Abb. 4.5b gezeigte Betriebsart mit bidirektionaler Übertragung und einem *Leuchtfeuer* (*Beacon*) verwendet werden, bei der die Empfänger der Sensoren in regelmäßigen Abständen *aufwachen* und für die Dauer eines Leuchtfeuer-Intervalls nach einem *Marker* der Basisstation suchen. Wird ein Marker gefunden, sendet der Sensor in dem auf den Marker folgenden Zeitschlitz (*Slot*) ein Paket aus; wird kein Marker gefunden, schaltet sich der Empfänger des Sensors wieder ab und es wird kein Paket ausgesendet. Nach einer bestimmten Wartezeit wiederholt sich der Vorgang. Mit dieser Betriebsart kann der Energieverbrauch der Sensoren noch weiter gesenkt werden, da das energie-intensive Aussenden eines Pakets nur erfolgt, wenn das Leuchtfeuer aktiv ist; deshalb ist diese Betriebsart immer dann von Vorteil, wenn die Messwerte der Sensoren nur in größeren, unregelmäßigen Abständen benötigt werden.

Die beiden bisher beschriebenen Betriebsarten bieten noch keinen Schutz davor, dass sich die ausgesendeten Pakete mehrerer Sensoren ganz oder teilweise überlappen und deshalb von der Basisstation nicht korrekt empfangen werden können. Es gibt verschiedene Verfahren zur Abhilfe:

- Bei *Carrier Sense Multiple Access with Collision Detection* (*CSMA/CD*) prüft jeder Sensor unmittelbar vor der Aussendung seines Pakets, ob der Funkkanal frei ist; dazu wird der Empfänger aktiviert und der Pegel des Empfangssignals mit einer Schwelle verglichen. Liegt der Pegel oberhalb der Schwelle, gilt der Funkkanal als belegt und der Sensor wartet für eine bestimmte Zeit, bevor er einen neuen Versuch unternimmt. Dieser Teil wird CSMA genannt. Kollisionen treten jetzt nur noch dann auf, wenn zwei Sensoren nahezu gleichzeitig auf den Funkkanal zugreifen. Dieser Fall muss in der Basisstation erkannt werden (CD); dazu kann z. B. ein in den Paketen enthaltener CRC Code verwendet werden.
- Bei Übertragungen mit Sequenz-Spreizung können die Sensoren orthogonale Spreiz-Sequenzen verwenden; bei dieser *Code Division Multiple Access* (*CDMA*) genannten Betriebsart kann die Basisstation sich überlappende Pakete mehrerer Sensoren korrekt empfangen, wenn sich die Empfangspegel der Pakete nicht zu stark unterscheiden.
- Man kann Kollisionen ausschließen, indem man die Zeitschlitze (*Slots*) des Verfahrens aus Abb. 4.5b durch einen in den Markern übertragenen Zahlenwert oder

durch die Verwendung orthogonaler Marker *nummeriert* und damit den einzelnen Sensoren *exklusiv* zuteilt. In diesem in Abb. 4.5c gezeigten Betriebsfall muss jeder Sensor auf den ihm zugeteilten Slot warten. Man kann damit auch eine selektive Auslesung vornehmen, indem die Basisstation nur Marker mit den Nummern der auszulesenden Sensoren sendet. Sensoren, die innerhalb der Dauer eines Zyklus keinen Marker mit ihrer Nummer finden, schalten ihren Empfänger wieder ab und *schlafen* für eine vorgegebene Zeitspanne, nach deren Ablauf sie eine neue Suche starten.

Übertragungsstrecke

5

Inhaltsverzeichnis

Abb. 5.1 zeigt die Komponenten einer Übertragungsstrecke, die für die Berechnung der am Eingang des Empfängers auftretenden Signalleistung P_S in Abhängigkeit von der Leistung P_{PA} am Ausgang des Sendeverstärkers benötigt werden. Wir charakterisieren Komponenten, die das Signal verstärken, mit der zugehörigen *Leistungsverstärkung G* (*Power Gain*) und Komponenten, die das Signal abschwächen, mit der zugehörigen *Leistungsdämpfung L* (*Power Loss*). Aus Abb. 5.1 erhalten wir:

$$ P_S = \frac{P_{PA}\, G_T\, G_R}{L_{OF}\, L_{L,T}\, L_{M,T}\, L_F\, L_{M,R}\, L_{L,R}} $$

Dabei ist:

© Springer-Verlag GmbH Deutschland 2017
A. Heuberger und E. Gamm, *Software Defined Radio-Systeme für die Telemetrie*,
DOI 10.1007/978-3-662-53234-8_5

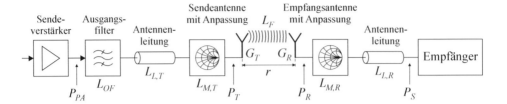

Abb. 5.1 Relevante Komponenten einer Übertragungsstrecke

- L_{OF} die Leistungsdämpfung des Ausgangsfilters im Durchlassbereich; dieses Filter wird zur Unterdrückung der Oberwellen des Sendeverstärkers benötigt;
- $L_{L,T}$ die Leistungsdämpfung der Leitung vom Sender zur Sendeantenne;
- $L_{M,T}$ die Leistungsdämpfung der Anpass-Schaltung am Fußpunkt der Sendeantenne, mit der der *Wellenwiderstand* der Leitung an die *Fußpunkt-Impedanz* der Antenne angepasst wird;
- G_T der *Gewinn* der Sendeantenne;
- L_F die Leistungsdämpfung der Funkstrecke (*Freiraumdämpfung*);
- G_R der *Gewinn* der Empfangsantenne;
- $L_{M,R}$ die Leistungsdämpfung der Anpass-Schaltung am Fußpunkt der Empfangsantenne, mit der die Antenne an die Leitung angepasst wird;
- $L_{L,R}$ die Leistungsdämpfung der Leitung von der Empfangsantenne zum Empfänger.

Bei Antennen wird anstelle der Bezeichnung *Leistungsverstärkung* der Begriff *Gewinn* verwendet, da in diesem Fall keine höhere Leistung erzeugt, sondern durch eine Richtwirkung ein Gewinn im Vergleich zu einer gedachten omnidirektionalen Antenne erzielt wird. In der englischsprachigen Literatur wird in beiden Fällen der neutrale Begriff *Gain* verwendet.

Die Dämpfung L_{OF} des Ausgangsfilters im Sender hängt stark vom Aufbau des Filters, der Betriebsart der Sendeverstärkers, dem Multiplex von Sender und Empfänger und von den regulatorischen Vorschriften im jeweiligen Frequenzbereich ab. Das eigentliche Ausgangsfilter ist ein Bandpass-Filter zur Unterdrückung von Oberwellen und anderen störenden Anteilen im Sendesignal; dazu kommt bei bidirektionalem Betrieb noch ein Duplex-Filter oder ein Sende-/Empfangsumschalter. In Summe beträgt die Dämpfung zwischen dem Ausgang des Sendeverstärkers und dem Eingang der Antennenleitung etwa $0.5 \ldots 2\,\mathrm{dB}$.

Die Dämpfungen $L_{M,T}$ und $L_{M,R}$ der Anpass-Schaltungen betragen normalerweise nur $0.1 \ldots 0.2\,\mathrm{dB}$ und sind in der Regel vernachlässigbar.

Die Dämpfungen $L_{L,T}$ und $L_{L,R}$ der Antennenleitungen sind proportional zur Länge der Leitungen. In den kompakten Sendern und Empfängern, die in Sensornetzwerken verwendet werden, werden häufig auf der Leiterplatte integrierte *Rahmenantennen* verwendet; eine Antennenleitung im eigentlichen Sinne fehlt dann vollständig. Es gibt aber auch Anwendungsfälle, in denen die Antenne auf einem Mast montiert ist und Leitungslängen von mehreren Metern auftreten. In diesem Fall werden *Koaxialleitungen* verwendet, deren

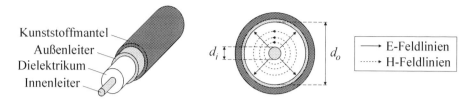

Abb. 5.2 Aufbau einer Koaxialleitung

Aufbau in Abb. 5.2 dargestellt ist. Bei diesen Leitungen sind die elektromagnetischen Felder nahezu vollständig auf den Bereich des Dielektrikums zwischen dem Innen- und dem Außenleiter beschränkt und wirken sich deshalb praktisch nicht auf die Umgebung aus; daraus resultiert eine hohe *Isolation* bzw. *Abschirmung*. Der *Leitungswellenwiderstand* Z_L – oft nur *Wellenwiderstand* genannt – ergibt sich aus der Geometrie der Leitung und der *Dielektrizitätszahl* ϵ_r des Dielektrikums:

$$Z_L = \frac{60\,\Omega}{\sqrt{\epsilon_r}}\ln\frac{d_o}{d_i}$$

In der Praxis werden fast ausschließlich Koaxialleitungen mit $Z_L = 50\,\Omega$ eingesetzt. Als Dielektrikum wird meist *Teflon* (PTFE) mit $\epsilon_r = 2.05$ verwendet; daraus folgt für die Geometrie das Verhältnis:

$$\frac{d_o}{d_i} = e^{\sqrt{\epsilon_r}\,Z_L/60\,\Omega} = e^{\sqrt{2.05}\,\cdot\,50\,\Omega/60\,\Omega} \approx 3.3$$

Die absolute Größe einer Koaxialleitung hängt von der zu übertragenden Leistung ab. Bei Leistungen unter 1 W und einer kurzen Leitungslänge werden Leitungen mit $d_i \approx 1\,\text{mm}$ verwendet; die gesamte Leitung inklusive Kunststoffmantel hat dann einen Durchmesser von etwa 5 mm. Die Dämpfung hängt von der Länge l, den Dämpfungsparametern c_1 und c_2 der Leitung und der Betriebsfrequenz f ab:

$$L_L = e^{\alpha_L l}\quad\text{mit } \alpha_L = c_1\sqrt{f} + c_2 f$$

Abb. 5.3 zeigt den Verlauf des *Dämpfungsbelags* α_L und der Dämpfung L_L einer typischen Koaxialleitung mit $c_1 = 3\cdot 10^{-6}\,\text{Hz}^{-1/2}\,\text{m}^{-1}$ und $c_2 = 0.5\cdot 10^{-10}\,\text{Hz}^{-1}\,\text{m}^{-1}$.

5.1 Funkstrecke

Die Funkstrecke besteht aus der Sende- und der Empfangsantenne sowie dem Raum, in dem sich die von der Sendeantenne abgestrahlte elektromagnetische Welle ausbreitet. Für

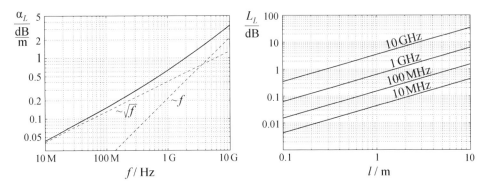

Abb. 5.3 Dämpfungsbelag α_L und Dämpfung L_L einer typischen Koaxialleitung

die Leistung P_R am Fußpunkt der Empfangsantenne erhalten wir aus Abb. 5.1 für den Fall einer Ausbreitung im freien Raum:

$$P_R \;=\; \frac{P_T\,G_T\,G_R}{L_F} \;=\; P_T\,G_T\,G_R \left(\frac{\lambda}{4\pi r} \right)^2 \quad \text{mit } \lambda = \frac{c}{f}$$

Dabei ist r die Entfernung zwischen Sende- und Empfangsantenne, f die Sendefrequenz, λ die zugehörige Wellenlänge und $c = 3 \cdot 10^8$ m/s die *Lichtgeschwindigkeit*.

5.1.1 Freiraumdämpfung

Die *Freiraumdämpfung*

$$L_F \;=\; \left(\frac{4\pi r}{\lambda} \right)^2 \;=\; \left(\frac{4\pi\, rf}{c} \right)^2$$

beschreibt die Dämpfung bei geradliniger Wellenausbreitung von der Sende- zur Empfangsantenne ohne Einflüsse von Hindernissen; man spricht in diesem Fall von einer *Sichtverbindung* (*Line-of-Sight*). Die Freiraumdämpfung nimmt quadratisch mit der Entfernung r und der Frequenz f zu; Abb. 5.4 zeigt die Verläufe für vier Frequenzen.

Die Dämpfung nimmt bei großen Entfernungen und hohen Frequenzen sehr große Werte an. Beim Empfang von Fernsehsignalen von einem geostationären Satelliten ($r \approx$ 36000 km, $f \approx$ 12 GHz) beträgt die Freiraumdämpfung mehr als 200 dB, d. h. das Signal wird um mehr als 20 Zehnerpotenzen gedämpft. Die tatsächliche Dämpfung ist durch eine wetterabhängige zusätzliche Dämpfung in der Atmosphäre – z. B. durch Regen, Wasserdampf in Wolken, Eiskristalle in großen Höhen, Ladungen in der Ionosphäre – sogar noch größer. Eine derartige Verbindung erfordert deshalb den Einsatz von Parabol-Antennen (*Satellitenschüsseln*) mit sehr hohen Antennengewinnen G_T und G_R.

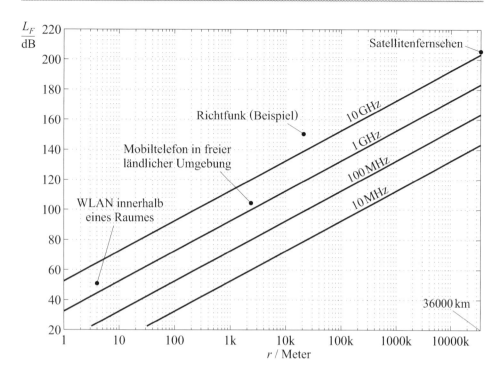

Abb. 5.4 Freiraumdämpfung. Die maximale Entfernung $r = 36000$ km entspricht der Entfernung eines geostationären Satelliten

5.1.2 Dämpfungsexponent

Die Freiraumdämpfung ist nur bei ausgeprägter Sichtverbindung relevant; in Abb. 5.4 gilt das nur für das Satellitenfernsehen und den Richtfunk. Schon bei einem Mobiltelefon in freier ländlicher Umgebung ist mit einer höheren Dämpfung zu rechnen. In Städten (Mobilfunknetz/WMAN) oder in kleinräumigen öffentlichen oder privaten Bereichen (WLAN/WPAN) besteht nur in Ausnahmefällen eine Sichtverbindung; hier nimmt die Dämpfung mit zunehmender Entfernung in der Regel deutlich schneller zu. Innerhalb geschlossener Räume mit starken Reflexionen kann die Dämpfung aber auch langsamer zunehmen als bei einer reinen Sichtverbindung. Man beschreibt das Verhalten mit Hilfe des *Dämpfungsexponenten (Path-Loss Exponent) n_L*:

$$L_{F,L} \approx \left(\frac{4\pi f}{c} \right)^2 r^{n_L}$$

Für eine Sichtverbindung gilt $n_L = 2$. Für Räume oder Wohnungen wurden Werte im Bereich von $1.8\ldots4.3$ ermittelt, siehe z. B. [8, 9]. Aufgrund der starken Schwankungen sind Voraussagen über die Reichweite von Verbindungen in diesen Bereichen nur schwer möglich; deshalb ist bei vielen drahtlosen Netzwerken der optionale Einsatz von *Repeatern* möglich, mit denen die Reichweite bei Bedarf erweitert werden kann.

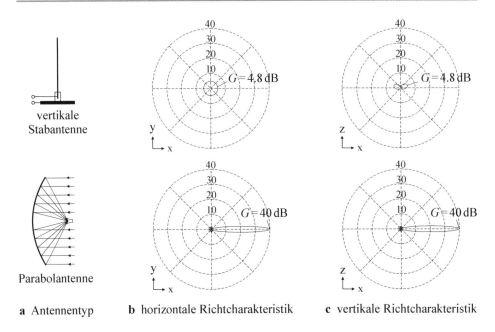

a Antennentyp   **b** horizontale Richtcharakteristik   **c** vertikale Richtcharakteristik

Abb. 5.5 Antennengewinn G: zwei gegensätzliche Fälle. Werte in *Dezibel* (dB)

5.1.3   Antennengewinn

Die Antennengewinne G_T und G_R spielen je nach Übertragungssystem eine höchst unterschiedliche Rolle, die primär davon abhängt, ob eine der beiden Antennen auf die andere
ausgerichtet werden kann, ob beide Antennen aufeinander ausgerichtet werden können oder ob keine Ausrichtung möglich ist. In Abb. 5.5 sind zwei gegensätzliche Fälle
dargestellt:

- eine vertikale Stabantenne, die in der Horizontalen gleichförmig abstrahlt und auch
  in der Vertikalen nur eine schwache Richtwirkung aufweist;
- eine Parabolantenne (*Satellitenschüssel*), die in beiden Ebenen eine sehr hohe
  Richtwirkung besitzt und deshalb exakt ausgerichtet werden muss.

Gewinn und Richtwirkung einer Antenne hängen zusammen:

≫   Der Gewinn einer Antenne entsteht durch eine Bündelung der abgestrahlten Leistung in
eine bestimmte Richtung. Die Bündelung kann entweder nur horizontal, nur vertikal oder
in beiden Ebenen erfolgen. Es gilt: Je höher die Richtwirkung, desto höher der Gewinn.

Der Gewinn wird mit Bezug auf eine hypothetische, in alle Richtungen gleichmäßig
abstrahlende – d. h. *isotrope* – Antenne angegeben, für die $G = 1 = 0\,\text{dB}$ gilt. Zur
Verdeutlichung dieses Bezugs wird häufig die erweiterte Einheit *Dezibel isotrop* (dBi)
verwendet.

Abb. 5.6 Typische Antennen
auf Leiterplatten

a *Inverted F Antenna*   **b** Rahmenantenne

Bei der Übertragung von Fernsehsignalen von einem geostationären Satelliten werden auf beiden Seiten Parabolantennen eingesetzt. Typische Antennengewinne sind $G_T \approx$ 30 dB (Satellit) und $G_R \approx$ 40 dB (*Satellitenschüssel* am Boden). In diesem Fall erhält man insgesamt einen Gewinn von etwa 70 dB, ohne den die Übertragung gar nicht möglich wäre. Voraussetzung ist allerdings eine exakte Steuerung des Satelliten und eine exakte Ausrichtung der Parabolantennen am Boden.

In der Mobilkommunikation liegt bezüglich der Antennen eine Mischform vor. In den Basisstationen werden *Sektor-Antennen* verwendet, die eine mäßige Richtwirkung aufweisen und einen bestimmten Bereich versorgen. Der Gewinn dieser Antennen liegt je nach Größe der Sektoren bei 7 ... 15 dB. In den Mobilgeräten ist eine Richtwirkung der Antenne unerwünscht, da die Antenne nicht ausgerichtet werden kann. Im Normalfall weiß der Nutzer auch gar nicht, wo sich die gerade aktive Basisstation befindet. Für Mobilgeräte ist demnach eine möglichst gleichmäßige – d. h. *isotrope* – Richtcharakteristik anzustreben. Wenn dies mit einer einzelnen Antenne nicht in ausreichendem Maße möglich ist, werden zwei oder noch mehr Antennen eingesetzt, zwischen denen umgeschaltet werden kann. Das Mobilgerät wählt dann die Antenne aus, die den besten Empfang ermöglicht. Aufgrund der *Reziprozität* einer Funkstrecke ist diese Antenne dann auch für den Sendebetrieb am besten geeignet.

In Sensornetzwerken ist in der Regel keine Ausrichtung der Antennen möglich, weder in den Sensoren noch in den Basisstationen. In diesem Fall werden neben der in Abb. 5.5 gezeigten vertikalen Stabantenne sogenannte *Leiterplattenantennen* (*Printed Circuit Board Antenna* oder *PCB Antenna*) verwendet, die als Leitungsstrukturen auf der Leiterplatte des Sensors bzw. der Basisstation realisiert werden. Abb. 5.6 zeigt zwei typische Ausführungsformen. Der Gewinn liegt in der Regel nur bei etwa 2 dB, da in den Gewinn auch der elektrische Wirkungsgrad eingeht, der bei Leiterplattenantennen geringer ist als bei anderen Antennen. Die *Inverted F Antenna* in Abb. 5.6a hat den Vorteil, dass die Impedanz am Einspeisepunkt durch eine Verschiebung des mittleren F-Abzweigs an die Erfordernisse angepasst werden kann; dadurch wird die Anpassung der Antenne vereinfacht.

5.1.4 Äquivalente Sendeleistung

Das Produkt aus der zugeführten Leistung P_T und dem Gewinn G_T einer Sendeantenne wird als *äquivalente Sendeleistung* (*Equivalent Isotropic Radiated Power, EIRP*) bezeichnet:

$$EIRP = P_T\,G_T$$

Diese Größe wird vor allem im Zusammenhang mit regulatorischen Beschränkungen durch nationale und internationale Zulassungsbehörden verwendet. Eine Beschränkung der eingespeisten Leistung P_T ist mit Hinblick auf die Auswirkungen auf die Umgebung nicht sinnvoll, da die Leistung durch einen hohen Gewinn der Sendeantenne sehr stark gebündelt werden kann.

5.2 Antennen

Formal gesprochen sind Antennen elektromechanische Strukturen zur Abstrahlung bzw. zum Empfang von elektromagnetischen Raumwellen mit dem Ziel einer mehr oder weniger gerichteten Übertragung elektrischer Leistung. Das wesentliche Merkmal einer Antenne ist deshalb ihre dreidimensionale *Richtcharakteristik D* (*Directivity*), die die räumliche Verteilung der abgestrahlten Leistung beschreibt und in der Regel durch eine *horizontale* und eine *vertikale* Richtcharakteristik dargestellt wird, siehe Abb. 5.5. Die Richtcharakteristik beschreibt demnach die *Richtwirkung* der Antenne.

Eine weitere wichtige Größe ist der *Antennenwirkungsgrad* η, der angibt, wie viel der am *Speisepunkt* bzw. *Fußpunkt* der Antenne eingespeisten elektrischen Leistung in abgestrahlte Leistung umgesetzt wird; der Rest geht durch ohmsche Verluste in den Leitern oder durch Umpolarisationsverluste in den Nichtleitern der Antenne verloren.

Die Richtcharakteristik weist ein Maximum D_{max} auf, durch das die Vorzugsrichtung für den praktischen Betrieb gegeben ist. Das Produkt aus diesem Maximum und dem Wirkungsgrad wird *Antennengewinn* (*Antenna Gain*) G genannt:

$$\boxed{G = D_{max}\,\eta} \tag{5.1}$$

Beispiele dafür haben wir bereits im letzten Abschnitt angegeben. In der Praxis liegen die Werte für den Antennengewinn zwischen –5 dB bei Leiterplattenantennen mit geringem Wirkungsgrad und 50 dB bei großen Parabolantennen für Richtfunk- oder Satellitenverbindungen. In der Radioastronomie werden Antennen mit Gewinnen bis zu 70 dB verwendet.

Der Antennengewinn G_T einer Sendeantenne beschreibt das Verhältnis der *Strahlungsleistungsdichte* $S_{max}(r)$ in Vorzugsrichtung im Vergleich zur Strahlungsleistungsdichte

$$S_i(r) = \frac{P_T}{4\pi r^2} = \frac{\text{eingespeiste Leistung}}{\text{Oberfläche einer Kugel mit Radius } r}$$

einer *isotropen*, d. h. in alle Richtungen gleichmäßig abstrahlenden, verlustlosen Sendeantenne:

$$G_T = \frac{S_{max}(r)}{S_i(r)} = \frac{4\pi r^2 S_{max}(r)}{P_T} \quad \Rightarrow \quad S_{max}(r) = \frac{P_T\, G_T}{4\pi r^2} = \frac{EIRP}{4\pi r^2}$$

Dabei ist P_T die eingespeiste Leistung und r der Abstand *in Vorzugsrichtung*, in dem die Strahlungsleistungsdichten gemessen werden. Die isotrope Antenne ist eine *hypothetische* Antenne, die nur als Vergleichsmaßstab dient und nicht praktisch realisiert werden kann.

5.2.1 Beschreibung mit Kugelkoordinaten

Der eine Antenne umgebende Raum wird mit den Kugelkoordinaten (r, φ, θ) beschrieben, siehe Abb. 5.7; dabei beschreibt r den Abstand vom Ursprung des Koordinatensystems, φ den Winkel des Lotes in der x-y-Ebene und θ den Winkel gegen die z-Achse. Der Zusammenhang mit den kartesischen Koordinaten (x, y, z) lautet:

$$x = r \cos\varphi \sin\theta$$
$$y = r \sin\varphi \sin\theta$$
$$z = r \cos\theta$$

Umgekehrt gilt:

$$r = \sqrt{x^2 + y^2 + z^2}$$

$$\varphi = \begin{cases} \arctan\dfrac{y}{x} & \text{für } x > 0 \\[2mm] \text{sgn}(y)\dfrac{\pi}{2} & \text{für } x = 0 \\[2mm] \arctan\dfrac{y}{x} + \pi & \text{für } x < 0 \text{ und } y \geq 0 \\[2mm] \arctan\dfrac{y}{x} - \pi & \text{für } x < 0 \text{ und } y < 0 \end{cases}$$

$$\theta = \arccos \frac{z}{\sqrt{x^2 + y^2 + z^2}}$$

Eine bestimmte Richtung — ausgehend vom Ursprung des Koordinatensystems – wird direkt durch die zugehörigen Winkel (φ, θ) beschrieben. Darin und in der damit verbundenen Separation von Richtung und Entfernung liegt der Hauptvorteil der

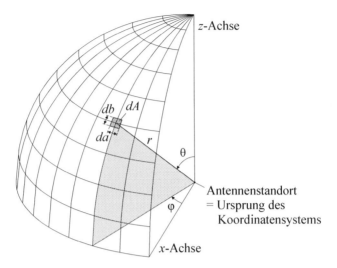

Abb. 5.7 Beschreibung einer Kugeloberfläche mit Kugelkoordinaten

Kugelkoordinaten bei der Beschreibung von Antennen und den erzeugten elektromagnetischen Wellen.

Für die in Abb. 5.7 gezeigte infinitesimale Fläche dA gilt:

$$dA = da \cdot db = r^2 \sin\theta \, d\varphi \, d\theta \quad \text{mit} \quad \begin{cases} da = r \sin\theta \, d\varphi \\ db = r \, d\theta \end{cases}$$

Daraus erhält man durch Integration über die gesamte Oberfläche den aus mathematischen Formelsammlungen bekannten Ausdruck für die Kugeloberfläche:

$$\int_{\text{Kugel}} dA = \int_0^\pi \int_0^{2\pi} r^2 \sin\theta \, d\varphi \, d\theta = r^2 \int_0^\pi \sin\theta \left(\int_0^{2\pi} d\varphi \right) d\theta = 2\pi r^2 \int_0^\pi \sin\theta \, d\theta = 4\pi r^2$$

Die normierte infinitesimale Fläche

$$d\Omega = \frac{dA}{r^2} = \sin\theta \, d\varphi \, d\theta$$

wird als infinitesimaler *Raumwinkel* bezeichnet:

▶ Der Raumwinkel ist das dreidimensionale Äquivalent zu einem Winkel in der Ebene. Er beschreibt einen gerichteten Teil des Raums, dessen Öffnungsweite durch die Fläche im normierten Abstand Eins (Radius $r = 1$) vom Zentrum des Koordinatensystems gegeben ist.

Daraus folgt für das Integral des infinitesimalen Raumwinkels über alle Richtungen:

$$\int_{\text{Kugel}} d\Omega = \int_0^\pi \int_0^{2\pi} \sin\theta \, d\varphi \, d\theta = 4\pi \quad \Rightarrow \quad \text{Oberfläche der Einheitskugel mit } r = 1$$

5.2.2 Richtcharakteristik

Die Richtcharakteristik $D(\varphi, \theta)$ ist die wichtigste Größe einer Antenne. Aus ihrem Maximum

$$D_{max} = \max\{D(\varphi, \theta)\} = D(\varphi_{max}, \theta_{max})$$

ergibt sich die Vorzugsrichtung $(\varphi_{max}, \theta_{max})$ und – durch Multiplikation mit dem Wirkungsgrad – der Antennengewinn G, siehe (5.1).

Für die als Vergleichsmaßstab verwendete isotrope Antenne gilt:

$$D(\varphi, \theta) = D_i(\varphi, \theta) = 1 \quad \Rightarrow \quad \int_{\text{Kugel}} D_i(\varphi, \theta) \, d\Omega = \int_0^\pi \int_0^{2\pi} \sin\theta \, d\varphi \, d\theta = 4\pi$$

Dieser Zusammenhang gilt nicht nur für eine isotrope Antenne, sondern für *alle* Antennen, unabhängig von ihrer Richtcharakteristik:

$$\int_{\text{Kugel}} D(\varphi, \theta) \, d\Omega = \int_0^\pi \int_0^{2\pi} D(\varphi, \theta) \sin\theta \, d\varphi \, d\theta = 4\pi$$

Es gilt also:

▶ Das Raumwinkel-Integral über die Richtcharakteristik einer beliebigen Antenne ergibt immer den Wert 4π. Eine stärkere Richtwirkung durch Zunahme der Richtcharakteristik in eine bestimmte Vorzugsrichtung hat demnach immer eine Abnahme in andere Richtungen zur Folge. Je größer das Maximum D_{max} der Richtcharakteristik ist, desto stärker wird die Strahlung gebündelt.

Die Richtcharakteristik wird in der Regel durch zwei Schnitte dargestellt. Abb. 5.8 zeigt dies am Beispiel der Richtcharakteristik einer vertikalen Dipol-Antenne. Die horizontale

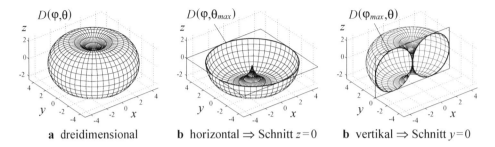

a dreidimensional   **b** horizontal $\Rightarrow$ Schnitt $z=0$ **b** vertikal $\Rightarrow$ Schnitt $y=0$

Abb. 5.8 Richtcharakteristik einer vertikalen Dipol-Antenne

Richtcharakteristik $D(\varphi, \theta_{max})$ entspricht hier einem Schnitt mit der Ebene $z = 0$ und die vertikale Richtcharakteristik $D(\varphi_{max}, \theta)$ einem Schnitt mit der Ebene $y = 0$.

In der Praxis wird anstelle der Richtcharakteristik $D(\varphi, \theta)$ die Charakteristik

$$G(\varphi, \theta) \;=\; D(\varphi, \theta)\,\eta$$

des Antennengewinns dargestellt; entsprechend werden in den horizontalen und vertikalen Schnitten nicht $D(\varphi, \theta_{max})$ und $D(\varphi_{max}, \theta)$, sondern $G(\varphi, \theta_{max})$ und $G(\varphi_{max}, \theta)$ dargestellt. Dennoch werden die Schnitte als horizontale und vertikale Richtcharakteristik bezeichnet. Wir haben diese Nomenklatur bereits in Abb. 5.5 auf Seite 148 verwendet. Da sich die Größen nur um den konstanten Faktor η unterscheiden und für die meisten Antennen $\eta \approx 0.9 \ldots 0.95$ gilt, wird bei qualitativen Darstellungen in der Regel auf eine klare Unterscheidung verzichtet; dagegen muss man bei quantitativen Darstellungen prüfen, welche Größe dargestellt ist.

5.2.3 Strahlungsleistungsdichte

Für die Strahlungsleistungsdichte S im Abstand r und in Richtung (φ, θ) gilt:

$$S(r, \varphi, \theta) \;=\; \frac{P_T\, D_T(\varphi, \theta)\, \eta_T}{4\pi r^2}$$

Daraus folgt für eine isotrope, verlustlose Sendeantenne mit $D_T(\varphi, \theta) = D_i(\varphi, \theta) = 1$ und $\eta_T = \eta_i = 1$:

$$S(r, \varphi, \theta) \;=\; S_i(r) \;=\; \frac{P_T}{4\pi r^2}$$

Bei einer allgemeinen Sendeantenne gilt in Vorzugsrichtung:

$$S_{max}(r) = \frac{P_T\, D_T(\varphi_{max}, \theta_{max})\, \eta_T}{4\pi\, r^2} = \frac{P_T\, D_{T,max}\, \eta_T}{4\pi r^2} = \frac{P_T\, G_T}{4\pi r^2} = \frac{EIRP}{4\pi r^2}$$

Dabei haben wir die Zusammenhänge

$$D_T(\varphi_{max}, \theta_{max}) = D_{T,max} \quad , \quad D_{T,max}\, \eta_T = G_T \quad , \quad P_T\, G_T = EIRP$$

verwendet. Das Raumwinkel-Integral über die Strahlungsleistungsdichte entspricht der abgestrahlten Leistung $P_T\, \eta_T$:

$$\int\limits_{Kugel} S(r, \varphi, \theta)\, dA = \int\limits_{0}^{\pi} \int\limits_{0}^{2\pi} S(r, \varphi, \theta)\, r^2 \sin\theta\, d\varphi\, d\theta = \frac{P_T\, \eta_T}{4\pi} \underbrace{\int\limits_{0}^{\pi} \int\limits_{0}^{2\pi} D_T(\varphi, \theta) \sin\theta\, d\varphi\, d\theta}_{= 4\pi}$$

In der Praxis wird anstelle der Strahlungsleistungsdichte S mit der Einheit W/m^2 meist der Effektivwert der elektrischen Feldstärke E mit der Einheit V/m angegeben. Es gilt

$$S = \frac{E^2}{Z_0} \quad \Rightarrow \quad E = \sqrt{SZ_0}$$

mit dem *Feldwellenwiderstand*:

$$Z_0 = 120\,\pi\, \Omega = 377\, \Omega$$

Für eine vertiefende Darstellung der Zusammenhänge verweisen wir auf [10].

5.2.4 Antennenwirkfläche

Durch eine thermodynamische Betrachtung, auf die wir hier nicht eingehen, kann man zeigen, dass eine isotrope, verlustlose Antenne, in die eine elektromagnetische Welle mit der Strahlungsleistungsdichte S einfällt, am Fußpunkt die Leistung

$$P_{R,i} = S A_{S,i} = S\, \frac{\lambda^2}{4\pi} = S\, \frac{c^2}{4\pi f^2} \quad \text{mit } \lambda = \frac{c}{f}$$

abgibt; dabei ist λ die Wellenlänge, f die Frequenz der Welle und $c \approx 3 \cdot 10^8$ m/s die Lichtgeschwindigkeit. Die wirksame Fläche

$$A_{S,i} = \frac{\lambda^2}{4\pi}$$

wird *Antennenwirkfläche einer isotropen, verlustlosen Empfangsantenne* genannt. Sie ist proportional zum Quadrat der Wellenlänge und nimmt deshalb mit zunehmender Frequenz stark ab. Bei einer allgemeinen Empfangsantenne ist die *Antennenwirkfläche (Antenna Aperture)* A_S proportional zur Richtcharakteristik D:

$$A_S(\varphi, \theta) = D_R(\varphi, \theta)\, \eta_R \frac{\lambda^2}{4\pi}$$

In Vorzugsrichtung gilt:

$$A_{S,max} = D_{R,max}\, \eta_R \frac{\lambda^2}{4\pi}$$

Die am Fußpunkt der Empfangsantenne abgegebene Leistung beträgt in diesem Fall:

$$P_R = S A_{S,max} = S D_{R,max}\, \eta_R \frac{\lambda^2}{4\pi} = S G_R \frac{\lambda^2}{4\pi}$$

Dabei haben wir den Zusammenhang

$$D_{R,max}\, \eta_R = G_R$$

verwendet.

Die Antennenwirkfläche hat in der Regel keinen direkten Bezug zur geometrischen Größe der Antenne. Bei den meisten Antennen liegt jedoch eine Proportionalität zwischen der geometrischen Größe und der Wellenlänge λ vor. Ein typisches Beispiel dafür ist die im oberen Teil von Abb. 5.5 auf Seite 148 dargestellte vertikale Stabantenne, die bevorzugt als $\lambda/4$-Stabantenne, d. h. mit einem Stab der Länge $\lambda/4$, ausgeführt wird. Hier liegt demnach eine direkte Proportionalität vor. Darüber hinaus gibt es zahlreiche Antennen, die aus mehreren Stäben zusammengesetzt sind; auch hier liegt in der Regel eine direkte Proportionalität zwischen der Wellenlänge und der Länge der einzelnen Stäbe vor, jedoch kein direkter Bezug zwischen der Antennenwirkfläche und den Flächenmaßen der Antenne. Ganz anders sind die Verhältnisse bei der im unteren Teil von Abb. 5.5 gezeigten Parabolantenne; hier entspricht die Antennenwirkfläche in Vorzugsrichtung praktisch der Öffnungsfläche, da die gesamte einfallende Leistung – abgesehen von Verlusten bei der Reflektion und der Bündelung – in einem Punkt fokusiert wird.

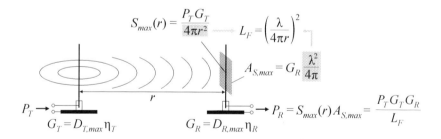

Abb. 5.9 Größen einer Funkübertragungsstrecke

5.2.5 Größen einer Funkübertragungsstrecke

In Abb. 5.9 sind die Größen einer Funkübertragungsstrecke zusammengefasst:

- Die Sendeantenne erzeugt in Vorzugsrichtung eine elektromagnetische Welle mit der Strahlungsleistungsdichte:

$$S_{max}(r) \; = \; \frac{P_T \, D_{T,max} \, \eta_T}{4\pi r^2} \; = \; \frac{P_T \, G_T}{4\pi r^2}$$

- Die Empfangsantenne hat in Vorzugsrichtung die Antennenwirkfläche:

$$A_{S,max} \; = \; D_{R,max} \, \eta_R \frac{\lambda^2}{4\pi} \; = \; G_R \frac{\lambda^2}{4\pi}$$

- Die Empfangsantenne gibt bei Ausrichtung in Vorzugsrichtung am Fußpunkt die Leistung

$$P_R \; = \; S_{max}(r) A_{S,max} \; = \; P_T \, G_T \, G_R \left(\frac{\lambda}{4\pi \, r} \right)^2 \; = \; \frac{P_T \, G_T \, G_R}{L_F}$$

ab; daraus ergibt sich die bereits im Abschn. 5.1.1 eingeführte Freiraumdämpfung:

$$L_F \; = \; \left(\frac{4\pi \, r}{\lambda} \right)^2 \; = \; \left(\frac{4\pi \, rf}{c} \right)^2$$

Die Freiraumdämpfung setzt sich folglich aus zwei Anteilen zusammen:

- der Verteilung der Sendeleistung einer isotropen, verlustlosen Sendeantenne auf die Kugeloberfläche $4\pi r^2$;
- der Leistungsaufnahme einer isotropen, verlustlosen Empfangsantenne über die zugehörige Antennenwirkfläche $\lambda^2/(4\pi)$.

Die Freiraumdämpfung beschreibt demnach die Übertragung zwischen einer isotropen, verlustlosen Sendeantenne und einer isotropen, verlustlosen Empfangsantenne. Die durch die Richtwirkung realer Antennen verursachte Abweichung von der Freiraumdämpfung drückt sich in den Antennengewinnen G_T und G_R aus.

5.2.6 Vektoren des elektromagnetischen Feldes

Die von einer Antenne abgestrahlte elektromagnetische Welle setzt sich aus einem elektrischen Feld (E-Feld) und einem magnetischen Feld (H-Feld) zusammen. Man unterscheidet zwischen dem Nahfeld mit $r < \lambda$ und dem Fernfeld mit $r > \lambda$. Für $r \gg \lambda$ liegt näherungsweise eine ebene Welle vor, bei der der E-Feldvektor $\vec{E}$ und der H-Feldvektor $\vec{H}$ zusammen mit dem in Ausbreitungsrichtung zeigenden *Poynting-Vektor*

$$\vec{S} = \vec{E} \times \vec{H}$$

gemäß Abb. 5.10 ein *rechtshändiges* System bilden. Beschreibt man die Vektoren mit Hilfe eines rechtshändigen, kartesischen Koordinatensystems, bei dem die x-Achse durch den E-Feldvektor und die y-Achse durch den H-Feldvektor gegeben ist, liegt der Poynting-Vektor in der z-Achse; dann gilt:

$$\left.\begin{array}{l} \vec{E} = E_x \vec{e}_x \\ \vec{H} = H_y \vec{e}_y \end{array}\right\} \quad \Rightarrow \quad \vec{S} = E_x H_y \vec{e}_z = S_z \vec{e}_z \quad \text{mit } S_z = E_x H_y$$

Dabei bezeichnet $\vec{e}_i$ den Einheitsvektor in Richtung i. Wir verwenden Effektivwert-Vektoren, d. h. E_x ist der Effektivwert des E-Feldes mit der Einheit V/m und H_y ist der Effektivwert des H-Feldes mit der Einheit A/m. Der Betrag S_z des Poynting-Vektors entspricht der Strahlungsleistungsdichte S mit der Einheit W/m^2.

5.2.7 Polarisation

In Abb. 5.10 liegt der E-Feldvektor $\vec{E}$ in horizontaler Richtung und der H-Feldvektor $\vec{H}$ in vertikaler Richtung. Diese Lage wird *horizontale Polarisation* genannt. Dreht man die Vektoren $\vec{E}$ und $\vec{H}$ um 90 Grad um die z-Achse, erhält man eine *vertikale Polarisation*.

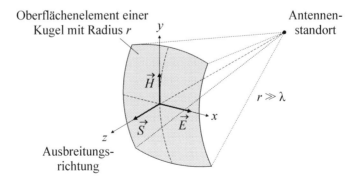

Abb. 5.10 Vektoren des elektromagnetischen Feldes bei horizontaler Polarisation (horizontaler E-Feldvektor und vertikaler H-Feldvektor)

Polarisation	E-Feldkomponenten		H-Feldkomponenten	
	E_x	E_y	H_x	H_y
horizontal	E	0	0	H
vertikal	0	E	$-H$	0
zirkular, rechtsdrehend	$E\cos\omega t$	$E\sin\omega t$	$-H\sin\omega t$	$H\cos\omega t$
zirkular, linksdrehend	$E\cos\omega t$	$-E\sin\omega t$	$H\sin\omega t$	$H\cos\omega t$

Abb. 5.11 Komponenten der Felder in Abhängigkeit von der Polarisation. E und H sind die Effektivwerte der Felder. Die x-Achse liegt horizontal, die y-Achse vertikal, siehe Abb. 5.10

In beiden Fällen handelt es sich um eine *lineare Polarisation*, d. h. die Richtungen der Vektoren bleiben konstant.

Im Gegensatz dazu rotieren die Vektoren bei einer *zirkularen Polarisation* um die z-Achse. Die Rotation kann *rechtsdrehend* oder *linksdrehend* erfolgen. Abb. 5.11 zeigt die Komponenten der Felder in x- und y-Richtung für die verschiedenen Polarisationen; dabei wird gemäß Abb. 5.10 angenommen, dass die x-Achse horizontal und die y-Achse vertikal liegt. Bei den zirkularen Polarisationen wird zusätzlich angenommen, dass der E-Feldvektor zum Zeitpunkt $t = 0$ auf der x-Achse liegt. Aufgrund der Orthogonalität der x- und y-Feldkomponenten sowie der geometrischen Identität

$$\cos^2\omega t + \sin^2\omega t = 1$$

betragen die Effektivwerte bei allen Polarisationen E bzw. H.

Die Polarisation des elektromagnetischen Feldes hängt von der Bauweise der Antenne ab. Bei Antennen mit einem oder mehreren parallelen Stäben ist die Polarisation durch die Richtung der Stäbe gegeben. Demnach ist das Feld einer vertikalen Stabantenne gemäß Abb. 5.12a vertikal polarisiert, während das Feld einer horizontalen Dipol-Antenne gemäß

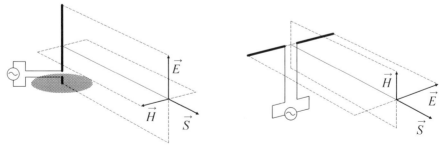

a vertikale Stabantenne   **b** horizontale Dipol-Antenne

Abb. 5.12 Vertikale Polarisation (links) und horizontale Polarisation (rechts)

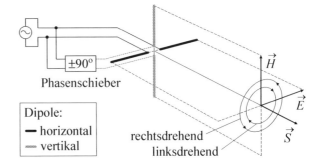

Abb. 5.13 Erzeugung einer zirkular polarisierten Welle mit einem Kreuz-Dipol und einem Phasenschieber (–90 ° → rechtsdrehend, 90 ° → linksdrehend)

Abb. 5.12b horizontal polarisiert ist. Bei einer Parabolantenne hängt die Polarisation von der Anordnung des Strahlers im Brennpunkt der Antenne ab.

Abb. 5.13 zeigt die Erzeugung einer zirkular polarisierten Welle mit einem Kreuz-Dipol, bei dem der horizontale Dipol direkt und der vertikale Dipol über einen Phasenschieber angesteuert wird. Die Rotationsrichtung wird in diesem Fall durch das Vorzeichen der Phasenverschiebung festgelegt.

Für eine optimale Übertragung muss die Empfangsantenne dieselbe Polarisation besitzen wie die Sendeantenne. Das ist bei stationären Antennen und einer Wellenausbreitung ohne Reflexionen durch eine entsprechende Ausrichtung der Antennen in der Regel problemlos sicherzustellen. Wird die Welle dagegen auf ihrem Weg von der Sende- zur Empfangsantenne ein- oder mehrmals an irgendwelchen Objekten reflektiert, kann sich die Polarisation signifikant ändern. Bei mobilen Geräten wie z. B. Mobiltelefonen ist eine Ausrichtung der Antenne des Mobilgeräts ohnehin entweder gar nicht oder nur unvollkommen möglich.

Wir betrachten zunächst Übertragungsstrecken mit linear polarisierten Antennen. Tritt dabei durch eine Fehlausrichtung der Antennen oder durch eine Polarisationsdrehung während der Übertragung ein Winkel φ_P zwischen der Polarisation der Empfangsantenne und der Polarisation der einfallenden Welle auf, nimmt die Empfangsleistung um den Faktor $\cos^2\varphi_P$ ab:

$$P_R(\varphi_P) \;=\; P_R(\varphi_P = 0) \, \cos^2\varphi_P$$

Für $\varphi_P = \pm 45\,°$ nimmt die Empfangsleistung auf die Hälfte ab:

$$\cos^2(\pm 45\,°) \;=\; 0.5 \;=\; -3\,\mathrm{dB}$$

Für $\varphi_P = \pm 90\,°$ ist wegen

$$\cos^2(\pm 90\,°) \;=\; 0$$

kein Empfang möglich. Abb. 5.14 zeigt den Verlauf der resultierenden Dämpfung:

$$D_{pol} \;=\; \frac{1}{\cos^2\varphi_P} \quad\Rightarrow\quad D_{pol}\,[\mathrm{dB}] \;=\; 10\lg D_{pol} \;=\; -10\lg\cos^2\varphi_P \;=\; -20\lg\cos\varphi$$

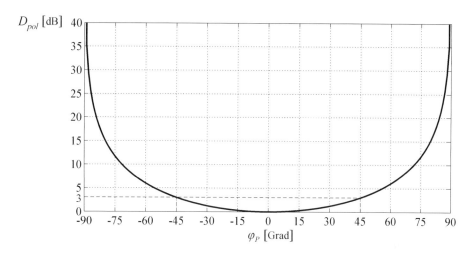

Abb. 5.14 Dämpfung D_{pol} durch eine Fehlausrichtung der Polarisation zwischen Sende- und Empfangsantenne

Bei einer Fehlausrichtung im Bereich ±45° bleibt die Dämpfung kleiner als 3 dB. Das ist in vielen Anwendungen noch akzeptabel. Bei mobilen Empfangsgeräten, die in jeder Ausrichtung zuverlässig arbeiten müssen, kann man zwei orthogonale Empfangsantennen einsetzen und die Antenne mit dem stärkeren Signal verwenden; dadurch wird die Dämpfung auf 3 dB begrenzt. Ist dies aufgrund der Bauform oder aus Kostengründen nicht möglich, kann man alternativ eine Basisstation mit einer zirkular polarisierten Sendeantenne einsetzen; in diesem Fall beträgt die Dämpfung immer 3 dB, da die linear polarisierte Empfangsantenne nur die Komponente der zirkular polarisierten Welle empfängt, die ihrer Polarisation entspricht, und die dazu orthogonale Komponente unterdrückt.

Abb. 5.15 zeigt eine Übersicht über die durch die Polarisation verursachte Dämpfung für die vier genannten, in der Praxis üblichen Polarisationen. Die Werte ∞ kennzeichnen Paare von orthogonale Polarisationen. Demnach sind nicht nur die horizontale und die vertikale Polarisation, sondern auch die rechtsdrehende und die linksdrehende zirkulare Polarisation zueinander orthogonal.

Sendeantenne → ↓ Empfangsantenne		horizontal	vertikal	zirkular	
				rechtsdrehend	linksdrehend
horizontal		0 dB	∞	3 dB	3 dB
vertikal		∞	0 dB	3 dB	3 dB
zirkular	rechtsdrehend	3 dB	3 dB	0 dB	∞
	linksdrehend	3 dB	3 dB	∞	0 dB

Abb. 5.15 Dämpfung D_{pol} durch Polarisation

5.2.8 Berechnung von Antennen

Die Berechnung von Antennen erfolgt mit Hilfe von Feldsimulationsprogrammen; dabei wird die Antenne in kleine Elemente zerlegt und die Felder werden mit Hilfe der *Momentenmethode* (*Method of Moments, MoM*) berechnet. Neben zahlreichen kommerziellen Programmen gibt es mit *NEC* (*Numerical Electromagnetics Code*) einen frei verfügbaren Simulatorkern, der in mehreren kommerziellen und nichtkommerziellen Programmen verwendet wird. Das bekannteste nichtkommerzielle Programm ist *4nec2*, siehe [11].

Wir gehen im folgenden auf zwei Fälle ein, in denen die Richtcharakteristik einer Antenne mit einfacheren Methoden berechnet werden kann:

- Antennen, bei denen die Stromverteilung auf den Leitern als bekannt oder näherungsweise bekannt vorausgesetzt werden kann. In diesem Fall können die Felder mit Hilfe des *Vektorpotentials* berechnet werden. Das gilt für vertikale Stabantennen, Dipolantennen und magnetische Schleifenantennen (*Loop Antennas*).
- Antennen, die aus mehreren vertikalen Stabantennen oder Dipolantennen zusammengesetzt sind und bei denen jedes Element *gespeist* wird, d. h. mit einem eigenen Verstärker oder über einen Leistungsteiler angesteuert wird. Man nennt diese Antennen *Gruppenantennen* oder *Antennenarrays*. In diesem Fall kann man die gegenseitige Beeinflussung der Einzelantennen vernachlässigen und die Feldvektoren einzeln berechnen und addieren.

Magnetische Schleifenantenne

Die Berechnung der Felder mit Hilfe des Vektorpotentials erläutern wir am Beispiel der in Abb. 5.16 gezeigten magnetischen Schleifenantenne. Das Vektorpotential $\vec{A}$ in einem Punkt P mit den Koordinaten (x, y, z) erhalten wir durch eine Integration über die infinitesimalen Linienelemente dl der Schleife:

$$\vec{A} = \frac{\mu_0}{4\pi} \int\limits_{\text{Schleife}} \frac{\vec{I}(P_0)}{d}\, e^{-j2\pi d/\lambda}\, dl \quad \text{mit } d = |\vec{r} - \vec{r}_0|$$

Abb. 5.16 Geometrische Größen zur Berechnung des Vektorpotentials einer magnetischen Schleifenantenne mit der Kantenlänge l

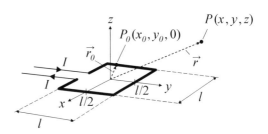

Nummer	Koordinaten		Stromvektor
	von	bis	
1	$(-l/2, \ l/2, 0)$	$(\ l/2, \ l/2, 0)$	$I\,\vec{e}_x$
2	$(\ l/2, \ l/2, 0)$	$(\ l/2, -l/2, 0)$	$-I\,\vec{e}_y$
3	$(\ l/2, -l/2, 0)$	$(-l/2, -l/2, 0)$	$-I\,\vec{e}_x$
4	$(-l/2, -l/2, 0)$	$(-l/2, \ l/2, 0)$	$I\,\vec{e}_y$

Abb. 5.17 Koordinaten der Kanten der Schleifenantenne aus Abb. 5.16 mit den zugehörigen Stromvektoren

Dabei ist $\mu_0 = 4\pi \cdot 10^{-7}$ Vs/Am die *magnetische Feldkonstante*, P_0 der aktuelle Punkt auf der Schleife, $\vec{I}(P_0)$ der Stromvektor im Punkt P_0 und

$$d = |\vec{r} - \vec{r}_0| = \sqrt{(x-x_0)^2 + (y-y_0)^2 + z^2}$$

der Abstand zwischen den Punkten P und P_0. Wenn der Umfang $4l$ der Schleife wesentlich kleiner ist als die Wellenlänge λ, ist der Betrag des Stromvektors näherungsweise konstant:

$$4l \ll \lambda \quad \Rightarrow \quad |\vec{I}(P_0)| \approx I \quad \forall P_0$$

Zusätzlich nehmen wir an, dass die beiden Anschlüsse so eng beieinander liegen, dass die Schleife als geschlossen betrachtet werden kann, und die beiden Zuleitungen näherungsweise aufeinander fallen, d. h. eine Leitung mit dem Gesamtstromvektor Null bilden und damit keinen Beitrag zum Vektorpotential liefern. Damit erstreckt sich die Integration über die vier in Abb. 5.17 genannten Kanten der Schleife mit den zugehörigen Stromvektoren.

Wir werten das Integral numerisch aus, indem wir jede Kante der Länge l in $2N + 1$ Segmente der Länge

$$l_N = \frac{l}{2N + 1}$$

zerlegen; damit erhalten wir für das Vektorpotential die Näherung

$$\vec{A} \approx \frac{\mu_0\, I\, l_N}{4\pi} \sum_{n=-N}^{N} \left(\underbrace{\left(\frac{e^{kd_1(n)}}{d_1(n)} - \frac{e^{kd_3(n)}}{d_3(n)} \right) \vec{e}_x}_{A_x} + \underbrace{\left(\frac{e^{kd_4(n)}}{d_4(n)} - \frac{e^{kd_2(n)}}{d_2(n)} \right) \vec{e}_y}_{A_y} \right)$$

mit der *komplexen Wellenzahl*

$$k = -j\frac{2\pi}{\lambda} = -j\frac{2\pi f}{c} = -\frac{j\omega}{c}$$

und den Abständen:

$$d_1(n) = \sqrt{(x - n\, l_N)^2 + (y - l/2)^2 + z^2}$$

$$d_2(n) = \sqrt{(x - l/2)^2 + (y - n\, l_N)^2 + z^2}$$

$$d_3(n) = \sqrt{(x - n\, l_N)^2 + (y + l/2)^2 + z^2}$$

$$d_4(n) = \sqrt{(x + l/2)^2 + (y - n\, l_N)^2 + z^2}$$

Das Vektorpotential hat demnach Komponenten in x- und y-Richtung, die durch die Stromvektoren hervorgerufen werden. Die z-Komponente ist Null, da keine Ströme in z-Richtung fließen: $A_z = 0$.

Aus dem Vektorpotential erhalten wir mit

$$\vec{H} \;=\; \frac{1}{\mu_0}\,\mathrm{rot}\,\vec{A}$$

den magnetischen Feldvektor $\vec{H}$ und mit

$$\vec{E} \;=\; \frac{1}{j\omega\epsilon_0}\,\mathrm{rot}\,\vec{H} \quad \text{mit}\; \omega = 2\pi f = \frac{2\pi c}{\lambda}$$

den elektrischen Feldvektor $\vec{E}$; dabei ist $\epsilon_0 \;=\; 8.854 \cdot 10^{-12}$ As/Vm die *elektrische Feldkonstante* und

$$c \;=\; \frac{1}{\sqrt{\epsilon_0\mu_0}} \;=\; 3 \cdot 10^8\ \text{m/s}$$

die Lichtgeschwindigkeit. Der Operator rot wird *Rotation* genannt und ordnet einem Vektorfeld mit Hilfe einer dreidimensionalen Differentiation ein abgeleitetes Vektorfeld zu. In der Vektoranalysis wird der Operator auch *Nabla* genannt; man schreibt dann:

$$\vec{H} \;=\; \frac{1}{\mu_0}\,\nabla \times \vec{A} \quad,\quad \vec{E} \;=\; \frac{1}{j\omega\epsilon_0}\,\nabla \times \vec{H}$$

Mit kartesischen Koordinaten $\vec{A} = (A_x, A_y, A_z)$ gilt:

$$\mathrm{rot}\,\vec{A} \;=\; \nabla \times \vec{A} \;=\; \left(\frac{\partial A_z}{\partial y} - \frac{\partial A_y}{\partial z}\right)\vec{e}_x + \left(\frac{\partial A_x}{\partial z} - \frac{\partial A_z}{\partial x}\right)\vec{e}_y + \left(\frac{\partial A_y}{\partial x} - \frac{\partial A_x}{\partial y}\right)\vec{e}_z$$

Die benötigten partiellen Ableitungen bestimmen wir numerisch:

$$\frac{\partial \vec{A}}{\partial x} = \left[\frac{\partial A_x}{\partial x}, \frac{\partial A_y}{\partial x}, \frac{\partial A_z}{\partial x} \right]^T \approx \frac{\vec{A}(x + \Delta, y, z) - \vec{A}(x, y, z)}{\Delta}$$

$$\frac{\partial \vec{A}}{\partial y} = \left[\frac{\partial A_x}{\partial y}, \frac{\partial A_y}{\partial y}, \frac{\partial A_z}{\partial y} \right]^T \approx \frac{\vec{A}(x, y + \Delta, z) - \vec{A}(x, y, z)}{\Delta}$$

$$\frac{\partial \vec{A}}{\partial z} = \left[\frac{\partial A_x}{\partial z}, \frac{\partial A_y}{\partial z}, \frac{\partial A_z}{\partial z} \right]^T \approx \frac{\vec{A}(x, y, z + \Delta) - \vec{A}(x, y, z)}{\Delta}$$

Zur Berechnung des magnetischen Feldvektors $\vec{H}$ an einem Punkt $P(x, y, z)$ müssen wir demnach vier Vektorpotentiale berechnen:

$$\vec{A}(x, y, z) \quad , \quad \vec{A}(x + \Delta, y, z) \quad , \quad \vec{A}(x, y + \Delta, z) \quad , \quad \vec{A}(x, y, z + \Delta)$$

Die Verschiebung Δ muss sehr klein gewählt werden, damit die Ableitungen ausreichend genau sind. Wir wählen $\Delta = \lambda / 1000$.

Die Berechnung des elektrischen Feldvektors $\vec{E}$ durch eine numerische Ableitung des bereits numerisch abgeleiteten magnetischen Feldvektors $\vec{H}$ ist aufgrund der Fehlerfortpflanzung der numerischen Rechenschritte nicht empfehlenswert. Wir umgehen dieses Problem, indem wir uns auf die Berechnung des Fernfelds beschränken und dabei von der Eigenschaft Gebrauch machen, dass die Feldvektoren und der Poynting-Vektor

$$\vec{S} = \vec{E} \times \vec{H}$$

im Fernfeld gemäß Abb. 5.10 auf Seite 158 ein rechtshändiges System bilden und der Poynting-Vektor im Fernfeld radial nach außen zeigt. Für die Beträge der Vektoren gilt im Fernfeld

$$|\vec{E}| = Z_0 |\vec{H}| \quad , \quad S = |\vec{S}| = |\vec{E}| |\vec{H}| = Z_0 |\vec{H}|^2$$

mit dem Feldwellenwiderstand:

$$Z_0 = \sqrt{\frac{\mu_0}{\epsilon_0}} = 120 \pi \, \Omega = 377 \, \Omega$$

Dabei nehmen wir wieder an, dass es sich bei den Beträgen der Feldvektoren um Effektivwerte handelt.

Wir können nun die Strahlungsleistungsdichte S im Fernfeld berechnen, indem wir die Gleichungen für Punkte $P(x, y, z)$ auf einer Kugel mit Radius $r \gg \lambda$ auswerten. Wir erzeugen diese Punkte, indem wir von den Kugelkoordinaten

$$P(r, \varphi = 0 \ldots 2\pi, \theta = 0 \ldots \pi)$$

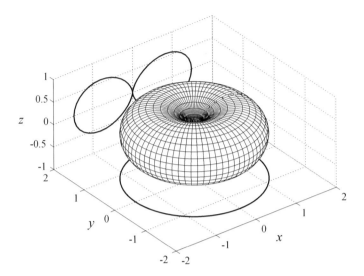

Abb. 5.18 Richtcharakteristik D einer magnetischen Schleifenantenne mit einer Kantenlänge l = 2 cm bei f = 434 MHz (λ = 69 cm)

ausgehen und die zugehörigen kartesischen Koordinaten berechnen; dabei verwenden wir für die Winkel eine Schrittweite von $1\,°$. Bei der Berechnung bilden wir durch Multiplikation der Strahlungsleistungsdichte mit dem zugehörigen Oberflächenelement

$$\Delta A = r^2 \sin\theta \ \Delta\theta \ \Delta\varphi \quad \text{mit } \Delta\theta = \Delta\varphi = \pi \ \frac{1\,°}{180\,°} = \frac{\pi}{180}$$

und anschließender Addition das Oberflächenintegral der Strahlungsleistungsdichte, das der abgestrahlten Leistung $P_t = P_T\, \eta_T$ entspricht:

$$P_t = \sum S \ \Delta A$$

Durch Division der Strahlungsleistungsdichte mit der Strahlungsleistungsdichte

$$S_i = \frac{P_t}{4\pi r^2}$$

einer isotropen Antenne erhalten wir die Richtcharakteristik:

$$D = \frac{S}{S_i}$$

Abb. 5.18 zeigt das Ergebnis für ein Beispiel mit der Kantenlänge l = 2 cm und der Frequenz f = 434 MHz (λ = 69 cm). Die Berechnung erfolgte im Abstand r = 10 m. In Vorzugsrichtung erhalten wir in diesem Fall D_{max} = 1.48 = 1.7 dB.

Berechnung in *Matlab*

In *Matlab* berechnen wir das Vektorpotential der Schleifenantenne aus Abb. 5.16 mit den Kanten aus Abb. 5.17 mit folgender Funktion:

```
% Berechnung des Vektorpotentials
% (ohne konstante Faktoren)
function A = A_Vektor(lambda, l, N, x, y, z)
% Vektor initialisieren
A = zeros(3, 1);
% Konstante für e-Funktionen berechnen
k = - 2i * pi / lambda;
% Segmentierung
l_N = l / (2 * N + 1);
d_n = ( -N : N ) * l_N;
% Abstände berechnen
d_1 = sqrt( (x - d_n).^2 + (y - l/2)^2  + z^2 );
d_2 = sqrt( (x - l/2)^2  + (y - d_n).^2 + z^2 );
d_3 = sqrt( (x - d_n).^2 + (y + l/2)^2  + z^2 );
d_4 = sqrt( (x + l/2)^2  + (y - d_n).^2 + z^2 );
% x-Komponente berechnen
A(1) = sum( exp(k * d_1) ./ d_1 - exp(k * d_3) ./ d_3 );
% y-Komponente berechnen
A(2) = sum( exp(k * d_4) ./ d_4 - exp(k * d_2) ./ d_2 );
```

Darauf aufbauend berechnen wir den magnetischen Feldvektor mit folgender Funktion:

```
% Berechnung des magnetischen Feldvektors
% (ohne konstante Faktoren)
function H = H_Vektor(lambda, l, N, x, y, z)
% Vektorpotentiale berechnen
delta = 1e-3 * lambda;
A = A_Vektor(lambda, l, N, x, y, z);
A_dx = A_Vektor(lambda, l, N, x + delta, y, z);
A_dy = A_Vektor(lambda, l, N, x, y + delta, z);
A_dz = A_Vektor(lambda, l, N, x, y, z + delta);
% partielle Ableitungen berechnen
dA_dx = (A_dx - A) / delta;
dA_dy = (A_dy - A) / delta;
dA_dz = (A_dz - A) / delta;
% magnetischen Feldvektor bilden
H = [ dA_dy(3) - dA_dz(2) ;
      dA_dz(1) - dA_dx(3) ;
      dA_dx(2) - dA_dy(1) ];
```

In beiden Fällen haben wir alle konstanten Faktoren (μ_0, 4π, I, l_N) weggelassen. Wir können dies tun, da die Richtcharakteristik D als Verhältnis von zwei Größen berechnet wird, in die diese Faktoren in gleicher Weise eingehen. Wir müssen deshalb auch keinen Wert für den Strom I in der Schleife vorgeben. Zur weiteren Vorgehensweise bei der Berechnung verweisen wir auf das *Matlab*-Beispiel `ueb_schleifenantenne`.

Antennengruppen

Bei Geräten für lokale Netzwerke (WLAN) oder persönliche Netzwerke (WPAN) gehört die Schleifenantenne zusammen mit der vertikalen Stabantenne zu den am häufigsten verwendeten Antennen. Beide Antennentypen strahlen in der Horizontalen gleichmäßig und mit maximaler Strahlungsleistungsdichte ab, d. h. die horizontale Richtcharakteristik entspricht einem Kreis. Während dies bei den meisten Endgeräten ausdrücklich erwünscht ist, besteht bei Basisstationen gelegentlich der Wunsch, eine *Sektorisierung* vorzunehmen, d. h. entweder nur einen vorgegebenen horizontalen Sektor zu versorgen oder die Horizontale in mehrere Sektoren einzuteilen; dazu ist zusätzlich zur vertikalen eine horizontale Richtwirkung der Antennen erforderlich. Man kann dies durch Verwendung *mehrerer* Elemente – Schleifen oder Stäbe – erreichen; dabei sind zwei Fälle zu unterscheiden:

- Bei *Strahlungskopplung* wird nur *ein* Element elektrisch angeschlossen, während die anderen Elemente über die elektromagnetischen Felder angekoppelt sind. Man nennt das elektrisch angeschlossene Element *aktives Element*, die anderen Elemente *passive Elemente*. Bei den passiven Elementen wird je nach Funktion des Elements zwischen *Direktoren* und *Reflektoren* unterschieden. Antennen mit strahlungsgekoppelten Elementen können nur mit einem Feldsimulationsprogramm berechnet werden, da eine Verkopplung sämtlicher Größen vorliegt und keine vereinfachenden Annahmen über die Stromverteilung möglich sind.
- Bei *elektrischer Kopplung* werden nur aktive Elemente verwendet; dabei werden entweder separate Verstärker für jedes Element verwendet oder es werden Leistungsteiler (*power splitter*) bzw. Leistungsaddierer (*power combiner*) verwendet. Die auch in diesem Fall vorhandene Strahlungskopplung der Elemente ist in der Regel vernachlässigbar, so dass die Elemente praktisch unabhängig voneinander arbeiten; deshalb kann man die Felder elementweise berechnen und addieren. Man nennt diese Antennen *Gruppenantennen* oder *Antennenarrays*.

Als Beispiel betrachten wir die in Abb. 5.19 gezeigte Gruppenantenne mit zwei vertikalen Stabantennen, die im Abstand d_E über einer metallisierten Trägerplatte angebracht sind und über separate Verstärker mit Signalen mit den Phasen $\phi_1 = 0$ und $\phi_2 = \delta$ gespeist werden. Die Stabantennen befinden sich an den Punkten $P_1(d_E/2, 0, 0)$ und $P_2(-d_E/2, 0, 0)$. Wir nehmen an, dass die Stäbe die Länge $\lambda/4$ haben; dann haben die Stabantennen unter

Abb. 5.19 Gruppenantenne mit
zwei vertikalen Stabantennen

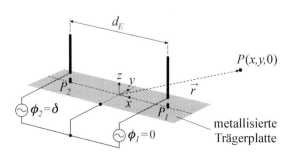

Abb. 5.20 Geometrie der
Gruppenantenne aus Abb. 5.19
in der xy-Ebene

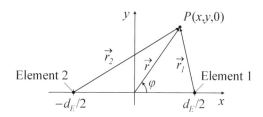

der Annahme, dass die metallisierte Trägerplatte die gesamte xy-Ebene einnimmt und die
Felder demzufolge auf den Halbraum mit $z > 0$ beschränkt sind, eine kreisförmige horizontale Richtcharakteristik mit dem Radius $D_{T,max} \approx 3.3 = 5.2\,\text{dB}$. In der Praxis ist
das natürlich nicht gegeben; hier wirken außerhalb der tatsächlich vorhandenen Trägerplatte der Erdboden oder Stahlbetondecken als mehr oder weniger leitfähige xy-Ebene.
Uns geht es hier aber nicht um die exakte Berechnung der Richtcharakteristik in einem
realen Umfeld, sondern um ein möglichst einfaches Beispiel zur Erläuterung der prinzip-
iellen Funktionsweise einer Gruppenantenne. Wir berechnen auch nicht die gesamte
Richtcharakteristik, sondern beschränken uns auf die xy-Ebene, d. h. wir betrachten nur
Punkte mit $z = 0$: $P(x, y, 0)$. Abb. 5.20 verdeutlicht die geometrischen Verhältnisse.

Eine einzelne, als verlustlos angenommene Stabantenne erzeugt in der xy-Ebene im
Abstand $r \gg \lambda$ die Strahlungsleistungsdichte:

$$S(r) = \frac{P_T\,G_T}{4\pi r^2} = \frac{P_T\,D_{T,max}\,\eta_T}{4\pi r^2} \overset{\eta_T=1}{=} \frac{P_T\,D_{T,max}}{4\pi r^2}$$

Der elektrische Feldvektor hat in der xy-Ebene nur eine z-Komponente

$$\vec{E}(r) = \sqrt{S(r)\,Z_0}\; e^{-j2\pi r/\lambda}\,\vec{e}_z = \frac{E_0}{r}\,e^{-j2\pi r/\lambda}\,\vec{e}_z$$

mit:

$$E_0 = \sqrt{\frac{P_T\,D_{T,max}\,Z_0}{4\pi}}$$

Bei der Gruppenantenne aus Abb. 5.19 erhalten wir eine kohärente Überlagerung der
Felder der beiden Elemente. Bei gleicher Sendeleistung P_T für beide Elemente gilt in
der xy-Ebene

$$\vec{E}_{xy} = E_0 \left(\frac{e^{-j2\pi r_1/\lambda}}{r_1} + \frac{e^{-j2\pi r_2/\lambda}}{r_2}\,e^{j\delta} \right)\vec{e}_z$$

mit den Abständen:

$$r_1 = |\vec{r}_1| = \sqrt{(x - d_E/2)^2 + y^2} \quad , \quad r_2 = |\vec{r}_2| = \sqrt{(x + d_E/2)^2 + y^2}$$

Diese Gleichung werten wir wieder numerisch aus, indem wir die Punkte eines Kreises mit dem Radius $r \gg \lambda$ in der xy-Ebene einsetzen. Anschließend berechnen wir die Strahlungsleistungsdichte

$$S_{xy} = \frac{|\vec{E}_{xy}|^2}{Z_0} \quad \text{mit } Z_0 = 377\,\Omega$$

in der xy-Ebene und daraus durch Bezug auf die Strahlungsleistungsdichte

$$S_i = \frac{2P_T}{4\pi r^2}$$

einer isotropen Antenne mit der Summenleistung $2P_T$ die horizontale Richtcharakteristik:

$$D_{xy} = \frac{S_{xy}}{S_i}$$

Abb. 5.21 zeigt die Ergebnisse ohne zusätzliche Phasenverschiebung ($\delta = 0$) für vier verschiedene Abstände zwischen den beiden Elementen. Interessanter sind jedoch die in Abb. 5.22 gezeigten Ergebnisse mit Phasenverschiebung; in diesem Fall erhalten wir eine einseitige Richtwirkung in positiver oder negativer x-Richtung. Das ist in der Praxis von Bedeutung, da es in vielen Fällen nicht nur darum geht, Signale aus dem Bereich um die Vorzugsrichtung möglichst gut zu empfangen, sondern auch darum, Signale aus anderen Richtungen möglichst gut zu unterdrücken.

Wir können die horizontale Richtcharakteristik näherungsweise geschlossen berechnen. Dazu nehmen wir an, dass der Abstand d_E zwischen den Elementen wesentlich geringer ist als der Abstand r des Punktes $P(x, y, 0)$; in diesem Fall sind die Ortsvektoren $\vec{r}, \vec{r}_1$ und $\vec{r}_2$ in Abb. 5.20 näherungsweise parallel und es gilt:

$$r_1 \approx r - \frac{d_E}{2}\cos\varphi \quad , \quad r_2 \approx r + \frac{d_E}{2}\cos\varphi$$

Für die Kehrwerte der Abstände können wir die Näherung

$$\frac{1}{r_1} \approx \frac{1}{r_2} \approx \frac{1}{r}$$

verwenden; daraus folgt für den elektrischen Feldvektor:

$$\vec{E}_{xy} \approx \frac{E_0}{r}\, e^{-j2\pi r/\lambda}\left(e^{(j\pi d_E \cos\varphi)/\lambda} + e^{-(j\pi d_E \cos\varphi)/\lambda}\, e^{j\delta}\right)\vec{e}_z$$

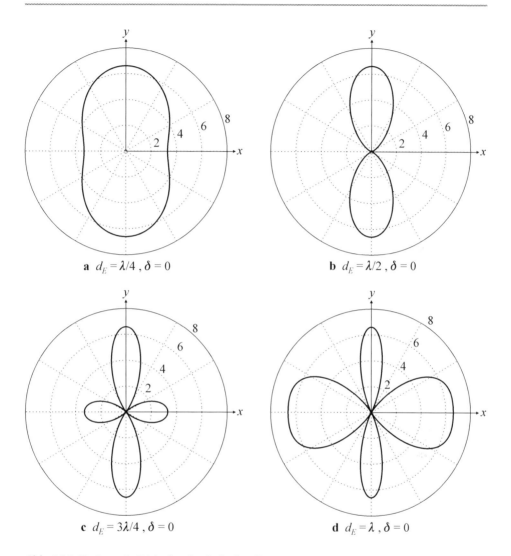

Abb. 5.21 Horizontale Richtcharakteristik der Gruppenantenne aus Abb. 5.19 ohne Phasenverschiebung

und für die Strahlungsleistungsdichte:

$$S_{xy} = \frac{|\vec{E}_{xy}|^2}{Z_0} \approx \frac{4\,E_0^2}{Z_0\,r^2}\,\cos^2\!\left(\frac{\pi\,d_E}{\lambda}\,\cos\varphi - \frac{\delta}{2}\right)$$

Dabei haben wir zunächst den Faktor $e^{j\delta/2}$ vor die Klammer gezogen und anschließend den Zusammenhang

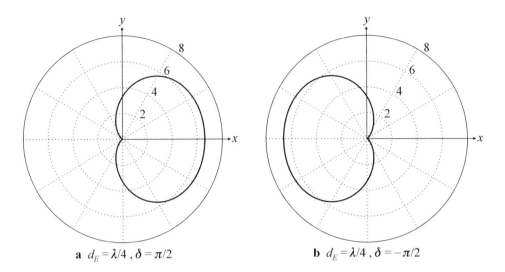

a $d_E = \lambda/4$, $\delta = \pi/2$ **b** $d_E = \lambda/4$, $\delta = -\pi/2$

Abb. 5.22 Horizontale Richtcharakteristik der Gruppenantenne aus Abb. 5.19 mit Phasenverschiebung

$$e^{(j\pi d_E \cos\varphi)/\lambda} \, e^{-j\delta/2} + e^{-(j\pi d_E \cos\varphi)/\lambda} \, e^{j\delta/2} = 2\cos\left(\frac{\pi d_E}{\lambda}\cos\varphi - \frac{\delta}{2}\right)$$

verwendet. Durch Einsetzen von E_0 und Bezug auf S_i erhalten wir für die Antenne mit zwei Elementen die horizontale Richtcharakteristik:

$$D_{xy} = 2 D_{T,max} \cos^2\left(\frac{\pi d_E}{\lambda}\cos\varphi - \frac{\delta}{2}\right)$$

Sie wird maximal, wenn das Argument der äußeren Cosinus-Funktion den Wert Null annimmt:

$$\frac{\pi d_E}{\lambda}\cos\varphi - \frac{\delta}{2} \overset{!}{=} 0 \quad \Rightarrow \quad \varphi_{max} = \arccos\frac{\delta\lambda}{2\pi d_E}$$

Demnach können wir mit Hilfe der Phasenverschiebung δ die Vorzugsrichtung φ_{max} einstellen.

Wir können die Berechnung nun für *lineare Antennenarrays* mit N Elementen im Abstand d_E erweitern; dazu nehmen wir an, dass sich die Elemente auf der negativen x-Achse an den Punkten $P_n(-n d_E, 0, 0)$ mit $n = 0, \ldots, N-1$ befinden und mit den Phasen $\delta_n = n\delta$ angesteuert werden. Für den elektrischen Feldvektor in der xy-Ebene gilt in diesem Fall:

$$\vec{E}_{xy} = \frac{E_0}{r} e^{-j2\pi r\lambda} \vec{e}_z \sum_{n=0}^{N-1} e^{j(n\delta - 2\pi n d_E \cos\varphi)/\lambda}$$

Die weitere Berechnung ergibt:

$$D_{xy} = \frac{D_{T,max}}{N} \left| \sum_{n=0}^{N-1} e^{jn[\delta-(2\pi d_E \cos\varphi)/\lambda]} \right|^2$$

Das Betragsquadrat nimmt in Vorzugsrichtung den Wert N^2 an, so dass wir das Maximum

$$D_{xy,max} = ND_{T,max} = D_{T,max,Array}$$

erhalten. In *Matlab* erfolgt die Berechnung mit der Funktion:

```
% horizontale Richtcharakteristik eines linearen Arrays mit
% N vertikalen Stabantennen der Länge lambda/4 berechnen
function [D_xy, phi] = D_Gruppe(lambda, d_E, delta, N)
% Maximum der Richtcharakteristik eines Elements in der xy-Ebene
D_T_max = 3.3;
% horizontale Richtcharakteristik berechnen
phi  = pi * ( 0 : 360) / 180;
k_i  = delta - 2 * pi * d_E * cos(phi) / lambda;
n_i  = ( 0 : N - 1 ).';
D_xy = D_T_max * abs( sum( exp( j * n_i * k_i ) ) ).^2 / N;
```

Abb. 5.23 zeigt die Ergebnisse für $d_E = \lambda/4$, $\delta = \pi/2$ und $N \in \{2, 3, 4\}$.

Bis jetzt haben wir alle Elemente mit derselben Leistung P_T angesteuert und die Phasenverschiebungen in einem festen Raster mit der Schrittweite δ gewählt. Wenn wir diese Einschränkungen fallen lassen, betreten wir das Feld der *Smart Antennas*, bei denen die Richtcharakteristik durch einen elektronischen Abgleich der Leistungen und der Phasen entweder fest eingestellt oder im Betrieb nach einem geeigneten Kriterium

Abb. 5.23 Horizontale Richtcharakteristik einer Gruppenantenne mit N vertikalen Stabantennen der Länge $\lambda/4$ (*linearer Antennenarray*):
– Abstände zwischen den Elementen: $d_E = \lambda/4$
– Phasenverschiebung zwischen den Elementen: $\delta = \pi/2$

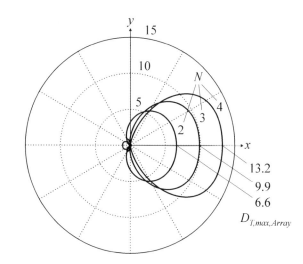

adaptiv nachgeregelt wird. Das gilt für Sende- und Empfangsantennen in gleicher Weise. Die Regelung erfolgt dabei im Digitalteil, d. h. sendeseitig *vor* der D/A-Umsetzung und empfangsseitig *nach* der A/D-Umsetzung. Wir gehen darauf nicht näher ein, sondern verweisen auf [1].

5.2.9 Anpassung

Die Impedanz an den elektrischen Anschlüssen einer Antenne wird *Fußpunk-timpedanz* (*Antenna Impedance*) $\underline{Z}_A$ genannt. Sie stimmt im allgemeinen nicht mit dem Leitungswellenwiderstand Z_L der Antennenleitung überein, so dass eine Impedanz-Anpassung erforderlich ist, um die über die Leitung zur Antenne transportierte Leistung vollständig in der Antenne umzusetzen und Reflexionen zu vermeiden. Eine Ausnahme bilden miniaturisierte Antennen auf Leiterplatten, deren Verbindungsleitungen zu den Sende- bzw. Empfangsschaltungen wesentlich kürzer sind als die Wellenlänge.

Abb. 5.24 zeigt das elektrische Ersatzschaltbild einer Antenne:

* Der *Strahlungswiderstand* R_S repräsentiert die abgestrahlte Leistung $P_T \, \eta$.
* Der *Verlustwiderstand* R_V repräsentiert die Verlustleistung $P_T \, (1 - \eta)$.
* Die Induktivität L_A und die Kapazität C_A beschreiben den Verlauf des Imaginärteils der Impedanz in der Umgebung der Sendefrequenz f_0.

Da in der Regel *alle* Größen von der Frequenz abhängen, gilt das Ersatzschaltbild nur in einer begrenzten Umgebung Δf der Sendefrequenz f_0; hier gilt:

$$\underline{Z}_A(j2\pi f) \; = \; R_S + R_V + \left(j2\pi f L_A + \frac{1}{j2\pi f C_A} \right) \quad \text{für } f_0 - \Delta f < f < f_0 + \Delta f$$

Aus den Widerständen ergibt sich der Wirkungsgrad:

$$\eta \; = \; \frac{R_S}{R_S + R_V}$$

Der Strahlungswiderstand R_S kann in der Regel nur mit Hilfe eines Feldsimulators ermittelt werden.

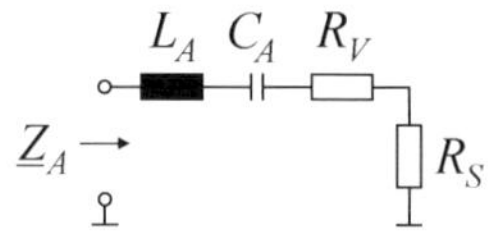

Abb. 5.24 Elektrisches Ersatzschaltbild einer Antenne mit dem Strahlungswiderstand R_S und dem Verlustwiderstand R_V

Für eine vertikale Stabantenne kann man unter vereinfachenden Annahmen eine geschlossene Berechnungsvorschrift angeben, die dann aber ebenfalls numerisch ausgewertet werden muss. Wesentlicher Parameter ist das Verhältnis der Länge l des Stabes zur Wellenlänge:

$$l_\lambda = \frac{l}{\lambda} = \frac{l \cdot f}{c} \quad \text{mit } \lambda = c/f$$

Aus [10] entnehmen wir die charakteristische Funktion

$$F(\theta, l_\lambda) = \frac{\cos(2\pi l_\lambda \cos\theta) - \cos 2\pi l_\lambda}{\sin\theta}$$

und den Strahlungswiderstand:

$$R_S = 60\,\Omega \cdot \int_0^{\pi/2} F^2(\theta, l_\lambda)\,\sin\theta\,d\theta$$

Das Integral werten wir in *Matlab* numerisch aus:

```
% Länge der Antenne bezogen auf die Wellenlänge
l_lambda = 0.01 : 0.01 : 1;

% Winkel für die Integration
steps  = 10000;
theta  = ( 1 : steps - 1 ) * pi / ( 2 * steps );
dtheta = pi / ( 2 * steps );

% Berechnung des Strahlungswiderstands R_S
len = length( l_lambda );
R_S = zeros( 1, len );
for i = 1 : len
   l = l_lambda(i);
   F = ( cos( 2 * pi * l * cos(theta) ) ...
       - cos( 2 * pi * l ) ) ./ sin(theta);
   R_S(i) = 60 * sum( F.^2 .* sin(theta) ) * dtheta;
end
```

Abb. 5.25 zeigt das Ergebnis.

Für die Antennenimpedanz bei der Sendefrequenz f_0 schreiben wir:

$$\underline{Z}_A(j2\pi f_0) = R + jX \quad \text{mit } R = R_S + R_V \text{ und } X = 2\pi f_0 L_A - \frac{1}{2\pi f_0 C_A}$$

Die Anpassung an den Leitungswellenwiderstand Z_L der Antennenleitung kann im einfachsten Fall mit den in Abb. 5.26 gezeigten Schaltungen erfolgen. Der Leitungswellenwiderstand wird zwar als Impedanz Z_L geschrieben, ist in der Regel aber ohmsch; in der

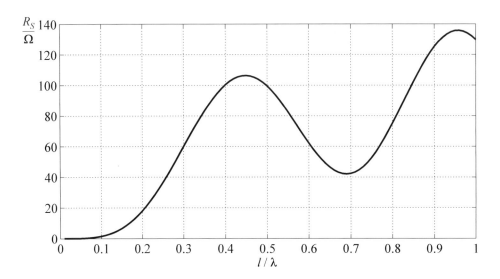

Abb. 5.25 Strahlungswiderstand einer vertikalen Stabantenne

Praxis gilt häufig $Z_L = 50\,\Omega$. Aus [2] entnehmen wir die in Abb. 5.27 gezeigten Dimensionierungsgleichungen. Die Anpassung ist nur bei der Frequenz f_0 exakt; deshalb muss man in der Praxis prüfen, ob der *Reflexionsfaktor*

$$\underline{r} = \frac{\underline{Z} - Z_L}{\underline{Z} + Z_L}$$

im vorgesehenen Betriebsbereich dem Betrag nach ausreichend klein bleibt. Wenn das nicht der Fall ist, müssen aufwendigere Anpass-Schaltungen verwendet werden. Anstelle des Reflexionsfaktors wird häufig das *Stehwellenverhältnis* (*Voltage Standing Wave Ratio*)

$$VSWR = \frac{1 + |\underline{r}|}{1 - |\underline{r}|}$$

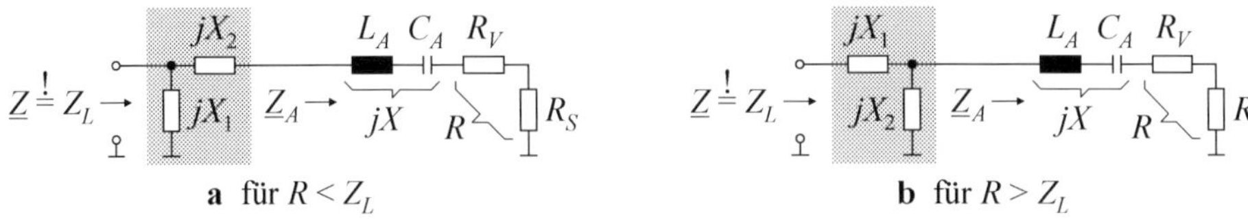

a für $R < Z_L$ **b** für $R > Z_L$

Abb. 5.26 Einfache Schaltungen zur Anpassung einer Antenne. Der Leitungswellenwiderstand der Antennenleitung wird zwar als Impedanz Z_L geschrieben, ist in der Regel aber ohmsch, z. B. $Z_L = 50\,\Omega$

Schaltung	X_1	X_2
Abb. 5.26a	$\pm \dfrac{Z_L R}{\sqrt{R(Z_L - R)}}$	$\mp \sqrt{R(Z_L - R)} - X$
Abb. 5.26b	$\pm Z_L \sqrt{\dfrac{R^2 + X^2}{Z_L R} - 1}$	$\mp \dfrac{R^2 + X^2}{R \sqrt{\dfrac{R^2 + X^2}{Z_L R} - 1} \pm X}$

$$X_i > 0 \;\Rightarrow\; L_i = \frac{X_i}{2\pi f_0} \quad , \quad X_i < 0 \;\Rightarrow\; C_i = -\frac{1}{2\pi f_0 X_i}$$

Abb. 5.27 Dimensionierungsgleichungen für die Schaltungen in Abb. 5.26. Es existieren jeweils zwei Lösungen, die durch die Wahl der Vorzeichen ($\pm/\mp$) gegeben sind. X-Werte größer Null werden durch eine Induktivität L, X-Werte kleiner Null durch eine Kapazität C realisiert.

angegeben. Bei Fehlanpassung, d. h. $|r| > 0$ bzw. $VSWR > 1$, wird von der zur Verfügung stehenden Leistung P der Anteil

$$P_T = P\left(1 - |r|^2\right)$$

in der Antenne umgesetzt und der Anteil

$$P_r = P\,|r|^2$$

reflektiert. In der Praxis wird üblicherweise $VSWR < 2$ bzw. $|r| < 0.33$ gefordert; dann gehen maximal 11% der zur Verfügung stehenden Leistung durch Reflexion verloren. Für eine detaillierte Behandlung der Zusammenhänge verweisen wir auf [2].

Abb. 5.26 zeigt die Schaltungen zur Anpassung für den Fall einer unsymmetrischen Leitung und einer unsymmetrischen Antenne; diese Variante ist in Abb. 5.28a noch einmal dargestellt. Die Bezeichnung *unsymmetrisch* bedeutet in diesem Zusammenhang, dass einer der beiden Anschlüsse mit Masse verbunden ist, angezeigt durch das Massesymbol. Die Varianten für eine symmetrische Leitung und/oder Antenne sind in Abb. 5.28b–d dargestellt. Bei Antennen, die sich in einiger Entfernung vom Sendeverstärker befinden, erfolgt der Anschluss in der Regel über eine Koaxialleitung; dabei handelt es sich um eine *unsymmetrische* Leitung. *Symmetrische* Leitungen findet man häufig auf Leiterplatten, vor allem dann, wenn die Antenne zusammen mit dem Sendeverstärker auf einer gemeinsamen Leiterplatte realisiert wird. Die wichtigsten unsymmetrischen Antennen sind die vertikale Stabantenne als separat realisierte Antenne und die in Abb. 5.6a auf Seite 149 gezeigte *Inverted F Antenna* für Leiterplatten. Bei den symmetrischen Antennen dominieren die Dipol-Antenne und die magnetische Schleifenantenne (*Loop Antenna*); letztere wird auch als *Rahmenantenne* bezeichnet und ebenfalls bevorzugt auf Leiterplatten realisiert, siehe Abb. 5.6b auf Seite 149.

a unsymmetrische Leitung und unsymmetrische Antenne

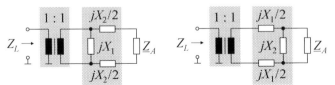

b unsymmetrische Leitung und symmetrische Antenne

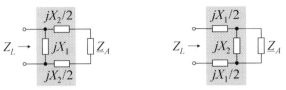

c symmetrische Leitung und symmetrische Antenne

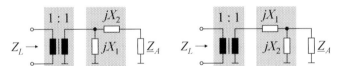

d symmetrische Leitung und unsymmetrische Antenne

Abb. 5.28 Varianten der Schaltungen aus Abb. 5.26 für verschiedene Ausführungen der Leitung und der Antenne (links für $R < Z_L$, rechts für $R > Z_L$)

Bei den Varianten mit einem Übergang zwischen einer unsymmetrischen (*unbalanced*) Komponente und einer symmetrischen (*balanced*) Komponente wird ein *Symmetrierglied* eingesetzt, dass als *Balun* (*balanced–unbalanced*) bezeichnet wird und im einfachsten Fall durch einen 1:1-Übertrager realisiert wird, siehe Abb. 5.28b, d. Weitere Ausführungen für Baluns werden in [10] beschrieben. Wir gehen darauf nicht näher ein.

Bei kurzen vertikalen Stabantennen und magnetischen Schleifenantennen ist der Realteil der Fußpunktimpedanz in der Regel wesentlich geringer als der Leitungswellenwiderstand Z_L, d. h. es gilt $R \ll Z_L$. In diesem Fall ist eine Anpassung mit der Schaltung aus Abb. 5.26a praktisch nicht mehr möglich, da die Bandbreite zu gering wird und die Werte der resultierenden Induktivitäten und Kapazitäten sehr genau eingehalten werden müssen. Entscheidend ist in diesem Zusammenhang das *Transformationsverhältnis*:

$$t = \frac{Z_L}{R}$$

Bei $t > 5$ muss die Anpassung in der Regel in mehreren Stufen erfolgen, indem man

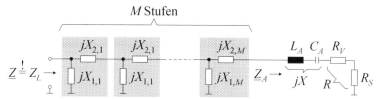

a mit einer Reihenschaltung mit mehreren Stufen

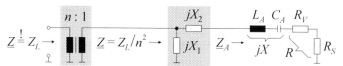

b mit einem zusätzlichen Übertrager

Abb. 5.29 Anpassung bei großen Transformations-
verhältnissen $t = Z_L/R$

- mehrere der in Abb. 5.26a gezeigten Schaltungen in Reihe schaltet, siehe Abb. 5.29a;
- einen zusätzlichen Übertrager verwendet, siehe Abb. 5.29b.

Im ersten Fall kann die Bandbreite maximiert werden, indem die Stufen gegeneinander verstimmt werden. Bei M Stufen erhält man M Frequenzen, für die der Reflexionsfaktor zu Null wird. Diese Frequenzen müssen so gewählt werden, dass der Betrag des Reflexionsfaktors zwischen diesen Frequenzen den zulässigen Maximalwert nicht überschreitet. Der Entwurf kann mit Hilfe gängiger Approximationsverfahren erfolgen, z. B. durch eine *Tschebyscheff-Approximation*. In der Praxis werden jedoch meist numerische Optimierungsprogramme eingesetzt, die nach dem *Gradientenverfahren* arbeiten; dabei werden die Werte *ohne* Verstimmung als Startwerte verwendet.

Im zweiten Fall wird der Leitungswellenwiderstand Z_L mit einem n:1-Übertrager auf den Wert Z_L/n^2 transformiert; dadurch wird das Transformationsverhältnis um den Faktor n^2 reduziert. Diese Variante ist vor allem dann von Interesse, wenn zusätzlich ein Übergang von einer unsymmetrischen auf eine symmetrische Komponente vorliegt; in diesem Fall wird der Übertrager als Symmetrierglied *und* als Transformationsglied verwendet.

5.2.10 Beispiele

Wir betrachten zunächst eine quadratische Schleifenantenne mit der Kantenlänge $l = 2\,\text{cm}$ gemäß Abb. 5.16 auf Seite 162, die wir bei der Frequenz $f_0 = 868\,\text{MHz}$ betreiben. Die Richtcharakteristik dieser Antenne bei 434 MHz haben wir bereits im Abschn. 5.2.8 mit *Matlab* berechnet und in Abb. 5.18 auf Seite 166 dargestellt. Die Bedingung $4l \ll \lambda$ für einen konstanten Stromvektor entlang der Schleife ist bei 868 MHz allerdings nicht mehr so gut erfüllt wie bei 434 MHz. Da wir zur Ermittlung der Fußpunktimpedanz ohnehin eine Feldsimulation durchführen müssen, nutzen wir die Gelegenheit, zusätzlich die Auswirkungen der höheren Frequenz auf die Richtcharakteristik zu untersuchen.

Wir benutzen das Programm *4nec2*, siehe [11], bei dem wir die Antenne und die durchzuführende Simulation durch die folgenden Anweisungen beschreiben müssen:

```
CM Magnetische Schleifenantenne 2 x 2 cm bei 868 MHz
CE
'
' Kanten 1 bis 4 (alle Maße in Meter):
'   Nr.   Segmente    x1    y1   z1    x2    y2   z2   Durchmesser
GW   1       21       0.01 -0.01  0    0.01  0.01  0     0.0001
GW   2       21       0.01  0.01  0   -0.01  0.01  0     0.0001
GW   3       21      -0.01  0.01  0   -0.01 -0.01  0     0.0001
GW   4       21      -0.01 -0.01  0    0.01 -0.01  0     0.0001
'
' keine Massefläche (die Antenne befindet sich im freien Raum)
GE 0
'
' Anregung: 0 = Spannungsquelle, 1 = Kante, 11 = Segment,
'           0 = nicht genutzt, 1/0 = Re/Im der Anregung (1+j0)
EX 0 1 11 0 1 0
'
' Frequenz: 0 = lineare Schritte, 1 = Anzahl Schritte,
'           0/0 = nicht genutzt, 868 = Frequenz in MHz,
'           0 = Schrittweite
FR 0 1 0 0 868 0
'
EN
```

Wir wollen hier nur einen Eindruck vermitteln und gehen deshalb nicht näher auf die Syntax der Befehle ein. Bei Zeilen, die mit C oder ' beginnen, handelt es sich um Kommentare.

Abb. 5.30 zeigt das Hauptfenster (*Main*) nach der Durchführung der Simulation und das Fenster mit der Geometrie der Antenne. Der Fußpunkt hat die Koordinaten $(0.01\,\mathrm{m}, 0, 0)$ und ist durch einen Kreis gekennzeichnet. Dem Hauptfenster entnehmen wir die Fußpunktimpedanz (*Impedance*):

$$\underline{Z}_A = (0.66 + j\,489)\,\Omega \quad \Rightarrow \quad R = 0.66\,\Omega \;,\; X = 489\,\Omega$$

Der Realteil $R = 0.66\,\Omega$ ist sehr klein. Da wir in dieser Simulation ideale Leiter angenommen haben, treten keine ohmschen Verluste auf ($R_V = 0$) und der Wirkungsgrad (*Efficiency*) beträgt 100 %; daraus folgt für den Strahlungswiderstand:

$$R_S = R = \mathrm{Re}\left\{\underline{Z}_A\right\} = 0.66\,\Omega$$

Die Elemente L_A und C_A des Ersatzschaltbilds der Antenne bestimmen wir, indem wir die Abhängigkeit des Imaginärteils X von der Frequenz in der Umgebung der Betriebsfrequenz $f_0 = 868\,\mathrm{MHz}$ betrachten. Es gilt:

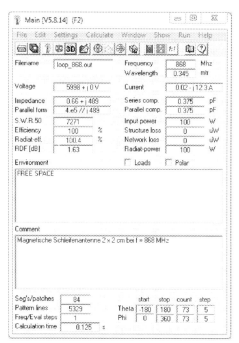

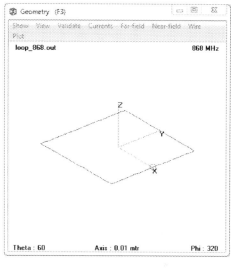

Abb. 5.30 Simulation einer Schleifenantenne mit *4nec2* (Teil 1)

$$X(f) = \text{Im}\left\{\underline{Z}_A(f)\right\} = 2\pi f L_A - \frac{1}{2\pi f C_A}$$

Mit Hilfe des Feldsimulationsprogramms bestimmen wir den Imaginärteil X für die Frequenzen $f = f_0 \pm 5\,\text{MHz}$:

$$X(f = 863\,\text{MHz}) = 484.4\,\Omega \quad , \quad X(f = 873\,\text{MHz}) = 492.7\,\Omega$$

Wenn wir die Frequenzen in GHz (10^9 Hz), die Induktivität L_A in nH (10^{-9} H) und die Kapazität C_A in nF (10^{-9} F) einsetzen, erhalten wir das nichtlineare Gleichungssystem:

$$484.4 = 5.422 \cdot L_A\,[\text{nH}] - \frac{1}{5.422 \cdot C_A\,[\text{nF}]}$$

$$492.7 = 5.485 \cdot L_A\,[\text{nH}] - \frac{1}{5.485 \cdot C_A\,[\text{nF}]}$$

Wir eliminieren L_A, indem wir die zweite Gleichung mit $5.422/5.485$ multiplizieren und von der ersten Gleichung abziehen:

$$-2.64 = \frac{-0.004212}{C_A\,[\text{nF}]} \quad \Rightarrow \quad C_A\,[\text{nF}] = 0.00159 \quad \Rightarrow \quad C_A = 1.59\,\text{pF}$$

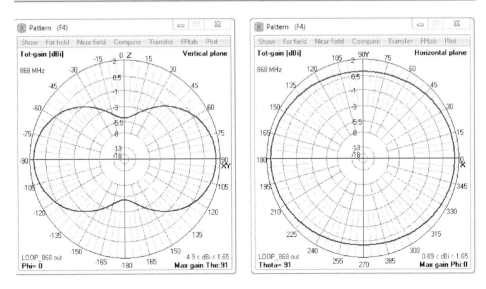

Abb. 5.31 Simulation einer Schleifenantenne mit *4nec2* (Teil 2)

Durch Einsetzen von C_A in die erste Gleichung erhalten wir:

$$484.4 \; = \; 5.422 \cdot L_A \,[\text{nH}] - \frac{1}{0.00862} \quad \Rightarrow \quad L_A \; = \; 110.7\,\text{nH}$$

In Abb. 5.31 sind die vertikale und die horizontale Richtcharakteristik dargestellt. Die Werte sind in dBi angegeben, d. h. in dB bezogen auf eine isotrope Antenne. Die horizontale Richtcharakteristik schwankt zwischen 1.65 dBi = 1.46 und 0.89 dBi = 1.23. Die vereinfachte Berechnung mit *Matlab* im Abschn. 5.2.8 hatte D_{max} = 1.7 dBi = 1.48 ergeben. Das Maximum stimmt demnach sehr gut überein; nur in y-Richtung ergibt sich aufgrund des nicht konstanten Stromvektors eine Abweichung von etwa 0.8 dB.

Der geringe Strahlungswiderstand erschwert eine Anpassung an eine Antennenleitung mit einem Leitungswellenwiderstand Z_L = 50 Ω erheblich. Schleifenantennen dieser Art werden jedoch fast ausschließlich auf Leiterplatten in unmittelbarer Nähe zu den Sende- bzw. Empfangsschaltungen realisiert; dadurch können die Verbindungsleitungen im Vergleich zur Wellenlänge so kurz bleiben, dass keine Anpassung erforderlich ist. Man spricht in diesem Zusammenhang von *elektrisch kurzen Leitungen*. In unserem Fall beträgt die Wellenlänge $\lambda \approx 35$ cm, während die Länge der Verbindungsleitungen nicht selten unter 1 cm liegt. Der Betrieb derart niederohmiger Antennen erfordert jedoch den Einsatz spezieller Sendeverstärker, die bereits bei geringen Sendeleistungen vergleichsweise hohe Ströme liefern müssen. Auch in diesem Fall werden Schaltungen zur Anpassung verwendet, hier jedoch nicht zur Anpassung an eine Antennenleitung, sondern zur direkten Anpassung der Antenne an den Sendeverstärker.

Als weiteres Beispiel betrachten wir eine *Groundplane-Antenne* (*Groundplane Antenna*, *GPA* oder *GP*) mit einem vertikalen Stab der Länge $\lambda/4$ und vier vom Fußpunkt schräg nach unten verlaufenden Stäben, die eine Massefläche (*Groundplane*) nachbilden.

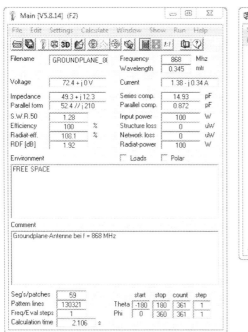
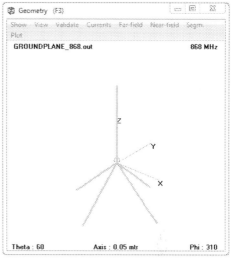

Abb. 5.32 Simulation einer Groundplane-Antenne mit *4nec2* (Teil 1)

Abb. 5.32 zeigt das Hauptfenster nach der Simulation und das Fenster mit der Geometrie der Antenne. Die Anweisungen zur Beschreibung der Geometrie lauten in diesem Fall:

```
' Stäbe (alle Maße in Meter):
'    Nr.  Segmente  x1  y1  z1   x2       y2       z2      Durchmesser
GW   1    15        0   0   0    0        0        0.085   0.001
GW   2    11        0   0   0   -0.048    0       -0.048   0.001
GW   3    11        0   0   0    0.048    0       -0.048   0.001
GW   4    11        0   0   0    0       -0.048   -0.048   0.001
GW   5    11        0   0   0    0        0.048   -0.048   0.001
```

Die Geometrie der Antenne wurde so gewählt, dass der Realteil der Fußpunktimpedanz

$$\underline{Z}_A = (49.3 + j\,12.3)\ \Omega$$

bei der Betriebsfrequenz $f_0 = 868\,\mathrm{MHz}$ möglichst gut mit dem Leitungswellenwiderstand $Z_L = 50\,\Omega$ übereinstimmt:

$$R = \mathrm{Re}\left\{\underline{Z}_A\right\} = 49.3\,\Omega \approx 50\,\Omega$$

Der Imaginärteil

$$X = \mathrm{Im}\left\{\underline{Z}_A\right\} = 12.3\,\Omega$$

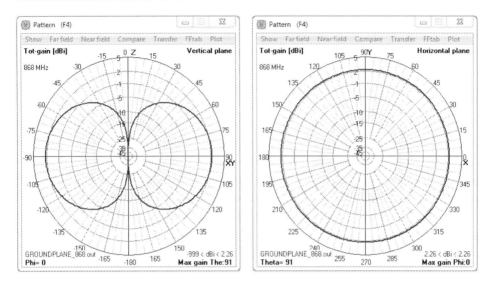

Abb. 5.33 Simulation einer Groundplane-Antenne mit *4nec2* (Teil 2)

kann mit einer Längskapazität kompensiert werden:

$$X_2 = -X = -12.3\,\Omega \quad \Rightarrow \quad C_2 = -\frac{1}{2\pi f_0\,X_2} = 14.9\,\text{pF} \approx 15\,\text{pF}$$

Die Richtcharaktersitik der Antenne ist in Abb. 5.33 dargestellt.

Wir nehmen nun an, dass wir dieselbe Antenne auch für $f_0 = 434\,\text{MHz}$ nutzen wollen. Die Fußpunktimpedanz beträgt in diesem Fall:

$$\underline{Z}_A = (8 - j\,269)\,\Omega$$

Zur Anpassung an $Z_L = 50\,\Omega$ verwenden wir die Schaltung aus Abb. 5.26a auf Seite 176; dabei erhalten wir mit Hilfe von Abb. 5.27:

$$X_1 = \pm 21.82\,\Omega \quad , \quad X_2 = (\mp 18.33 + 269)\,\Omega$$

Wir wählen die unteren Vorzeichen, damit wir für X_1 eine Kapazität ($X_1 < 0$) verwenden können:

$$X_1 = -21.8\,\Omega \quad \Rightarrow \quad C_1 = -\frac{1}{2\pi f_0\,X_1} = 16.8\,\text{pF}$$

$$X_2 = 287.33\,\Omega \quad \Rightarrow \quad L_2 = \frac{X_2}{2\pi f_0} = 105.4\,\text{nH}$$

Abb. 5.34 zeigt die Anpassung der Antenne für die beiden Betriebsfrequenzen.

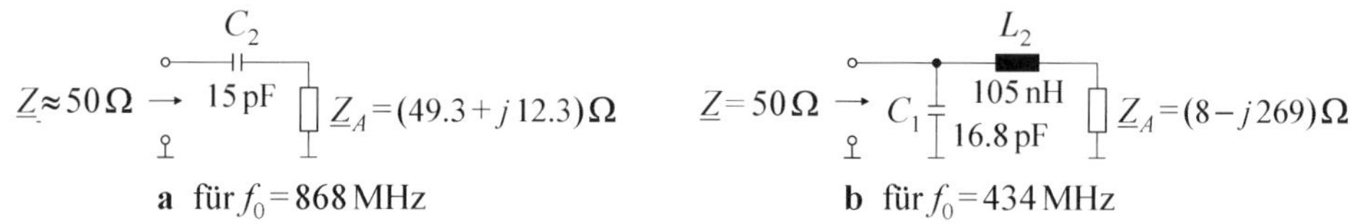

$$Z \approx 50\,\Omega \;\rightarrow\; \overset{C_2}{\underset{15\,\text{pF}}{\dashv\vdash}}\;\; \underline{Z}_A = (49.3 + j\,12.3)\,\Omega \qquad\qquad Z = 50\,\Omega \;\rightarrow\; C_1\;\overset{L_2}{\underset{16.8\,\text{pF}}{105\,\text{nH}}}\;\; \underline{Z}_A = (8 - j\,269)\,\Omega$$

$$\textbf{a}\ \ \text{für } f_0 = 868\,\text{MHz} \qquad\qquad\qquad \textbf{b}\ \ \text{für } f_0 = 434\,\text{MHz}$$

Abb. 5.34 Anpassung der Groundplane-Antenne aus Abb. 5.32

Um die Bandbreite der Anpassung zu ermitteln, müssen wir die Elemente L_A und C_A des Ersatzschaltbilds der Antenne bestimmen; dazu müssen wir wie im vorausgehenden Beispiel den Verlauf des Imaginärteils

$$X(f) \;=\; \text{Im}\left\{\underline{Z}_A(f)\right\} \;=\; 2\pi f\,L_A \;-\; \frac{1}{2\pi f\,C_A}$$

der Fußpunktimpedanz in der Umgebung der Betriebsfrequenz f_0 betrachten. Die Bandbreite ist umso geringer, je stärker die Fußpunktimpedanz vom Leitungswellenwiderstand abweicht; wir betrachten deshalb den kritischeren Fall mit $f_0 = 434\,\text{MHz}$ aus Abb. 5.34b. Zunächst ermitteln wir wieder den Imaginärteil X für $f = f_0 \pm 5\,\text{MHz}$ mit Hilfe des Feldsimulationsprogramms:

$$X(f = 429\,\text{MHz}) \;=\; -274\,\Omega \quad , \quad X(f = 439\,\text{MHz}) \;=\; -264\,\Omega$$

Wenn wir die Frequenzen in GHz ($10^9\,\text{Hz}$), die Induktivität L_A in nH ($10^{-9}\,\text{H}$) und die Kapazität C_A in nF ($10^{-9}\,\text{F}$) einsetzen, erhalten wir das nichtlineare Gleichungssystem:

$$-274 \;=\; 2.695 \cdot L_A\,[\text{nH}] \;-\; \frac{1}{2.695 \cdot C_A\,[\text{nF}]}$$

$$-264 \;=\; 2.758 \cdot L_A\,[\text{nH}] \;-\; \frac{1}{2.758 \cdot C_A\,[\text{nF}]}$$

Wir eliminieren L_A, indem wir die erste Gleichung mit dem Faktor $2.758/2.695$ multiplizieren und von der zweiten Gleichung abziehen:

$$16.4 \;=\; \frac{0.01715}{C_A\,[\text{nF}]} \quad\Rightarrow\quad C_A\,[\text{nF}] = 0.001046 \quad\Rightarrow\quad C_A = 1.046\,\text{pF}$$

Durch Einsetzen in die erste Gleichung erhalten wir:

$$-274 \;=\; 2.695 \cdot L_A\,[\text{nH}] - 354.7 \quad\Rightarrow\quad L_A = 30\,\text{nH}$$

Da wir in der Feldsimulation keine Verluste modelliert haben, setzen wir den Verlustwiderstand R_V zu Null und identifizieren den Realteil der Fußpunktimpedanz mit dem Strahlungswiderstand R_S:

$$R_V \;=\; 0 \quad\Rightarrow\quad R_S \;=\; \text{Re}\left\{\underline{Z}_A\right\} \;=\; 8\,\Omega$$

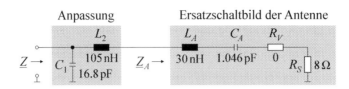

Abb. 5.35 Ersatzschaltbild der Groundplane-Antenne mit Anpassung für die Betriebsfrequenz $f_0 =$ 434 MHz

Damit erhalten wir das in Abb. 5.35 gezeigte Ersatzschaltbild. Für die Impedanz $\underline{Z}$ am Eingang der Anpass-Schaltung gilt mit $\omega = 2\pi f$:

$$\underline{Z} = \cfrac{1}{j\omega C_1 + \cfrac{1}{R_S + R_V + j\omega(L_2 + L_A) + \cfrac{1}{j\omega C_A}}}$$

Daraus erhalten wir mit

$$\underline{r} = \frac{\underline{Z} - Z_L}{\underline{Z} + Z_L} \quad \text{mit } Z_L = 50\,\Omega$$

den Reflexionsfaktor. Die Berechnung können wir mit *Matlab* durchführen:

```
% Leitungswellenwiderstand
Z_L = 50;
% Frequenzbereich in MHz
f = 425 : 0.1 : 445;
% Elemente des Ersatzschaltbilds der Antenne
R_S = 8;
R_V = 0;
L_A = 30e-9;
C_A = 1.046e-12;
% Elemente der Anpassung
C_1 = 16.8e-12;
L_2 = 105e-9;
% komplexe Kreisfrequenz
w = 2i * pi * f * 1e6;



% Impedanz
Z = 1 ./ ( w * C_1 + 1 ./ ( R_S + R_V + w * ( L_2 + L_A ) + ...
                      1 ./ ( w * C_A ) ) );
% Reflexionsfaktor
r = ( Z - Z_L ) ./ ( Z + Z_L );
```

Abb. 5.36 zeigt das Ergebnis. Die Bandbreite ist aufgrund des hohen Transformationsfaktors

$$t = \frac{Z_L}{R} = \frac{50\,\Omega}{8\,\Omega} = 6.25$$

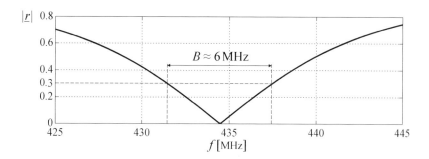

Abb. 5.36 Betrag des Reflexionsfaktors der Groundplane-Antenne mit Anpassung

der Anpassung vergleichsweise gering: $B \approx 6\,\text{MHz}$. Als Maß für die relative Bandbreite dient die Güte:

$$Q = \frac{f_0}{B} = \frac{434\,\text{MHz}}{6\,\text{MHz}} \approx 72$$

Sie ist hier bereits zu hoch. In der Praxis wird $Q < 20 \ldots 50$ angestrebt.

Wir haben in diesem Beispiel eine Antenne, die für $868\,\text{MHz}$ entworfen wurde, für $434\,\text{MHz}$ angepasst. Ein simultaner Betrieb auf beiden Frequenzen ist auf diese Weise natürlich nicht möglich, d. h. die Antenne arbeitet immer als *Monoband-Antenne*. Ein Wechsel des Bandes erfordert eine Umschaltung der Anpassung. Mit einer aufwendigeren Anpassung kann die Antenne für beide Frequenzen *gleichzeitig* angepasst werden; sie arbeitet dann als *Dualband-Antenne*. In diesem Fall würde man aber auch die Geometrie der Antenne ändern, um gleichmäßig gute Eigenschaften bei beiden Frequenzen zu erhalten und die Anpassung zu erleichtern. Wir gehen darauf nicht näher ein und verweisen auf die umfangreiche Literatur. Einen guten Einstieg bietet [12].

Leistungsdaten eines Empfängers

Inhaltsverzeichnis

Die Empfangsleistung eines Empfängers hängt in erster Linie von zwei Parametern ab:

- der *Rauschzahl F* des Empfängers, durch die der Pegel der empfangbaren Signale nach *unten* begrenzt wird;

© Springer-Verlag GmbH Deutschland 2017
A. Heuberger und E. Gamm, *Software Defined Radio-Systeme für die Telemetrie*,
DOI 10.1007/978-3-662-53234-8_6

- dem *Interceptpunkt IP3* des Empfängers, durch den der Pegel der empfangbaren Signale nach *oben* begrenzt wird.

Aus der Differenz zwischen dem minimalen und dem maximalen Pegel der empfangbaren Signale ergibt sich der *Dynamikbereich* des Empfängers. Für den praktischen Betrieb ist der auf diese Weise berechnete Dynamikbereich jedoch nur bedingt relevant; hier ist statt dessen häufig der ebenfalls aus der Rauschzahl und dem Interceptpunkt berechnete *Inband-Dynamikbereich* entscheidend, der beschreibt, wie groß der Pegelunterschied zwischen einem schwachen Signal und einem im Nachbarkanal liegenden starken Signal maximal sein darf, damit das schwache Signal noch empfangen werden kann.

Die Rauschzahl und der Interceptpunkt eines Empfängers werden aus den Rauschzahlen und den Interceptpunkten der Komponenten des Empfängers berechnet; diese wiederum werden durch Messungen oder mit Hilfe von Schaltungssimulationen ermittelt. Wie dies geschieht, ist z. B. in [2] ausführlich beschrieben und sprengt den Rahmen unserer Darstellung. Wir machen deshalb drei vereinfachende Annahmen, die es uns erlauben, die grundlegenden Zusammenhänge ohne Verwendung eines speziellen Schaltungssimulators in *Matlab* zu untersuchen:

- Alle Komponenten des Empfängers sind ein- und ausgangsseitig an einen Leitungswellenwiderstand $Z_L = 50\,\Omega$ angepasst.
- Die Verstärkungen, die Rauschzahlen und die Interceptpunkte der Komponenten für diesen Betriebsfall sind bekannt.
- Die Kennlinien der Komponenten können durch Polynome beschrieben werden.

Die erste Annahme erlaubt uns, an jedem Punkt einen einheitlichen Zusammenhang zwischen der Spannung $u(t)$, dem Strom $i(t)$, der Momentanleistung

$$p(t) \,=\, u(t) \cdot i(t)$$

und der (mittleren) Leistung

$$P \,=\, \mathrm{E}\{p(t)\}$$

zu verwenden:

$$i(t) \,=\, \frac{u(t)}{Z_L} \quad\Rightarrow\quad p(t) \,=\, \frac{u^2(t)}{Z_L} \quad\Rightarrow\quad P \,=\, \frac{\mathrm{E}\{u^2(t)\}}{Z_L} \,=\, \frac{u_{e\!f\!f}^2}{Z_L}$$

Dabei ist

$$u_{e\!f\!f} \,=\, \sqrt{\mathrm{E}\{u^2(t)\}} \,=\, \sqrt{P Z_L}$$

der *Effektivwert* der Spannung $u(t)$. In der Praxis wird fast ausschließlich die Leistung in dBm, d. h. Dezibel bezogen auf eine Referenzleistung von 1 mW, angegeben:

Abb. 6.1 Leistungen und
Effektivwerte für $Z_L = 50\,\Omega$

P		u_{eff}	P		u_{eff}
W	dBm	V	W	dBm	V
10^{-6}	-30	0.007071	0.01	10	0.7071
10^{-5}	-20	0.02236	0.02	13	1
10^{-4}	-10	0.07071	0.1	20	2.236
10^{-3}	0	0.2236	1	30	7.071

$$P[\text{dBm}] = 10\lg \frac{P[\text{W}]}{1\,\text{mW}} = 30 + 10\lg \frac{P[\text{W}]}{1\,\text{W}}$$

Ausgehend vom Effektivwert u_{eff} erhalten wir:

$$P[\text{dBm}] = 10\lg \frac{u_{eff}^2}{Z_L \cdot 1\,\text{mW}} \overset{Z_L = 50\,\Omega}{=} 20\lg \frac{u_{eff}}{0.2236\,\text{V}}$$

Abb. 6.1 zeigt einige korrespondierende Werte.

Bei der Modellierung in *Matlab* berechnen wir nur die Spannungen; dabei verzichten wir auf das Formelzeichen *u* für *Spannung* und schreiben für eine Spannung $u_x(t)$ nur $x(t)$. Wir nennen $x(t)$ dann auch nicht mehr *Spannung*, sondern *Signal*. Es gilt:

```
% ... der Zeilenvektor x enthalte das Signal,
%     das der Spannung u_x entspricht ...

% Leitungswellenwiderstand in Ohm
Z_L = 50;

% Leistung in Watt
P_x = x * x' / ( Z_L * length(x) );
% Leistung in dBm
P_x_dBm = 30 + 10 * log10( P_x );

% Effektivwert
x_eff = sqrt( x * x' / length(x) );
```

6.1 Rauschen

6.1.1 Ursachen und Rauschleistungsdichten

Das Rauschen in einem Empfänger wird durch das *thermische Rauschen* von ohmschen Widerständen, das *Schrotrauschen* von pn-Übergängen in Halbleitern und das *1/f-Rauschen* verursacht. Letzteres wird durch verschiedene, zum Teil bis heute nicht abschließend geklärte Effekte verursacht und deshalb häufig empirisch beschrieben. Während das thermische Rauschen und das Schrotrauschen im technisch interessanten

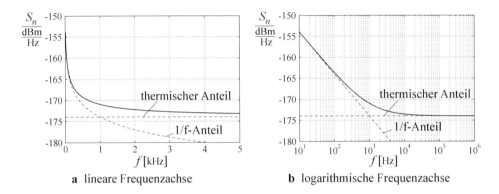

a lineare Frequenzachse   **b** logarithmische Frequenzachse

Abb. 6.2 Spektrale Rauschleistungsdichte einer Komponente mit thermischem Rauschen und 1/f-Rauschen. In der Darstellung mit logarithmischer Frequenzachse fällt der 1/f-Anteil mit −10 dB/Dekade ab

Frequenzbereich eine konstante spektrale Rauschleistungsdichte besitzt und deshalb als *weißes Rauschen* bezeichnet wird, ist die spektrale Rauschleistungsdichte des 1/f-Rauschens umgekehrt proportional zur Frequenz und deshalb nur bei entsprechend niedrigen Frequenzen von Bedeutung. Abb. 6.2 zeigt als Beispiel die spektrale Rauschleistungsdichte einer Komponente mit thermischem Rauschen und 1/f-Rauschen. Wir beschränken uns im folgenden auf das weiße Rauschen.

6.1.2   Thermische Rauschleistungsdichte

Jede Signalquelle erzeugt neben ihrem Nutzsignal auch ein Rauschsignal. Bei Signalquellen mit thermischem Rauschen besitzt dieses Rauschsignal die *thermische Rauschleistungsdichte*:

$$S_{n,th} = kT = 1.38 \cdot 10^{-23} \frac{\mathrm{W}}{\mathrm{Hz} \cdot \mathrm{K}} \cdot T \overset{T=290\,\mathrm{K}}{=} 4 \cdot 10^{-21} \frac{\mathrm{W}}{\mathrm{Hz}} \qquad (6.1)$$

Dabei ist k die *Boltzmann-Konstante* und T die Temperatur der Signalquelle. Im Zusammenhang mit der Rauschzahl wird eine *Referenztemperatur* $T = 290\,\mathrm{K}$ verwendet. In der Praxis werden Rauschleistungsdichten in dBm/Hz angegeben; für die thermische Rauschleistungsdichte gilt:

$$S_{n,th}\,[\mathrm{dBm/Hz}] = 30 + 10\lg \frac{S_{n,th}}{1\,\mathrm{W/Hz}} \overset{T=290\,\mathrm{K}}{=} -174 \qquad (6.2)$$

In Abb. 6.2 sind die Rauschleistungsdichten auf diese Weise dargestellt. In einem Bereich mit der Bandbreite B erhalten wir eine *thermische Rauschleistung* von:

$$P_{n,th} = kTB \overset{T=290\,\text{K}}{=} 4 \cdot 10^{-21}\,\frac{\text{W}}{\text{Hz}} \cdot B \quad \Rightarrow \quad P_{n,th}\,[\text{dBm}] = -174 + 10\lg\frac{B}{1\,\text{Hz}}$$

6.1.3 Thermisches Rauschen als diskretes Signal

Bei einem diskreten Signal mit der Abtastrate f_a beträgt die Bandbreite $B = f_a/2$; in diesem Fall beträgt die thermische Rauschleistung:

$$P_{n,th} = \frac{kTf_a}{2} \overset{T=290\,\text{K}}{=} 2 \cdot 10^{-21}\,\frac{\text{W}}{\text{Hz}} \cdot f_a$$

Ferner gilt für ein diskretes Rauschsignal $n[n]$, das wir als Spannung an einem Widerstand $R = Z_L = 50\,\Omega$ auffassen, bei $T = 290\,\text{K}$ der Zusammenhang:

$$P_{n,n} = \text{E}\left\{n^2[n]\right\} = \frac{P_{n,th}\,Z_L}{(1\,\text{V})^2} = 10^{-19} \cdot \frac{f_a}{\text{Hz}}$$

Dabei dient der Term $(1\,\text{V})^2$ im Nenner nur zur Korrektur der Dimension, damit wir das Rauschsignal $n[n]$ in *Matlab* als dimensionslos ansehen können; damit ist auch die Leistung $P_{n,n}$ dimensionslos. Wir können demnach ein diskretes Rauschsignal $n[n]$, das der Rauschspannung einer thermisch rauschenden Signalquelle mit einem Quellenwiderstand $R = Z_L = 50\,\Omega$ bei $T = 290\,\text{K}$ entspricht, in *Matlab* wie folgt erzeugen:

```
%  ... f_a enthalte die Abtastrate in Hz und
%      l_n die benötigte Länge des Rauschsignals ...

P_n_n = 1e-19 * f_a;
n = sqrt( P_n_n ) * randn( 1, l_n );
```

6.1.4 Rauschzahl

Die *Rauschzahl (Noise Figure, NF)* F ist als Verhältnis von zwei Rauschleistungsdichten definiert, die wir anhand der in Abb. 6.3 gezeigten Betriebsfälle erläutern. In Abb. 6.3a wird eine Signalquelle mit thermischem Rauschen mit einem angepassten Lastwiderstand $R_L = R = Z_L$ belastet; dabei gibt die Signalquelle die thermische Rauschleistungsdichte $S_{n,th}$ an den Lastwiderstand ab. In Abb. 6.3b wird eine Komponente – hier ein Verstärker – mit der Spannungsverstärkung A und der Leistungsverstärkung $G = A^2$ eingefügt. Wäre die Komponente rauschfrei, würde die an den Lastwiderstand abgegebene

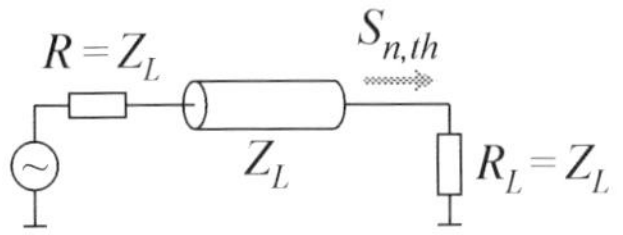

a thermisches Rauschen der Signalquelle 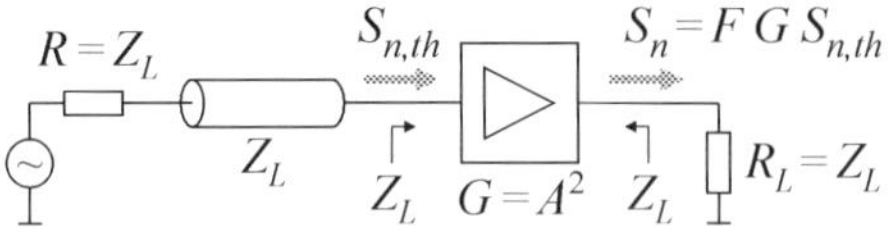   **b** Rauschen am Ausgang des Verstärkers

Abb. 6.3 Betriebsfälle zur Definition der Rauschzahl F

Rauschleistungsdichte aufgrund der Leistungsverstärkung G der Komponente auf

$$S_n' = G S_{n,th}$$

zunehmen; die tatsächlich abgegebene Rauschleistungsdichte ist jedoch aufgrund des Rauschens der Komponente um die Rauschzahl F größer:

$$S_n = F G S_{n,th}$$

Für die Rauschzahl gilt demnach:

$$F = \frac{S_n}{S_n'} = \frac{\text{Rauschleistungsdichte mit rauschender Komponente}}{\text{Rauschleistungsdichte mit rauschfreier Komponente}} \tag{6.3}$$

Diese Definition gilt nur unter der Voraussetzung, dass die verwendete Signalquelle thermisches Rauschen mit $T = 290\,\text{K}$ erzeugt. Eine derartige Signalquelle wird auch *Referenzquelle* oder *Referenzrauschquelle* genannt.

Wir weisen hier ausdrücklich darauf hin, dass man in der Literatur zahlreiche *falsche* Definitionen für die Rauschzahl findet. Weit verbreitet ist eine Definition auf der Basis von Signal-Rausch-Abständen ohne Nennung von Voraussetzungen; diese Definition ist aber ebenfalls nur unter den oben genannten Voraussetzungen korrekt, d. h. wenn die Signalquelle eine Referenzrauschquelle ist.

6.1.5   Alternative Definition der Rauschzahl

Es gibt eine alternative Definition für die Rauschzahl, die in Abb. 6.4 dargestellt ist:

▷ Die Rauschzahl F einer Komponente beschreibt den Faktor, um den die thermische Rauschleistungsdichte $S_{n,th}$ am Eingang erhöht werden muss, damit man am Ausgang der in diesem Fall rauschfrei gedachten Komponente dieselbe Rauschleistungsdichte erhält.

Abb. 6.4 Definition der Rauschzahl F durch fiktive Erhöhung der Rauschleistungsdichte am Eingang

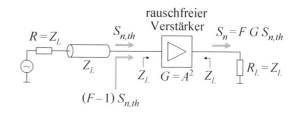

Diese Definition separiert das Rauschen der Komponente von der Komponente selbst, indem am Eingang der Komponente ein Rauschsignal mit der *Zusatzrauschdichte*

$$S_{n,F} = (F - 1) S_{n,th}$$

addiert wird; damit können wir das Rauschen der Komponente in *Matlab* modellieren:

```
% ... der Vektor x enthalte das Eingangssignal
%       und f_a die zugehörige Abtastrate ...

% Beispiel für die Parameter einer Komponente:
% Verstärkung in dB
G_dB = 20;
% Rauschzahl in dB
F_dB = 3;
% lineare Parameter
A = 10^( G_dB / 20 );
F = 10^( F_dB / 10 );

% gewichtetes thermisches Rauschsignal erzeugen
P_n_F = 1e-19 * f_a * ( F - 1 );
n = sqrt( P_n_F ) * randn( 1, length(x) );

% Ausgangssignal bilden
y = A * ( x + n );
```

Dabei gilt für die Umrechnung der Größen einer Komponente:

$$G\,[\text{dB}] = A\,[\text{dB}] = 10\lg G = 20\lg A \Rightarrow A = 10^{G\,[\text{dB}]/20}$$

$$F\,[\text{dB}] = 10\lg F \Rightarrow F = 10^{F\,[\text{dB}]/10}$$

6.1.6 Kettenrauschzahl

Für eine Kette von Komponenten erhalten wir die in Abb. 6.5 gezeigte Anordnung, bei der jede Komponente durch einen Addierer und einen Multiplizierer modelliert wird. Durch

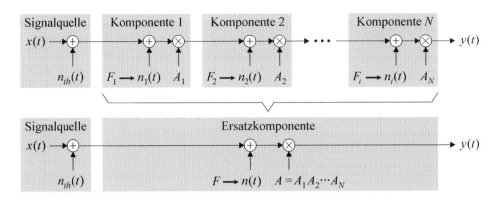

Abb. 6.5 Kette von Komponenten und Ersatzkomponente

Zusammenfassen erhalten wir eine Ersatzkomponente mit der Gesamtverstärkung

$$A = A_1 A_2 \cdots A_N = \prod_{i=1}^{N} A_i$$

und der *Kettenrauschzahl*:

$$F = \underbrace{1 + \frac{F_1 - 1}{1}}_{F_1} + \frac{F_2 - 1}{G_1} + \frac{F_3 - 1}{G_1 G_2} + \cdots + \frac{F_N - 1}{G_1 \cdots G_{(N-1)}} \quad \text{mit } G_i = A_i^2$$

Dabei beschreibt der konstante Term *Eins* das thermische Rauschen der Signalquelle und jeder weitere Term das auf den Eingang zurückgerechnete Rauschen der jeweiligen Komponente. Das Rauschen der Signalquelle und der ersten Komponente entspricht definitionsgemäß der Rauschzahl F_1 der ersten Komponente, da in diesem Fall kein Zurückrechnen erforderlich ist. Formal lautet die Bestimmungsgleichung für die Rauschzahl der Ersatzkomponente für mindestens zwei Komponenten ($N \geq 2$):

$$F = F_1 + \sum_{i=2}^{N} \frac{F_i - 1}{\prod_{k=1}^{i-1} G_k} = F_1 + \sum_{i=2}^{N} F_{z,i} \quad \text{für } N \geq 2 \tag{6.4}$$

Die Leistungsverstärkungen G_k und die Rauschzahlen F_i beziehen sich jeweils auf den Frequenzbereich, in dem das von der Signalquelle gelieferte Nutzsignal an der entsprechenden Komponente liegt. Das ist nicht immer derselbe Frequenzbereich, da sich unter den Komponenten auch Mischer und/oder unterabtastende A/D-Umsetzer befinden können, die das Nutzsignal in einen anderen Frequenzbereich umsetzen; darauf sind wir

bereits bei der Beschreibung der Empfänger-Topologien im Abschn. 3.3 eingegangen. Die
resultierende Kettenrauschzahl wird als Rauschzahl des Empfängers bezeichnet.

6.1.7 Verstärkungen und Rauschzahlen typischer Komponenten

Abb. 6.6 zeigt die typischen Wertebereiche für die Verstärkungen und die Rauschzahlen
der in Empfängern verwendeten Komponenten. Bei linearen passiven Komponenten wie
z. B. passiven Filtern, ohmschen Dämpfungsgliedern oder verlustbehafteten Leitungen
entspricht die Rauschzahl dem Kehrwert der Leistungsverstärkung; für passive Mischer
mit Dioden oder Feldeffekt-Transistoren gilt dies nur näherungsweise.

Die letzte analoge Komponente, die Rauschen addiert, ist der A/D-Umsetzer. Aufgrund des Übergangs in den digitalen Bereich kann man hier nicht von einer Leistungsverstärkung im eigentlichen Sinne sprechen; deshalb haben wir die Null in Abb. 6.6
eingeklammert. Das stellt jedoch keine Schwierigkeit dar, da die Leistungsverstärkung
der letzten Komponente bei der Berechnung der Kettenrauschzahl ohnehin nicht benötigt
wird.

Das Rauschsignal eines A/D-Umsetzers entsteht durch die Quantisierung des Signals, die zwar deterministisch ist, bei ausreichend hoher Aussteuerung mit einem nicht
mit dem Abtasttakt synchronisierten Eingangssignal jedoch wie nicht-deterministisches
Rauschen wirkt. Wir beschränken uns auf herkömmliche A/D-Umsetzer mit weißem
Quantisierungsrauschen, d. h. wir klammern Delta-Sigma-A/D-Umsetzer mit spektraler
Formung des Quantisierungsrauschens aus. Abb. 6.7 verdeutlicht die Quantisierung
mit der Quantisierungsstufe q und die resultierende Verteilungsdichte $p(n_q)$ des Quan-
tisierungsfehlers n_q. Die Leistung des auf den Eingang umgerechneten Quantisierungs-
fehlers erhalten wir aus der Verteilungsdichte und dem angepassten Eingangswiderstand
$R = Z_L$:

Komponente	Verstärkung G [dB]	Rauschzahl F [dB]
Verstärker ($f > 1\,\text{GHz}$)	$10\ldots 30$	$1\ldots 3$
Verstärker ($f < 1\,\text{GHz}$)	$20\ldots 40$	$2\ldots 4$
aktiver Mischer	$10\ldots 20$	$7\ldots 12$
passiver Mischer	$-8\ldots -5$	$\approx -G\,[\text{dB}]$
LC-Filter	$-0.5\ldots -3$	$-G\,[\text{dB}]$
SAW-Filter	$-20\ldots -2$	$-G\,[\text{dB}]$
Dämpfungsglied	$-60\ldots -0.5$	$-G\,[\text{dB}]$
A/D-Umsetzer ($f_a > 50\,\text{MHz}$)	(0)	$30\ldots 40$

Abb. 6.6 Verstärkungen und Rauschzahlen typischer analoger Komponenten

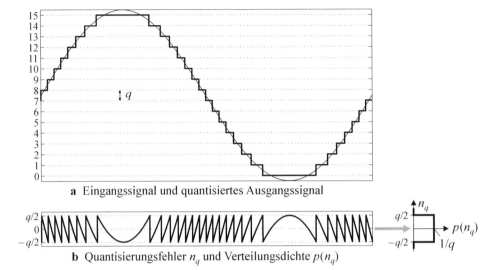

a Eingangssignal und quantisiertes Ausgangssignal

b Quantisierungsfehler n_q und Verteilungsdichte $p(n_q)$

Abb. 6.7 Signalquantisierung bei einem A/D-Umsetzer

$$P_q = \frac{1}{Z_L} \int_{-\infty}^{\infty} n_q^2 \, p(n_q) \, dn_q = \frac{1}{qZ_L} \int_{-q/2}^{q/2} n_q^2 \, dn_q = \frac{q^2}{12 Z_L} \tag{6.5}$$

Sie verteilt sich gleichmäßig auf den Frequenzbereich $0 < f < f_a/2$; damit erhalten wir die *Quantisierungsleistungsdichte*

$$S_q = \frac{P_q}{f_a/2} = \frac{q^2}{6 Z_L f_a} \tag{6.6}$$

und die *Quantisierungsrauschzahl*:

$$\boxed{F_q = 1 + \frac{S_q}{S_{n,th}} = 1 + \frac{q^2}{6 \, kT Z_L f_a}} \tag{6.7}$$

Die Quantisierungsstufe q ergibt sich aus dem Aussteuerungsbereich und der Auflösung des A/D-Umsetzers; bei einem symmetrischen Aussteuerungsbereich $\pm U_{max}$ und einer Auflösung von n Bit gilt:

$$q = \frac{2 U_{max}}{2^n} = \frac{U_{max}}{2^{n-1}}$$

Bei Vollaussteuerung mit einem sinusförmigen Signal mit der Amplitude U_{max} – wie in Abb. 6.7 dargestellt – ergibt sich ein Signal-Rausch-Abstand:

$$SNR = \frac{P_s}{P_q} = \frac{U_{max}^2/(2\,Z_L)}{q^2/(12\,Z_L)} = 6 \cdot 2^{2(n-1)} = 1.5 \cdot 2^{2n}$$

Die Umrechnung in Dezibel liefert:

$$\boxed{SNR\,[\text{dB}] = 10\lg SNR = 6.02\,n + 1.76} \tag{6.8}$$

Bei einem realen A/D-Umsetzer ist der tatsächliche, nur messtechnisch zu ermittelnde Signal-Rausch-Abstand aufgrund von Nichtlinearitäten und Rauschen im Analogteil des Umsetzers geringer. Dieser tatsächliche Signal-Rauschabstand, den wir im folgenden mit *SNReff* bezeichnen, ist im Datenblatt angegeben; daraus kann man in Umkehrung von (6.8) eine *effektive Auflösung* definieren:

$$n_{eff} = \frac{SNReff\,[\text{dB}] - 1.76}{6.02}$$

Ein typischer Breitband-A/D-Umsetzer in einem Software Defined Radio für sehr hohe Anforderungen hat einen Aussteuerungsbereich von $\pm U_{max} \approx \pm 0.5\,\text{V}$ und eine effektive Auflösung $n_{eff} \approx 12$; daraus ergibt sich eine *effektive Quantisierungsstufe* von

$$q = \frac{2U_{max}}{2^{n_{eff}}} = \frac{1\,\text{V}}{2^{12}} \approx 5 \cdot 10^{-4}\,\text{V}$$

und mit $Z_L = 50\,\Omega$ und $f_a = 100\,\text{MHz}$ eine Quantisierungsrauschzahl von:

$$F_q = 1 + \frac{q^2}{6\,kTZ_L f_a} = 1 + \frac{2.5 \cdot 10^{-7}\,\text{V}^2}{6 \cdot 4 \cdot 10^{-21}\,\text{W/Hz} \cdot 50\,\Omega \cdot 10^8\,\text{Hz}} \approx 2000 \approx 33\,\text{dB}$$

6.1.8 Beispiel

Als Beispiel betrachten wir einen Empfänger für die Mobilkommunikation. Abb. 6.8 zeigt das Blockschaltbild des Empfängers mit insgesamt 15 Komponenten. Zur Berechnung der Rauschzahl wird bei allen Komponenten die größtmögliche Verstärkung angenommen.

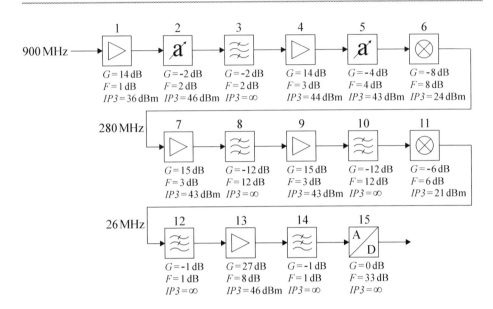

Abb. 6.8 Blockschaltbild eines Empfängers für die Mobilkommunikation

Das gilt hier für die beiden Dämpfungsglieder (*a* mit Pfeil, Komponenten 2 und 5). Die Berechnung führen wir mit *Matlab* durch; dazu definieren wir zunächst die Parameter der Komponenten:

```
% Komponente 1: Low Noise Amplifier (LNA)
part(1).g_db = 14;
part(1).f_db = 1;
part(1).ip3_dbm = 36;

% Komponente 2: Schaltbares Dämpfungsglied
part(2).g_db = -2;
part(2).f_db = 2;
part(2).ip3_dbm = 46;

% ... Komponenten 3 bis 14 in gleicher Weise ...

% Komponente 15: A/D-Umsetzer
part(15).g_db = 0;
part(15).f_db = 33;
part(15).ip3_dbm = 100;

% Berechnung der Kettenrauschzahl:

% lineare Rauschzahl der Signalquelle
f = 1;
% Anfangswert für die lineare Leistungsverstärkung
g_zi = 1;
```

```
% Schleife für die Komponenten
fprintf( 1, ['SigSource:' repmat(' ',1,45) 'F = %4.2f\n'], f );


for i = 1 : length(part)

    % linearer Anteil der Komponente zur Rauschzahl
    f_i  = 10^( part(i).f_db / 10 );
    f_zi = ( f_i - 1 ) / g_zi;

    % summierte Anteile zur Rauschzahl
    f = f + f_zi;

    % Ausgabe der laufenden Parameter
    fprintf( 1, 'Part = %2d:', i );
    fprintf( 1, ' F_i = %7.2f , G_zi = %4.0f', f_i, g_zi );
    fprintf( 1, ' , F_zi = %4.2f , F = %.2f\n', f_zi, f );

    % Produkt der Leistungsverstärkungen
    g_zi = g_zi * 10^( part(i).g_db / 10 );

end

% Ausgabe der Kettenrauschzahl
f_db = 10 * log10( f );
fprintf( 1, 'F = %.2f = %.2f dB\n', f, f_db );
```

Die Berechnung ergibt folgende Ausgabe:

```
SigSource:                                           F = 1.00
Part =  1: F_i =    1.26 , G_zi =     1 , F_zi = 0.26 , F = 1.26
Part =  2: F_i =    1.58 , G_zi =    25 , F_zi = 0.02 , F = 1.28
Part =  3: F_i =    1.58 , G_zi =    16 , F_zi = 0.04 , F = 1.32
Part =  4: F_i =    2.00 , G_zi =    10 , F_zi = 0.10 , F = 1.42
Part =  5: F_i =    2.51 , G_zi =   251 , F_zi = 0.01 , F = 1.42
Part =  6: F_i =    6.31 , G_zi =   100 , F_zi = 0.05 , F = 1.48
Part =  7: F_i =    2.00 , G_zi =    16 , F_zi = 0.06 , F = 1.54
Part =  8: F_i =   15.85 , G_zi =   501 , F_zi = 0.03 , F = 1.57
Part =  9: F_i =    2.00 , G_zi =    32 , F_zi = 0.03 , F = 1.60
Part = 10: F_i =   15.85 , G_zi =  1000 , F_zi = 0.01 , F = 1.62
Part = 11: F_i =    3.98 , G_zi =    63 , F_zi = 0.05 , F = 1.66
Part = 12: F_i =    1.26 , G_zi =    16 , F_zi = 0.02 , F = 1.68
Part = 13: F_i =    6.31 , G_zi =    13 , F_zi = 0.42 , F = 2.10
Part = 14: F_i =    1.26 , G_zi =  6310 , F_zi = 0.00 , F = 2.10
Part = 15: F_i = 1995.26 , G_zi =  5012 , F_zi = 0.40 , F = 2.50
F = 2.50 = 3.98 dB
```

Dabei ist `F_i` die Rauschzahl der Komponente, `G_zi` das laufende Produkt der Leistungsverstärkungen bis zum Eingang der Komponente und `F_zi` der Anteil der Komponente zur Kettenrauschzahl. Die laufende Summe `F` endet mit der Rauschzahl des Empfängers:

$$F = 2.5 \approx 4\,\mathrm{dB}$$

Für die praktische Auslegung und die Beurteilung sind vor allem die Anteile F_zi von Interesse. Bei einer guten Auslegung sind die größten Anteile etwa gleich; das sind hier die Anteile für den rauscharmen Vorverstärker (*Low Noise Amplifier, LNA*, Komponente 1), den Treiber-Verstärker für den A/D-Umsetzer (Komponente 13) und den A/D-Umsetzer (Komponente 15). Falls eine Reduzierung der Rauschzahl des Empfängers erforderlich wäre, müsste man diese drei Komponenten durch rauschärmere Komponenten ersetzen; bei allen anderen Komponenten wäre eine Reduktion der Rauschzahl ohne nennenswerte Wirkung.

6.2 Nichtlinearität

6.2.1 Nichtlineare Kennlinien

Wir nehmen an, dass die Kennlinien der nichtlinearen Komponenten im Hauptbereich durch ein Polynom

$$y = A\left(x - c_3 x^3 - c_5 x^5\right) \qquad \text{mit } c_3 \geq 0 \text{ und } c_5 \geq 0$$

mit der Kleinsignalverstärkung A und den Koeffizienten c_3 und c_5 beschrieben werden können und an den Extrema in einen konstanten Verlauf übergehen; dann gilt:

$$y = \begin{cases} -y_{max} & \text{für } x \leq -x_{max} \\ A\left(x - c_3 x^3 - c_5 x^5\right) & \text{für } -x_{max} < x < x_{max} \quad \text{(Hauptbereich)} \\ y_{max} & \text{für } x \geq x_{max} \end{cases} \qquad (6.9)$$

mit:

$$x_{max} = \sqrt{\frac{\sqrt{9c_3^2 + 20c_5} - 3c_3}{10c_5}} \quad , \quad y_{max} = A\left(x_{max} - c_3 x_{max}^3 - c_5 x_{max}^5\right)$$

Abb. 6.9 zeigt eine derartige nichtlineare Kennlinie mit $A = 10$, $c_3 = 0.3$ und $c_5 = 0.6$.

Kennlinien dieser Art sind typisch für Differenzverstärker mit Stromgegenkopplung. Ausführliche Herleitungen und Beispiele dazu findet man z. B. in [2]. Wir werden im Folgenden aber noch sehen, dass für die Interceptpunkte *IP3* und *IP5* nur der Hauptbereich von Interesse ist und dass es dabei auch nur darauf ankommt, *dass* es Anteile mit x^3 und x^5 gibt und dabei auch die Vorzeichen der Koeffizienten nicht relevant sind; eine Kennlinie gemäß (6.9) ist deshalb bezüglich des Übergangs in die Übersteuerung — $|x| \to x_{max}$ bzw. $|x| > x_{max}$ – *speziell*, bezüglich der Interceptpunkte aber *allgemein*.

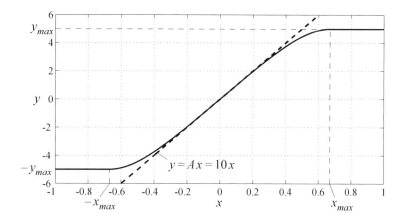

Abb. 6.9 Nichtlineare Kennlinie mit $A = 10$, $c_3 = 0.3$ und $c_5 = 0.6$

Wenn wir eine derartige Kennlinie mit einem sinusförmigen Signal

$$x(t) = \hat{x} \sin \omega_0 t \qquad \text{mit } \omega_0 = 2\pi f_0 \text{ und } f_0 = 1/T_0$$

aussteuern, erhalten wir ein Ausgangssignal

$$y(t) = \underbrace{\hat{y}_1 \sin \omega_0 t}_{\text{Grundwelle}} + \underbrace{\hat{y}_3 \sin(3\omega_0 t + \varphi_3) + \hat{y}_5 \sin(5\omega_0 t + \varphi_5) + \cdots}_{\text{Oberwellen}}$$

mit einer Grundwelle und Oberwellen. Aufgrund unserer Beschränkung auf *symmetrische* Kennlinien gemäß (6.9) treten nur *ungerade* Oberwellen ($3\omega_0, 5\omega_0, \ldots$) auf. Bei unsymmetrischen Kennlinien entstehen zusätzlich *gerade* Oberwellen ($2\omega_0, 4\omega_0, \ldots$).

Abb. 6.10 zeigt Ausgangssignale für die Kennlinie aus Abb. 6.9. Bei kleiner Amplitude $\hat{x}$ ist das Ausgangssignal nahezu sinusförmig; das gilt hier bis etwa $\hat{x} \approx 0.3$. Mit zunehmender Amplitude wird das Ausgangssignal immer stärker in seiner Amplitude beschnitten und geht im Grenzfall sehr großer Amplituden in ein Rechtecksignal über. Abb. 6.11 zeigt die Abhängigkeit der Amplituden der Grundwelle und der Oberwellen bis zur Ordnung 13 von der Amplitude des Eingangssignals. Solange das Eingangssignal im Hauptbereich der Kennlinie bleibt, d. h. für $\hat{x} < x_{max}$, treten nur die Oberwellen der Ordnung 3 und 5 auf, da die Kennlinie in diesem Bereich nur Anteile mit x^3 und x^5 aufweist. Wird der Hauptbereich verlassen, kommen weitere Oberwellen hinzu.

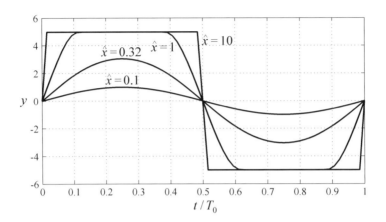

Abb. 6.10 Ausgangssignale für die Kennlinie aus Abb. 6.9

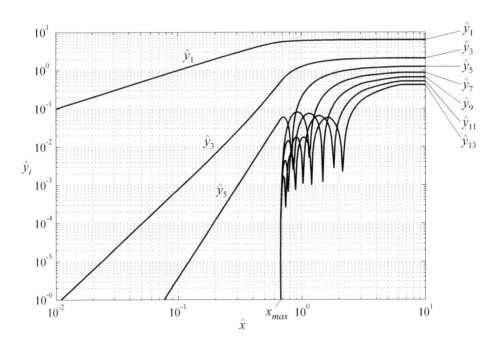

Abb. 6.11 Amplituden der Grundwelle ($\hat{y}_1$) und der Oberwellen ($\hat{y}_3, \hat{y}_5, \ldots$) für die Kennlinie aus Abb. 6.9

6.2.2 Intermodulation

Ein Empfänger ist ein schmalbandiges System, bei dem die von den nichtlinearen Komponenten erzeugten Oberwellen bei Vielfachen der Grundfrequenz durch Filter unterdrückt werden und deshalb nur in Ausnahmefällen von Bedeutung sind. Wichtig ist statt dessen, wie sich die nichtlinearen Komponenten auf die Signale *innerhalb* des Empfangsbandes auswirken. Wie in Abb. 3.18 auf Seite 55 und Abb. 3.25 auf Seite 62 gezeigt, sind in diesem Empfangsband im allgemeinen *mehrere* Signale (Kanäle) enthalten. Die Charakterisierung des nichtlinearen Verhaltens erfolgt deshalb mit einem aus zwei sinusförmigen Signalen gleicher Amplitude bestehenden *Zweiton-Signal*

$$x(t) \;=\; \hat{x}\,(\sin \omega_0 t + \sin \omega_1 t) \;=\; 2\hat{x} \cdot \underbrace{\sin \frac{\omega_0 + \omega_1}{2}\,t}_{\sin \omega_c t} \cdot \underbrace{\cos \frac{\omega_1 - \omega_0}{2}\,t}_{\cos (\Delta\omega/2)\,t}$$

mit einem im Vergleich zu den Tonfrequenzen ω_0 und ω_1 geringen Frequenzabstand $\Delta\omega$, der Mittenfrequenz ω_c und der Periodendauer T_p :

$$\Delta\omega \;=\; \omega_1 - \omega_0 \;\ll\; \omega_0 \quad , \quad T_p \;=\; \frac{4\pi}{\Delta\omega}$$

Abb. 6.12 zeigt die Ausgangssignale für eine Amplitude mit nahezu linearem Verhalten ($\hat{x} = 0.1$) und eine Amplitude mit Übersteuerung ($\hat{x} = 0.5$). Mit einer allgemeinen nichtlinearen Kennlinie erhält man ein Ausgangssignal mit Anteilen bei allen Frequenzen der Form:

$$\omega_{m.n} \;=\; m\omega_0 + n\omega_1 \;=\; (m+n)\,\omega_0 + n\,\Delta\omega \qquad \text{mit } m, n \in \mathcal{Z} \text{ und } \omega_{m.n} \geq 0$$

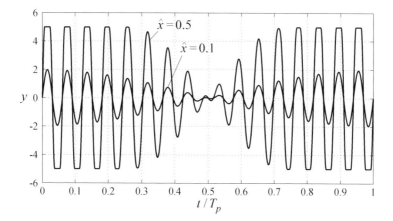

Abb. 6.12 Ausgangssignale für ein Zweiton-Signal

m	n	o	$\omega_{m,n}$	m	n	o	$\omega_{m,n}$	m	n	o	$\omega_{m,n}$
3	-2	5	$\omega_0 - 2\Delta\omega$	4	-1	5	$3\omega_0 - \Delta\omega$	5	0	5	$5\omega_0$
2	-1	3	$\omega_0 - \Delta\omega$	3	0	3	$3\omega_0$	4	1	5	$5\omega_0 + \Delta\omega$
1	0	1	ω_0	2	1	3	$3\omega_0 + \Delta\omega$	3	2	5	$5\omega_0 + 2\Delta\omega$
0	1	1	$\omega_0 + \Delta\omega$	1	2	3	$3\omega_0 + 2\Delta\omega$	2	3	5	$5\omega_0 + 3\Delta\omega$
-1	2	3	$\omega_0 + 2\Delta\omega$	0	3	3	$3\omega_0 + 3\Delta\omega$	1	4	5	$5\omega_0 + 4\Delta\omega$
-2	3	5	$\omega_0 + 3\Delta\omega$	-1	4	5	$3\omega_0 + 4\Delta\omega$	0	5	5	$5\omega_0 + 5\Delta\omega$

Abb. 6.13 Anteile im Ausgangssignal bei Ansteuerung mit einem Zweiton-Signal und einer Polynom-Kennlinie mit $p = 5$ mit ausschließlich ungeraden Koeffizienten (Ordnung $o = |m| + |n| \in \{1, 3, 5\}$). Die Anteile im linken Block liegen bei geeigneter Wahl der Frequenzen im Empfangsband

Dieser Vorgang wird *Intermodulation* genannt; entsprechend werden die Anteile bei allen Frequenzen mit Ausnahme von $\omega_0 = \omega_{1,0}$ und $\omega_1 = \omega_{0,1}$ als *Intermodulationsprodukte* bezeichnet.

Für uns sind nur die Anteile im Empfangsband von Interesse. Wenn die Mittenfrequenz

$$\omega_c = \frac{\omega_0 + \omega_1}{2}$$

in der Mitte des Empfangsbandes liegt und das Empfangsband die Bandbreite $\omega_B = 2\pi B$ besitzt, liegen alle Anteile mit

$$m + n = 1 \quad \text{und} \quad -\frac{\omega_B}{2\Delta\omega} < n \leq \frac{\omega_B}{2\Delta\omega}$$

ebenfalls im Empfangsband. Bei einer Polynom-Kennlinie der Ordnung p gilt zudem:

$$o = |m| + |n| \leq p$$

In unserem Beispiel gilt im Hauptbereich der Kennlinie $p = 5$; damit erhalten wir die in Abb. 6.13 gezeigten Anteile.

Abb. 6.14 zeigt das resultierende Spektrum für $\hat{x} = 0.316$. Die Anteile bei ω_0 und ω_1 haben die Amplitude $\hat{y}_1$. Zu beiden Seiten dieser Anteile liegen im Abstand $\Delta\omega$ die *Intermodulationsprodukte 3.Ordnung* (*3rd Order Intermodulation*) mit der Amplitude $\hat{y}_3$ und im Abstand $2\Delta\omega$ die *Intermodulationsprodukte 5.Ordnung* (*5th Order Intermodulation*) mit der Amplitude $\hat{y}_5$. Abb. 6.15 zeigt die Abhängigkeit der Amplituden von der Amplitude $\hat{x}$ der beiden Töne des Eingangssignals.

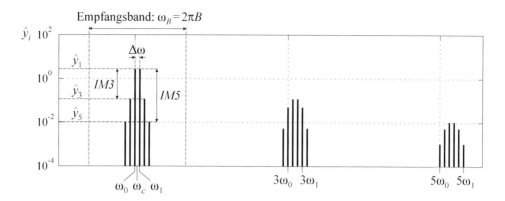

Abb. 6.14 Spektrum des Ausgangssignals mit den Anteilen aus Abb. 6.13 für ein Zweiton-Signal mit den Ton-Amplituden $\hat{x} = 0.316$

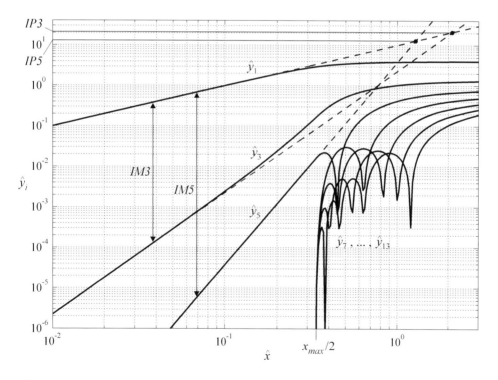

Abb. 6.15 Amplituden der Grundwellen ($\hat{y}_1$) und der Intermodulationsprodukte ($\hat{y}_3, \hat{y}_5, \dots$) sowie der Asymptoten für die Amplituden $\hat{y}_1, \hat{y}_3$ und $\hat{y}_5$ zur Berechnung der Interceptpunkte *IP3* und *IP5*

6.2.3 Intermodulationsabstände und Interceptpunkte

Die Verhältnisse der Amplituden der Intermodulationsprodukte werden *Intermodulationsabstände* genannt:

$$IM3 = \frac{\hat{y}_1}{\hat{y}_3} \quad , \quad IM5 = \frac{\hat{y}_1}{\hat{y}_5} \tag{6.10}$$

Da es sich um Verhältnisse handelt, kann man anstelle der Amplituden auch die Effektivwerte

$$y_{i,eff} = \frac{\hat{y}_i}{\sqrt{2}}$$

verwenden. In der Praxis ist in der Regel nur der *Intermodulationsabstand 3.Ordnung IM3* von Interesse; er ist im normalen Betrieb deutlich geringer als der *Intermodulationsabstand 5.Ordnung IM5*, siehe Abb. 6.15. Die Intermodulationsabstände höherer Ordnung $(7, 9, \dots)$ sind bei Empfängern praktisch bedeutungslos.

Für die Polynom-Kennlinie aus (6.9) auf Seite 202 können wir die drei in Abb. 6.15 gestrichelt eingezeichneten Asymptoten einfach angeben:

$$\hat{y}_{1,asym} = A\,\hat{x} \quad , \quad \hat{y}_{3,asym} = \frac{3}{4}\,c_3 A\,\hat{x}^3 \quad , \quad \hat{y}_{5,asym} = \frac{5}{8}\,c_5 A\,\hat{x}^5$$

Damit erhalten wir die *asymptotischen Intermodulationsabstände*:

$$IM3_{asym} = \frac{4}{3\,c_3\,\hat{x}^2} \quad , \quad IM5_{asym} = \frac{8}{5\,c_5\,\hat{x}^4} \tag{6.11}$$

Abb. 6.16 zeigt die Geometrie der asymptotische Größen in doppelt-logarithmischer Darstellung; dabei gehen die Asymptoten in Geraden mit den Steigungen 1, 3 und 5 über. Die Schnittpunkte der Asymptoten, an denen die asymptotischen Intermodulationsabstände $IM3_{asym}$ und $IM5_{asym}$ jeweils den Wert Eins annehmen, werden als *Interceptpunkte IP3* und *IP5* bezeichnet.

Für die Polynom-Kennlinie aus (6.9) gilt:

$$IM3_{asym} = \frac{4}{3\,c_3\,\hat{x}^2} \overset{!}{=} 1 \quad \Rightarrow \quad IP3 = \hat{y}_{1,asym}\big|_{IM3_{asym}=1} = A\sqrt{\frac{4}{3\,c_3}} \tag{6.12}$$

$$IM5_{asym} = \frac{8}{5\,c_5\,\hat{x}^4} \overset{!}{=} 1 \quad \Rightarrow \quad IP5 = \hat{y}_{1,asym}\big|_{IM5_{asym}=1} = A\sqrt[4]{\frac{8}{5\,c_5}} \tag{6.13}$$

Durch Auflösen nach den Koeffizienten c_3 und c_5 erhalten wir:

$$c_3 = \frac{4}{3}\left(\frac{A}{IP3}\right)^2 \quad , \quad c_5 = \frac{8}{5}\left(\frac{A}{IP5}\right)^4 \tag{6.14}$$

Abb. 6.16 Geometrie der asymptotischen Größen zur Intermodulation

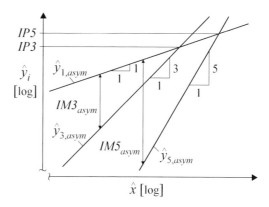

Mit diesen Gleichungen können wir nichtlineare Kennlinien mit vorgegebenen Intercept-punkten in *Matlab* erzeugen:

```
% ... IP3 und IP5 enthalten die Interceptpunkte als
%     Amplitudenwerte, A die lineare Verstärkung
%     und x das Eingangssignal ...

% Berechnung der Koeffizienten
c3 = 4 * ( A / IP3 )^2 / 3;
c5 = 8 * ( A / IP5 )^4 / 5;

% Daten der Kennlinie
xmax = sqrt( ( sqrt( 9 * c3^2 + 20 * c5 ) - 3 * c3 ) / ( 10 * c5 ) );
ymax = A * ( xmax - c3 * xmax^3 - c5 * xmax^5 );

% Berechnung des Ausgangssignals
y = A * ( x - c3 * x.^3 - c5 * x.^5 );
y( x >  xmax ) =  ymax;
y( x < -xmax ) = -ymax;
```

Dabei machen wir davon Gebrauch, dass man mit `y( x > xmax )` die Element des Vektors y ansprechen kann, für die das zugehörige Element des Vektors x die Bedingung `x > xmax` erfüllt; dasselbe gilt für `y( x < -xmax )`.

In der Praxis werden die Intermodulationsabstände in Dezibel angegeben; es gilt:

$$IM3\,[\mathrm{dB}] \ = \ 20\lg IM3 \quad , \quad IM5\,[\mathrm{dB}] \ = \ 20\lg IM5$$

Bei den Signalen nehmen wir wieder an, dass es sich um Spannungen in einer an $Z_L = 50\,\Omega$ angepassten Schaltung handelt; in diesem Fall gilt für die Leistung eines sinusförmigen Signals mit der Amplitude $\hat{x}$:

$$P_x \ = \ \frac{\hat{x}^2}{2\,Z_L} \cdot 1\,\mathrm{V}^2 \ = \ \frac{x_{eff}^2}{Z_L} \cdot 1\,\mathrm{V}^2 \quad \text{mit } x_{eff} = \frac{\hat{x}}{\sqrt{2}}$$

Der Faktor $1\,\mathrm{V}^2$ dient zur Korrektur der Einheiten, da die Signale dimensionslos sind, hier aber als Spannungen aufgefasst werden müssen, damit die Leistung die Einheit *Watt* (W) erhält. Die Umrechnung in die in der Praxis übliche Einheit dBm – Dezibel bezogen auf $1\,\mathrm{mW}$ – erfolgt dann mit:

$$P_x\,[\mathrm{dBm}] = 10\lg\frac{P_x}{1\,\mathrm{mW}} \;=\; 30 + 10\lg\frac{P_x}{1\,\mathrm{W}}$$

$$= 30 + 10\lg\frac{\hat{x}^2\cdot 1\,\mathrm{V}^2}{2\,Z_L\cdot 1\,\mathrm{W}} \;\overset{Z_L=50\,\Omega}{=}\; 30 + 10\lg\frac{\hat{x}^2}{100}$$

$$= 10 + 20\lg\hat{x} \;=\; 13 + 20\lg x_{\mathit{eff}}$$

Daraus folgt $\hat{x} = 1 \;\rightarrow\; P_x = 10\,\mathrm{dBm}$ und $x_{\mathit{eff}} = 1 \;\rightarrow\; P_x = 13\,\mathrm{dBm}$. Da wir die Interceptpunkte als Amplituden definiert haben, gilt ferner:

$$IP3\,[\mathrm{dBm}] \;=\; 10 + 20\lg IP3 \quad,\quad IP5\,[\mathrm{dBm}] \;=\; 10 + 20\lg IP5 \qquad (6.15)$$

Wir können demnach in dBm gegebene Interceptpunkte in *Matlab* mit

```
IP3 = 10^( ( IP3_dBm - 10 ) / 20 );
IP5 = 10^( ( IP5_dBm - 10 ) / 20 );
```

in die zugehörigen Amplituden umrechnen; daraus erhalten wir dann mit (6.14) die Koeffizienten c_3 und c_5, wie bereits im letzten *Matlab*-Beispiel gezeigt wurde.

6.2.4 Ketten-Interceptpunkte

Wie bei der Kettenrauschzahl im Abschn. 6.1.6 bzw. in Abb. 6.5 auf Seite 196 fassen wir auch die nichtlinearen Eigenschaften einer Kette von Elementen gemäß Abb. 6.17 in einer Ersatzkomponente zusammen. Dabei ist zu beachten, dass die Darstellung in Abb. 6.17 auch die linearen Komponenten einschließt, indem die zugehörigen Koeffizienten $c_{3,n}$ und $c_{5,n}$ zu Null gesetzt werden. Aus den Koeffizienten c_3 und c_5 der Ersatzkomponente erhalten wir mit den (6.12 und 6.13) auf Seite 208 die *Ketten-Interceptpunkte*, die – rückgerechnet auf den Eingang – als *Eingangs-Interceptpunkte des Empfängers* bezeichnet werden.

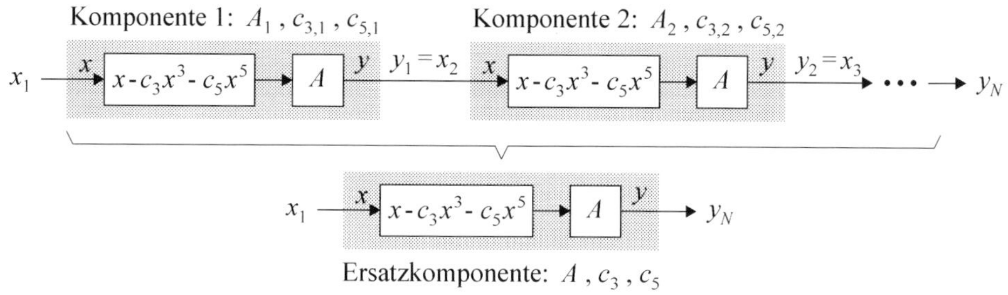

Abb. 6.17 Kette mit nichtlinearen Komponenten und Ersatzkomponente

Zur Herleitung der Parameter der Ersatzkomponente betrachten wir die ersten beiden Komponenten, siehe Abb. 6.17. Für die Kennlinie im Hauptbereich erhalten wir:

$$y_2 = A_2 \left(x_2 - c_{3,2} x_2^3 - c_{5,2} x_2^5 \right)$$

$$= A_2 \left(A_1 \left(x_1 - c_{3,1} x_1^3 - c_{5,1} x_1^5 \right) - c_{3,2} A_1^3 \left(x_1 - c_{3,1} x_1^3 - c_{5,1} x_1^5 \right)^3 \right.$$

$$\left. - c_{5,2} A_1^5 \left(x_1 - c_{3,1} x_1^3 - c_{5,1} x_1^5 \right)^5 \right)$$

$$= \underbrace{A_2 A_1}_{A} \left(x_1 - \underbrace{\left(c_{3,1} + c_{3,2} A_1^2 \right)}_{c_3} x_1^3 - \underbrace{\left(c_{5,1} + c_{5,2} A_1^4 \right)}_{c_5} x_1^5 - \cdots \right)$$

Die Kennlinie der Ersatzkomponente enthält neben den Anteilen mit x_1^3 und x_1^5 noch weitere Anteile mit höheren Potenzen von x_1, die für uns aber nicht von Belang sind. Für die Verstärkung A und die Koeffizienten c_3 und c_5 gilt mit $N \geq 2$:

$$A = \prod_{i=1}^{N} A_i$$

$$c_3 = c_{3,1} + \sum_{i=2}^{N} c_{3,i} \left(\prod_{k=1}^{i-1} A_k \right)^2$$

$$c_5 = c_{5,1} + \sum_{i=2}^{N} c_{5,i} \left(\prod_{k=1}^{i-1} A_k \right)^4$$

Daraus erhalten wir die *Eingangs-Interceptpunkte IIP3* und *IIP5* des Empfängers:

$$IIP3 \;=\; \frac{IP3}{A} \;=\; \sqrt{\frac{4}{3\,c_3}} \quad , \quad IIP5 \;=\; \frac{IP5}{A} \;=\; \sqrt[4]{\frac{8}{5\,c_5}} \tag{6.16}$$

Durch Einsetzen der relevanten Gleichungen ineinander folgt:

$$\left(\frac{1}{IIP3}\right)^2 = \sum_{i=1}^{N}\left(\frac{1}{IP3_i}\prod_{k=1}^{i}A_k\right)^2 = \sum_{i=1}^{N}\left(\frac{1}{IIP3_i}\right)^2 \tag{6.17}$$

$$\left(\frac{1}{IIP5}\right)^4 = \sum_{i=1}^{N}\left(\frac{1}{IP5i}\prod_{k=1}^{i}A_k\right)^4 = \sum_{i=1}^{N}\left(\frac{1}{IIP5_i}\right)^4 \tag{6.18}$$

Dabei sind $IP3_i$ und $IP5_i$ die Interceptpunkte der Komponenten und $IIP3_i$ und $IIP3_i$ die zugehörigen, über die Produkte der Verstärkungen auf den Eingang des Empfängers umgerechneten Eingangs-Interceptpunkte. In der Praxis wird in der Regel nur der Eingangs-Interceptpunkt *IIP3* berechnet, da die Intermodulationsprodukte 5.Ordnung bei normalem Betrieb deutlich geringer sind als die Intermodulationsprodukte 3.Ordnung.

Die Eingangs-Interceptpunkte erlauben eine Abschätzung der Intermodulationsabstän-de im praktisch interessanten Bereich, d. h. in dem Bereich, in dem die tatsächlichen Intermodulationsabstände *IM3* und *IM5* noch gut mit den asymptotischen Intermodula-tionsabständen $IM3_{asym}$ und $IM5_{asym}$ übereinstimmen; in Abb. 6.15 auf Seite 207 ist das der Bereich $\hat{x} < 0.2$. Aus (6.11 und 6.16) erhalten wir für diesen Bereich die Abschätzung:

$$IM3 \approx IM3_{asym} \;=\; \left(\frac{IIP3}{\hat{x}}\right)^2$$

$$IM5 \approx IM5_{asym} \;=\; \left(\frac{IIP5}{\hat{x}}\right)^4$$

Wenn wir die Interceptpunkte und die Amplitude $\hat{x}$ in die entsprechenden Leistungen in dBm umrechnen, erhalten wir die in der Praxis verwendete Form dieser Abschätzung:

$$IM3\,[\mathrm{dB}] \approx 2\,(IIP3\,[\mathrm{dBm}] - P_x\,[\mathrm{dBm}])$$

$$IM5\,[\mathrm{dB}] \approx 4\,(IIP5\,[\mathrm{dBm}] - P_x\,[\mathrm{dBm}])$$

Die Abschätzung des Intermodulationsabstands *IM3* mit Hilfe des Interceptpunkts *IP3* bildet die Grundlage für die Berechnung des Dynamikbereichs im Abschn. 6.4.

6.2.5   Beispiel

Als Beispiel berechnen wir den Eingangs-Interceptpunkt *IIP3* des Empfängers aus
Abb. 6.8 auf Seite 200 in *Matlab*:

```
% Komponente 1: Low Noise Amplifier (LNA)
part(1).g_db = 14;
part(1).f_db = 1;
part(1).ip3_dbm = 36;

% ... Komponenten 2 bis 14 in gleicher Weise ...

% Komponente 15: A/D-Umsetzer
part(15).g_db = 0;
part(15).f_db = 33;
part(15).ip3_dbm = 100;

% Berechnung des Eingangs-Interceptpunkts:

% Summe initialisieren
s = 0;
% Anfangswert für die lineare Verstärkung
a_si = 1;

% Schleife für die Komponenten
for i = 1 : length(part)

    % Produkt der Verstärkungen
    a_si = a_si * 10^( part(i).g_db / 20 );

    % nichtlineare Komponente ?
    if part(i).ip3_dbm < 100

        % IP3 der Komponente
        ip3_i = 10^( ( part(i).ip3_dbm - 10 ) / 20 );
        % IIP3 der Komponente
        iip3_i = ip3_i / a_si;
        % laufende Summe
        s = s + 1 / iip3_i^2;

        % laufender IIP3
        iip3 = 1 / sqrt( s );

    end

    % Ausgabe der laufenden Parameter
    fprintf( 1, 'Part = %2d: ', i );
    if s == 0
        fprintf( 1, 'A_si = %4.1f\n', a_si );
    else
        fprintf( 1, 'A_si = %4.1f , ', a_si );
```

```
        if part(i).ip3_dbm < 100
            fprintf( 1, 'IP3_i = %4.1f , ', ip3_i );
            fprintf( 1, 'IIP3_i = %5.2f , ', iip3_i );
            fprintf( 1, 'IIP3 = %4.2f\n', iip3 );
        else
            fprintf( 1, repmat( ' ', 1, 32 ) );
            fprintf( 1, 'IIP3 = %4.2f\n', iip3 );
        end
    end

end

% Ausgabe des Eingangs-Interceptpunkts IIP3
if s > 0
    fprintf( 1, 'IIP3 = %4.2f (Amplitude)\n', iip3 );
    fprintf( 1, 'IIP3 = %3.1f dBm \n', 10 + 20 * log10( iip3 ) );
end
```

Bei linearen Komponenten ist als Kennzeichen

```
part(...).ip3 = 100;
```

angegeben; in diesem Fall erfolgt keine Berechnung der Interceptpunkte. Wir erhalten:

```
Part =   1: A_si =   5.0 , IP3_i = 20.0 , IIP3_i =  3.98 , IIP3 = 3.98
Part =   2: A_si =   4.0 , IP3_i = 63.1 , IIP3_i = 15.85 , IIP3 = 3.86
Part =   3: A_si =   3.2 ,                                  IIP3 = 3.86
Part =   4: A_si =  15.8 , IP3_i = 50.1 , IIP3_i =  3.16 , IIP3 = 2.45
Part =   5: A_si =  10.0 , IP3_i = 44.7 , IIP3_i =  4.47 , IIP3 = 2.15
Part =   6: A_si =   4.0 , IP3_i =  5.0 , IIP3_i =  1.26 , IIP3 = 1.09
Part =   7: A_si =  22.4 , IP3_i = 44.7 , IIP3_i =  2.00 , IIP3 = 0.95
Part =   8: A_si =   5.6 ,                                  IIP3 = 0.95
Part =   9: A_si =  31.6 , IP3_i = 44.7 , IIP3_i =  1.41 , IIP3 = 0.79
Part =  10: A_si =   7.9 ,                                  IIP3 = 0.79
Part =  11: A_si =   4.0 , IP3_i =  3.5 , IIP3_i =  0.89 , IIP3 = 0.59
Part =  12: A_si =   3.5 ,                                  IIP3 = 0.59
Part =  13: A_si =  79.4 , IP3_i = 63.1 , IIP3_i =  0.79 , IIP3 = 0.47
Part =  14: A_si =  70.8 ,                                  IIP3 = 0.47
Part =  15: A_si =  70.8 ,                                  IIP3 = 0.47
IIP3 = 0.47 (Amplitude)
IIP3 = 3.5 dBm
```

Dabei ist `A_si` die laufende Verstärkung vom Eingang des Empfängers bis zum Ausgang der jeweiligen Komponente, `IP3_i` der Interceptpunkt der jeweiligen Komponente und `IIP3_i` der zugehörige, auf den Eingang des Empfängers umgerechnete Eingangs-Interceptpunkt. `IIP3` ist die fortlaufende Zusammenfassung der Anteile gemäß (6.17), die als Endwert den Eingangs-Interceptpunkt *IIP3* des Empfängers liefert. Die Umrechnung in dBm erfolgt entsprechend (6.15) auf Seite 210:

$$IIP3\,[\text{dBm}] \;=\; 10 + 20\lg IIP3$$

In unserem Beispiel sind die Komponenten 3, 8, 10, 12, 14 und 15 linear. Die Nichtlinearität einer Komponente wirkt sich umso stärker aus, je geringer ihr auf den Eingang umgerechneter Interceptpunkt IIP3_i ist; kritisch sind demnach der Treiber-Verstärker für den A/D-Umsetzer (Komponente 13) und der zweite Mischer (Komponente 11).

6.3 Abhängigkeit von der Verstärkungseinstellung

In den Beispielen zur Berechnung der Rauschzahl F (Abschn. 6.1.8 auf Seite 199) und des Eingangs-Interceptpunkts $IIP3$ (Abschn. 6.2.5 auf Seite 213) eines Empfängers haben wir angenommen, dass der Empfänger mit maximaler Verstärkung G betrieben wird, in diesem Fall $G = 37\,dB$; dazu sind die beiden im Blockschaltbild in Abb. 6.8 auf Seite 200 gezeigten Dämpfungsglieder (Komponenten 2 und 5) entsprechend eingestellt.

Die Rauschzahl F eines Empfängers wird bei maximaler Verstärkung G minimal, da in diesem Fall das Rauschen der ausgangsseitigen Komponenten bei der Rückrechnung auf den Eingang mit einer höheren Verstärkung abgeschwächt wird und sich deshalb weniger stark auswirkt. Man erkennt dies am Produkt der Leistungsverstärkungen G_n im Nenner der Summanden in (6.4) auf Seite 196. Dagegen wird der Eingangs-Interceptpunkt $IIP3$ eines Empfängers bei minimaler Verstärkung G maximal, da in diesem Fall die ausgangsseitigen Komponenten weniger stark ausgesteuert werden und deshalb ihre auf den Eingang umgerechnete Nichtlinearität geringer ist. Man erkennt dies am Produkt der Leistungsverstärkungen G_n im Zähler der Summanden in (6.17 und 6.18) auf

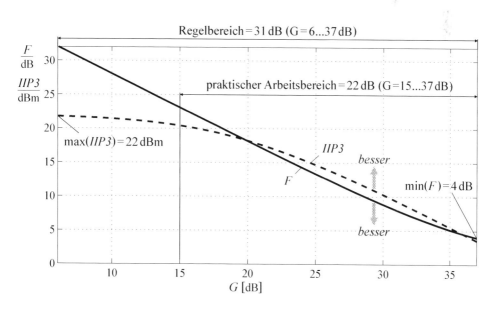

Abb. 6.18 Rauschzahl F und Eingangs-Interceptpunkt $IIP3$ für den Empfänger aus Abb. 6.8 auf Seite 200

Seite 212. Zur vollständigen Charakterisierung eines Empfängers müssen wir demnach beide Größen – die Rauschzahl F und den Eingangs-Interceptpunkt *IIP3* – in Abhängigkeit von der eingestellten Verstärkung G ermitteln.

In unserem Beispiel ist das erste Dämpfungsglied (Komponente 2) *schaltbar* mit 32 Stufen im Bereich $G_2 = -2 \cdots -33$ dB. Mit diesem Dämpfungsglied wird eine Anpassung der Verstärkung an den mittleren Empfangspegel vorgenommen. Das zweite Dämpfungsglied (Komponente 5) ist ein *regelbares* Dämpfungsglied, mit dem kurzfristige Schwankungen ausgeregelt werden und das im Mittel mit $G_5 = -4$ dB betrieben wird. Demnach erfolgt die Verstärkungseinstellung *im Mittel* nur über das erste Dämpfungsglied. Für diesen Fall haben wir die Rauschzahl F und den Eingangs-Interceptpunkt *IIP3* berechnet und in Abb. 6.18 dargestellt. Bei der maximalen Verstärkung $G = 37$ dB erhalten wir die minimale (= *beste*) Rauschzahl $F = 4$ dB aus Abschn. 6.1.8 und den minimalen (= *schlechtesten*)Eingangs-Interceptpunkt *IIP3* = 3.5 dBm aus Abschn. 6.2.5.

Bei einer Reduktion der Verstärkung G nimmt die Rauschzahl F immer stärker zu, während der Eingangs-Interceptpunkt *IIP3* gegen einen Wert konvergiert, der durch die Komponenten *vor* dem ersten Dämpfungsglied – in unserem Fall nur der rauscharme Verstärker (LNA, Komponente 1) – bestimmt wird. Im vorliegenden Fall wird man die Verstärkungseinstellung auf eine Untergrenze von etwa 15 dB beschränken, da mit geringeren Werten keine nennenswerte Steigerung des Eingangs-Interceptpunktes *IIP3* erzielt wird, während die Rauschzahl F weiter zunimmt.

6.4 Dynamikbereich eines Empfängers

Der *Dynamikbereich* (*Dynamic Range, DR*) eines Empfängers entspricht der Pegeldifferenz zwischen dem maximalen und dem minimalen Empfangspegel für einen bestimmten Signaltyp, z. B. ein bestimmtes analoges Rundfunksignal oder ein bestimmtes digitales Datensignal. Der Dynamikbereich ist deshalb eine Eigenschaft des Empfängers *in Verbindung* mit einem Signaltyp.

6.4.1 Minimaler Empfangspegel

Der *minimale Empfangspegel* $P_{r,min}$ hängt von drei Größen ab:

- Die *Rauschzahl F* des Empfängers ist ein Maß für die wirksame Rauschleistungsdichte S_n am Eingang bei einer Temperatur von $T = 290$ K:

$$S_n = FkT \stackrel{T=290\,\mathrm{K}}{=} F \cdot 4 \cdot 10^{-21} \text{ W/Hz}$$

- Aus der Rauschleistungsdichte und der *Rauschbandbreite* B_n des Signals ergibt sich die bezüglich des Empfangs des Signals wirksame Rauschleistung P_n:

$$P_n = S_n B_n$$

Bei einem pulsamplitudenmodulierten Signal mit Root-Raised-Cosine-Filterung ist die Rauschbandbreite B_n durch die Symbolrate f_s gegeben. Bei analog modulierten Signalen muss streng genommen die Rauschbandbreite des Kanalfilters vor dem analogen Demodulator verwendet werden; in der Praxis wird statt dessen häufig der Kanalabstand K verwendet, damit eine Vergleichbarkeit verschiedener Empfänger mit nicht exakt gleichen Kanalfiltern gegeben ist.

• Aus der Rauschleistung P_n und dem *minimalen Signal-Rausch-Abstand SNR$_{min}$*, der für einen sinnvollen Empfang des Signals benötigt wird, ergibt sich der minimale Empfangspegel:

$$SNR_{min} = \frac{P_{r.min}}{P_n} \quad \Rightarrow \quad P_{r.min} = SNR_{min} P_n$$

Durch Einsetzen erhalten wir:

$$P_{r.min} = SNR_{min} B_n FkT \overset{T=290\,\text{K}}{=} SNR_{min} B_n F \cdot 4 \cdot 10^{-21} \text{ W/Hz} \tag{6.19}$$

In der Praxis wird der Pegel entweder in dBm oder als Effektivwert-Spannung für $Z_L = 50\,\Omega$ angegeben:

$$P_{r.min} \text{[dBm]} = -174 + \underbrace{10\lg F}_{F\,\text{[dB]}} + \underbrace{10\lg SNR_{min}}_{SNR_{min}\,\text{[dB]}} + 10\lg \frac{B_n}{1\,\text{Hz}}$$

$$u_{r.min} = \sqrt{P_{r.min} \cdot 50\,\Omega} = 1\,\text{V} \cdot 10^{(P_{r.min}\,\text{[dBm]}-13)/20}$$

Für SNR_{min} und/oder B_n werden häufig standardisierte Werte verwendet. So wird z. B. bei analogen Einseitenband-Sprachsignalen, die mit einem Kanalabstand $K = 3\,\text{kHz}$ übertragen werden, $B_n = K$ implizit angenommen, während der zur Berechnung verwendete Signal-Rausch-Abstand SNR_{min} explizit genannt wird. Ein typischer Einseitenband-Sprechfunkempfänger hat eine Rauschzahl $F \approx 10\,\text{dB}$; daraus folgt mit $SNR_{min} = 10\,\text{dB}$:

$$P_{r.min} \text{[dBm]} = -174 + 10 + 10 + 10\lg 3000 \approx -119 \quad \Rightarrow \quad u_{r.min} \approx 0.25\,\mu\text{V}$$

Angaben in der normalen Leistungseinheit *Watt* (W) werden aufgrund der kleinen Werte in der Praxis nicht verwendet.

Da sich sowohl die Rauschzahl F als auch der Signal-Rausch-Abstand SNR_{min} in der Praxis in engen Grenzen bewegen, hängt der minimale Empfangspegel im wesentlichen

Alphabet	Code Rate	MIMO Mode	SNR_{min} [dB]	B_n [MHz]	F [dB]	$P_{r,min}$ [dBm]
BPSK	1/2	1 x 1	4.5	20	10	-86.5
QPSK	1/2	1 x 1	7.6	20	10	-83.4
QPSK	3/4	1 x 1	11.8	20	10	-79.2
16QAM	3/4	1 x 1	17.7	20	10	-73.3
64QAM	3/4	1 x 1	22.8	20	10	-68.2
256QAM	7/8	1 x 1	32.6	20	10	-58.4
QPSK	1/2	1 x 2	2.1	20	10	-88.9
QPSK	1/2	2 x 2	0.7	20	10	-90.3
QPSK	1/2	2 x 3	-2.1	40	10	-90.1

Abb. 6.19 Minimale Empfangspegel für einige ausgewählte Modulations- und Codierungs-Schemata (*Modulation and Coding Schemes, MCS*) des WLAN-Standard 802.11. Der MIMO Mode *m* x *n* gibt die Anzahl der Sende- (*m*) und Empfangsantennen (*n*) an

von der Bandbreite B_n des Signals ab. Als Beispiele seien hier das Amateurfunk-Verfahren PSK31 mit $B_n \approx 31\,\text{Hz}$ und der WLAN-Standard 802.11n mit $B_n = 40\,\text{MHz}$ genannt; hier unterscheiden sich die minimalen Empfangspegel bei gleicher Rauschzahl und gleichem Signal-Rausch-Abstand um $10\lg(40.000.000/31) = 61\,\text{dB}$! Abb. 6.19 zeigt einige Werte für den WLAN-Standard 802.11; dabei sind auch Werte für Betriebsarten mit mehreren Sende- und Empfangsantennen (*Multiple Input Multiple Output, MIMO*) angegeben.

6.4.2 Maximaler Empfangspegel

Der *maximale Empfangspegel $P_{r,max}$* ist durch die maximal zulässigen nichtlinearen Verzerrungen gegeben und muss durch Messungen oder Simulationen ermittelt werden. Bei digital modulierten Signalen entspricht $P_{r,max}$ dem Pegel, bei dem gerade noch keine Symbolfehler auftreten. Bei robusten Modulationsalphabeten wie BPSK und QPSK ist selbst bei starker Übersteuerung ein korrekter Empfang möglich.

Gelegentlich wird der maximale Empfangspegel als untere Grenze des Regelbereichs der Verstärkungsregelung (AGC) definiert. Bei einer Überschreitung dieses Pegels kann die AGC die Verstärkung des Empfängers nicht mehr weiter reduzieren, d. h. die Regelung wird unwirksam und der Pegel steigt über den Sollwert der AGC an.

6.4.3 Dynamikbereich

Der *Dynamikbereich DR* entspricht dem Verhältnis von maximalem und minimalem Empfangspegel für das der Berechnung bzw. Messung der Pegel zugrunde liegende Signal:

$$DR = \frac{P_{r,max}}{P_{r,min}} \quad \Rightarrow \quad DR\,[\text{dB}] = P_{r,max}\,[\text{dBm}] - P_{r,min}\,[\text{dBm}] \qquad (6.20)$$

Er ist für die Praxis nur dann relevant, wenn die Pegel der Signale in den Nachbarkanälen so klein sind, dass sich diese Signale nicht störend auswirken. Wir verweisen dazu auf die Verläufe in Abb. 6.18 auf Seite 215 und stellen fest:

- Der minimale Empfangspegel $P_{r,min}$ wird auf der Basis der minimalen Rauschzahl F ermittelt; der Empfänger wird dabei mit maximaler Verstärkung G betrieben. Das ist in der Praxis allerdings nur dann möglich, wenn die Pegel der Signale in den Nachbarkanälen so gering sind, dass die maximale Verstärkung auch tatsächlich verwendet werden kann. Wenn die Verstärkung aufgrund der Signale in den Nachbarkanälen reduziert werden muss, um eine Übersteuerung zu vermeiden, nimmt die Rauschzahl F und damit auch der minimale Empfangspegel $P_{r,min}$ zu. Zusätzlich können Intermodulationsprodukte von starken Signalen in den Nachbarkanälen in den Empfangskanal fallen; darauf gehen wir im Abschn. 6.4.4 noch näher ein. Beide Effekte – die höhere Rauschzahl und die Intermodulationsprodukte aus den Nachbarkanälen – führen in der Praxis dazu, dass schwache Signale durch starke Signale *verdeckt* werden.
- Der maximale Empfangspegel $P_{r,max}$ wird bei minimaler Verstärkung G ermittelt. In diesem Fall ist es in der Praxis unwahrscheinlich, dass ein einzelnes Signal in einem Nachbarkanal einen ähnlich hohen Pegel aufweist; allerdings können sich die Pegel der Signale in den Nachbarkanälen zu einem Gesamtpegel addieren, der eine deutliche Reduktion des maximalen Empfangspegels $P_{r,max}$ verursachen kann.

Streng genommen gelten der minimale und der maximale Empfangspegel und der daraus berechnete Dynamikbereich demnach nur dann, wenn *keine* weiteren Signale vorhanden sind. *Wie* sich die Größen verändern, wenn weitere Signale vorhanden sind, hängt von den Bandbreiten *sämtlicher* Filter, der Anzahl und der Anordnung der Pegeldetektoren für die Verstärkungsregelung und der Komplexität des Regelalgorithmus ab. Wir belassen es bei diesen Hinweisen, da eine Behandlung der Verstärkungsregelung den Rahmen unserer Darstellung sprengt.

6.4.4 Inband-Dynamikbereich

Aufgrund der Abhängigkeit des Dynamikbereichs vom zugrunde liegenden Signal und den Pegeln der Signale in den Nachbarkanälen, wird in der Praxis vorzugsweise der *Inband-Dynamikbereich IDR* verwendet, der sich auf ein Szenario mit starken *und* schwachen Signalen bezieht. Ausgangspunkt ist die in Abb. 6.16 auf Seite 209 gezeigte Geometrie der Intermodulationsprodukte, die in modifizierter und erweiterter Form in Abb. 6.20

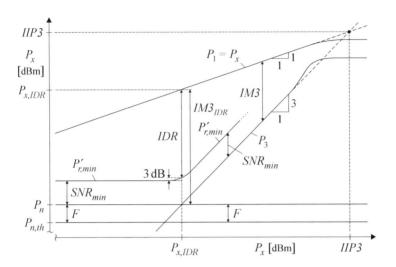

Abb. 6.20 Größen zur Bestimmung des Inband-Dynamikbereichs

dargestellt ist. Die Verläufe der Leistungen P_1 und P_3 beschreiben die Nutzanteile und die Intermodulationsprodukte 3.Ordnung für zwei starke Signale und entsprechen damit formal den Amplituden $\hat{y}_1$ und $\hat{y}_3$ in Abb. 6.16. Wir haben hier jedoch alle Ausgangsgrößen durch Division mit der Leistungsverstärkung G auf den Eingang zurückgerechnet, so dass *beide* Achsen die Eingangsleistung P_x wiedergeben und für die Nutzanteile im linearen Bereich der Zusammenhang $P_1 = P_x$ gilt. Aus dem Schnittpunkt der asymptotischen Verläufe von P_1 und P_3 erhalten wir deshalb auf beiden Achsen den Eingangs-Interceptpunkt *IIP3*.

Es wird nun angenommen, dass ein schwaches Signal *neben* den beiden starken Signalen liegt, und zwar in dem Frequenzbereich, in den die Intermodulationsprodukte 3.Ordnung fallen. Die minimale Empfangsleistung $P'_{r,min}$ dieses Signals muss nun um den minimalen Signal-Rausch-Abstand SNR_{min} über der *Summe* aus der Rauschleistung P_n und der Intermodulationsleistung P_3 liegen; daraus resultiert der in Abb. 6.20 gezeigte Verlauf von $P'_{r,min}$. Der Inband-Dynamikbereich *IDR* entspricht der maximalen Pegeldifferenz zwischen den Nutzanteilen der starken Signale und der minimalen Empfangsleistung des schwachen Signals:

$$IDR = \max\left\{\frac{P_1}{P'_{r,min}}\right\} = \max\left\{P_1\,[\text{dBm}] - P'_{r,min}\,[\text{dBm}]\right\}$$

An diesem Punkt sind die Rauschleistung

$$P_n\,[\text{dBm}] = P_{n,th}\,[\text{dBm}] + F\,[\text{dB}]$$

und die Intermodulationsleistung P_3 gleich.

Aus Abb. 6.20 lesen wir die folgenden Zusammenhänge ab:

$$P_{x,IDR}\,[\text{dBm}] = P_n\,[\text{dBm}] + IM3_{IDR}\,[\text{dB}]$$

$$IDR\,[\text{dB}] = IM3_{IDR}\,[\text{dB}] - SNR_{min}\,[\text{dB}] - 3$$

Ferner gilt:

$$IM3_{IDR}\,[\text{dB}] = 2\left(IIP3\,[\text{dBm}] - P_{x,IDR}\,[\text{dBm}]\right)$$

Der Faktor 2 resultiert aus der Differenz der Steigungen der Verläufe von P_3 (Steigung 3) und $P_1 = P_x$ (Steigung 1). Durch Einsetzen und Auflösen nach IDR erhalten wir:

$$IDR\,[\text{dB}] = \frac{2}{3}\left(IIP3\,[\text{dBm}] - F\,[\text{dB}] - P_{n,th}\,[\text{dBm}]\right) - SNR_{min}\,[\text{dB}] - 3 \qquad (6.21)$$

Dabei gilt für die thermische Rauschleistung $P_{n,th}$ bei $T = 290\,\text{K}$ und einer Rauschbandbreite B_n:

$$P_{n,th}\,[\text{dBm}] = -174 + 10\lg\frac{B_n}{1\,\text{Hz}}$$

In der Praxis wird häufig $SNR_{min} = 0\,\text{dB}$ gesetzt und der Term -3 vernachlässigt. Wir bezeichnen diesen vereinfachten Inband-Dynamikbereich mit IDR'. Es gilt:

$$IDR'\,[\text{dB}] = \frac{2}{3}\left(174 + IIP3\,[\text{dBm}] - F\,[\text{dB}] - 10\lg\frac{B_n}{1\,\text{Hz}}\right) \qquad (6.22)$$

Wenn man von der Bandbreite B_n absieht, ist der Inband-Dynamikbereich ein gewichtetes Maß für die Differenz zwischen dem Eingangs-Interceptpunkt $IIP3$ und der Rauschzahl F.

Da gemäß Abb. 6.18 auf Seite 215 sowohl der Eingangs-Interceptpunkt $IIP3$ als auch die Rauschzahl F von der Verstärkung G des Empfängers abhängen, hängt auch der Inband-Dynamikbereich von G ab. Abb. 6.21 zeigt den Inband-Dynamikbereich IDR' für den Empfänger aus Abb. 6.8 auf Seite 200 für eine Rauschbandbreite $B_n = 200\,\text{kHz}$ (GSM-Mobilfunk). Während die Absolutwerte von der Rauschbandbreite abhängen, ist der relative Verlauf typisch: man erhält ein breites Maximum im Bereich mittlerer Verstärkungen, hier bei $G = 28\,\text{dB}$. Mit abnehmender Verstärkung nimmt der Inband-Dynamikbereich stärker ab, da der Eingangs-Interceptpunkt $IIP3$ nicht mehr nennenswert zunimmt, die Rauschzahl F dagegen weiter ansteigt, siehe Abb. 6.18 auf Seite 215.

6.4.5 Spurious Free Dynamic Range

Der vereinfachte Inband-Dynamikbereich IDR' wird in der Literatur auch als *Spurious Free Dynamic Range* (*SFDR*) bezeichnet. Diese Bezeichnung wurde ursprünglich nur

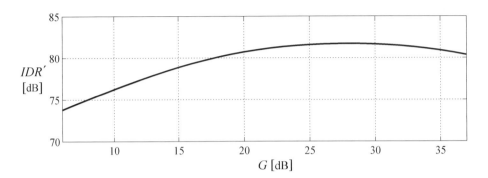

Abb. 6.21 Inband-Dynamikbereich IDR' für den Empfänger aus Abb. 6.8 auf Seite 200 für eine Rauschbandbreite $B_n = 200\,\text{kHz}$ (GSM-Mobilfunk)

für A/D- und D/A-Umsetzer verwendet, setzt sich aber zunehmend auch für Empfänger durch, da sich bis heute kein einheitliches Formelzeichen für den Inband-Dynamikbereich etabliert hat. Der Entstehungsmechanismus für die nichtlinearen Signalanteile ist aber verschieden. Sie werden im Analogteil eines Empfängers durch nichtlineare Kennlinien mit einem kubischen Anteil ($c_3 x^3$), bei A/D- und D/A-Umsetzern dagegen primär durch ungleiche Quantisierungsstufen verursacht. Ersteres ist eine Nichtlinearität *im Großen*, letzteres eine Nichtlinearität *im Kleinen*. Aus diesem Grund kann man für einen A/D-Umsetzer keinen Eingangs-Interceptpunkt angeben. Es treten zwar nichtlineare Signalanteile bei denselben Frequenzen auf, diese Anteile zeigen aber eine ganz andere Abhängigkeit von der Leistung des Eingangssignals, d. h. die in Abb. 6.16 auf Seite 209 gezeigte Geometrie der Intermodulationsprodukte existiert bei einem A/D-Umsetzer nicht. Wir haben deshalb den A/D-Umsetzer in unserem Beispiel bei der Berechnung des Eingangs-Interceptpunkts im Abschn. 6.2.5 auf Seite 213 als lineare Komponente modelliert. Daraus folgt, dass der ohne Berücksichtigung des A/D-Umsetzers berechnete Inband-Dynamikbereich nur dann gilt, wenn der Spurious Free Dynamic Range des A/D-Umsetzers *größer* ist; es gilt demnach:

$$SFDR\,(\text{Empfänger}) \;=\; \min\,\big\{\,SFDR\,(\text{Analogteil}),\; SFDR\,(\text{A/D-Umsetzer})\,\big\}$$

Digital Downconverter

7

Inhaltsverzeichnis

Digital Downconverter (*DDC*) ist die englisch-sprachige Bezeichnung für einen digitalen I/Q-Demodulator mit Unterabtastung. Wir haben diese Komponente bereits als Bestandteil des RF Sampling Receivers in Abb. 3.20 auf Seite 57 und des Kurzwellen-Amateurfunk-Empfängers in Abb. 3.22 auf Seite 59 kennengelernt. Aber auch in einem Direct Conversion Receiver gemäß Abb. 3.17 auf Seite 54 folgt auf die A/D-Umsetzer in der Regel ein DDC, der die Signale von der festen Abtastrate der A/D-Umsetzer auf die von der Basisbandverarbeitung benötigte Abtastrate unterabtastet. Auch in diesem Fall

© Springer-Verlag GmbH Deutschland 2017
A. Heuberger und E. Gamm, *Software Defined Radio-Systeme für die Telemetrie*,
DOI 10.1007/978-3-662-53234-8_7

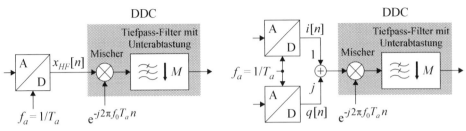

a in einem *RF Sampling Receiver*   **b** in einem *Direct Conversion Receiver*

Abb. 7.1 Digital Downconverter (DDC)

enthält der DDC immer dann einen Mischer, wenn die Frequenz des zu empfangenden Kanals nach dem A/D-Umsetzer noch nicht bei Null liegt, weil:

- ein schmalbandiges Signal außerhalb des 1/f-Rauschens empfangen werden soll, siehe Abb. 3.19a auf Seite 56;
- der Frequenz-Synthesizer zur Erzeugung der Mischersignale für den analogen I/Q-Demodulator nicht ausreichend fein abgestimmt werden kann, so dass eine nachträgliche digitale Frequenzkorrektur erforderlich ist.

Abb. 7.1 zeigt die beiden Empfänger-Typen. Sie unterscheiden sich nur darin, dass das Eingangssignal des DDCs bei einem RF Sampling Receiver reell ($x_{HF}[n]$ in Abb. 7.1a) und bei einem Direct Conversion Receiver komplex ($\underline{x}[n] = i[n] + jq[n]$ in Abb. 7.1b) ist.

Ein DDC kann als Hardware-Komponente oder in Software realisiert werden. In Software Defined Radio Plattformen zum Empfang breitbandiger Signale werden A/D-Umsetzer mit Abtastraten im Bereich $f_a \approx (10 \ldots 300)\,\text{Msps}$ verwendet; in diesem Fall ist auf jeden Fall ein Hardware-DDC erforderlich. Bei Abtastraten $f_a < 1\,\text{Msps}$ kann in der Regel ein Software-DDC verwendet werden. Dazwischen liegt ein Bereich, in dem beide Varianten verwendet werden, je nach Anforderungen und Implementierung der nachfolgenden Basisbandverarbeitung. Oft werden beide Varianten kombiniert, indem bei breitbandigen Signalen nur ein Hardware-DDC und bei schmalbandigen Signalen zusätzlich ein nachfolgender Software-DDC verwendet wird. Ein Beispiel dafür sind *Messempfänger*, die für den Empfang sehr unterschiedlicher Signale ausgelegt sind.

Im allgemeinen besteht ein DDC aus einem komplex-wertigen Mischer und einem komplex-wertigen Tiefpass-Filter mit Unterabtastung, siehe Abb. 7.1. Abb. 7.2 zeigt die reell-wertige Darstellung des Mischers für die beiden Empfänger-Typen. Die Koeffizienten des Tiefpass-Filters sind reell-wertig; dadurch zerfällt das komplex-wertige Filter in zwei parallele reell-wertige Filter, siehe Abb. 7.3.

Die Implementierung eines Tiefpass-Filters mit Unterabtastung kann auf drei Arten erfolgen, siehe Abb. 7.4:

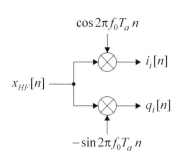

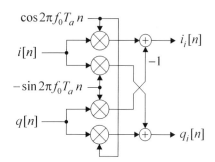

a in einem *RF Sampling Receiver*   **b** in einem *Direct Conversion Receiver*

Abb. 7.2 Reell-wertige Darstellung des Mischers

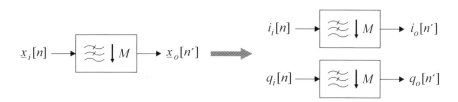

Abb. 7.3 Komplex-wertiges Tiefpass-Filter mit reell-wertigen Koeffizienten

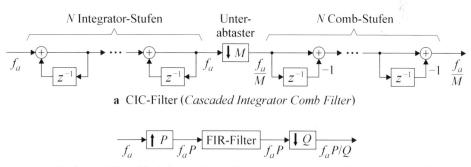

a CIC-Filter (*Cascaded Integrator Comb Filter*)

b Polyphasen-Filter (funktionale Darstellung ohne praktische Vereinfachungen)

c Halbband-Filterkaskade mit m Halbband-FIR-Filtern (ohne praktische Vereinfachungen)

Abb. 7.4 Varianten zur Tiefpass-Filterung mit Unterabtastung

- *CIC-Filter* (*Cascaded Integrator Comb Filter*) bestehen nur aus Addierern und Subtrahierern mit Festkomma-Arithmetik und werden deshalb ausschließlich in Hardware-DDCs eingesetzt. Der Unterabtastfaktor M kann beliebige ganzzahlige Werte mit $M \geq 4$ annehmen. DDCs mit CIC-Filtern werden in der Praxis mit Hilfe von programmierbaren Logikbausteinen (*Field Programmable Gate Array*, *FPGA*) realisiert; entsprechende FPGA-Module der FPGA-Hersteller unterstützen Unterabtastfaktoren bis zu $M = 16384$. Da der Frequenzgang eines CIC-Filters immanent ist und nicht beeinflusst werden kann, folgen auf ein CIC-Filter ein oder zwei frei programmierbare FIR-Filter zur Anpassung des Frequenzgangs an die aktuellen Bedürfnisse.
- *Polyphasen-FIR-Filter* bestehen aus der Kombination einer Überabtastung mit einem ganzzahligen Faktor P und einer nachfolgenden Unterabtastung mit einem ganzzahligen Faktor Q, so dass man insgesamt eine Änderung der Abtastrate um den rationalen Faktor P/Q erhält. Für $P < Q$ ergibt sich eine Unterabtastung mit $M = Q/P$. Formal werden dabei die Überabtastung und die Unterabtastung aus Abb. 2.12 auf Seite 28 kaskadiert und so betrieben, dass keine unnötigen Werte berechnet werden; dabei fallen das Filter der Überabtastung und das Filter der Unterabtastung zu einem Filter zusammen. Polyphasen-Filter werden in der Regel nur für Unterabtastfaktoren $M < 10$ und relativ kleine Werte für P und Q eingesetzt, da die Anzahl der Filterkoeffizienten bei Unterabtastung proportional zu Q zunimmt.
- *Halbband-Filterkaskaden* bestehen aus einer Kaskade von *Halbband-FIR-Filtern*, mit denen die Abtastrate jeweils um den Faktor 2 reduziert wird. Bei einer Kaskade von m Filtern erhält man demnach einen Unterabtastfaktor $M = 2^m$. Eine derartige Kaskade könnte man zwar auch mit gewöhnlichen FIR-Filtern aufbauen, Halbband-FIR-Filter haben jedoch den Vorteil, dass mit Ausnahme des zentralen Koeffizienten jeder zweite Koeffizient gleich Null ist; dadurch wird die Anzahl der erforderlichen Multiplikationen etwa auf die Hälfte reduziert.

In Abb. 7.4 ist das CIC-Filter bereits elementar dargestellt, während beim Polyphasen-Filter und bei der Halbband-Filterkaskade nur das Funktionsprinzip ohne die praktischen Vereinfachungen dargestellt ist.

Bei einem CIC-Filter oder einer Halbband-Filterkaskade ist die Wahl des Unterabtastfaktors stark eingeschränkt, während bei einem Polyphasen-Filter sehr feine Abstufungen möglich sind; deshalb tritt in der Praxis häufig der Fall auf, dass auf ein CIC-Filter oder eine Halbband-Filterkaskade ein Polyphasen-Filter zur Feinabstimmung der Abtastrate folgt. Bei digitalen Übertragungsverfahren mit spezieller Impuls-Filterung – z. B. Root Raised Cosine Filterung – wird dann häufig das Impuls-Filter als Polyphasen-Filter ausgeführt.

7.1 CIC-Filter

7.1.1 Übertragungsfunktion

Die Übertragungsfunktion des in Abb. 7.4a gezeigten CIC-Filters lautet:

$$
\underline{H}_{CIC}(z) \;=\; \left(\frac{1 - z^{-M}}{1 - z^{-1}} \right)^{N} \;=\; \left(\sum_{i=0}^{M-1} z^{-i} \right)^{N}
\tag{7.1}
$$

Ein CIC-Filter hat demnach nur zwei Parameter: den Unterabtastfaktor M und die Ordnung N. Die Summen-Darstellung zeigt, dass es sich um eine Kaskade von N Mittelungsfiltern der Länge M handelt, d. h. um Filter mit der Impulsantwort:

$$
h_M[n] \;=\; 1 \quad \text{für } n = 0, \ldots, M-1 \quad \Rightarrow \quad \underline{H}_M(z) \;=\; Z\{ h_M[n] \} \;=\; \sum_{i=0}^{M-1} z^{-i}
$$

Für den Betragsfrequenzgang eines einzelnen Mittelungsfilters der Länge M gilt:

$$
\left| \underline{H}_M(f) \right| \;=\; \left| \underline{H}_M \left(z = e^{j2\pi f/f_a} \right) \right| \;=\; \left| \frac{\sin \pi M f / f_a}{\sin \pi f / f_a} \right| \quad \text{für } -f_a/2 < f < f_a/2
$$

Die Gleichverstärkung beträgt:

$$
\underline{H}_M(z = 1) \;=\; \underline{H}_M(f = 0) \;=\; M
$$

Wir normieren im folgenden alle Filter auf eine Gleichverstärkung von Eins; dann gilt für den Betragsfrequenzgang eines CIC-Filters:

$$
\left| \underline{H}'_{CIC}(f) \right| \;=\; \frac{1}{M^{N}} \left| \frac{\sin \pi M f / f_a}{\sin \pi f / f_a} \right|^{N} \quad \text{für } -f_a/2 < f < f_a/2
\tag{7.2}
$$

Das Hochkomma in $\underline{H}'_{CIC}$ verweist auf die Normierung. Abb. 7.5 zeigt den Frequenzgang für $M = 10$ und $N = \{1, 3, 5\}$. In der Praxis wird $N = 3 \ldots 6$ verwendet.

7.1.2 Bandbreite und Alias-Dämpfung

Durch die Unterabtastung mit dem Faktor M werden alle Anteile außerhalb des Hauptbereichs

$$
-\frac{1}{2M} \;<\; \frac{f}{f_a} \;<\; \frac{1}{2M}
$$

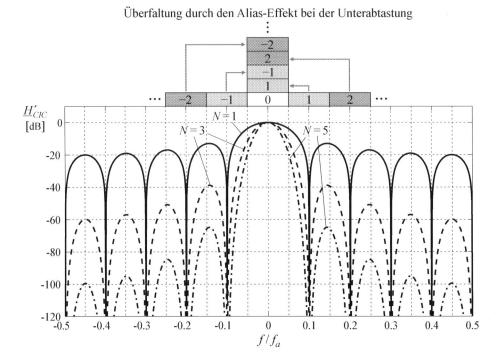

Abb. 7.5 Frequenzgang eines CIC-Filters mit $M = 10$ und $N = \{1, 3, 5\}$

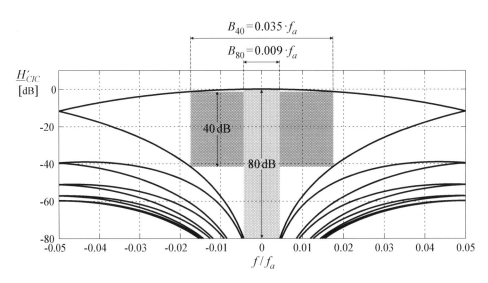

Abb. 7.6 Überfalteter Frequenzgang für $M = 10$ und $N = 3$ inklusive der nutzbaren Bereiche für eine Alias-Dämpfung von 40 dB und 80 dB

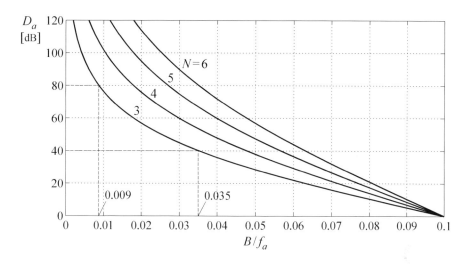

Abb. 7.7 Alias-Dämpfung D_a eines CIC-Filters mit $M = 10$ in Abhängigkeit von der Bandbreite B

durch den Alias-Effekt in den Hauptbereich *überfaltet*, siehe Abb. 7.5. Abb. 7.6 zeigt den überfalteten Frequenzgang im Hauptbereich. Die für die Unterabtastung nutzbare Bandbreite B hängt von der erforderlichen Alias-Dämpfung ab. In Abb. 7.6 ist der nutzbare Bereich für eine Alias-Dämpfung von 40 dB und 80 dB eingezeichnet. Da die stärksten Alias-Produkte aus den Nebenbereichen 1.Ordnung stammen, können wir die Alias-Dämpfung D_a aus dem Verhältnis des Frequenzgang des Hauptbereichs und des überfalteten ersten Nebenbereichs bei der Grenzfrequenz $f_g = B/2$ berechnen:

$$D_a \, [\mathrm{dB}] \;=\; 20 \lg \frac{\left| H'_{CIC}(f_g) \right|}{\left| H'_{CIC}(f_a/M - f_g) \right|} \quad \text{mit } f_g = \frac{B}{2}$$

Durch Einsetzen erhalten wir:

$$D_a \, [\mathrm{dB}] \;=\; 20 N \lg \frac{\sin \pi \left(\dfrac{1}{M} - \dfrac{B}{2 f_a} \right)}{\sin \pi \dfrac{B}{2 f_a}} \quad \text{für } 0 < B < \frac{f_a}{M}$$

Abb. 7.7 zeigt die Alias-Dämpfung eines CIC-Filters mit $M = 10$ in Abhängigkeit von der Bandbreite B. Für typische Alias-Dämpfungen im Bereich $D_a = 80 \, \mathrm{dB} \ldots 120 \, \mathrm{dB}$ liegt die relative Bandbreite für $N = 4 \ldots 6$ im Bereich $B/f_a \approx 0.01 \ldots 0.02$ oder, bezogen auf die Abtastrate am Ausgang:

$$\frac{M \cdot B}{f_a} \;\approx\; 0.1 \ldots 0.2$$

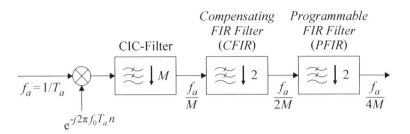

Abb. 7.8 Typischer Aufbau eines Digital Downconverters (DDC) mit CIC-Filter

Damit ist die relative Bandbreite eines typischen CIC-Filters etwa um den Faktor
$4 \ldots 8$ geringer als die relative Bandbreite eines Polyphasen-Filters oder einer Halbband-
Filterkaskade, für die

$$\frac{M \cdot B}{f_a} \approx 0.6 \ldots 0.8$$

gilt. Deshalb folgen auf ein CIC-Filter üblicherweise zwei FIR-Filter mit einer Unterabtastung von jeweils Zwei; dadurch nimmt die relative Bandbreite auf $0.4 \ldots 0.8$ zu.
Das erste dieser beiden FIR-Filter wird als *Compensating FIR Filter* (*CFIR*) bezeichnet
und dient zur Kompensation des abfallenden Frequenzgangs des CIC-Filters innerhalb
der Bandbreite, siehe Abb. 7.6. Das zweite FIR-Filter wird als *Programmable FIR
Filter* (*PFIR*) bezeichnet und wird entsprechend den Bedürfnissen der Anwendung programmiert. Daraus resultiert der in Abb. 7.8 gezeigte typische Aufbau eines DDCs mit
CIC-Filter. Der minimale Unterabtastfaktor beträgt in diesem Fall $4M = 16$.

7.1.3 Wortbreiten der Signale

Das Verblüffendste an einem CIC-Filter ist, dass es überhaupt funktioniert. Wir untersuchen das Verhalten an dem in Abb. 7.9 gezeigten Beispiel mit $M = 4$ und $N = 3$,
das wir zunächst *ohne* die eingetragenen Wortbreiten betrachten. Der Integrator-Teil vor
dem Unterabtaster besteht aus einer Kaskade mit drei Summierern. Bereits ein einzelner
Summierer ist instabil, da das Ausgangssignal bei einem endlich großen Eingangssignal
unendlich groß werden kann. Wenn wir am Eingang einen konstanten Wert Eins anlegen,
erhalten wir die in Abb. 7.10 gezeigten Signale. Mit jedem weiteren Summierer strebt

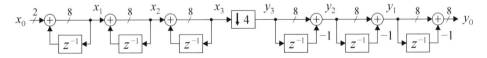

Abb. 7.9 Beispiel für ein CIC-Filter mit $M = 4$ und $N = 3$. Die Wortbreite des Eingangssignals
x_0 beträgt 2 bit. Für den *Bit-Zuwachs* gilt $N \cdot \mathrm{lb}\, M = 6$; deshalb haben alle anderen Signale eine
Wortbreite von 8 bit

n	0	1	2	3	4	5	6	7	8	9	10	11	12	13	14	15
x_0	1	1	1	1	1	1	1	1	1	1	1	1	1	1	1	1
x_1	1	2	3	4	5	6	7	8	9	10	11	12	13	14	15	16
x_2	1	3	6	10	15	21	28	36	45	55	66	78	91	105	120	136
x_3	1	4	10	20	35	56	84	120	165	220	286	364	455	560	680	816
y_3			20					120				364				816
y_2			20					100				244				452
y_1			20					80				144				208
y_0			20					60				64				64

Abb. 7.10 Signale für das CIC-Filter aus Abb. 7.9 für einen konstanten Eingangswert $x_0 = 1$ und ohne Begrenzung der Wortbreite

der zugehörige Ausgangswert x_i schneller gegen Unendlich. Am Ausgang y_0 erhalten wir einen Einschwingvorgang auf den konstanten Wert 64 entsprechend der Verstärkung $M^N = 4^3 = 64$ des Filters. Eine Fortsetzung der Zeitreihen würde für y_0 also weiterhin den Wert 64 liefern, während die Signale $x_1, x_2, x_3, y_3, y_2, y_1$ gegen Unendlich gehen.

Wir erhalten jedoch dieselben Werte am Ausgang, wenn wir eine Zahlendarstellung im Zweierkomplement verwenden und die Wortbreite der Signale innerhalb des Filters auf einen Wert begrenzen, der um den *Bit-Zuwachs*

$$\Delta n_{CIC} = \mathrm{lb}\, M^N = N \cdot \mathrm{lb}\, M \qquad (7.3)$$

über der Wortbreite des Eingangssignals x_0 liegt. In unserem Beispiel nehmen wir eine Eingangswortbreite von 2 bit an, d. h. das Eingangssignal kann die Werte $\{-2, -1, 0, 1\}$ annehmen. Für die Signale innerhalb des Filters muss die Wortbreite in diesem Fall

$$(2 + N \cdot \mathrm{lb}\, M)\, \mathrm{bit} = (2 + 3 \cdot \mathrm{lb}\, 4)\, \mathrm{bit} = 8\, \mathrm{bit}$$

betragen, d. h. die Signale sind auf den Wertebereich $\{-128, -127, \ldots, 126, 127\}$ begrenzt. Für die Addition und Subtraktion der Werte gilt nun:

$$a \pm b \;\overset{k\,\mathrm{bit}}{\Longrightarrow}\; \mathrm{mod}\left\{a \pm b + 2^{k-1}, 2^k\right\} - 2^{k-1} \;\overset{k=8}{=}\; \mathrm{mod}\left\{a \pm b + 128, 256\right\} - 128$$

Abb. 7.11 zeigt einen Vergleich der unbegrenzten (in Klammern) und der begrenzten Signale für unser Beispiel. Wir haben hier den Bereich $n = 0 \ldots 6$, in dem noch keine Begrenzung auftritt, entfernt und dafür den Bereich $n = 16, \ldots, 19$ ergänzt. Das Ausgangssignal ist im unbegrenzten und im begrenzten Fall identisch.

In der Praxis sind die Wortbreiten wesentlich größer. Als Beispiel betrachten wir einen hochwertigen Empfänger mit einem A/D-Umsetzer mit einer Auflösung $n_q = 16$ bit und einer Abtastrate $f_a = 250$ MHz. Auf den A/D-Umsetzer folgt ein DDC gemäß Abb. 7.8

n	7	8	9	10	11	12	13	14	15	16	17	18	19
x_0	1	1	1	1	1	1	1	1	1	1	1	1	1
(x_1)	8	9	10	11	12	13	14	15	16	17	18	19	20
x_1	8	9	10	11	12	13	14	15	16	17	18	19	20
(x_2)	36	45	55	66	78	91	105	120	136	153	171	190	210
x_2	36	45	55	66	78	91	105	120	-120	-103	-85	-66	-46
(x_3)	120	165	220	286	364	455	560	680	816	969	1140	1330	1540
x_3	120	-91	-36	30	108	-57	48	-88	48	-55	116	50	4
(y_3)	120				364				816				1540
y_3	120				108				48				4
(y_2)	100				244				452				724
y_2	100				-12				-60				-44
(y_1)	80				144				208				272
y_1	80				-112				-48				16
y_0	60				64				64				64

Abb. 7.11 Unbegrenzte (in Klammern) und begrenzte (8 bit) Signale für das CIC-Filter aus Abb. 7.9 für einen konstanten Eingangswert $x_0 = 1$

mit $N = 6$; damit wird bei einer relativen Bandbreite von 0.8 eine Alias-Dämpfung $D_a >$ 110 dB erzielt. Die minimale Abtastrate am Ausgang des DDCs soll etwa 10 kHz betragen; dazu muss die minimale Abtastrate am Ausgang des CIC-Filters etwa 40 kHz betragen, so dass ein Unterabtastfaktor $M \geq 250\,\text{MHz}/40\,\text{kHz} = 6250$ benötigt wird. Mit $M_{max} = 8192$ beträgt der Bit-Zuwachs

$$\Delta n_{CIC} = N \cdot \text{lb}\,M_{max} = 6 \cdot \text{lb}\,8192 = 78$$

und die Wortbreite im CIC-Filter $(16+78)\,\text{bit} = 94\,\text{bit}$. Bei einer Unterabtastung mit einem Unterabtastfaktor M erhöht sich die Auflösung des Signals um $(\text{lb}\,M)$ bit, in unserem Fall also um maximal $(\text{lb}\,M_{max})$ bit $= 13$ bit. Um die volle Auflösung des Ausgangssignals zu nutzen, muss die Wortbreite am Ausgang demnach mindestens $(16+13)\,\text{bit} = 29\,\text{bit}$ betragen. In der Praxis wird mindestens ein zusätzliches Bit verwendet; deshalb werden von den 94 bit am Ausgang des DDCs die höchstwertigen 30 bit weiter verarbeitet – z. B. mit einem digitalen Signalprozessor mit einer Wortbreite von 32 bit – und die niederwertigen 64 bit verworfen. Im Falle eines 32 bit – Prozessors wird man in der Praxis allerdings 32 bit weiter verarbeiten, um die zur Verfügung stehende Wortbreite vollständig zu nutzen.

Wir sehen an diesem Beispiel, dass die Wortbreite in einem CIC-Filter sehr groß werden kann. Aus diesem Grund eignet sich ein CIC-Filter nicht für einen Software-DDC, da die verfügbaren Prozessoren keine Register mit einer derart hohen Wortbreite besitzen.

7.1.4 Kompensationsfilter

Durch eine Reihenentwicklung von (7.2) erhalten wir für den Frequenzgang eines CIC-Filters die Näherung:

$$\underline{H}'_{CIC}(f) \approx 1 - \frac{N}{6}\left(M^2 - 1\right)(\pi f/f_a)^2 \tag{7.4}$$

Wenn wir in der in Abb. 7.8 auf Seite 230 gezeigten Anordnung eine Bandbreite von 80 % der Abtastrate $f_a/(4M)$ am Ausgang anstreben, liegt die Grenze des Durchlassbereichs bei

$$f_g = \frac{1}{2} \cdot B = \frac{1}{2}\cdot\left(0.8 \cdot \frac{f_a}{4M}\right) = \frac{f_a}{10M} = \frac{f_{a.c}}{10} \quad \text{mit } f_{a.c} = \frac{f_a}{M}$$

mit der zugehörigen Verstärkung:

$$\underline{H}'_{CIC}(f_g) \approx 1 - \frac{\pi^2 N}{600}\left(1 - \frac{1}{M^2}\right) \overset{M \gg 4}{\approx} 1 - \frac{\pi^2 N}{600} \approx 1 - 0.016 \cdot N$$

Dies entspricht einem Abfall im Bereich von 0.4 dB für $N = 3$ und 0.9 dB für $N = 6$.

Abb. 7.12 zeigt die resultierenden Anforderungen an den Frequenzgang des Kompensationsfilters *CFIR* aus Abb. 7.8; dabei ist $f_{a.c}$ die Abtastrate am Eingang des Filters. Der Entwurf erfolgt in zwei Schritten. Im ersten Schritt entwerfen wir ein FIR-Filter mit drei Koeffizienten gemäß Abb. 7.13, das den Kompensationsbereich realisiert:

$$h_{C.1} = [\,-\alpha\,,\, 1 + 2\alpha\,,\, -\alpha\,] \quad \Rightarrow \quad \left|\underline{H}_{C.1}(f)\right| = 1 + 2\alpha - 2\alpha\cos 2\pi f/f_{a.c}$$

Durch Reihenentwicklung der Cosinus-Funktion erhalten wir die Näherung:

$$\left|\underline{H}_{C.1}(f)\right| = 1 + 2\alpha - 2\alpha\left(1 - \frac{1}{2}\left(2\pi f/f_{a.c}\right)^2 + \cdots\right) \approx 1 + 4\alpha\left(\pi f/f_{a.c}\right)^2$$

Abb. 7.12 Anforderungen an den Frequenzgang des Kompensationsfilters

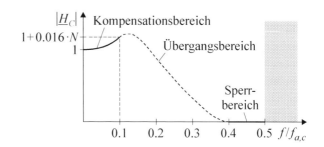

Abb. 7.13 Filter zur
Realisierung des
Kompensationsbereichs

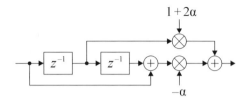

Durch Vergleich mit (7.4) erhalten wir unter Berücksichtigung von $f_{a,c} = f_a/M$ die Dimensionierung für den Parameter α:

$$\alpha = \frac{N}{24} \cdot \frac{M^2 - 1}{M^2} \overset{M \gg 4}{\approx} \frac{N}{24}$$

Abb. 7.14 zeigt die Frequenzgänge der Filter im Kompensationsbereich. Den geringen Abfall an der Grenze des Kompensationsbereichs kann man durch einen geringfügig erhöhten Wert für α so weit verringern, dass sich eine symmetrische Abweichung des kompensierten Frequenzgangs von der 0 dB–Linie ergibt.

Das zweite Teilfilter des Kompensationsfilters *CFIR* besteht aus einem Halbband-FIR-Filter mit einer relativen Bandbreite von 0.2 am Eingang (Durchlassbereich: $|f/f_{a,c}| < 0.1$; Sperrbereich: $0.4 < |f/f_{a,c}| < 0.5$). An dieses Filter sind geringfügig erhöhte Anforderungen bezüglich der Sperrdämpfung zu stellen, da das Kompensationsfilter $h_{C,1}$ in diesem Bereich eine Verstärkung von etwa

$$\left| \underline{H}_{C,1}(f_{a,c}/2) \right| = 1 + 4\alpha \approx 1 + \frac{N}{6} \overset{N=3\dots6}{=} 1.5 \dots 2 = (3.5 \dots 6)\,\text{dB}$$

besitzt. Auf den Entwurf von Halbband-FIR-Filtern gehen wir im Abschn. 7.3.2 ein.

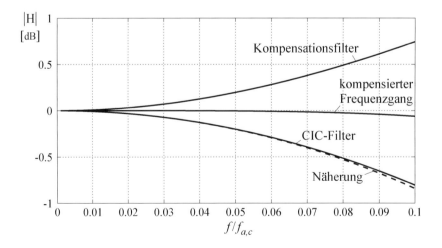

Abb. 7.14 Frequenzgänge im Kompensationsbereich für ein CIC-Filter mit $M = 4$ und $N = 6$

Das programmierbare FIR-Filter *PFIR* aus Abb. 7.8 auf Seite 230 kann ebenfalls als Halbband-FIR-Filter ausgeführt werden; die relative Bandbreite am Eingang liegt dann typischerweise bei etwa 0.4. In der Praxis erfolgt an dieser Stelle aber häufig bereits eine anwendungsspezifische Filterung, z. B. eine Root Raised Cosine Filterung; deshalb wird ein normales FIR-Filter mit frei programmierbarem Koeffizientensatz verwendet.

7.2 Polyphasen-FIR-Filter

7.2.1 Funktionsprinzip

Abb. 7.15 zeigt noch einmal das formale Funktionsprinzip eines Polyphasen-FIR-Filters mit den Schritten:

- Erhöhen der Abtastrate um den Faktor P durch Einfügen von jeweils $(P-1)$ Nullen zwischen den Abtastwerten des Eingangssignals;
- Filterung mit einem FIR-Filter mit $N \cdot P$ Koeffizienten;
- Unterabtastung um den Faktor Q durch Verwerfen von jeweils $(Q-1)$ Abtastwerten.

Die Angabe der Koeffizientenanzahl als Produkt $N \cdot P$ ist dadurch motiviert, dass wir das Filter im folgenden in P Teilfilter der Länge N zerlegen werden.

Die direkte Umsetzung des Funktionsprinzips in *Matlab* lautet:

```
% ... der Vektor x enthalte das Eingangssignal
%       und der Vektor h die Filterkoeffizienten ...

% Nullen einfügen
x_p = kron( x, [ P zeros( 1, P - 1 ) ] );

% Filterung
y_p = conv( x_p, h );

% Unterabtastung
y = y_p( 1 : Q : end );
```

7.2.2 Polyphasen-Zerlegung

Während die direkte Umsetzung des Funktionsprinzips bei relativ kleinen Werten für P und Q in *Matlab* durchaus brauchbar ist, wird man bei einer effizienten Realisierung

Abb. 7.15 Funktionsprinzip eines Polyphasen-FIR-Filters

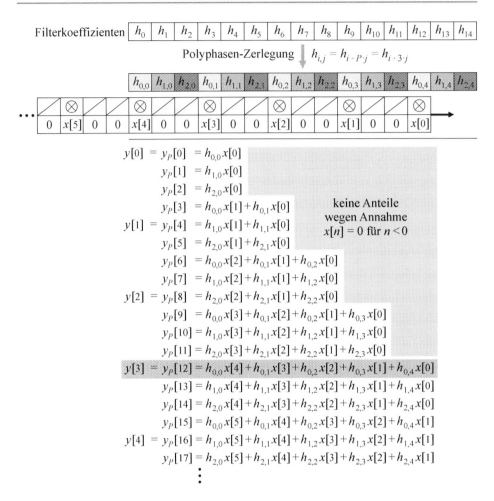

Abb. 7.16 Polyphasen-Zerlegung eines Polyphasen-FIR-Filters mit $P = 3$, $Q = 4$: (1) Das Filter wird in $P = 3$ Teilfilter zerlegt ($h_{0,j}$, $h_{1,j}$, $h_{2,j}$). (2) Es werden nur Werte im Abstand $Q = 4$ berechnet: $y[n] = y_P[4n]$

- Rechenoperationen mit den eingefügten Nullen vermeiden;
- keine Werte berechnen, die anschließend verworfen werden.

Wir erläutern die effiziente Realisierung anhand von Abb. 7.16 für $P = 3$ und $Q = 4$, d. h. für eine Unterabtastung mit dem Faktor $M = Q/P = 4/3$. Zur Vereinfachung der Darstellung verwenden wir ein extrem kurzes Filter mit $N = 5$; auf praktische Werte für N gehen wir später ein. Das Filter hat demnach $N \cdot P = 15$ Koeffizienten und wird durch eine *Polyphasen-Zerlegung* in $P = 3$ Teilfilter ($h_{0,j}$, $h_{1,j}$, $h_{2,j}$) mit jeweils $N = 5$ Koeffizienten ($h_{i,0}, \ldots, h_{i,4}$) zerlegt. Unter den zerlegten Filterkoeffizienten ist das Eingangssignal $x[n]$ mit den jeweils eingefügten $(P - 1) = 2$ Nullen dargestellt. Es wird im

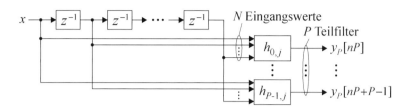

Abb. 7.17 Polyphasen-FIR-Filter als Parallelschaltung von P Filtern $(h_{0,j}, \ldots, h_{P-1,j})$ mit N Koeffizienten $(j = 0, \ldots, N-1)$

Zuge der Verarbeitung von links nach rechts an den Koeffizienten *vorbei geschoben*. Oberhalb des Signals haben wir in einer zusätzlichen Zeile noch einmal explizit dargestellt, an welchen Stellen eine Multiplikation erfolgen muss. Darunter sind die ersten 18 Ausgangswerte y_P des Filters angegeben, von denen bei $Q = 4$ nur jeder vierte Wert tatsächlich berechnet wird. Der Ausgabewert $y[3]$ entspricht dem Ausgangswert $y_P[12]$ des Filters, der sich aus der dargestellten Position des Eingangssignals zu den Filterkoeffizienten ergibt.

7.2.3 Praktische Realisierung

Wir nehmen zunächst an, dass *alle* Ausgangswerte y_P des Filters berechnet werden, d. h. wir setzen $Q = 1$; für diesen Fall können wir aus Abb. 7.16 die folgenden Zusammenhänge entnehmen:

- In jeden Ausgangswert des Filters gehen $N = 5$ Werte des Eingangssignals $x[n]$ ein.
- Diese $N = 5$ Werte werden nacheinander mit den $P = 3$ Teilfiltern gefiltert; dabei wird das mit Nullen aufgefüllte Eingangssignal jeweils um einen Wert nach rechts verschoben.
- Nach einem Durchlauf durch die Teilfilter fällt ein Eingangswert auf der rechten Seite heraus, während ein neuer Eingangswert von links nachrückt.

Dies entspricht einer *Parallelschaltung* von $P = 3$ Filtern mit jeweils $N = 5$ Koeffizienten und *denselben* $N = 5$ Eingangswerten, siehe Abb. 7.17. Die praktische Realisierung ist in Abb. 7.18 dargestellt; dabei werden die an den Multiplizierern anliegenden Koeffizienten mit N Auswahlschaltern *synchron* zwischen den Koeffizienten der P Teilfilter umgeschaltet. Die Nummer des aktuellen Teilfilters wird als *Polyphase p* bezeichnet. Wenn die Schalter für jeden neuen Eingangswert $x[n]$ die Polyphase $p = 0, \ldots, P-1$ durchlaufen, erhalten wir die Ausgangswerte $y_P[n]$ aus Abb. 7.16.

Da wir jedoch nur jeden Q-ten Ausgangswert ausgeben, können wir die Polyphase p mit einer Schrittweite von Q durchlaufen, indem wir die jeweils nächste Polyphase mit

$$p_{k+1} = \mod\{p_k + Q, P\}$$

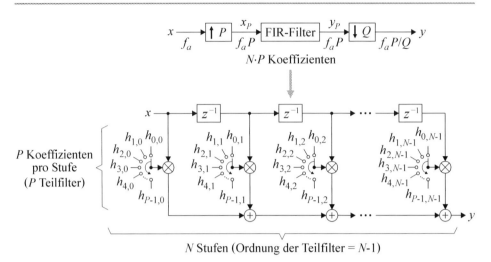

Abb. 7.18 Praktische Realisierung eines Polyphasen-FIR-Filters

bestimmen und dabei das Eingangssignal um

$$\Delta n = \frac{p_k + Q - p_{k+1}}{P}$$

Werte weiterschieben. Abb. 7.19 zeigt den Verlauf der Polyphase p für $P = 3$ und $Q = 4$; dabei wird das Eingangssignal bei der Berechnung von jeweils drei Ausgabewerten ($k = \{0, 1, 2\}$, $k = \{3, 4, 5\}$, usw.) um $1 + 1 + 2 = 4$ Werte weitergeschoben.

In *Matlab* stellt sich die Polyphasen-FIR-Filterung wie folgt dar:

```
% ... der Vektor x enthalte das Eingangssignal ...

% Werte für das Beispiel
P = 3;
Q = 4;
% Filterkoeffizienten berechnen ...
h = resampling_filter( max( P, Q ) );
% ... und Länge auf ein Vielfaches von P bringen
m = mod( length(h), P );
if m > 0
```

Abb. 7.19 Verlauf der
Polyphase p für $P = 3$ und $Q = 4$

k	0	1	2	3	4	5	$\cdots$
p_k	0	1	2	0	1	2	$\cdots$
$p_k + Q$	4	5	6	4	5	6	$\cdots$
p_{k+1}	1	2	0	1	2	0	$\cdots$
Δn	1	1	2	1	1	2	$\cdots$

```
        h = [ h zeros( 1, P - m ) ];
end
% Länge der Teilfilter
N = length(h) / P;
% Polyphasen-Zerlegung: P Teilfilter (Zeilen) der Länge N (Spalten)
h_p = P * reshape( h, P, N );

% Ausgangssignal anlegen
l_x = length(x);
l_y = ceil( l_x * P / Q + 1 );
y   = zeros( 1, l_y );


% Polyphase initialisieren
p = 0;

% Berechnung
i_x = 0;
i_y = 0;

while i_x + N <= l_x

    % Ausgabewert berechnen
    i_y = i_y + 1;
    y(i_y) = x( i_x + N : -1 : i_x + 1 ) * h_p( p + 1, : ).';
    % nächste Polyphase berechnen
    p_next = mod( p + Q, P );
    % Eingangssignal weiterschieben
    i_x = i_x + ( p + Q - p_next ) / P;
    % nächste Polyphase setzen
    p = p_next;

end

% Ausgangssignal kürzen
y = y( 1 : i_y );
```

Dabei haben wir für das Ausgangssignal y einen Vektor ausreichender Länge angelegt, den wir mit dem letzten Befehl auf die tatsächlich berechneten Werte kürzen. Auf die Berechnung der Filterkoeffizienten mit der Funktion resampling_filter gehen wir im folgenden Abschnitt ein.

In *Matlab* nimmt die Rechenzeit durch diese effiziente Berechnung für relativ kleine Werte von P und Q im Bereich $2\ldots10$ jedoch zu, da die direkte Umsetzung des Funktionsprinzips mit den im Abschn. 7.2.1 gezeigten Befehlen schneller ausgeführt wird als eine while–Schleife; deshalb zeigt sich der Vorteil der effizienten Berechnung in diesem Fall nur bei einer Hardware-Realisierung oder einer Software-Realisierung in einer Programmiersprache wie z. B. C++.

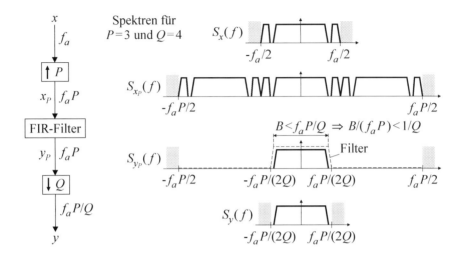

Abb. 7.20 Spektren bei einer Polyphasen-FIR-Filterung mit $P = 3$ und $Q = 4$

7.2.4   Relative Bandbreite und Berechnung der Koeffizienten

Abb. 7.20 zeigt die Spektren bei einer Polyphasen-FIR-Filterung mit $P = 3$ und $Q = 4$. Das Filter arbeitet mit der Abtastrate $f_a P$, die häufig als *virtuelle Abtastrate* bezeichnet wird, da sie in der effizienten Realisierung nicht explizit in Erscheinung tritt; für die Berechnung der Filterkoeffizienten ist sie jedoch maßgebend. Durch die Überabtastung mit dem Faktor P erhalten wir eine P-fache periodische Fortsetzung des Spektrums $S_x(f)$ des Eingangssignals x. Aus dem resultierenden Spektrum $S_{xP}(f)$ des überabgetasteten Signals x_P muss das Filter den Bereich ausfiltern, der ohne Aliasing um den Faktor Q unterabgetastet werden kann und das Ausgangssignal y mit dem Spektrum $S_y(f)$ bildet; dazu muss die Bandbreite B des Filters bei $P < Q$ die Bedingung

$$B < \frac{f_a P}{Q} \quad \Rightarrow \quad \frac{B}{f_a P} < \frac{1}{Q}$$

erfüllen, d. h. das Spektrum des Signals muss gemäß Abb. 7.20 auf den Bereich

$$-\frac{f_a P}{2Q} < f < \frac{f_a P}{2Q}$$

begrenzt werden. Der Fall $P < Q$ entspricht einer Unterabtastung, d. h. die Abtastrate $f_a P/Q$ am Ausgang ist geringer als die Abtastrate f_a am Eingang. Für $P > Q$ erhalten wir eine Überabtastung; in diesem Fall ist die Abtastrate f_a am Eingang geringer als die Abtastrate $f_a P/Q$ am Ausgang und die Bandbreite des Filters muss die Bedingung

$$B < f_a \quad \Rightarrow \quad \frac{B}{f_a P} < \frac{1}{P}$$

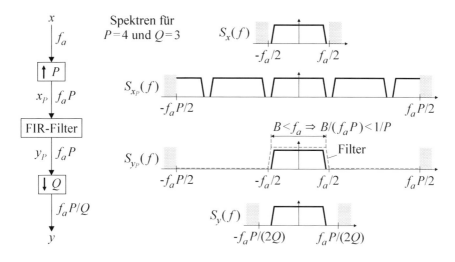

Abb. 7.21 Spektren bei einer Polyphasen-FIR-Filterung mit $P = 4$ und $Q = 3$

erfüllen, siehe Abb. 7.21. Fasst man die beiden Bedingungen zusammen, erhält man für die relative Bandbreite B_{rel} des Filters die Forderung:

$$B_{rel} = \frac{B}{f_a P} < \frac{1}{\max\{P, Q\}}$$

Sie entspricht dem Kehrwert des Über- bzw. Unterabtastfaktors M, den wir im Abschn. 2.3 verwendet haben und der zur Berechnung der Filterkoeffizienten mit der Funktion `resampling_filter` auf Seite 32 benötigt wird:

$$M = \max\{P, Q\}$$

Daraus folgt, dass wir die Filterkoeffizienten im allgemeinen Fall, d. h. für beliebige Werte von P und Q, mit

```
h = resampling_filter( max( P, Q ) );
```

berechnen können. Dabei wird automatisch berücksichtigt, dass die tatsächlich nutzbare Bandbreite aufgrund der Flanken des Filters nur etwa 80% der Abtastrate beträgt, d. h. die –0.1 dB–Bandbreite des Filters beträgt etwa:

$$B_{rel}\big|_{-0.1\,\text{dB}} \approx \frac{0.8}{\max\{P, Q\}}$$

Da die Funktion `resampling_filter` ein Filter mit

$$N_M \;=\; 32\,M + 1 \;=\; 32\max\{P, Q\} + 1$$

Koeffizienten berechnet und N_M im allgemeinen kein Vielfaches von P ist, müssen wir den Koeffizientenvektor h durch Anhängen von Nullen mittels

```
m = mod( length(h), P );
if m > 0
    h = [ h  zeros( 1, P - m ) ];
end
```

auf die für die Polyphasen-Zerlegung erforderliche Länge $N \cdot P$ erweitern.

Alternativ können wir die im Abschn. 2.4 beschriebene Funktion `lowpass_filter` verwenden, bei der wir die tatsächliche relative Bandbreite angeben müssen und gleichzeitig die Koeffizientenanzahl $N \cdot P$ vorgeben können:

```
% tatsächliche relative Bandbreite berechnen
B_rel = 0.8 / max( P, Q );
% Parameter für die Gewichtung mit Kaiser-Fenster
beta = 6;
% Abschätzung der Koeffizientenanzahl
N_M = floor( 32 / B_rel );
% Koeffizientenanzahl auf ein Vielfaches von P bringen
N = ceil( N_M / P );
N_M = N * P;
% Filterkoeffizienten berechen
h = lowpass_filter( B_rel, beta, N_M );
```

Diese Alternative wird auch verwendet, wenn die Bandbreite des Signals stärker begrenzt werden muss, als dies aufgrund der Abtastrate erforderlich ist; in diesem Fall wird bei der Berechnung von `B_rel` ein kleinerer Faktor als 0.8 verwendet. Dieser Fall tritt bei digital modulierten Signalen häufig auf. Als Beispiel sei hier ein QPSK-Signal mit dem Rolloff-Faktor r und der Symbolrate f_s genannt, das mit T/4-Abtastung, d. h. vier Abtastwerten pro Symbol, verarbeitet werden soll. In diesem Fall beträgt die Abtastrate $f_a = 4f_s$ und die Bandbreite $B = (1+r)f_s$; daraus resultiert eine relative Bandbreite $B/f_a = (1+r)/4$.

Die Polyphasen-Zerlegung in P Teilfilter der Länge N erfolgt mit:

```
% Polyphasen-Zerlegung: P Teilfilter (Zeilen) der Länge N (Spalten)
h_p = P * reshape( h, P, N );
```

Dabei müssen wir wie Koeffizienten der Teilfilter mit P multiplizieren, damit jedes Teilfilter die Gleichverstärkung Eins besitzt; dadurch bleibt die Skalierung des Signals erhalten. Auf diesen Zusammenhang haben wir bereits bei der Überabtastung um einen ganzzahligen Faktor M im Abschn. 2.3 hingewiesen.

Der praktische Einsatz eines Polyphasen-FIR-Filters wird durch die proportional zu max $\{P, Q\}$ zunehmende Koeffizientenanzahl begrenzt; dabei sind drei Fälle problematisch:

- eine starke Unterabtastung, die einen sehr großen Wert für Q erfordert: $Q \gg P$;
- eine starke Überabtastung, die einen großen Wert für P erfordert: $P \gg Q$;
- eine Unter- oder Überabtastung mit einem Faktor $P/Q \approx 1$, der sehr große Werte für P *und* Q erfordert.

Ein typisches Beispiel für den dritten Fall ist die Umtastung von Audiosignalen zwischen den beiden am häufigsten verwendeten Audio-Abtastraten 44.1 kHz und 48 kHz. Das Verhältnis dieser beiden Abtastraten beträgt:

$$\frac{44.1\,\text{kHz}}{48\,\text{kHz}} = \frac{147}{160} = \frac{P}{Q} \quad \Rightarrow \quad \max\{P, Q\} = 160$$

Eine Realisierung mit *einem* Polyphasen-FIR-Filter würde nach unseren Kriterien bei einer relativen Bandbreite von 0.8 eine Koeffizientenanzahl von $32 \cdot 160/0.8 = 6400$ erfordern. Da die Anforderungen an die relative Bandbreite und die Alias-Dämpfung in der professionellen Audio-Technik höher sind als in unseren Beispielen, müsste die Koeffizientenanzahl noch deutlich größer sein. Wenn sich die Faktoren P und Q noch weiter zerlegen lassen, kann es vorteilhaft sein, *mehrere* Polyphasen-FIR-Filter zu verwenden. In unserem Beispiel gilt:

$$P = 147 = 3 \cdot 7 \cdot 7 \quad , \quad Q = 160 = 4 \cdot 5 \cdot 8 \quad \Rightarrow \quad \frac{P}{Q} = \frac{3}{4} \cdot \frac{7}{5} \cdot \frac{7}{8}$$

Wir können demnach in diesem Fall *drei* Filter verwenden und erhalten dabei:

$$\max\{3, 4\} + \max\{7, 5\} + \max\{7, 8\} = 4 + 7 + 8 = 19 \ll 160$$

Dadurch nimmt die Koeffizientenanzahl um den Faktor $160/19 \approx 8.4$ ab. Wenn das Verhältnis der Abtastraten *sehr nahe* bei Eins liegt, ist auch diese Methode nicht mehr praktisch einsetzbar; in diesem Fall muss man einen Interpolator verwenden, siehe Abschn. 7.4.

Bei der Erzeugung digital modulierter Basisbandsignale werden ebenfalls Polyphasen-FIR-Filter verwendet; dabei erfolgt im Modulator eine Überabtastung von der Symbolrate f_s auf die Abtastrate $f_a = M f_s$ des Basisbandsignals mit den typischen Werten $M = 4$ (T/4-Abtastung) bei Pulsamplitudenmodulation (PAM) und $M = 8$ bei (G)FSK-Modulation. In den Abschn. 3.4.7 (PAM) und 3.4.11 (GFSK) haben wir dazu das einfache Verfahren aus Abschn. 2.3 verwendet: Nullen einfügen und filtern. In der Praxis werden an dieser Stelle Polyphasen-FIR-Filter mit $Q = 1$ und $P = 4$ bzw. $P = 8$ verwendet; dabei werden die bei der Modulation verwendeten Root-Raised-Cosine- bzw. Gauß-Filter in gleicher Weise in P Teilfilter zerlegt.

7.3 Halbband-Filterkaskade

7.3.1 Aufbau einer Halbband-Filterkaskade

Der Aufbau einer Halbband-Filterkaskade ist in Abb. 7.22 noch einmal dargestellt. Jedes der m Halbband-FIR-Filter hat symmetrische Koeffizienten der Form:

$$h = \Big[\, h_{hb}[k], \, 0, \, \ldots, \, 0, \, h_{hb}[2], \, 0, \, h_{hb}[1], \, h_{hb}[0], \, h_{hb}[1], \, 0, \, h_{hb}[2], \, 0, \, \ldots, \, 0, \, h_{hb}[k] \,\Big]$$

Dabei ist mit Ausnahme des zentralen Koeffizienten $h_{hb}[0]$ jeder zweite Koeffizient gleich Null. Die Anzahl der Koeffizienten beträgt $N = 4k - 1$, die Anzahl der von Null verschiedenen Koeffizienten $N_{eff} = 2k + 1$ und die Anzahl der voneinander verschiedenen Koeffizienten $N_{hb} = k + 1$; deshalb wird ein Halbband-FIR-Filter durch einen Koeffizientenvektor

$$h_{hb} = \Big[\, h_{hb}[0], \, h_{hb}[1], \, h_{hb}[2], \, \ldots, \, h_{hb}[k] \,\Big]$$

der Länge N_{hb} beschrieben. Wir nennen diese Koeffizienten *Halbband-Koeffizienten*.

Funktional handelt es sich bei einer Halbband-FIR-Filterung um eine gewöhnliche FIR-Filterung mit den Koeffizienten h und anschließender Unterabtastung mit dem Unterabtastfaktor $M = 2$. In *Matlab* schreiben wir dazu:

```
% ... der Vektor x enthalte das Eingangssignal und
%     der Vektor h_hb die Halbband-Koeffizienten ...

% FIR-Filterkoeffizienten h bilden
h = kron( h_hb( 2 : end ), [ 1 0 ] );
h = h( 1 : end - 1 );
h = [ fliplr(h) h_hb(1) h ];

% Filterung
```

Abb. 7.22 Halbband-Filterkaskade mit m Halbband-FIR-Filtern

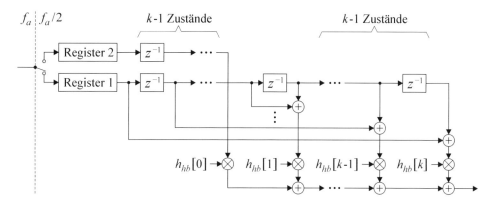

Abb. 7.23 Aufbau eines Halbband-FIR-Filters

```
y_2 = conv( x, h );

% Unterabtastung
y = y_2( 1 : 2 : end );
```

Wie bereits beim Polyphasen-Filter, wollen wir auch bei einem Halbband-FIR-Filter

- keine Multiplikationen mit Null-Koeffizienten durchführen und
- keine Werte berechnen, die anschließend verworfen werden.

Auch hier haben wir aber wieder die Situation, dass die ineffiziente funktionale Implementierung in *Matlab* schneller ausgeführt wird als die im folgenden beschriebene effiziente Implementierung; letztere ist deshalb für *Matlab* nur von Interesse, wenn sie als *mex-Funktion* realisiert, d. h. in C++ programmiert und über das sogenannte *mex-Interface* an *Matlab* angebunden wird.

Abb. 7.23 zeigt den Aufbau eines Halbband-FIR-Filters. Im Gegensatz zur funktionalen Darstellung in Abb. 7.22 erfolgt die Reduktion der Abtastrate von f_a auf $f_a/2$ nicht am Ausgang, sondern am Eingang jeder Stufe, d. h. die Zustandsspeicher werden mit der *Ausgangsabtastrate* getaktet. An den $k + 1$ Multiplizierern liegen die Halbband-Koeffizienten $h_{hb}[0], \ldots, h_{hb}[k]$ an. Abb. 7.24 verdeutlicht die Funktion für $k = 2$.

7.3.2 Entwurf eines Halbbandfilters

Der einzige Parameter eines Halbband-FIR-Filters ist die Anzahl $k \geq 1$ der Nebenkoeffizienten. Wir behandeln zunächst den Fall $k = 1$, für den wir ein gewöhnliches FIR-Filter mit den Koeffizienten

$$h = \frac{1}{4} [\, 1 + \alpha \,,\, 2 - 2\alpha \,,\, 1 + \alpha \,]$$

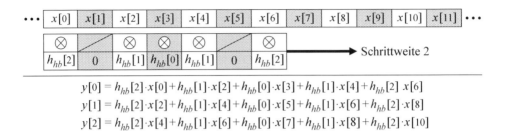

$$y[0] = h_{hb}[2] \cdot x[0] + h_{hb}[1] \cdot x[2] + h_{hb}[0] \cdot x[3] + h_{hb}[1] \cdot x[4] + h_{hb}[2] \, x[6]$$
$$y[1] = h_{hb}[2] \cdot x[2] + h_{hb}[1] \cdot x[4] + h_{hb}[0] \cdot x[5] + h_{hb}[1] \cdot x[6] + h_{hb}[2] \cdot x[8]$$
$$y[2] = h_{hb}[2] \cdot x[4] + h_{hb}[1] \cdot x[6] + h_{hb}[0] \cdot x[7] + h_{hb}[1] \cdot x[8] + h_{hb}[2] \cdot x[10]$$
$$\vdots$$

a herkömmliche FIR-Darstellung mit Unterabtastung um den Faktor 2

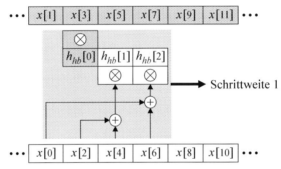

b Darstellung entsprechend dem Aufbau eines Halbband-FIR-Filters

Abb. 7.24 Funktion eines Halbband-FIR-Filters mit $k = 2$

erhalten. Es gilt:

$$\underline{H}(f = 0) \;=\; \underline{H}(z = 1) \;=\; 1 \quad , \quad \left| \underline{H}(f = f_a/2) \right| \;=\; \left| \underline{H}(z = -1) \right| \;=\; \alpha$$

Für eine Sperrdämpfung $a = 80\,\mathrm{dB}$ müssen wir demnach

$$\alpha \;=\; 10^{-a/20\,\mathrm{dB}} \overset{a=80\,\mathrm{dB}}{=} 10^{-4} \tag{7.5}$$

wählen. Abb. 7.25 zeigt den resultierenden Frequenzgang, dessen Verlauf im Bereich $0.25 < f/f_a < 0.5$ wir an $f/f_a = 0.25$ in den Bereich $f/f_a < 0.25$ gespiegelt haben, um den grau markierten Nutzbereich einzeichnen zu können. Die relative *zweiseitige* Nutzbandbreite beträgt hier $B/f_a = 2f_g/f_a = 0.009$.

Die Übertragungsfunktion eines Halbband-FIR-Filters lautet:

$$\underline{H}(z) \;=\; z^{-2k+1} \left(h_{hb}[0] + \sum_{i=1}^{k} \left(z^{2i-1} + z^{-2i+1} \right) h_{hb}[i] \right) \;=\; z^{-2k+1} \underline{H}'(z)$$

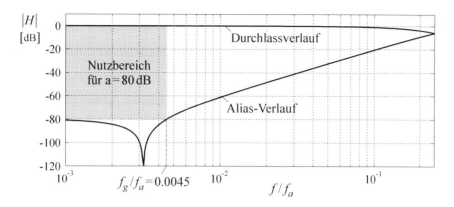

Abb. 7.25 Frequenzgang eines Halbband-FIR-Filters mit $k = 1$

Zur Berechnung des Frequenzgangs können wir die Verzögerung z^{-2k+1} vernachlässigen, d. h. $\underline{H}'(z)$ anstelle von $\underline{H}(z)$ verwenden; dann gilt:

$$\underline{H}'(f) = \underline{H}'\left(z = e^{j2\pi f/f_a}\right) = h_{hb}[0] + 2\sum_{i=1}^{k} h_{hb}[i]\cos 2\pi(2i-1)f/f_a$$

Die Halbband-Koeffizienten $h_{hb}[i]$ $(i = 0,\ldots,k)$ müssen nun so bestimmt werden, dass

- die Verstärkung im Durchlassbereich etwa Eins beträgt und
- im Sperrbereich eine vorgegebene Dämpfung a erzielt wird, so dass mit (7.5) gilt:

$$\left|\underline{H}'(f)\right| \leq \alpha \quad \text{für } f \geq f_\alpha$$

Daraus erhalten wir dann die *zweiseitige* Nutzbandbreite:

$$B = f_a - 2f_\alpha$$

Der Entwurf erfolgt mit Hilfe einer Tschebyscheff-Approximation mit den Toleranzbändern

$$1 - \alpha \leq \underline{H}'(f) \leq 1 + \alpha \quad \text{für } |f| \leq f_a/2 - f_\alpha$$

im Durchlassbereich und

$$-\alpha \leq \underline{H}'(f) \leq \alpha \quad \text{für } f_\alpha \leq |f| \leq f_a/2$$

im Sperrbereich. Abb. 7.26 zeigt ein Beispiel mit $k = 3$, $\alpha = 0.05$ (Sperrdämpfung $a = 26\,\text{dB}$), $f_\alpha = 0.3 \cdot f_a$ und $B = 0.4 \cdot f_a$. Wir haben hier für α einen sehr hohen Wert gewählt,

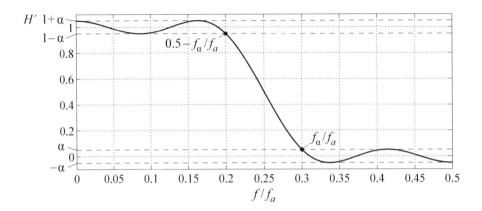

Abb. 7.26 Tschebyscheff-Approximation eines Halbband-FIR-Filter mit $k = 3$

damit die Toleranzbänder in der Abbildung nicht zu schmal werden; in der Praxis ist α wesentlich kleiner bzw. die Sperrdämpfung wesentlich höher.

In *Matlab* oder *Octave* sollte man die Approximation im Prinzip mit dem *Remez Algorithmus* (Funktion `remez`) durchführen können. In der Praxis scheitert das aber daran, dass die Null-Koeffizienten nicht exakt auf Null bleiben und der Frequenzgang deshalb nach dem Entfernen dieser Koeffizienten nicht mehr den gewünschten Verlauf aufweist. Wir müssen deshalb einen anderen Weg gehen. Die $k + 1$ Halbband-Koeffizienten eines Halbband-FIR-Filters müssen die folgenden Bedingungen erfüllen:

- Gleichverstärkung:

$$\underline{H}'(f = 0) \;=\; h_{hb}[0] + 2\sum_{i=1}^{k} h_{hb}[i] \;=\; \left\{ \begin{array}{ll} 1 + \alpha & \text{für } k \text{ ungerade} \\ 1 - \alpha & \text{für } k \text{ gerade} \end{array} \right.$$

- Verstärkung im Sperrbereich bei $f = f_a/2$:

$$\underline{H}'(f = f_a/2) \;=\; h_{hb}[0] - 2\sum_{i=1}^{k} h_{hb}[i] \;=\; \left\{ \begin{array}{ll} -\alpha & \text{für } k \text{ ungerade} \\ \alpha & \text{für } k \text{ gerade} \end{array} \right.$$

- Neben dem Punkt $f = f_a/2$ erhält man im Sperrbereich $k - 1$ weitere Punkte $f_t \in \{f_1, \ldots, f_{k-1}\}$, an denen die Verstärkung abwechselnd die Grenzwerte $\pm\alpha$ des Toleranzbandes *tangiert*.

Wir erhalten demnach ein nichtlineares Gleichungssystem mit $k + 1$ Unbekannten und $k + 1$ Gleichungen, wenn wir die Punkte f_t als bekannt voraussetzen. Letzteres stellen wir bei einer iterativen Lösung des Gleichungssystems dadurch sicher, dass wir die lokalen

Extremwerte des Frequenzgangs im Sperrbereich numerisch ermitteln und die Schrittweite des iterativen Verfahrens ausreichend klein wählen. Ein Iterationsschritt besteht demnach aus zwei Schritten:

- Bestimmung der Punkte f_t und Berechnung der zugehörigen Verstärkungen $\underline{H}'(f_t)$ sowie Berechnung der Verstärkungen $\underline{H}'(f = 0)$ und $\underline{H}'(f = f_a/2)$;
- Anpassung der Halbband-Koeffizienten $h_{hb}[i]$ durch einen Gradientenschritt.

Diese beiden Schritte werden iteriert, bis eine ausreichend genaue Lösung des nichtlinearen Gleichungssystems vorliegt.

Die Punkte f_t bestimmen wir, indem wir die Nullstellen der Ableitung

$$\frac{d\underline{H}'(f)}{df} = -\frac{4\pi}{f_a} \sum_{i=1}^{k} h_{hb}[i](2i-1) \sin 2\pi (2i-1) f/f_a$$

ermitteln; dabei kann der konstante Faktor vor der Summe entfallen:

```
% ... der Vektor h_hb enthalte die Halbband-Koeffizienten ...

% Anzahl der Nebenkoeffizienten
k = length(h_hb) - 1;

% Frequenzachse für Nullstellensuche  (0.25 ... 0.49)
f = 0.25 + ( 0 : 2400 ) / 10000;

% Ableitung des Frequenzgangs berechnen
s = zeros( 1, length(f) );
for i = 1 : k
    s = s + h_hb(i+1) * ( 2 * i - 1 ) * ...
            sin( 2 * pi * ( 2 * i - 1 ) * f );
end


% Null-Werte ersetzen
s( s == 0 ) = 1e-12;

% Nulldurchgänge der Ableitung ermitteln
f_t = f( ( s( 1 : end - 1 ) .* s( 2 : end ) < 0 ) > 0 );
```

Wir müssen dabei h_hb(i+1) schreiben, da die Indizierung von Vektoren in *Matlab* mit Eins und nicht mit Null beginnt, d. h. es gilt $h_{hb}[i] =$ h_hb(i+1). Anschließend berechnen wir die benötigten Verstärkungen:

```
% Frequenzen für die k+1 Bedingungen bilden
f_x = [ 0 f_t 0.5 ];

% Verstärkungen für die k+1 Bedingungen berechnen
```

```
H_x = h_hb(1) * ones( 1, length(f_x) );
for i = 1 : k
    H_x = H_x + 2 * h_hb(i+1) * cos( 2 * pi * ( 2 * i - 1 ) * f_x );
end
```

Für die partiellen Ableitungen des Frequenzgangs nach den Halbband-Koeffizienten gilt:

$$\frac{\partial \underline{H}'(f)}{\partial h_{hb}[i]} = \begin{cases} 1 & \text{für } i = 0 \\ 2 \cos 2\pi (2i - 1) f / f_a & \text{für } i = 1, \dots, k \end{cases}$$

Damit erhalten wir die Gradienten-Gleichung

$$\underbrace{\begin{bmatrix} \left.\frac{\partial \underline{H}'(f)}{\partial h_{hb}[0]}\right|_{f=0} & \cdots & \left.\frac{\partial \underline{H}'(f)}{\partial h_{hb}[k]}\right|_{f=0} \\ \left.\frac{\partial \underline{H}'(f)}{\partial h_{hb}[0]}\right|_{f=f_1} & \cdots & \left.\frac{\partial \underline{H}'(f)}{\partial h_{hb}[k]}\right|_{f=f_1} \\ \vdots & & \vdots \\ \left.\frac{\partial \underline{H}'(f)}{\partial h_{hb}[0]}\right|_{f=f_{k-1}} & \cdots & \left.\frac{\partial \underline{H}'(f)}{\partial h_{hb}[k]}\right|_{f=f_{k-1}} \\ \left.\frac{\partial \underline{H}'(f)}{\partial h_{hb}[0]}\right|_{f=f_a/2} & \cdots & \left.\frac{\partial \underline{H}'(f)}{\partial h_{hb}[k]}\right|_{f=f_a/2} \end{bmatrix}}_{\text{Jacobi-Matrix } J} \cdot \underbrace{\begin{bmatrix} \Delta h_{hb}[0] \\ \Delta h_{hb}[1] \\ \vdots \\ \Delta h_{hb}[k-1] \\ \Delta h_{hb}[k] \end{bmatrix}}_{\text{Gradient } \Delta h_{hb}^T} = \underbrace{\begin{bmatrix} \Delta \underline{H}'(f = 0) \\ \Delta \underline{H}'(f = f_1) \\ \vdots \\ \Delta \underline{H}'(f = f_{k-1}) \\ \Delta \underline{H}'(f = f_a/2) \end{bmatrix}}_{\text{Verstärkungsfehler } \Delta H}$$

mit der Lösung:

$$\Delta h_{hb}^T = J^{-1} \Delta H$$

Wir schreiben hier Δh_{hb}^T als transponierten Vektor, da wir h_{hb} als Zeilenvektor definiert haben und deshalb auch Δh_{hb} als Zeilenvektor definieren. Den Verstärkungsfehler ΔH definieren wir in der Form *Sollwert minus Istwert*, so dass wir eine Verringerung des Fehlers erwarten dürfen, wenn wir die Koeffizienten mit einer *Adaptionskonstante* γ in *Richtung* des Gradienten anpassen:

$$h_{hb} := h_{hb} + \gamma \, \Delta h_{hb} = h_{hb} + \gamma \, \Delta H^T \left(J^T\right)^{-1}$$

In *Matlab* setzen wir dH $= \Delta H^T$ und J $= J^T$ und schreiben mit $\gamma = 0.1$:

```
% Sollwerte für die Verstärkung bilden
H_s = zeros( 1 , k+1 );
if mod( k , 2 ) == 0
```

```
    H_s(1) = 1 - alpha;
else
    H_s(1) = 1 + alpha;
end
for i = 1 : k
    H_s(i+1) = (-1)^i * alpha;
end

% Verstärkungsfehler berechnen
dH = H_s - H_x;

% Jacobi-Matrix vorbelegen
J = ones( k+1 , k+1 );


% Jacobi-Matrix berechnen
for i = 1 : k
    J( i+1 , : ) = 2 * cos( 2 * pi * ( 2 * i - 1 ) * f_x );
end

% Gradientenschritt
h_hb = h_hb + 0.1 * dH * inv(J);
```

Die Startwerte für die Halbband-Koeffizienten leiten wir aus den Koeffizienten eines idealen Tiefpass-Filters mit der relativen zweiseitigen Bandbreite $B/f_a = 0.5$ ab:

```
n = 1 : 2 : 2 * k - 1;
h_hb = [ 0.5  sin( 0.5 * pi * n ) ./ ( pi * n ) ];
```

Anschließend iterieren wir die beschriebenen Schritte zur Berechnung von f_t, H_x und dH sowie den Gradientenschritt zur Anpassung von h_hb, bis das Maximum des Betrags des Verstärkungsfehlers dH den Werte $\alpha/100$ unterschreitet:

```
% ... Berechnung der Startwerte ...

while 1

    % ... Berechnung von f_t ...
    % ... Berechnung von H_x ...
    % ... Berechnung von dH ...

    % Abbruchbedingung
    if max( abs( dH ) ) < alpha / 100
        break;
    end

    % ... Gradientenschritt ...

end
```

Mit diesem Verfahren haben wir die in Abb. 7.27 gezeigten Halbband-FIR-Filter berechnet. Abb. 7.28 zeigt die Bandbreiten für $k = 1, \ldots, 10$ und $a = 80\,\mathrm{dB}$.

7.4 Interpolation

Während ein kontinuierliches Signal $x(t)$ gemäß Abb. 7.29a zu jedem beliebigen Zeitpunkt abgetastet werden kann, muss bei einem diskreten Signal $x[n] = x(nT_a)$ gemäß Abb. 7.29b eine *Interpolation* mit einem *Interpolator* durchgeführt werden, um Abtastwerte außerhalb des Abtastrasters nT_a zu rekonstruieren. Die wichtigsten Anwendungsfälle für eine Interpolation sind:

- *Berechnung von Werten zur Anzeige eines diskreten Signals auf einer Rasteranzeige*: Dieser Anwendungsfall ist in Abb. 7.30 in seiner einfachsten Form dargestellt; dabei liegt in der Regel keiner der vorhandenen Abtastwerte im x-Raster der Anzeige, so dass es sich bei allen angezeigten Werten um interpolierte Werte handelt. In Bereichen, in denen das Signal stark ansteigt oder abfällt, werden mehrere y-Punkte pro x-Punkt dargestellt, damit sich eine geschlossene Kurve ergibt. In der Praxis werden meist wesentlich komplexere Verfahren unter Verwendung von Graustufen verwendet, um die Darstellung zu verbessern; wir gehen darauf nicht weiter ein.
- *Geringfügige Änderung der Abtastrate eines Signals*: Es gibt zahlreiche Anwendungsfälle, in denen eine Änderung der Abtastrate um einen Faktor M benötigt wird, der nicht ganzzahlig ist und auch als Polyphasen-Faktor $M = P/Q$ sehr hohe Werte für P oder Q und damit ein Polyphasen-FIR-Filter mit einer sehr hohen Anzahl an Koeffizienten erfordern würde. In diesen Fällen wird das Signal zunächst mit den in den vorausgehenden Abschnitten beschriebenen Verfahren auf eine Abtastrate umgetastet, die nahe an der erforderlichen Abtastrate liegt; anschließend wird ein Interpolator eingesetzt, der das Signal auf die erforderliche Abtastrate umtastet.

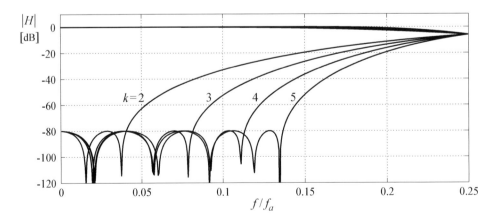

Abb. 7.27 Halbband-FIR-Filter mit $k = 2, \ldots, 5$ und einer Dämpfung $a = 80\,\mathrm{dB}$

k	1	2	3	4	5	6	7	8	9	10
B/f_a	0.009	0.081	0.163	0.226	0.273	0.307	0.333	0.353	0.369	0.382

Abb. 7.28 Relative zweiseitige Bandbreite von Halbband-FIR-Filtern mit einer Dämpfung a = 80 dB

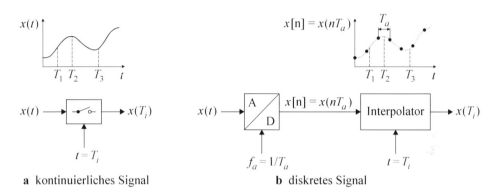

a kontinuierliches Signal   **b** diskretes Signal

Abb. 7.29 Abtastung eines Signals zu beliebigen Zeitpunkten T_i

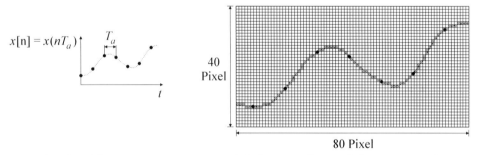

a vorhandene Abtastwerte   **b** einfache Darstellung auf einer Rasteranzeige

Abb. 7.30 Interpolation bei der Anzeige von Signalen

Als Beispiel betrachten wir einen Software Defined Radio Empfänger mit einem A/D-Umsetzer mit einer Abtastrate von f_a = 100 MHz, der zum Empfang eines GSM-Mobilfunksignals mit einer Symbolrate von f_s = 13 MHz/48 = 270.833 kHz konfiguriert werden soll. Wir nehmen an, dass die Demodulation des GSM-Signals mit Algorithmen erfolgt, die vier Abtastwerte pro Symbol benötigen, so dass wir die Abtastrate auf

$$f_a' = 4 \cdot f_s = 4 \cdot \frac{13\,\text{MHz}}{48} = \frac{13\,\text{MHz}}{12} = \frac{13}{1200} \cdot 100\,\text{MHz} = \frac{13}{1200} \cdot f_a$$

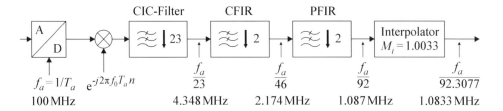

Abb. 7.31 Unterabtastung mit Interpolation am Beispiel eines GSM-Signals

reduzieren müssen. Wir könnten demnach im Prinzip ein Polyphasen-FIR-Filter mit $P = 13$ und $Q = 1200$ verwenden; das Filter müsste dazu jedoch bei einer Abtastrate von $P \cdot f_a = 1300\,\text{MHz}$ eine Bandbreite im Bereich von $f_s = 270\,\text{kHz}$ besitzen, was eine extrem hohe Anzahl an Koeffizienten erfordern würde. Wir gehen deshalb einen anderen Weg, der uns in der Praxis ohnehin durch den üblichen Aufbau eines Software Defined Radios vorgegeben ist; hier folgt nämlich auf den A/D-Umsetzer in der Regel ein Digital Downconverter gemäß Abb. 7.8 auf Seite 230. Wir wählen für das CIC-Filter:

$$M = 23 \quad \Rightarrow \quad 4M = 92 \approx \frac{1200}{13} \approx 92.3077$$

Die verbleibende Unterabtastung um den Faktor

$$M_i = \frac{92.3077}{92} \approx 1.0033$$

übernimmt ein Interpolator. Abb. 7.31 zeigt die resultierende Anordnung mit den Unterabtastfaktoren und den resultierenden Abtastraten.

- *Umtastung eines Signals mit einem zeitvarianten Faktor*: Dieser Fall tritt in der Praxis immer dann auf, wenn in einem System verschiedene Taktgeneratoren verwendet werden, die zwar nominal dieselbe Taktfrequenz besitzen, aufgrund von Bauteile-Toleranzen, dem Rauschen der Bauteile – vor allem dem niederfrequenten 1/f-Rauschen, dessen Einfluss in der Praxis als *Drift* bezeichnet wird – und Temperatureinflüssen nicht exakt dieselbe Frequenz liefern. In Systemen, die an einem Ort konzentriert sind, kann man diesen Fall häufig vermeiden, indem alle Taktsignale von einer gemeinsamen Taktreferenz abgeleitet werden; die Taktsignale sind in diesem Fall *synchron*. Ohne eine derartige Synchronisation sind die Taktfrequenzen *plesiochron*, d. h. fast, aber nicht exakt gleich. Ein typischer Fall für plesiochrone Taktsignale ist der Empfang eines digital modulierten Signals in einem digitalen Empfänger, auf den wir im nächsten Abschnitt näher eingehen.

7.4.1 Interpolation zur Symbolabtastung

Abb. 7.32 zeigt den typischen Aufbau des digitalen Teils eines Senders und eines Empfängers zur Übertragung digital modulierter Signale. Im Sender werden Symbole $\underline{s}[k]$ mit der Symbolrate f_s erzeugt. Durch Überabtastung mit dem Faktor M und Impuls- filterung wird das Basisbandsignal $\underline{x}[n]$ mit der Abtastrate f_a gebildet. Im digitalen I/Q-Modulator wird die Abtastrate in der Regel weiter erhöht, bevor das Signal mit dem D/A-Umsetzer in ein analoges Signal umgesetzt wird. Die analoge Übertragungsstrecke vom D/A-Umsetzer im Sender bis zum A/D-Umsetzer im Empfänger haben wir in einem Block mit der Laufzeit ΔT_A zusammengefasst. Im A/D-Umsetzer des Empfängers wird das Signal wieder in ein diskretes Signal umgesetzt, aus dem der I/Q-Demodulator das Basisbandsignal $\underline{x}[n']$ mit der plesiochronen Abtastrate $f_a' \approx f_a$ erzeugt. Nach der Impuls- filterung werden die Symbole $\underline{s}[k']$ mit einem Interpolator abgetastet; dazu muss eine in der Symbolverarbeitung enthaltene Synchronisationskomponente die Abtastzeitpunkte T_i vorgeben. Durch die Synchronisation erhalten wir am Ausgang des Interpolators *exakt* dieselbe Symbolrate f_s wie im Sender; zeitlich sind die Symbole allerdings um die Laufzeit ΔT_A der analogen Übertragungsstrecke und die Laufzeit ΔT_D sämtlicher digitaler Komponenten verzögert. Ein Symbol, das im Sender zum Zeitpunkt $k \cdot T_s = k/f_s$ erzeugt wird, wird demnach im Empfänger zum Zeitpunkt

$$T_i \;=\; k \cdot T_s + \Delta T_A + \Delta T_D$$

abgetastet. Dieser Zusammenhang ist aber nur für einen externen Beobachter erkennbar und deshalb in Abb. 7.32 auch nur in Klammern angegeben. Der Empfänger kennt die Laufzeiten nicht und kann die Abtastzeitpunkte T_i deshalb auch nicht einfach berech- nen. Das geht schon deshalb nicht, weil die Symbolrate f_s im Sender ebenfalls nicht exakt ist, sondern *driftet*. Diese Drift muss durch die Synchronisationskomponente in der Symbolverarbeitung *ausgeregelt* werden, d. h. die Synchronisationskomponente und der Interpolator bilden einen *Regelkreis*. Wir gehen darauf im Kap. 8 noch näher ein und betrachten im folgenden zunächst nur die Interpolation.

7.4.2 Konstante Signalverzögerung mit einem FIR-Filter

Eine Verschiebung des Abtastzeitpunktes T_i entspricht gemäß Abb. 7.33 einer Ver- schiebung des Signals in Gegenrichtung:

$$x(T_i - \Delta T) \;=\; x(t)\big|_{t = T_i - \Delta T} \;=\; x(t - \Delta T)\big|_{t = T_i}$$

Damit kann die Interpolation auf eine variable Signalverzögerung zurückgeführt werden.

Für ein kontinuierliches Verzögerungsglied mit der Verzögerung ΔT gemäß Abb. 7.34a gilt der *Verschiebungssatz der Laplace-Transformation*:

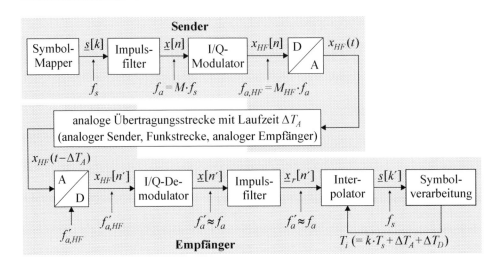

Abb. 7.32 Interpolation zur Symbolabtastung in einem digitalen Empfänger

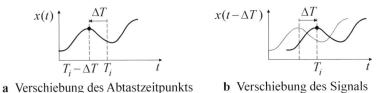

a Verschiebung des Abtastzeitpunkts   **b** Verschiebung des Signals

Abb. 7.33 Interpolation durch Verschiebung

$$y(t) = x(t - \Delta T) \quad \Rightarrow \quad \underline{Y}(s) = \underline{X}(s) e^{-s\,\Delta T}$$

Es wird demnach durch die Übertragungsfunktion

$$\underline{H}(s) = \frac{\underline{Y}(s)}{\underline{X}(s)} = e^{-s\,\Delta T} \quad \Rightarrow \quad \underline{H}(f) = \underline{H}(s = j2\pi f) = e^{-j2\pi f\Delta T} \tag{7.6}$$

beschrieben.

Die Verzögerung eines diskreten Signals ist trivial, wenn die Verzögerungszeit ΔT ein Vielfaches des Abtastintervalls $T_a = 1/f_a$ beträgt; in diesem Fall wird das Signal um die entsprechende Anzahl an Abtastwerten verschoben:

$$\Delta T = \Delta n \cdot T_a \quad \Rightarrow \quad y[n] = x[n - \Delta n]$$

Die zugehörige Übertragungsfunktion lautet:

$$\underline{Y}(z) \ = \ \underline{X}(z)\,z^{-\Delta n} \quad \Rightarrow \quad \underline{H}(z) \ = \ \frac{\underline{Y}(z)}{\underline{X}(z)} \ = \ z^{-\Delta n}$$

Eine Neuberechnung der Abtastwerte ist nicht erforderlich. Im allgemeinen gilt jedoch:

$$\Delta T \ = \ \Delta n \cdot T_a + \delta \cdot T_a \quad \text{mit} \ \begin{cases} \Delta n \in \mathcal{Z} & \text{ganzzahliger Anteil} \\[2mm] 0 \le \delta < 1 & \text{fraktionaler Anteil} \end{cases}$$

In diesem Fall wird der *ganzzahlige Anteil* Δn durch eine Verschiebung um Δn Abtast-werte realisiert, während der *fraktionale Anteil* δ durch ein Filter mit der Übertragungs-funktion

$$\boxed{\underline{H}_\delta(z) \ = \ z^{-\delta} \quad \text{mit } 0 \le \delta < 1} \tag{7.7}$$

realisiert werden muss, siehe Abb. 7.34b.

Zur Berechnung des Filters $\underline{H}_\delta(z)$ betrachten wir das Modell in Abb. 7.35. Aus der Signaltheorie ist bekannt, dass das zu einem diskreten Signal $x[n]$ gehörende kontinuier-liche Signal $x(t)$ durch eine Überlagerung von $(\sin x/x)$–Funktionen dargestellt werden kann:

$$x(t) \ = \ \sum_{n=-\infty}^{\infty} x[n]\,\frac{\sin \pi (t/T_a - n)}{\pi (t/T_a - n)} \quad \Rightarrow \quad x[n] \ = \ x(nT_a)$$

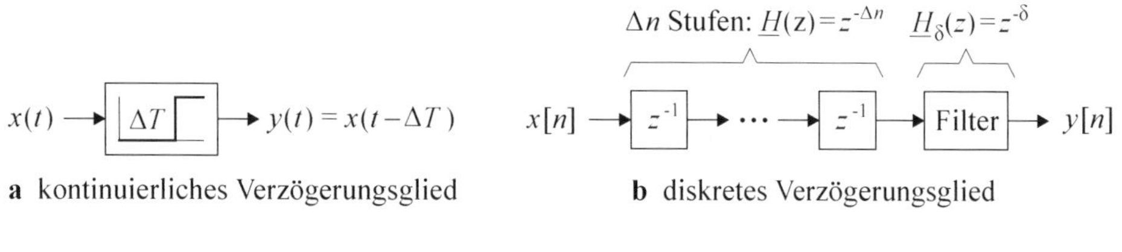

Abb. 7.34 Verzögerung kontinuierlicher und diskreter Signale

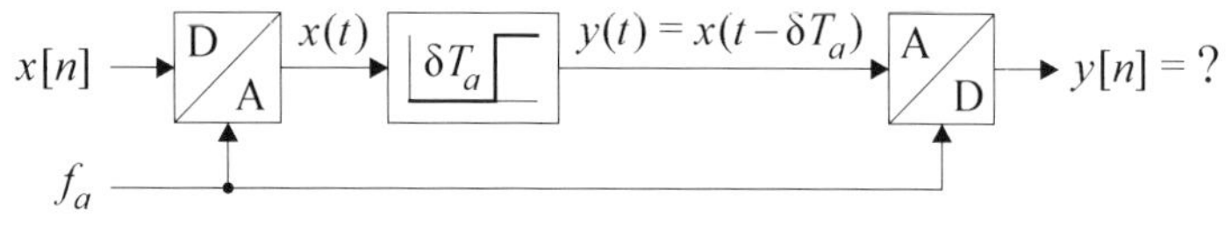

Abb. 7.35 Modell für ein Filter mit der Übertragungsfunktion $\underline{H}_\delta(z) = z^{-\delta}$

Entsprechend unserem Modell müssen wir das Signal $x(t)$ um δT_a verschieben und anschließend durch Einsetzen von $t = nT_a$ abtasten, um das diskrete Ausgangssignal $y[n]$ zu erhalten. Für das verschobene Signal $y(t)$ gilt:

$$y(t) \;=\; x(t - \delta T_a) \;=\; \sum_{n=-\infty}^{\infty} x[n]\,\frac{\sin \pi(t/T_a - n - \delta)}{\pi(t/T_a - n - \delta)}$$

Bevor wir $t = nT_a$ einsetzen, müssen wir den Zeitindex n in der Summe umbenennen, um die Variable n als Zeitindex für das Ausgangssignal $y[n]$ nutzen zu können; dann gilt:

$$y[n] \;=\; y(nT_a) = \sum_{n_1=-\infty}^{\infty} x[n_1]\,\frac{\sin \pi(n - n_1 - \delta)}{\pi(n - n_1 - \delta)}$$

$$= \sum_{n_1=-\infty}^{\infty} x[n_1]\,h_\delta[n - n_1] \quad \text{mit } h_\delta[n] \;=\; \frac{\sin \pi(n - \delta)}{\pi(n - \delta)}$$

$$= x[n] \;*\; h_\delta[n]$$

Daraus folgt, dass:

- die Verzögerung durch eine Faltung mit einem FIR-Filter mit den Koeffizienten $h_\delta[n]$ erfolgen kann;
- die Koeffizienten $h_\delta[n]$ der Impulsantwort eines Filters mit der Übertragungsfunktion $\underline{H}_\delta(z) = z^{-\delta}$ entsprechen.

Abb. 7.36 zeigt die Impulsantwort $h_\delta[n]$ für verschiedene Werte von δ. Für $\delta = 0$ ist nur der zentrale Koeffizient ungleich Null, d. h. wir erhalten eine direkte Übertragung mit der Übertragungsfunktion

$$\underline{H}_{(\delta=0)}(z) \;=\; 1$$

Für $\delta = 1$ erhalten wir eine Verzögerung um einen Wert entsprechend der Übertragungsfunktion:

$$\underline{H}_{(\delta=1)}(z) \;=\; z^{-1}$$

Abb. 7.37 zeigt ein Beispiel für die resultierenden Signale für den Fall $\delta = 0.5$.

In der Praxis müssen wir die unendlich lange Impulsantwort $h_\delta[n]$ auf einen Bereich $-N_h \leq n \leq N_h$ beschränken, so dass wir ein Filter mit $(2N_h + 1)$ Koeffizienten erhalten, die wir anschließend um N_h Werte nach *rechts* verschieben, um die systemtheoretisch korrekte Darstellung als kausales Filter zu erhalten. Das *Abschneiden* der Koeffizienten führt allerdings zu einer unerwünschten Welligkeit des Frequenzgangs. Diesen Effekt haben wir bereits bei der Berechnung von Tiefpass-Filtern im Abschn. 2.3 beschrieben, siehe

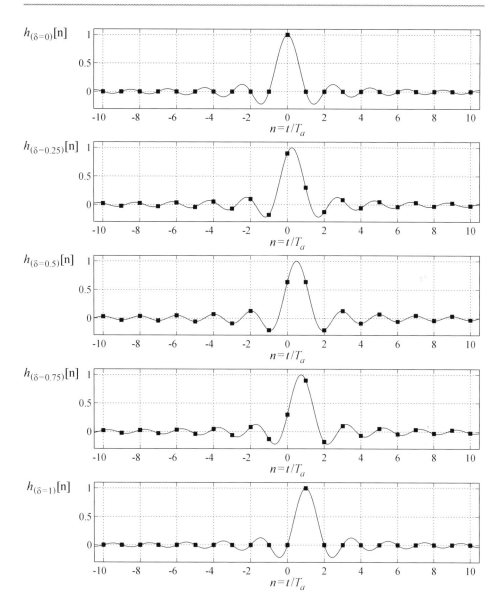

Abb. 7.36 Impulsantwort $h_\delta[n]$ für $\delta = \{\, 0, 0.25, 0.5, 0.75, 1 \,\}$

Abb. 2.13 auf Seite 29. Abhilfe schafft die Bewertung der Koeffizienten mit einer Fenster-funktion, siehe Abb. 2.14 auf Seite 30. Die Fensterfunktion müsste nun aber ebenfalls um δ verzögert werden, was für die praktische Berechnung ungünstig ist.

   In der Praxis ist es günstiger, zunächst mit dem im Abschn. 2.3 beschriebenen Ver-fahren ein Tiefpass-Filter zu berechnen und anschließend die Verzögerung dieses Filters um δ zu erhöhen. Letzteres erfolgt vorteilhafterweise im Frequenzbereich, in dem sich die

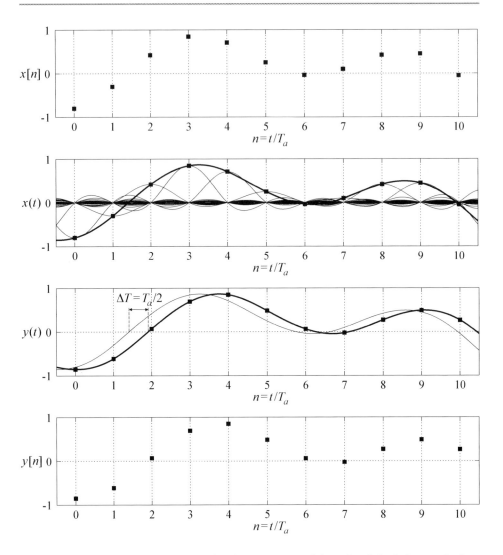

Abb. 7.37 Verzögerung eines diskreten Signals um $\Delta T = T_a/2$ bzw. $\delta = 0.5$ mit den zugehörigen kontinuierlichen Signalen des Modells aus Abb. 7.35

Verzögerung als frequenzproportionale Phasendrehung darstellt:

$$\underline{H}_\delta(f) \;=\; \underline{H}_\delta\left(z = e^{j2\pi f/f_a}\right) \;=\; e^{-j2\pi\,\delta f/f_a} \quad \text{für } -f_a/2 < f < f_a/2 \tag{7.8}$$

Die Berechnung erfolgt in vier Schritten:

- Berechnung eines Tiefpass-Filters mit dem in Abb. 2.15 auf Seite 2.15 dargestellten Verfahren;

- Auffüllen des Koeffizientenvektors mit Nullen auf die nächsthöhere Zweierpotenz und Transformation mittes FFT in den Frequenzbereich;
- komplexe Drehung der transformierten Werte entsprechend (7.8);
- Rücktransformation der gedrehten Werte in den Zeitbereich und Verkürzen des Zeitbereichsvektors auf die ursprüngliche Länge *plus Eins*.

In *Matlab* stellt sich die Berechnung wie folgt dar:

```
% ... der Vektor h enthalte die Koeffizienten des Tiefpass-Filters und
%     delta die gewünschte Verschiebung im Bereich 0 <= delta < 1 ...

% Längen bilden
l_h = length(h);
l_f = 2^( ceil( log2( l_h + 1 ) ) );

% Koeffizienten mit Nullen auffüllen
h_n = [ h zeros( 1, l_f - l_h ) ];

% FFT der Länge l_f
H_n = fft( h_n );

% komplexen Drehvektor bilden
D = exp( -2i * pi * delta * ( 1 : ( l_f - 1 ) / 2 ) / l_f );
D = [ 1 D 0 conj( fliplr( D ) ) ];

% Drehen und Rücktransformieren
h_n = ifft( H_n .* D );

% Nullen abschneiden
h_delta = h_n( 1 : l_h + 1 );
```

Wir haben diese Berechnung als Funktion

```
h_delta = filter_delay( h, delta )
```

implementiert.

Dieses Verfahren eignet sich für Anwendungsfälle, in denen eine Kombination aus Tiefpass-Filterung und konstanter Verzögerung benötigt wird und die Abtastrate konstant bleibt. Es wird in der Praxis häufig eingesetzt, um Laufzeitunterschiede zwischen zwei Signalpfaden auszugleichen, die einen fraktionalen Anteil δT_a besitzen, indem eines der Signale mit dem zugrunde liegenden Tiefpass-Filter *ohne* zusätzliche Verzögerung und das andere Signal mit dem zugrunde liegenden Tiefpass-Filter *mit* zusätzlicher Verzögerung δT_a gefiltert wird; dadurch ergibt sich ein *relativer* Laufzeitunterschied von δT_a. Dasselbe Prinzip liegt auch dem in Abb. 7.38 gezeigten *Beamforming* zugrunde, bei dem die Empfangssignale eines Antennenarrays verzögert und addiert werden; dabei kann die Hauptempfangsrichtung durch Variation von δ_0 variiert werden. Aus der Laufzeitdifferenz

$$\delta_0 T_a = \frac{\Delta l}{c} \quad \text{mit } c = 3 \cdot 10^8 \text{ m/s} = \text{Lichtgeschwindigkeit}$$

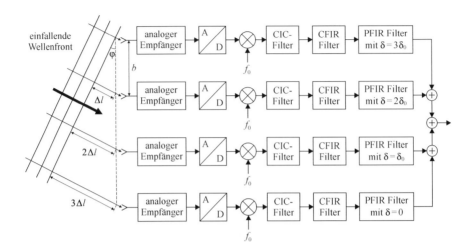

Abb. 7.38 *Beamforming* bei einem linearen Antennen-Array mit vier Antennen. Die durch die unterschiedlich langen Wellenausbreitungswege verursachten Laufzeitunterschiede werden durch die Verzögerungen der PFIR Filter kompensiert. Es gilt: $\delta_0 T_a = \Delta l/c$ (c = Lichtgeschwindigkeit)

zwischen zwei benachbarten Antennen und dem Antennenabstand b folgt für den Winkel φ der Hauptempfangsrichtung:

$$\sin \varphi = \frac{\Delta l}{b} \quad \Rightarrow \quad \varphi = \arcsin \frac{\Delta l}{b} = \arcsin \frac{c\,\delta_0 T_a}{b}$$

Die PFIR Filter in Abb. 7.38 berechnen wir in *Matlab* wie folgt:

```
% ... delta_0 enthalte die auf das Abtastintervall normierte
%     Laufzeitdifferenz zwischen zwei benachbarten Antennen ...

% Basis-Tiefpass-Filter für Unterabtastung mit M=2 berechnen
h = resampling_filter( 2 );


% PFIR-Filter berechnen
h_1 = filter_delay( h, 3 * delta_0 );
h_2 = filter_delay( h, 2 * delta_0 );
h_3 = filter_delay( h, delta_0 );
h_4 = [ h 0 ];
```

Das Filter h_4 erhält die Koeffizienten des Basis-Tiefpass-Filters inklusive einer nachfolgenden Null; damit haben alle vier Filter dieselbe Länge. Abb. 7.39 zeigt einen Ausschnitt aus den Koeffizienten der Filter für $\delta_0 = 0.2$; dabei haben wir zur Verdeutlichung die zugehörigen kontinuierlichen Impulsantworten eingezeichnet.

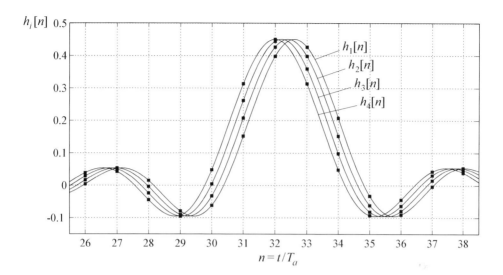

Abb. 7.39 Ausschnitt aus den Koeffizienten der PFIR Filter aus Abb. 7.38 (von oben nach unten) für $\delta_0 = 0.2$. Zur Verdeutlichung sind die zugehörigen kontinuierlichen Impulsantworten eingezeichnet. Die Filter haben jeweils 66 Koeffizienten ($n = 0, \ldots, 65$)

7.4.3 Variable Signalverzögerung mit einem FIR-Filter

Zur Änderung oder Regelung der Abtastrate ist das im vorausgehenden Abschnitt beschriebene Verfahren nicht geeignet, da in diesen Fällen eine variable Verzögerung erforderlich ist, d. h. der fraktionale Anteil δT_a ändert sich kontinuierlich, so dass für jeden Abtastwert eine separate Impulsantwort $h_\delta[n]$ berechnet werden muss. Damit dies effektiv erfolgen kann, muss:

- eine möglichst einfache Berechnung der Koeffizienten in Abhängigkeit von δ vorliegen;
- die Anzahl der Koeffizienten minimiert werden.

Dazu bestimmen wir eine kontinuierliche Interpolationsfunktion $h_i(t)$ mit der Dauer $T = N \cdot T_a$, die in den N Intervallen der Form $[\, nT_a, (n+1)\,T_a\,]$ mit $n = 0, \ldots, N-1$ jeweils durch ein Polynom $p_{i,n}(\delta)$ der Ordnung M beschrieben werden kann und deren Abtastwerte

$$h_{i,\delta}[n] \;=\; h_i\left((n + 1 - \delta)\,T_a\right) \;=\; p_{i,n}(\delta)$$

die Koeffizienten des Filters bilden. Abb. 7.40 zeigt ein Beispiel mit $N = 8$ Intervallen ($n = 0, \ldots, 7$) und den zugehörigen Polynomen für die Ordnung $M = 4$:

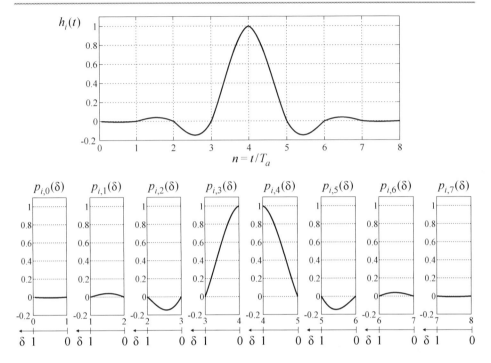

Abb. 7.40 Interpolationsfunktion $h_i(t)$ und Zerlegung in die Polynome $p_{i,n}(\delta)$

$$p_{i,0}(\delta) = -0.02584 \cdot \delta + 0.01427 \cdot \delta^2 + 0.02964 \cdot \delta^3 - 0.01807 \cdot \delta^4$$

$$p_{i,1}(\delta) = 0.16286 \cdot \delta - 0.12615 \cdot \delta^2 - 0.13032 \cdot \delta^3 + 0.09361 \cdot \delta^4$$

$$p_{i,2}(\delta) = -0.70773 \cdot \delta + 0.89228 \cdot \delta^2 - 0.00510 \cdot \delta^3 - 0.17945 \cdot \delta^4$$

$$p_{i,3}(\delta) = 1 - 0.16034 \cdot \delta - 1.58857 \cdot \delta^2 + 0.64541 \cdot \delta^3 + 0.10350 \cdot \delta^4$$

$$p_{i,4}(\delta) = 0.98724 \cdot \delta + 0.96867 \cdot \delta^2 - 1.05941 \cdot \delta^3 + 0.10350 \cdot \delta^4$$

$$p_{i,5}(\delta) = -0.34374 \cdot \delta - 0.19971 \cdot \delta^2 + 0.72289 \cdot \delta^3 - 0.17945 \cdot \delta^4$$

$$p_{i,6}(\delta) = 0.10595 \cdot \delta + 0.04457 \cdot \delta^2 - 0.24413 \cdot \delta^3 + 0.09361 \cdot \delta^4$$

$$p_{i,7}(\delta) = -0.01933 \cdot \delta - 0.00524 \cdot \delta^2 + 0.04265 \cdot \delta^3 - 0.01807 \cdot \delta^4$$

Die Koeffizienten der Polynome haben wir [13] entnommen. Es gilt:

$$\delta = 0 \quad \Rightarrow \quad h_{i,0} = [\, 0, 0, 0, 1, 0, 0, 0, 0 \,]$$

$$\delta = 1 \quad \Rightarrow \quad h_{i,1} = [\, 0, 0, 0, 0, 1, 0, 0, 0 \,]$$

Für $0 < \delta < 1$ sind alle $N = 8$ Koeffizienten ungleich Null.

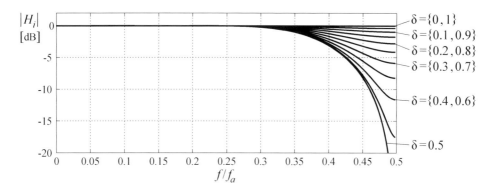

Abb. 7.41 Frequenzgänge zur Interpolationsfunktion aus Abb. 7.40 für $\delta = 0, \ldots, 1$

Abb. 7.41 zeigt die Frequenzgänge zur Interpolationsfunktion aus Abb. 7.40. Der am stärksten abfallende Frequenzgang ($\delta = 0.5$) bestimmt die nutzbare Bandbreite. Wenn praktisch keine Abweichung im Durchlassbereich zulässig ist, muss die Grenzfrequenz f_g auf einen Wert im Bereich $f/f_a \approx 0.25$ festgesetzt werden; daraus resultiert eine zweiseitige Bandbreite $B = 2 \cdot f_g \approx 0.5 \cdot f_a$. Bei einem zulässigen Abfall von 1 dB an den Grenzen des Durchlassbereichs gilt $B \approx 0.7 \cdot f_a$.

Mit dem Polynom-Vektor

$$p_i(\delta) = \left[\, p_{i,0}(\delta), p_{i,1}(\delta), \ldots, p_{i,N-1}(\delta) \,\right]^T$$

und den $M + 1$ Koeffizienten-Vektoren

$$c_i(m) = \left[\, c_{i,0}(m), c_{i,1}(m), \ldots, c_{i,N-1}(m) \,\right]^T \quad \text{mit } m = 0, \ldots, M$$

können wir die Polynome in der Form

$$p_i(\delta) = c_i(0) + c_i(1) \cdot \delta + c_i(2) \cdot \delta^2 + \cdots + c_i(M) \cdot \delta^M = \sum_{m=0}^{M} c_i(m) \cdot \delta^m$$

schreiben. Zur effizienten Berechnung, d. h. ohne explizite Berechnung der Potenzen von δ, berechnen wir den Polynom-Vektor mit Hilfe des *Horner-Schemas*:

$$p_i(\delta) = \Big(\cdots \big((c_i(M) \cdot \delta + c_i(M-1)) \cdot \delta + c_i(M-2) \big) \cdot \delta + \cdots \Big) \cdot \delta + c_i(0)$$

In unserem Beispiel mit $N = 8$ und $M = 4$ erhalten wir demnach $M + 1 = 5$ Koeffizienten-Vektoren

$$
c_i(0) = \begin{bmatrix} c_{i,0}(0) \\ c_{i,1}(0) \\ c_{i,2}(0) \\ c_{i,3}(0) \\ c_{i,4}(0) \\ c_{i,5}(0) \\ c_{i,6}(0) \\ c_{i,7}(0) \end{bmatrix} = \begin{bmatrix} 0 \\ 0 \\ 0 \\ 1 \\ 0 \\ 0 \\ 0 \\ 0 \end{bmatrix} , \quad \ldots \quad , \quad c_i(4) = \begin{bmatrix} c_{i,0}(4) \\ c_{i,1}(4) \\ c_{i,2}(4) \\ c_{i,3}(4) \\ c_{i,4}(4) \\ c_{i,5}(4) \\ c_{i,6}(4) \\ c_{i,7}(4) \end{bmatrix} = \begin{bmatrix} -0.01807 \\ 0.09361 \\ -0.17945 \\ 0.10350 \\ 0.10350 \\ -0.17945 \\ 0.09361 \\ -0.01807 \end{bmatrix}
$$

der Länge $N = 8$, die als separate FIR-Filter mit gemeinsamen Zuständen aufgefasst werden können. Damit erhalten wir im allgemeinen Fall die in Abb. 7.42 dargestellte Filter-Struktur, die als *Farrow-Interpolator* bezeichnet wird. Die Ausgangssignale $y_m[n]$ ($m = 0, \ldots, M$) der $M + 1$ Filter werden in einer Kette aus Addierern und Multiplizierern entsprechend dem Horner-Schema zum Ausgangssignal $y[n']$ verknüpft. Wir müssen für das Ausgangssignal eine eigene diskrete Zeitvariable verwenden, da die Verschiebung δ im allgemeinen variabel ist, d. h. die Abtastrate am Ausgang stimmt im allgemeinen *nicht* mit der Abtastrate am Eingang überein.

Auch hier haben wir wieder den Effekt, dass die für eine Realisierung in Hardware oder Software optimale Berechnung gemäß Abb. 7.42 für ein numerisches Mathematikprogramm wie *Matlab* nicht optimal ist; deshalb verwenden wir in *Matlab* eine Berechnung mit einer Matrix mit den Koeffizienten der Polynome und einem Vektor mit den Potenzen von δ:

```
% ... delta enthalte die fraktionale Verschiebung ...

d_i = delta .^ ( 0 : 4 );



c_i = [ 0 -0.02584  0.01427  0.02964 -0.01807 ;
        0  0.16286 -0.12615 -0.13032  0.09361 ;
        0 -0.70773  0.89228 -0.0051  -0.17945 ;
        1 -0.16034 -1.58857  0.64541  0.1035  ;
        0  0.98724  0.96867 -1.05941  0.1035  ;
        0 -0.34374 -0.19971  0.72289 -0.17945 ;
        0  0.10595  0.04457 -0.24413  0.09361 ;
        0 -0.01933 -0.00524  0.04265 -0.01807 ].';
h_i = d_i * c_i;
```

Dabei haben wir die Matrix `c_i` und den Vektor `d_i` so gebildet, dass die Koeffizienten `h_i` des Interpolators als Zeilenvektor erzeugt werden. Entsprechend der Länge $N = 8$ wird

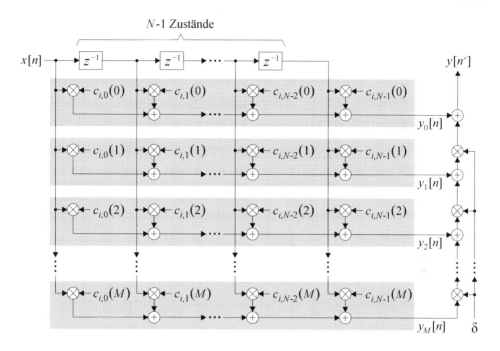

Abb. 7.42 Farrow-Interpolator

der Interpolator als *8-Punkt-Farrow-Interpolator* bezeichnet. Wir haben die Berechnung in einer separaten Funktion

```
h_i = interpolator_8( delta )
```

zusammengefasst.

Abb. 7.43 verdeutlicht die Interpolation eines Signals mit einem Farrow-Interpolator; dazu tasten wir ein kontinuierliches Signal $x(t)$ ab und rekonstruieren das Signal anschließend mit Hilfe des im vorausgehenden Abschnitt beschriebenen Interpolators aus den Abtastwerten $x[n]$. Die Erzeugung der Signale $x(t)$ und $x[n]$ erfolgt in *Matlab* wie folgt:

```
% kontinuierliches Eingangssignal x(t)
t = -3 : 0.02 : 24;
x_t = 0.6 * sin( pi * t / 10 ) - 0.4 * cos( t );

% diskretes Signal x[n]
n = t( 1 : 50 : end );
x_n = x_t( 1 : 50 : end );
```

Dabei wird das Signal $x(t)$ mit einer 50-fach höheren Abtastrate ($1/50 = 0.02$) erzeugt und anschließend mit $M = 50$ unterabgetastet. Da wir das Signal im Bereich $n = 0, \ldots, 20$

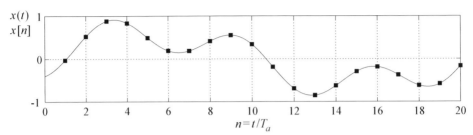

a zugrunde liegendes kontinuierliches Signal $x(t)$ und Abtastwerte $x[n]$

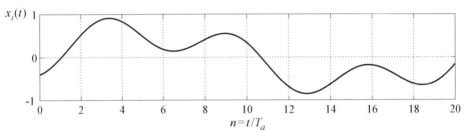

b aus den Abtastwerten $x[n]$ rekonstruiertes Signal $x_i(t)$

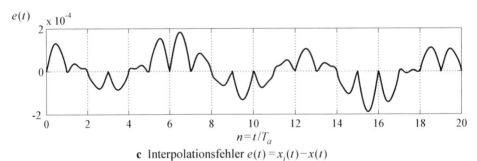

c Interpolationsfehler $e(t) = x_i(t) - x(t)$

Abb. 7.43 Interpolation mit einem 8-Punkt-Farrow-Interpolator

darstellen wollen und der Interpolator zusätzlich zum aktuellen Wert die drei vorausgehenden und die vier nachfolgenden Werte benötigt, müssen wir das Signal für $n = -3, \ldots, 24$ erzeugen. Die Rekonstruktion erfolgt im Bereich $0 \leq t \leq 20$, indem wir das rekonstruierte Signal $x_i(t)$ für die Zeitpunkte

```
t_i = 0 : 0.02 : 20;
```

berechnen, d. h. ebenfalls mit 50-fach höherer Abtastrate:

```
l_t_i = length(t_i);
x_i_t = zeros( 1, l_t_i );

for i = 1 : l_t_i
    % ganzzahliger Anteil der Verschiebung
```

```
    delta_n = floor( t_i(i) );
    % fraktionaler Anteil der Verschiebung
    delta = t_i(i) - delta_n;


    % Koeffizienten des Interpolators berechnen
    h_i = interpolator_8(delta);
    % interpolierten Wert berechnen
    x_i_t(i) = x_n( (1:8) + delta_n ) * h_i.';
end
```

Anschließend berechnen wir den Interpolationsfehler

$$e(t) \;=\; x_i(t) - x(t)$$

zwischen dem rekonstruierten Signal $x_i(t)$ und dem ursprünglichen Signal $x(t)$:

```
e = x_i_t - x_t( 151 : end - 200 );
```

Dabei müssen wir bei x_t die Werte für $-3 \leq t < 0$ (150 Werte) und $20 < t \leq 24$ (200 Werte) abschneiden, damit wir korrespondierende Vektoren erhalten. Bei einem 8-Punkt-Interpolator ist der Interpolationsfehler gering, siehe Abb. 7.43c. An den Abtastzeitpunkten des Signals $x[n]$ ist der Interpolationsfehler gleich Null, da an diesen Stellen $\delta = 0$ und

$$h_i \;=\; [\, 0, 0, 0, 1, 0, 0, 0, 0 \,]$$

gilt. Der Interpolationsfehler hängt von der Länge N des Interpolators und von der Ordnung M der Polynome ab. In der Praxis muss man N und M entsprechend den Anforderungen wählen. In [13] sind Koeffizientensätze für verschiedene Werte (N, M) angegeben.

Wir können nun ein beliebiges Zeitraster für die Rekonstruktion vorgeben und damit ein diskretes Ausgangssignal $y[n']$ mit einer von der Abtastrate f_a des Eingangssignals $x[n]$ beliebig abweichenden Abtastrate f'_a erzeugen. Wir betrachten zunächst den Fall einer *konstanten* Änderung der Abtastrate. Für die Abtastzeitpunkte T_x des Eingangssignals $x[n]$ und T_y des Ausgangssignals $y[n']$ gilt

$$T_x \;=\; nT_a + T_0 \quad , \quad T_y \;=\; n'T'_a + T'_0$$

mit den Abtastintervallen

$$T_a \;=\; \frac{1}{f_a} \quad , \quad T'_a \;=\; \frac{1}{f'_a}$$

und den Ursprüngen T_0 und T'_0 der diskreten Zeitskalen n und n'. Da hier nur die Abstände zwischen den Abtastzeitpunkten T_x und T_y von Interesse sind, können wir den Ursprung

T_0 des Eingangssignals ohne Beschränkung der Allgemeinheit zu Null setzen. Für die Abtastzeitpunkte T_y des Ausgangssignals können wir

$$T_y = n'T_a' + T_0' = \left(n' \frac{T_a'}{T_a} + \frac{T_0'}{T_a} \right) T_a = n_i T_a \quad \text{mit } n_i \in \mathcal{R}$$

$$= (n + \delta) T_a \quad \text{mit } n \in \mathcal{Z} \text{ und } 0 \le \delta < 1$$

schreiben, d. h. wir stellen sie als Vielfache des Abtastintervalls T_a des Eingangssignals dar und erhalten dabei einen reellen Faktor n_i, den wir anschließend in einen ganzzahligen Anteil n und einen fraktionalen Anteil δ zerlegen. Der ganzzahlige Anteil n entspricht der Position im Eingangssignal, an der die Interpolation erfolgen muss; dabei werden bei einem N-Punkt-Interpolator (N gerade) neben dem durch n gegebenen Wert zusätzlich die $(N-1)/2$ vorausgehenden und die $N/2$ nachfolgenden Werte benötigt – bei einem 8-Punkt-Interpolator sind dies die Werte $x[n-3], \ldots, x[n+4]$. Der fraktionale Anteil δ entspricht auch hier wieder der fraktionalen Verschiebung des Interpolators und wird zur Berechnung der Koeffizienten verwendet.

Abb. 7.44 zeigt den Zusammenhang zwischen den diskreten Zeitskalen n und n' für eine Unterabtastung und eine Überabtastung und einen willkürlich angenommenen Ursprung $T_0' = 0.5\, T_a$:

- Bei der Unterabtastung mit $f_a'/f_a = 10/13$ in Abb. 7.44a nimmt der reelle Faktor n_i mit jedem weiteren Abtastwert am Ausgang um die Schrittweite

$$\Delta n_i = \frac{T_a'}{T_a} = \frac{f_a}{f_a'} = \frac{13}{10} = 1.3 > 1$$

zu. Die Unterabtastung kommt in diesem Fall dadurch zustande, dass für manche Positionen n im Eingangssignal kein Ausgangswert berechnet wird, z. B. für $n = 2$, $n = 6$ und $n = 11$.
- Bei der Überabtastung mit $f_a'/f_a = 10/7$ in Abb. 7.44a nimmt der reelle Faktor n_i mit jedem weiteren Abtastwert am Ausgang um die Schrittweite

$$\Delta n_i = \frac{T_a'}{T_a} = \frac{f_a}{f_a'} = \frac{7}{10} = 0.7 < 1$$

zu. Die Überabtastung kommt in diesem Fall dadurch zustande, dass für manche Positionen n im Eingangssignal zwei Ausgangswerte berechnet werden, z. B. für $n = 1$, $n = 4$ und $n = 6$. Bei höherer Überabtastung, d. h. kleinerer Schrittweite Δn_i, werden auch mehr als zwei Ausgangswerte pro Eingangswert berechnet.

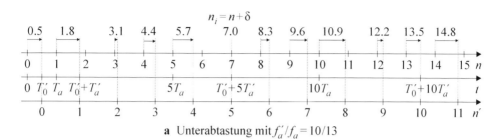

a Unterabtastung mit $f_a''/f_a = 10/13$

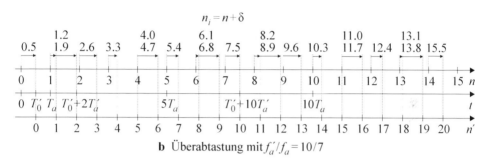

b Überabtastung mit $f_a''/f_a = 10/7$

Abb. 7.44 Beispiele zur fraktionale Verschiebung δ bei Unter- und Überabtastung

In einer praktischen Implementierung können wir den Wert n_i, der durch die fortgesetzte Addition der Schrittweite Δn_i über alle Grenzen anwächst, nicht verwenden. Statt dessen addieren wir die Schrittweite Δn_i direkt zur fraktionalen Verschiebung δ des Interpolators und prüfen, ob weiterhin $\delta < 1$ gilt. Ist dies der Fall, berechnen wir für die aktuell vorliegende Position im Eingangssignal einen weiteren Ausgangswert. Liegt dagegen $\delta \geq 1$ vor, erhöhen wir die Position im Eingangssignal um den ganzzahligen Anteil von δ und reduzieren δ entsprechend, so dass wieder $\delta < 1$ gilt. In Matlab schreiben wir dazu:

```
% ... delta_n_i enthalte die Schrittweite und
%       delta die aktuelle fraktionale Verschiebung ...

delta   = delta + delta_n_i;
n_step  = floor( delta );
delta   = delta - n_step;
```

Anschließend müssen wir die Position im Eingangssignal um n_step erhöhen. *Was* wir dazu tun müssen, hängt von der Art der Verarbeitung ab. Wenn wir einen Vektor x mit einem Eingangssignal vorgegebener Länge verarbeiten, können wir einen Zeiger i_x verwenden, den wir um n_step inkrementieren, bis wir das Ende des Vektors erreicht haben; dabei müssen wir beachten, dass wir neben dem Wert x(i_x) noch weitere Werte für den Interpolator benötigen. Bei einem 8-Punkt-Interpolator benötigen wir drei vorausgehende und vier nachfolgende Werte, so dass wir die Verarbeitung mit

```
i_x = 4
```

beginnen und für

```
i_x > length(x) - 4
```

abbrechen müssen, damit der für die Interpolation benötigte Signalabschnitt

```
x( i_x - 3 : i_x + 4 )
```

existiert. Im vorausgehenden Beispiel zu Signalrekonstruktion haben wir dies dadurch erfüllt, dass wir das diskrete Eingangssignal für $n = -3, \ldots, 24$ bereitgestellt und das kontinuierliche Signal nur für den Bereich $n = 0, \ldots, 20$ rekonstruiert haben.

Völlig anders stellt sich die Situation bei einer Fließverarbeitung (*streaming*) dar, bei der ein Eingangssignal unbekannter Länge verarbeitet wird und in mehr oder weniger regelmäßigen Abständen weitere Abtastwerte des Eingangssignals anfallen. Hier müssen wir *warten*, bis die zur Berechnung des nächsten Ausgangswerts benötigten Eingangswerte vorhanden sind. Wir gehen darauf hier nicht näher ein.

Abschließend skizzieren wir noch den Fall einer *zeitvarianten*, d. h. *nicht konstanten* Änderung der Abtastrate. In diesem Fall ist die Schrittweite Δn_i ihrerseits variabel und wird von einem Regelkreis so eingestellt, dass ein bestimmtes Kriterium erfüllt wird. Dieser Fall tritt z. B. im Rahmen der *zeitlichen Synchronisation* in einem Empfänger auf und hat hier die Aufgabe, die zeitvariante Drift zwischen den Taktgeneratoren des Senders und des Empfängers auszugleichen. Da die Taktgeneratoren in der Regel sehr genau sind, sind die verbleibenden Unterschiede in den Abtastraten der Signale sehr gering; typische relative Fehler liegen im Bereich:

$$\frac{f_a - f_a'}{f_a} \approx \pm \left(10^{-7} \ldots 10^{-4} \right)$$

Bei Übertragungssystemen mit kurzen Paketsendungen kann man in der Praxis zwischen zwei Optionen wählen:

- Man kann die Taktgeneratoren so genau machen, dass über die Dauer eines Pakets kein nennenswerter Fehler entsteht; dann kann man auf eine Regelung verzichten.
- Man kann einfache Taktgeneratoren verwenden und die Unterschiede zwischen den Abtastraten mit einem Regelkreis *ausregeln*.

Dagegen ist bei kontinuierlichen Sendungen immer eine Regelung erforderlich.

7.5 Beispiel

Wir nehmen an, dass wir mit dem in Abb. 3.33 auf Seite 68 gezeigten USB-Miniatur-Empfänger ein Telemetrie-Signal mit GFSK-Modulation und einer Symbolrate $f_s = 3.2\,\text{kHz}$ empfangen wollen. Das Signal soll mit einer Überabtastung

$$M = \frac{f_a}{f_s} = 8$$

verarbeitet und vor der Verarbeitung auf eine Kanalbandbreite $B_{ch} = 6.4\,\text{kHz}$ begrenzt werden. Es handelt sich dabei um typische Werte für die Verarbeitung eines GFSK-Signals mit einem Modulationsindex $h = 1$; wir gehen darauf im Abschn. 8.2.2 noch näher ein. Ferner nehmen wir an, dass die A/D-Umsetzer des Empfängers mit der Abtastrate $f_{a,AD} = 2048\,\text{kHz}$ betrieben werden. Daraus folgt, dass die Abtastrate um den Faktor

$$R = \frac{f_{a,AD}}{f_a} = \frac{f_{a,AD}}{Mf_s} = \frac{2048\,\text{kHz}}{25.6\,\text{kHz}} = 80$$

reduziert werden muss. Die relative Bandbreite am Ausgang beträgt:

$$B_{rel} = \frac{B_{ch}}{f_a} = \frac{6.4\,\text{kHz}}{25.6\,\text{kHz}} = \frac{1}{4}$$

Wie Abb. 3.33 auf Seite 68 zeigt, erfolgt die Reduktion der Abtastrate mit einem in Software realisierten Digital Downconverter (DDC) auf dem angeschlossenen PC. Abb. 7.45 zeigt einen Ausschnitt des Blockschaltbilds mit den relevanten Größen und der

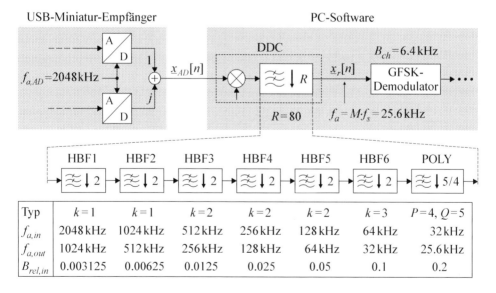

Typ	$k=1$	$k=1$	$k=2$	$k=2$	$k=2$	$k=3$	$P=4,\,Q=5$
$f_{a,in}$	2048 kHz	1024 kHz	512 kHz	256 kHz	128 kHz	64 kHz	32 kHz
$f_{a,out}$	1024 kHz	512 kHz	256 kHz	128 kHz	64 kHz	32 kHz	25.6 kHz
$B_{rel,in}$	0.003125	0.00625	0.0125	0.025	0.05	0.1	0.2

Abb. 7.45 Beispiel für einen in Software realisierten Digital Downconverter (DDC) mit einem Unterabtastfaktor $R = 80 = 2^6 \cdot 5/4$: 6 Halbband-FIR-Filter (HBF1, ..., HBF6) und ein Polyphasen-FIR-Filter (POLY)

gewählten Realisierung des DDCs mit 6 Halbband-FIR-Filtern und einem Polyphasen-FIR-Filter, die auf der Zerlegung

$$R = 80 = 2^6 \cdot \frac{5}{4}$$

basiert. Zu jedem Filter haben wir die auf die Abtastrate $f_{a,in}$ am Eingang bezogene relative Bandbreite

$$B_{rel,in} = \frac{B_{ch}}{f_{a,in}}$$

angegeben; damit können wir unter Verwendung von Abb. 7.28 auf Seite 253 die Faktoren k für die Halbband-FIR-Filter angeben. Das Polyphasen-FIR-Filter arbeitet auf der virtuellen Abtastrate

$$f_{a,in} P = f_{a,out} Q = 32\,\text{kHz} \cdot 4 = 25.6\,\text{kHz} \cdot 5 = 128\,\text{kHz}$$

und hat bezüglich dieser Abtastrate die relative Bandbreite:

$$B_{rel} = \frac{B_{ch}}{f_{a,in}P} = \frac{6.4\,\text{kHz}}{128\,\text{kHz}} = 0.05$$

Damit erhalten wir bei der Berechnung des benötigten Filters mit der im Abschn. 2.4 beschriebenen Funktion `lowpass_filter`

$$N_M = \frac{32}{B_{rel}} + 1 = 641$$

Koeffizienten. Damit wir die Koeffizienten in $P = 4$ Teilfilter zerlegen können, müssen wir entweder 3 Nullen anfügen, um Teilfilter der Länge $N = 161$ ($N \cdot P = 644$) zu erhalten, oder die automatische Wahl der Koeffizientenanzahl umgehen, indem wir die Anzahl vorgeben, z. B. $N_M = N \cdot P = 160 \cdot P = 640$.

Bei einem Polyphasen-FIR-Filter entspricht die Anzahl der Multiplikation pro Sekunde (MPS) dem Produkt aus der Länge N der Teilfilter und der Abtastrate $f_{a,out}$ am Ausgang; in unserem Beispiel erhalten wir mit $N = 160$:

$$MPS = N f_{a,out} = 160 \cdot 25.6\,\text{kHz} = 4096\,\text{kHz}$$

Bei einem Halbband-FIR-Filter gilt:

$$MPS = k f_{a,out}$$

Wenn wir sämtliche Werte für den DDC in Abb. 7.45 aufsummieren, erhalten wir:

$$MPS = (160 \cdot 25.6 + 3 \cdot 32 + 2 \cdot 64 + 2 \cdot 128 + 2 \cdot 256 + 512 + 1024)\,\text{kHz}$$

$$= 6624\,\text{kHz}$$

Da die Berechnung für den Real- *und* den Imaginärteil des komplex-wertigen Signals erfolgen muss, erhalten wir insgesamt $MPS = 13.248\,\text{MHz}$.

Alternativ zur Realisierung in Abb. 7.45 könnten wir ein Polyphasen-FIR-Filter mit $P = 1$ und $Q = 80$ verwenden, das aufgrund von $P = 1$ zu einem normalen Tiefpass-Filter entartet. Wir erhalten dadurch eine Unterabtastung entsprechend der in Abb. 2.12a auf Seite 28 gezeigten direkten Umsetzung des Funktionsprinzips der Unterabtastung. In diesem Fall beträgt die relative Bandbreite

$$B_{rel} = \frac{B_{ch}}{f_{a,AD}} = \frac{6.4\,\text{kHz}}{2048\,\text{kHz}} = 0.003125$$

und wir erhalten ein Filter mit

$$N_M = \frac{32}{B_{rel}} + 1 = 10241$$

Koeffizienten, das wir pro Ausgangswert einmal berechnen müssen; daraus folgt

$$MPS = N_M f_{a,out} = 10241 \cdot 25.6\,\text{kHz} \approx 262\,\text{MHz}$$

für *ein* Filter und $MPS \approx 524\,\text{MHz}$ für die Filterung von Real- und Imaginärteil. Demnach nimmt in diesem Fall die Anzahl der Multiplikationen um den Faktor

$$\frac{524\,\text{MHz}}{13.248\,\text{MHz}} \approx 40$$

und die Anzahl der Koeffizienten um den Faktor

$$\frac{10241}{640} \approx 16$$

zu; die $(1 + 2 + 3) = 6$ Koeffizienten der Halbband-FIR-Filter mit $k = 1, 2, 3$ sind dabei vernachlässigbar.

In diesem Beispiel wurde kein Interpolator benötigt, da sich der Unterabtastfaktor R problemlos in Teilfaktoren zerlegen ließ und die Faktoren P und Q des Polyphasen-FIR-Filters kleine Werte annahmen. Wir nehmen nun an, dass das Telemetrie-System nicht exakt mit der Symbolrate $f_s = 3200\,\text{kHz}$ arbeitet, sondern dass die Symbolrate mit einem einfachen Frequenzteiler aus einem Taktsignal mit 26 MHz abgeleitet wird:

$$f_s = \frac{26\,\text{MHz}}{2^{13}} = \frac{26\,\text{MHz}}{8192} = 3.17383\,\text{kHz}$$

Zur direkten Unterabtastung von der Abtastrate 32 kHz am Ausgang des letzten Halbband-FIR-Filters auf die Ausgangsabtastrate $f_a = 8f_s \approx 25.39\,\text{kHz}$ wäre in diesem Fall ein

Polyphasen-FIR-Filter mit

$$\frac{P}{Q} = \frac{8 \cdot 26\,\text{MHz}}{8192 \cdot 32\,\text{kHz}} = \frac{26000}{32768} = \frac{1625}{2048}$$

erforderlich. Derart hohe Werte für P und Q können in der Praxis nicht verwendet werden, da die Koeffizientenanzahl zu groß wird. Abhilfe könnte eine Zerlegung in vier Filter gemäß

$$\frac{P}{Q} = \frac{1625}{2048} = \frac{13 \cdot 5^3}{2^{11}} = \frac{13}{4} \cdot \left(\frac{5}{8}\right)^3$$

schaffen. Für die Praxis ist jedoch auch dies zu aufwendig; hier wird man ebenfalls den in Abb. 7.45 gezeigten DDC verwenden und die zusätzlich erforderliche Unterabtastung um den Faktor

$$M_i = \frac{8192 \cdot 25.6\,\text{kHz}}{8 \cdot 26\,\text{MHz}} \approx 1.00825$$

mit einem nachfolgenden Interpolator mit der Schrittweite $\Delta n_i = M_i$ realisieren. Da die Kanalfilterung mit der Bandbreite B_{ch} auch in diesem Fall mit dem Polyphasen-FIR-Filter erfolgt, ist der Frequenzgang des Interpolators unkritisch, solange die Bandbreite des Interpolators größer als B_{ch} ist. Bei digital modulierten Signalen, die mit einem Überabtastfaktor $M = 4$ oder $M = 8$ verarbeitet werden, ist dies problemlos einzuhalten.

Demodulation digital modulierter Signale

8

Inhaltsverzeichnis

© Springer-Verlag GmbH Deutschland 2017
A. Heuberger und E. Gamm, *Software Defined Radio-Systeme für die Telemetrie*,
DOI 10.1007/978-3-662-53234-8_8

8.1 Einführung

8.1.1 Aufgabe eines Demodulators

Ein *Demodulator* in einem *Software Defined Radio* Empfänger hat die Aufgabe, die vom Sender gesendeten Symbole aus dem empfangenen Basisbandsignal zurückzugewinnen; dabei fallen im allgemeinen die folgenden Teilaufgaben an:

- In einem System mit Paketsendungen muss zunächst durch eine *Detektion* festgestellt werden, ob ein Paket vorliegt. Dazu dient die in den Paketen enthaltene Präambel, die mit einem Korrelator ausgewertet wird. Die Detektion erfordert die Wahl einer geeigneten *Detektionsschwelle*, ab der der Empfänger das Vorliegen eines Paketes annimmt.
- Durch eine *zeitliche Synchronisation* muss die exakte Position des Pakets und der im Paket enthaltenen Symbole im empfangenen Basisbandsignal bestimmt werden.
- Der durch die Asynchronität der Oszillatoren im Sender und im Empfänger verursachte Frequenz- und Phasenoffset muss durch eine *Frequenz- und Phasensynchronisation* kompensiert werden. Bei zeitvarianten Übertragungskanälen, wie sie z.B. bei der Mobilkommunikation auftreten, muss zusätzlich der durch den *Doppler-Effekt* verursachte Frequenzoffset kompensiert werden.
- Bei Pulsamplitudenmodulation mit M-QAM-Alphabet wird eine *Amplitudenregelung im Demodulator* benötigt, da in diesem Fall auch die Amplitude in die Entscheidung der Symbole eingeht; dagegen reicht bei einem M-PSK-Alphabet oder einer Übertragung mit (G)FSK die Auswertung der Phase aus.
- Bei *Mehrwegeausbreitung* ist das empfangene Basisbandsignal linear verzerrt und muss gegebenenfalls mit einem *Entzerrer* entzerrt werden.

Die Komplexität der Teilaufgaben hängt stark von der Modulation ab; deshalb ist die Komplexität des benötigten Demodulators ein wesentliches Kriterium bei der Wahl der Modulation.

8.1.2 Betrachtete Übertragungssysteme

Wir betrachten im folgenden zwei Systeme mit Paketsendungen:

- ein System mit GFSK-Modulation gemäß Abschn. 3.4.11 als typisches Beispiel für ein einfaches Telemetrie-System;
- ein System mit Pulsamplitudenmodulation (PAM), einer *Chu Sequence* als Präambel und QPSK-Datensymbolen gemäß den Abschn. 3.4.5–3.4.7.

Beide Systeme benötigen keine Amplitudenregelung im Demodulator, da die Rückgewinnung der Symbole in beiden Fällen nicht von der Amplitude des Basisbandsignals abhängt. Davon zu unterscheiden ist die Amplitudenregelung im Analogteil des Empfängers, die eine adäquate Aussteuerung der analogen Komponenten und der A/D-Umsetzer sicherstellt. Wir gehen darauf nicht näher ein, da dies den Rahmen unserer Darstellung sprengt.

8.1.3 Kanal

Wir nehmen an, dass die Übertragung entweder über einen Kanal ohne Mehrwege-Ausbreitung erfolgt oder dass die Mehrwege-Ausbreitung so schwach ausgeprägt ist, dass keine Entzerrung der Signale erforderlich ist. Letzteres ist immer dann der Fall, wenn die Impulsantwort $\underline{c}(t)$ des nachrichtentechnischen Kanals deutlich kürzer ist als die Symboldauer T_s. Das dazu verwendete Maß ist die *Delay Spread* τ_d des Kanals, für die

$$\tau_d^2 = \frac{1}{E_c} \int\limits_0^\infty (t - t_m)^2 \, |\underline{c}(t)|^2 \, dt \quad \text{mit} \quad t_m = \frac{1}{E_c} \int\limits_0^\infty t \, |\underline{c}(t)|^2 \, dt \quad \text{und} \quad E_c = \int\limits_0^\infty |\underline{c}(t)|^2 \, dt$$

gilt. Dabei ist $|\underline{c}(t)|^2$ die Energiedichte, E_c die Energie, t_m der Schwerpunkt der Energiedichte und τ_d^2 die Varianz der Energiedichte.

Abb. 8.1 zeigt zwei Beispiele für die normierte Energiedichte typischer Impulsantworten in Gebäuden. Bei Vorliegen einer Sichtverbindung zwischen Sendeantenne und Empfangsantenne ist die Delay Spread in der Regel kleiner als 20 ns, siehe Abb. 8.1a. Für den in Abb. 8.1b gezeigten Fall ohne Sichtverbindung kann man die Delay Spread aus dem Abfall der Kurve abschätzen:

$$-\frac{m \, \text{dB}}{T} \quad \Rightarrow \quad |\underline{c}(t)|^2 \sim e^{-\ln 10 \cdot (m/10) \cdot (t/T)} = e^{-t/T_0} \quad \text{mit } T_0 = \frac{10 \, T}{\ln 10 \cdot m}$$

Da die Varianz einer Exponentialfunktion dem Quadrat der Zeitkonstante T_0 entspricht, gilt:

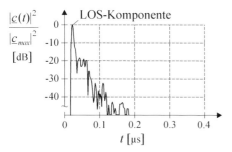

a mit Sichtverbindung (*Line-of-Sight*, LOS)

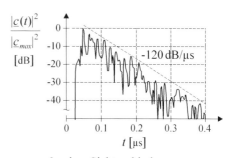

b ohne Sichtverbindung

Abb. 8.1 Beispiele für die normierte Energiedichte typischer Impulsantworten des nachrichtentechnischen Kanals in Gebäuden [14]

$$\tau_d = \frac{10\,T}{\ln 10 \cdot m} \approx 4.34 \cdot \frac{T}{m}$$

Für den Kanal in Abb. 8.1b mit $m = 120$ und $T = 1\,\mu s$ erhalten wir demnach eine Delay Spread von $\tau_d \approx 36\,ns$. Da für

$$\tau_d < \frac{T_s}{10}$$

in der Regel keine Entzerrung erforderlich ist und die Delay Spread bei Telemetrie-Systemen in Gebäuden nur selten mehr als 100 ns beträgt, müssen wir erst ab einer Symbolrate von

$$f_s = \frac{1}{T_s} = \frac{1}{10\,\tau_d} = 1\,MHz$$

mit negativen Auswirkungen durch eine mögliche Mehrwege-Ausbreitung rechnen. Für unsere Beispiele mit Symbolraten unter 10 kHz ist folglich keine Entzerrung erforderlich.

Ist die Bedingung für einen Betrieb ohne Entzerrung erfüllt, können wir das Kanal-modell aus Abb. 3.85 auf Seite 126 verwenden. In diesem Fall können wir auch auf die in Abb. 3.36 auf Seite 71 gezeigten Trainingssymbole verzichten, die bei Betrieb mit einem Entzerrer zur Schätzung der Impulsantwort des Kanals benötigt werden.

8.1.4 Paket-Übertragung

Abb. 8.2 zeigt den Aufbau einer Paketsendung ohne Trainingssymbole mit n_P Präambel-Symbolen und n_D Datensymbolen. Obwohl die Symbole bei GFSK nur die reellen Werte $\{-1, 1\}$ annehmen können, haben wir die Symbol-Vektoren $\underline{s}_P$ und $\underline{s}_D$ im Hinblick auf die PAM als komplexe Vektoren dargestellt.

Wir nehmen an, dass wir 40 Bytes pro Paket übertragen wollen, d. h. 320 Nutzbits. Die Übertragung soll durch eine CRC-16 geschützt werden, für die wir gemäß Abb. 3.37 auf Seite 72 das Polynom 0xBAAD verwenden. Da wir in unseren Simulationen zufäl-lige Nutzbits verwenden, können wir auf einen Scrambler verzichten. Wir erhalten einen Datenvektor b_D mit 336 Datenbits, aus dem wir bei GFSK-Mapping $n_D = 336$ Datensymbole und bei QPSK-Mapping $n_D = 168$ Datensymbole erzeugen.

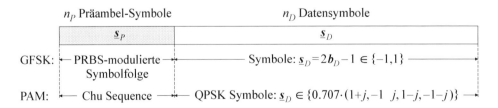

Abb. 8.2 Aufbau einer Paketsendung

Als Präambel verwenden wir bei GFSK eine PRBS-modulierte Symbolfolge der Länge $n_P = 32$; dazu erweitern wir die 31 Bits der PRBS mit dem Polynom $x^5 + x^3 + 1$ um ein nachfolgendes Null-Bit. Durch diese Erweiterung wird die Präambel mittelwertfrei, was für die Detektion im Empfänger von Vorteil ist; wir kommen darauf im Abschn. 8.2.5 noch zurück. Die Präambelsymbole $\underline{s}_P$ erzeugen wir gemeinsam mit den Datensymbolen $\underline{s}_D$, indem wir die Präambelbits b_P mit den Datenbits b_D zu einem erweiterten Bit-Vektor

$$b = [\, b_P, b_D \,] \in \{0,1\} \quad \Rightarrow \quad \underline{s} = [\, \underline{s}_P, \underline{s}_D \,] = 2b - 1 \in \{-1, 1\}$$

verketten und der weiteren GFSK-Signalerzeugung zuführen. Bei PAM verwenden wir eine Chu Sequence der Länge $n_P = 31$ gemäß Abschn. 3.4.6. In diesem Fall unterscheiden sich die Alphabete der Präambel- und der Datensymbole.

8.1.5 Vorverarbeitung

Abb. 8.3 zeigt den Empfang und die Vorverarbeitung der zu demodulierenden Signale mit einem *Direct Conversion Receiver* (DCR) und einem *Digital Downconverter* (DDC). Als DCR verwenden wir den in Abb. 3.33 auf Seite 68 gezeigten USB-Miniatur-Empfänger, der hier mit einer Abtastrate $f_{a,AD} = 2048\,\text{kHz}$ betrieben wird. Um den Bereich des 1/f-Rauschens zu vermeiden, wird die Empfangsfrequenz f_{HF} gemäß der in Abb. 3.19 auf Seite 56 gezeigten Vorgehensweise nicht direkt auf die Frequenz Null, sondern auf die Zwischenfrequenz $f_{ZF} = f_{a,AD}/8$ umgesetzt. Die weitere Umsetzung auf die Frequenz Null erfolgt im DDC durch eine komplex-wertige Mischung mit:

$$e^{-j2\pi n f_{ZF}/f_{a,AD}} \overset{f_{ZF} = f_{a,AD}/8}{=} e^{-j\pi n/4}$$

Dabei werden gemäß Abb. 8.4 nur die Zahlenwerte 0, $\sqrt{2}/2$ und 1 benötigt, die entweder direkt oder negiert auf die vier reell-wertigen Multiplizierer des in Abb. 7.2b auf Seite

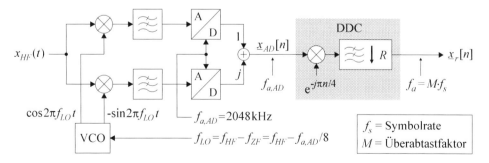

Abb. 8.3 Empfang und Vorverarbeitung der zu demodulierenden Trägersignale mit einem *Direct Conversion Receiver* (DCR) und einem *Digital Downconverter* (DDC). Die Frequenzumsetzung erfolgt in zwei Stufen: (1) $f_{HF} \rightarrow f_{ZF} = f_{a,AD}/8$ im DCR, (2) $f_{ZF} = f_{a,AD}/8 \rightarrow 0$ im DDC

mod $\{n,8\}$		0	1	2	3	4	5	6	7
$\mathrm{Re}\left\{e^{-j\pi n/4}\right\} =$	$\cos(\pi n/4)$	1	$\sqrt{2}/2$	0	$-\sqrt{2}/2$	-1	$-\sqrt{2}/2$	0	$\sqrt{2}/2$
$\mathrm{Im}\left\{e^{-j\pi n/4}\right\} =$	$-\sin(\pi n/4)$	0	$-\sqrt{2}/2$	-1	$-\sqrt{2}/2$	0	$\sqrt{2}/2$	1	$\sqrt{2}/2$

Abb. 8.4 Signale des Mischers im DDC in Abb. 8.3

225 gezeigten komplex-wertigen Mischers geschaltet werden müssen. In einer Hardware-Realisierung kann dies durch Multiplexer und Negierer oder durch eine Tabelle erfolgen. In beiden Fällen kann man den Zusammenhang

$$\cos(\pi n/4) = -\sin(\pi(n-2)/4)$$

verwenden, d. h. der Realteil (cos-Anteil) entspricht dem um zwei Takte verzögerten Imaginärteil (sin-Anteil).

Neben der Mischung auf die Frequenz Null reduziert der DDC die Abtastrate von der Abtastrate $f_{a,AD}$ der A/D-Umsetzer auf ein Vielfaches der Symbolrate f_s :

$$f_a = M f_s$$

Dabei ist M der Überabtastfaktor, der für die Demodulation des Signals benötigt wird. Der Unterabtastfaktor

$$R = \frac{f_{a,AD}}{f_a}$$

des DDCs ist im allgemeinen weder ganzzahlig noch gebrochen-rational, so dass ein Interpolator zur finalen Umtastung auf die Abtastrate f_a benötigt wird; ein Beispiel dafür haben wir bereits in Abb. 7.31 auf Seite 254 dargestellt.

8.2 Demodulation einer GFSK-Paketsendung

Wir beschreiben im folgenden einen einfachen Demodulator für ein GFSK-moduliertes Paket mit Präambel; dabei verwenden wir ein Verfahren, das die Bezeichnung *Limiter-Discriminater-Integrator* (LDI) trägt und in einfachen Telemetrie-Empfängern mittels analoger Schaltungstechnik implementiert wird.

8.2.1 LDI-Demodulator

Abb. 8.5 zeigt die analoge und die daraus abgeleitete digitale Ausführung eines LDI-Demodulators. Das ZF- bzw. Kanalfilter mit der Bandbreite B_{ch} filtert den gewünschten

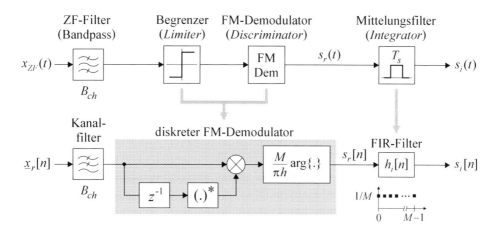

Abb. 8.5 GFSK-Demodulation mit LDI-Demodulator (*Limiter-Discriminator-Integrator*): zugrunde liegende analoge Ausführung (oben) und daraus abgeleitete digitale Ausführung mit Überabtastung $f_a = M f_s$ (unten)

Kanal aus. Der Begrenzer (*Limiter*), der in der analogen Ausführung zur Bereitstellung einer konstanten Eingangsamplitude für den nachfolgenden FM-Demodulator benötigt wird, kann in der digitalen Ausführung entfallen, da hier aufgrund der Phasenauswertung keine Abhängigkeit von der Amplitude vorliegt. Der Integrator ist ein *Kurzzeit-Integrator* mit einer Integrationszeit entsprechend der Symboldauer $T_s = 1/f_s$. Da die Bezeichnung *Integrator* in diesem Zusammenhang irreführend ist, verwenden wir die treffendere Bezeichnung *Mittelungsfilter*, die unmittelbar auf die digitale Realisierung als FIR-Filter mit konstanten Koeffizienten hinweist.

In *Matlab* stellt sich der LDI-Demodulator wie folgt dar:

```
% ... der Vektor x_r enthalte das mit der M-fachen Symbolrate
%       abgetastete Basisbandsignal aus der Vorverarbeitung und
%       h den Modulationsindex ...

% Filter bereitstellen:

% Kanalfilter
h_ch = lowpass_filter( ( 1 + h ) / M );

% Mittelungsfilter
h_i = ones( 1, M ) / M;

% LDI-Demodulator:

% Kanalfilterung
x = conv( x_r, h_ch );

% Drehvektoren bilden
dx = x( 2 : end ) .* conj( x( 1 : end-1 ) );
```

```
% Phasen berechnen und skalieren
s_r = M / ( pi * h ) * angle( dx );

% Mittelung
s_i = conv( s_r, h_i );
```

Auf die relative Bandbreite $(1 + h)/M$ des Kanalfilters gehen wir im folgenden Abschnitt ein. Die Phasenberechnung mit der Funktion `angle` wird in praktischen Implementierungen durch eine Approximation der arctan-Funktion realisiert. Beispiele dafür findet man in [15].

8.2.2 Signalparameter

Die Erzeugung eines GFSK-Signals haben wir bereits im Abschn. 3.4.11 auf Seite 103 beschrieben. Für unser Beispiel verwenden wir die folgenden Parameter:

- Modulationsindex: $h = 1 \Rightarrow f_{shift} = hf_s = f_s$
- BT-Produkt: $\quad\quad BT = 1$
- Überabtastfaktor: $\quad M = 8 \Rightarrow f_a = Mf_s = 8f_s$

Abb. 8.6a zeigt das Spektrum des Sendesignals. Als Bandbreite (*Kanalbandbreite*) B_{ch} definiert man in Anlehnung an die *Carson-Formel* der analogen FM-Modulation:

$$B_{ch} = f_s + f_{shift} = (1 + h)f_s \overset{h=1}{=} 2f_s \quad \Rightarrow \quad \frac{B_{ch}}{f_a} = \frac{1 + h}{M} \overset{h=1}{=} \frac{2}{M}$$

Die Symbolrate f_s und die daraus resultierende Abtastrate $f_a = Mf_s$ wirken sich nur auf die absolute Bandbreite des Signals und auf den Verarbeitungs*takt* aus, jedoch nicht auf die Verarbeitungs*algorithmen*; für letztere ist nur die Anzahl der Abtastwerte pro Symbol maßgebend, hier $M = 8$. Wir beziehen deshalb im folgenden alle Frequenzen auf die Symbolrate f_s und alle Zeiten auf die Symboldauer $T_s = 1/f_s$.

8.2.3 Signal-Rausch-Abstand

Für das Basisbandsignal $\underline{x}_r[n]$ im Empfänger erhalten wir:

$$\underline{x}_r[n] = \underline{x}[n] + \underline{n}[n] = e^{j\pi hz[n]/M} + \underline{n}[n] \quad \text{mit } z[n] = \sum_{n_1=-\infty}^{n} s_{FM}[n_1]$$

Dabei ist $\underline{x}[n]$ das Basisbandsignal aus (3.8) auf Seite 108 und $\underline{n}[n]$ additives Rauschen mit der Rauschleistungsdichte $S_{n,0}$. Als Kanalfilter wird ein Filter mit steilen Flanken verwendet; in diesem Fall entspricht die Rauschbandbreite NBW etwa der Bandbreite B_{ch}. Abb. 8.6b zeigt das Spektrum am Ausgang des Kanalfilters.

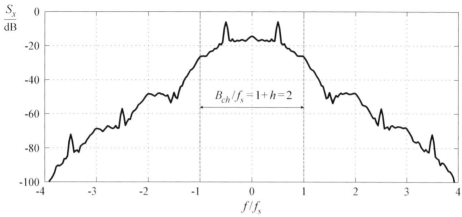

a Sendesignal (= Signal vor der Kanalfilterung)

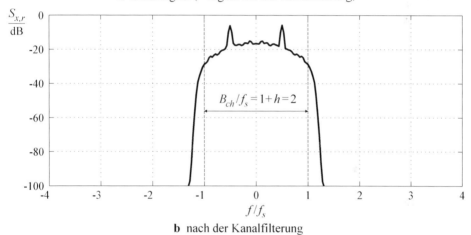

b nach der Kanalfilterung

Abb. 8.6 Spektrum des GFSK-Signals mit $h = 1$ und $BT = 1$

Wir verwenden in unserem Beispiel ein Kanalfilter mit sehr steilen Flanken und einer hohen Sperrdämpfung von etwa 80 dB, das wir mit dem im Abschn. 2.3 beschriebenen Verfahren berechnet haben, siehe Abb. 2.15 auf Seite 31 sowie die zugehörige *Matlab*-Funktion `lowpass_filter`. In unserem Fall erhalten wir ein Filter mit 161 Koeffizienten. In der Praxis werden kürzere Filter mit geringerer Flankensteilheit und geringerer Sperrdämpfung verwendet, wir bleiben hier aber auf der sicheren Seite. Aufgrund der hohen Flankensteilheit stimmt die Rauschbandbreite *NBW* des Filters sehr gut mit der Bandbreite *B* überein: $NBW \approx B$. Bei Filtern mit geringerer Flankensteilheit ist die Rauschbandbreite etwas größer: $NBW \approx (1 \ldots 1.5) \cdot B$.

Für die Rauschleistung am Ausgang des Filters erhalten wir:

$$P_n = S_{n,0} NBW \approx S_{n,0} B_{ch} = S_{n,0} f_s (1 + h)$$

In Verbindung mit der Leistung $P_x = 1$ des Nutzsignals $\underline{x}[n]$ folgt für den Signal-Rausch-Abstand am Ausgang des Kanalfilters (*Kanal-SNR*):

$$SNR_{ch} = \frac{P_x}{P_n} = \frac{1}{S_{n,0} f_s (1 + h)}$$

Dagegen bezieht sich der Symbol-Rausch-Abstand E_s/N_0 (*Symbol-SNR*) auf eine Bandbreite entsprechend der Symbolrate f_s :

$$\frac{E_s}{N_0} = \frac{P_x T_s}{N_0} \overset{P_x = 1, N_0 = S_{n,0}, T_s = 1/f_s}{=} \frac{1}{S_{n,0} f_s} = SNR_{ch} (1 + h)$$

Damit wir einen vorgegebenen Signal-Rausch-Abstand erhalten, muss vor dem Kanalfilter komplex-wertiges weißes Rauschen mit der Leistung

$$P_{n,n} = \mathrm{E}\left\{|\underline{n}[n]|^2\right\} = S_{n,0} f_a = \frac{M}{SNR_{ch} (1 + h)} = \frac{M}{E_s/N_0}$$

hinzugefügt werden.

8.2.4 Signale im Sender und im Empfänger

Abb. 8.7 zeigt die GFSK-Modulationssignale der ersten 30 Symbole einer Paketsendung im Sender und im Empfänger. Wir haben für diese Darstellung sämtliche Verzögerungen eliminiert, um die Signale in einem korrespondierenden Zeitraster t/T_s darstellen zu können. Das in Abb. 8.7b gezeigte FM-demodulierte Signal s_r im Empfänger zeigt im Vergleich zum FM-Modulationssignal s_{FM} in Abb. 8.7a ein oszillierendes Verhalten. Ursache dafür ist die Kanalfilterung, die die höherfrequenten Anteile des Spektrums beschneidet.

Im gemittelten Signal s_i in Abb. 8.7c erreicht nur noch ein Teil der Symbole die volle Amplitude ± 1, da die resultierende Impulsantwort

$$h(t) = g_g(t) * h_i(t) \quad \text{bzw.} \quad h[n] = g_g[n] * h_i[n]$$

der Gauß-Filterung mit der Impulsantwort g_g im Sender und der Mittelung mit der Impulsantwort h_i im Empfänger keine interferenzfreie Übertragung der Symbole ergibt, siehe Abb. 8.8. Der Hauptwert bei $t = 0$ erreicht nur den Wert 0.9 und wird von zwei Nebenwerten 0.05 bei $t = \pm T_s$ flankiert. Abb. 8.9 zeigt das zugehörige Augendiagramm, das durch die resultierende Symbolinterferenz (*Inter-Symbol Interference, ISI*) in vertikaler Richtung um etwa 20 % *geschlossen* ist.

Zusätzlich werden wir die Symbole direkt – d. h. ohne Interpolation – aus dem mit $M = 8$ überabgetasteten Signal $s_i[n]$ entnehmen; daraus resultiert eine Abtast-Unsicherheit (*timing jitter*) τ_t im Bereich:

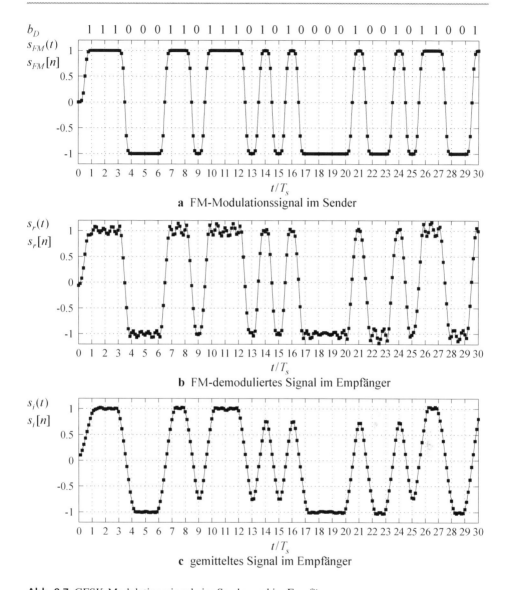

Abb. 8.7 GFSK-Modulationssignale im Sender und im Empfänger

$$-\tau_{t,max} \leq \tau_t \leq \tau_{t,max} \quad \text{mit} \quad \tau_{t,max} = \frac{T_s}{2M} \overset{M=8}{=} \frac{T_s}{16}$$

Aus dem Augendiagramm entnehmen wir, dass durch diese vereinfachte Vorgehensweise nur ein geringer Verlust entsteht. In Abb. 8.7c nimmt die Verschiebung zwischen dem optimalen Abtastzeitpunkt der Symbole und dem nächstgelegenen Abtastwert des Signals genau den Maximalwert $T_s/16$ an; deshalb erhalten wir bei 0-1-0- bzw. 1-0-1-Bitfolgen keine Extrema mit einem, sondern mit zwei nahezu identischen Werten, i.e. $T_s/16$ *vor* und $T_s/16$ *nach* dem optimalen Abtastzeitpunkt.

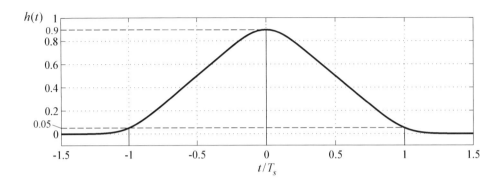

Abb. 8.8 Impulsantwort $h(t)$ für GFSK mit $BT = 1$ und Mittelungsfilter im Empfänger

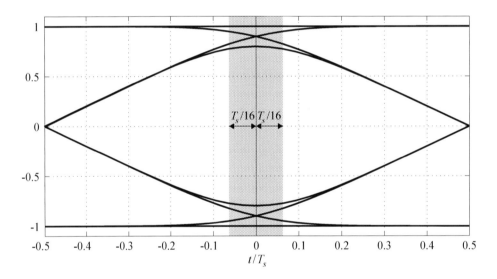

Abb. 8.9 Augendiagramm für GFSK mit $BT = 1$ und Mittelungsfilter im Empfänger. Bei einer direkten Symbolabtastung aus dem mit $M = 8$ überabgetasteten Signal tritt eine Abtast-Unsicherheit von $\pm T_S/16$ auf

Abb. 8.10 zeigt die LDI-demodulierten Signale von zwei empfangenen Paketen: in Abb. 8.10a ohne Frequenzoffset und in Abb. 8.10b mit einem Frequenzoffset entsprechend der halben Symbolrate, d. h. $f_{off} = f_s/2$. Letzteres verursacht einen Gleichanteil von Eins. Beide Signale beinhalten neben den 368 Symbolen des Pakets Abschnitte mit Rauschen vor und nach dem Paket. Obwohl das Rauschen eine konstante mittlere Leistung und konstante statistische Eigenschaften besitzt, ist die Wirkung im Bereich des Pakets deutlich anders als vor und nach dem Paket. Darin zeigt sich, dass es sich bei der FM-Modulation um eine nichtlineare Modulation handelt. Eine Variation der Rauschleistung wirkt sich nur

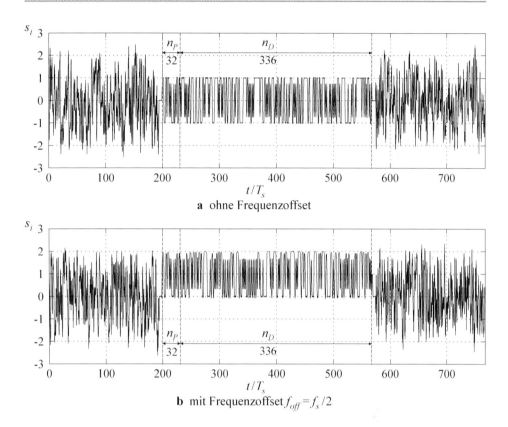

Abb. 8.10 LDI-demodulierte Signale empfangener Pakete

auf das LDI-demodulierte Signal des Pakets aus, während die LDI-Demodulation eines Rauschsignals nicht von der Leistung des Signals abhängt, wie Abb. 8.11 zeigt.

8.2.5 Detektion

Die Detektion erfolgt mit Hilfe einer Korrelation auf die Präambel. Dazu müssen wir eine Filterung mit einem Matched Filter vornehmen, das wir durch Spiegelung der Präambel-Symbolfolge erhalten. Das Komplex-Konjugieren, das im allgemeinen Fall zusätzlich erforderlich ist, kann hier entfallen, da die Symbolfolge reell ist. Wie im Abschn. 3.4.6 beschrieben, können wir die Filterung aufgrund der Überabtastung mit dem Faktor M nur dann mit einem herkömmlichen FIR-Filter bzw. der *Matlab*-Funktion `conv` durchführen, wenn wir das *lange* Matched Filter

$$h_m[n] = \begin{cases} s_P(n_P - 1 - n/M) & \text{für mod}\,\{n, M\} = 0 \\ 0 & \text{für mod}\,\{n, M\} \neq 0 \end{cases} \qquad \text{für } n = 0, \ldots, M(n_P - 1)$$

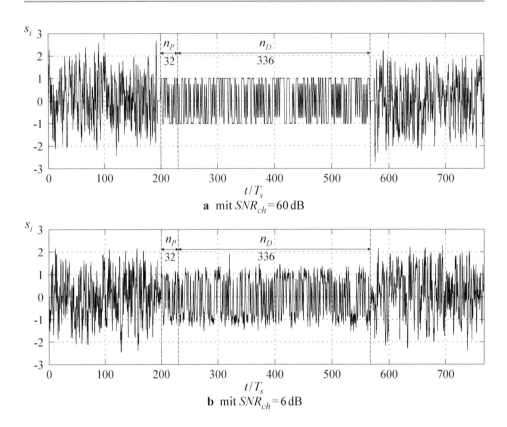

Abb. 8.11 LDI-demodulierte Signale empfangener Pakete in Abhängigkeit vom Signal-Rausch-Abstand SNR_{ch} am Ausgang des Kanalfilters

verwenden, bei dem zwischen jeweils zwei Präambel-Symbolen $M - 1$ Nullen eingefügt werden, siehe Abb. 8.12. Alternativ können wir die effektivere, bereits im Zusammenhang mit der Sequenz-Spreizung im Abschn. 3.4.12 beschriebene Polyphasen-Filterung gemäß Abb. 3.80 auf Seite 119 verwenden, hier allerdings mit einer Aufteilung in $M = 8$ parallele Zweige und dem Filter:

$$h_m^{(p)}[n] \;=\; s_P(n_P - 1 - n) \quad \text{für } n = 0, \dots, n_P - 1$$

Wir haben hier bei Symbolen *runde* Klammern und bei Signalen und Filterkoeffizienten *eckige* Klammern verwendet. Runde Klammern beziehen sich in diesem Zusammenhang immer auf die Symbolrate f_s, während sich eckige Klammern auf die jeweilige Abtastrate des Signals beziehen. Die Abtastrate ist im allgemeinen größer als die Symbolrate, kann in besonderen Fällen aber auch gleich der Symbolrate sein, z.B. bei der Polyphasen-Filterung. Wir behalten diese Bezeichnungsweise im folgenden bei.

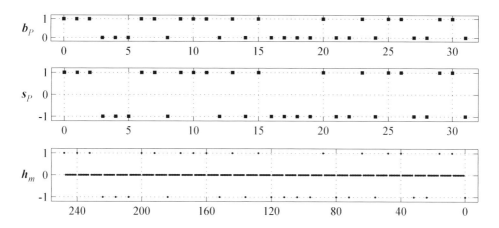

Abb. 8.12 Bits b_P, Symbole $\underline{s}_P$ und *langes* Matched Filter h_P der Präambel für die GFSK-Paketsendung. Überabtastfaktor: $M = 8$

In *Matlab* verwenden wir das lange Matched Filter, das wir mit

```
h_m = fliplr( kron( 2 * b_p - 1, [ 1 zeros( 1, M - 1 ) ] ) );
h_m = h_m( M : end );
```

aus den Präambelbits `b_p` berechnen. Dabei schneiden wir mit der zweiten Anweisung die führenden $M-1$ Nullen ab, die durch das Kronecker-Produkt und die Spiegelung mit `fliplr` entstehen.

Wenn wir das Matched Filter auf diese Weise berechnen, begehen wir jedoch einen Fehler, da die empfangenen Präambelsymbole aufgrund der Symbolinterferenz nicht mit den gesendeten Präambelsymbolen übereinstimmen. Korrekterweise müssten wir die empfangenen Präambelsymbole bestimmen und daraus das Matched Filter berechnen. In unserem Fall ist die Symbolinterferenz aber gering, so dass wir darauf verzichten können. Das ist auch dadurch motiviert, dass für eine Hardware-Realisierung in diesem Fall nur Addierer und Subtrahierer benötigt werden, da die Koeffizienten nur die Werte ± 1 annehmen.

Bei idealer Übertragung ohne Symbolinterferenz und ohne Rauschen liefert das Matched Filter einen Maximalwert entsprechend der Energie der Präambelsymbole:

$$E_m = \sum_{n=0}^{n_P-1} s_P^2(n) \overset{s_P(n) = \pm 1}{=} n_P$$

In unserem Fall mit Symbolinterferenz haben die empfangenen Symbole jedoch im Mittel nur den Betrag 0.9, wie das Augendiagramm in Abb. 8.9 auf Seite 288 zeigt. Darüber hinaus verursacht die Abtast-Unsicherheit von $\pm T_s/16$ einen weiteren Verlust, so dass wir für unser Beispiel mit $n_P = 32$ nur $E_m \approx 28$ erhalten.

Dass ein Frequenzoffset des Eingangssignals bei einer FM-Demodulation einen Gleichanteil im Ausgangssignal erzeugt, haben wir bereits im Abschn. 3.2.5 erwähnt. Für den LDI-Demodulator gilt bei einem unmodulierten Träger mit einem Frequenzoffset f_{off} :

$$\underline{x}(t) \; = \; e^{j2\pi f_{off} t} \Rightarrow \underline{x}[n] \; = \; e^{j2\pi n f_{off}/f_a} \quad \Rightarrow \quad dx[n] \; = \; \underline{x}[n]\,\underline{x}^*[n-1] \; = \; e^{j2\pi f_{off}/f_a}$$

$$\Rightarrow s_r[n] \; = \; 2\pi f_{off}/f_a \cdot \frac{M}{\pi h} \; = \; \frac{2 f_{off}}{h f_s} \; = \; s_i[n]$$

Dabei haben wir $f_a = M f_s$ und die Verstärkung $M/(\pi h)$ des LDI-Demodulators verwendet. Da ein Gleichanteil durch das Mittelungsfilter nicht beeinflusst wird, gilt in diesem Fall $s_i[n] = s_r[n]$. Der Gleichanteil stört bei der Korrelation, da die empfangenen Symbole verfälscht werden. Der Einfluss des Gleichanteils verschwindet jedoch, wenn das Matched Filter die Gleichverstärkung Null besitzt, d. h. wenn die Summe der Präambelsymbole gleich Null ist. Das ist in unserem Beispiel erfüllt, da wir die bei der Erzeugung der Präambel verwendete PRBS um ein nachfolgendes Null-Bit erweitert haben.

Abb. 8.13 zeigt den Paket-Detektor, der sich aus dem Korrelator (= Matched Filter $h_m[n]$) und einem Schwellwert-Entscheider zusammensetzt. Letzterer vergleicht das Ausgangssignal des Korrelators mit einer Detektionsschwelle $c_{m,det}$. Abb. 8.14 zeigt das Ausgangssignal $s_i[n]$ des LDI-Demodulators und das Korrelatorsignal $c_m[n]$ für ein empfangenes Paket. Aufgrund der Verzögerung durch den Korrelator fällt das Maximum des Korrelatorssignals mit dem letzten Symbol der Präambel zusammen. In den Bereichen mit Rauschen vor und nach dem Paket sowie im Paket selbst treten in diesem Beispiel Werte bis zu $c_m \approx 17$ auf, so dass die Schwelle mindestens diesen Wert annehmen muss.

8.2.6 Detektionsschwelle und Detektionsfehler

Die Wahl der Detektionsschwelle $c_{m,det}$ ist entscheidend für die Leistungsfähigkeit des Detektors; dabei müssen die Wahrscheinlichkeiten für zwei verschiedene Fehlerfälle gegeneinander abgewogen werden:

- *Falschdetektion*: Der Detektor signalisiert ein *nicht vorhandenes* Paket.
- *Fehldetektion*: Der Detektor signalisiert ein *vorhandenes* Paket *nicht*.

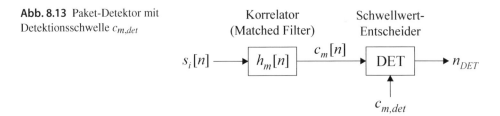

Abb. 8.13 Paket-Detektor mit Detektionsschwelle $c_{m,det}$

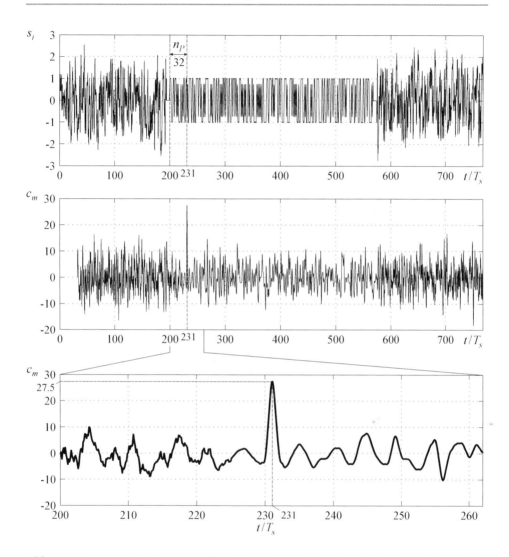

Abb. 8.14 Ausgangssignal $s_i[n]$ des LDI-Demodulators und Korrelatorsignal $c_m[n]$ für ein empfangenes Paket

Eine Falschdetektion ist aus Sicht der Datenübertragung unkritisch, da die Daten der Pakete mit einem CRC-Code gesichert sind und falsch-detektierte Pakete bei der CRC-Prüfung als fehlerhaft erkannt werden; dagegen geht bei einer Fehldetektion ein Paket verloren, d. h. die Daten des Pakets werden nicht übertragen. Es erscheint demnach sinnvoll, die Fehldetektionsrate zu Lasten der Falschdetektionsrate zu minimieren, indem die Detektionsschwelle niedrig gewählt wird. Andererseits muss jedes detektierte Paket verarbeitet werden, was zu einer erhöhten Leistungsaufnahme des Empfängers führt, die vor allem bei Batterie-betriebenen Geräten unerwünscht ist. Bei Falschdetektionen

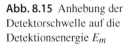

Abb. 8.15 Anhebung der
Detektorschwelle auf die
Detektionsenergie E_m

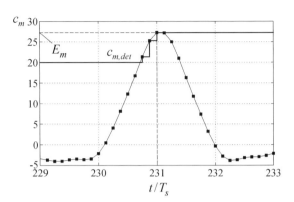

kann zusätzlich der Fall auftreten, dass *während* der Verarbeitung eines falsch detektierten Pakets weitere Detektionen auftreten; in diesem Fall wird das Paket mit der größeren Energie E_m als gültig angesehen, d. h. wenn die Energie einer neuen Detektion die Detektionsenergie des gerade verarbeiteten Pakets übersteigt, wird die Verarbeitung abgebrochen und mit der neuen Detektion neu aufgesetzt; andernfalls wird die Detektion verworfen. Man kann dies dadurch realisieren, dass man die Detektionsschwelle *während* der Verarbeitung eines Pakets auf die Detektionsenergie des Pakets anhebt und nach Ablauf einer Paketdauer wieder auf den normalen Wert zurücksetzt. Das hat zusätzlich den Vorteil, dass die Verarbeitung eines Pakets immer im Maximum des Korrelatorsignals beginnt, siehe Abb. 8.15.

8.2.7 Wahrscheinlichkeiten für Detektionsfehler

Zur Berechnung der Wahrscheinlichkeiten für eine Falschdetektion und eine Fehldetektion benötigen wir die Verteilungsdichte (*Probability Density Function*) PDF (c_m) des Korrelatorsignals c_m für ein Rauschsignal und die Verteilungsdichte PDF (E_m) der Detektionsenergie E_m eines Pakets. Abb. 8.16 zeigt die Verteilungsdichten des FM-demodulierten Signals s_r, des gemittelten Signals s_i und des Korrelationssignals c_m für ein Rauschsignal am Eingang. Aufgrund der FM-Demodulation hängen diese Verteilungsdichten *nicht* von der Leistung des Rauschsignals ab. Für das Korrelatorsignal c_m erhalten wir eine mittelwertfreie Gauß-Verteilung mit einer Standardabweichung $\sigma \approx 5.55$, d. h. es gilt:

$$\text{PDF}\,(c_m) \approx \frac{1}{\sqrt{2\pi}\,\sigma}\, e^{-c_m^2/(2\sigma^2)} \quad \text{mit } \sigma = \sqrt{\text{E}\left\{c_m^2\right\}} \approx 5.55$$

Hier macht sich bereits der *zentrale Grenzwertsatz* der Statistik bemerkbar, der besagt, dass die Verteilungsdichte einer Größe, die als Summe zahlreicher Einzelgrößen gebildet wird, unabhängig von der Verteilungsdichte der Einzelgrößen näherungsweise

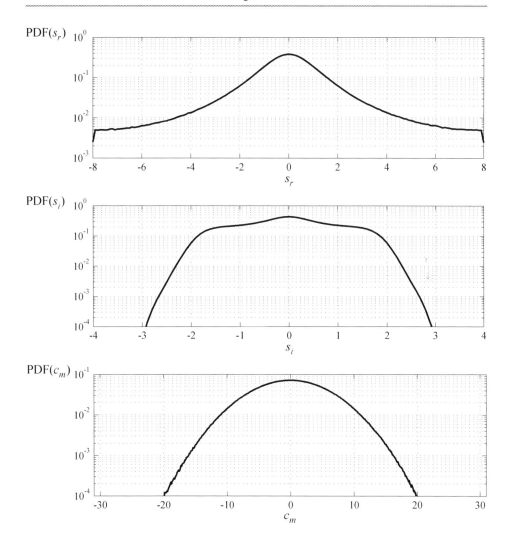

Abb. 8.16 Verteilungsdichte (*Probability Density Function*) des FM-demodulierten Signals s_r, des gemittelten Signals s_i und des Korrelationssignals c_m für ein Rauschsignal am Eingang. Parameter: $M = 8$ und $h = 1$

Gauß-förmig ist. In unserem Fall erfolgt zunächst eine Mittelung über $M = 8$ Werte im Mittelungsfilter und anschließend eine Summation über $n_P = 32$ Werte im Korrelator; entsprechend gehen die Verteilungsdichten in Abb. 8.16 von oben nach unten schrittweise in eine Gauß-Verteilung über. Das ist insofern von Bedeutung, dass wir bei einer Gauß-Verteilung die Wahrscheinlichkeit, dass eine bestimmte Schwelle $c_{m,det}$ überschritten wird, einfach angeben können:

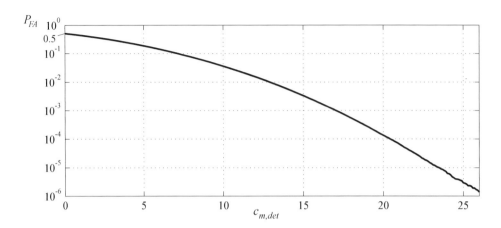

Abb. 8.17 Wahrscheinlichkeit für einen Falschalarm (GFSK mit $BT = 1$, Modulationsindex: $h = 1$, Länge der Präambel: $n_P = 32$)

$$\Pr\left\{c_m > c_{m,det}\right\} = \int\limits_{c_m = c_{m,det}}^{\infty} \text{PDF}\,(c_m)\,dc_m = \frac{1}{\sqrt{2\pi}\,\sigma} \int\limits_{c_m = c_{m,det}}^{\infty} e^{-c_m^2/(2\sigma^2)}dc_m$$

$$= Q\left(\frac{c_{m,det}}{\sigma}\right) = \frac{1}{2}\,\text{erfc}\left(\frac{c_{m,det}}{\sqrt{2}\sigma}\right)$$

Dabei ist $Q(x)$ die sogenannte *Q-Funktion* (*Q-function*) und erfc(x) die *komplementäre Fehlerfunktion* (*complementary error function*). Für beide Funktionen existiert keine geschlossene Darstellung, es gibt jedoch zahlreiche sehr gute Näherungen, z.B. in [16]:

$$Q(x) \approx \frac{\sqrt{\pi}}{\sqrt{2}\,(\pi - 1)\,x + \sqrt{2x^2 + 4\pi}}\,e^{-x^2/2}$$

Die Wahrscheinlichkeit, dass die Detektionsschwelle $c_{m,det}$ bei einem Rauschsignal am Eingang überschritten wird und eine *Falschdetektion* erfolgt, wird *Wahrscheinlichkeit für einen Falschalarm* (*probability of false alarm*) P_{FA} genannt:

$$P_{FA} = \Pr\left\{c_m > c_{m,det}\right\} \approx Q\left(\frac{c_{m,det}}{\sigma}\right) \qquad \text{für Eingangssignal = Rauschen}$$

Sie hängt im wesentlichen vom Modulationsindex h und von der Länge n_P der Präambel ab; dagegen ist die Abhängigkeit vom BT-Produkt für praktisch genutzte BT-Werte gering. Abb. 8.17 zeigt die Ergebnisse einer Simulation der Wahrscheinlichkeit P_{FA} mit *Matlab*. Dazu haben wir ein Rauschsignal mit 10^7 Abtastwerten LDI-demoduliert, korreliert und das Korrelatorsignal $c_m[n]$ ausgewertet. Der simulierte Verlauf entspricht exakt dem Verlauf der Q-Funktion für $\sigma = 5.55$.

Da jeder Falschalarm eine unnötige Verarbeitung eines nicht vorhandenen Pakets auslöst, ist in der Praxis nicht die Wahrscheinlichkeit P_{FA} für einen Falschalarm, sondern die *Falschalarmrate (False Alarm Rate, FAR)* R_{FA} von Interesse. Erstere gibt die Wahrscheinlichkeit dafür an, dass ein einzelner, zufällig am Ausgang des Korrelators entnommener Wert über der Detektionsschwelle liegt. Über die Falschalarmrate, d. h. *wie oft* die Detektionsschwelle pro Zeiteinheit überschritten wird, ist damit aber noch nichts ausgesagt. Wenn die Ausgangswerte $c_m[n]$ des Korrelators *statistisch unabhängig* wären, könnten wir die Falschalarmrate wie folgt berechnen:

- Die Wahrscheinlichkeit, dass ein einzelner Wert unterhalb der Schwelle liegt, beträgt $1 - P_{FA}$.
- Die Wahrscheinlichkeit, dass N statistisch unabhängige Werte unterhalb der Schwelle liegen, beträgt $(1 - P_{FA})^N$.
- Die Wahrscheinlichkeit, dass *nicht* alle N Werte unterhalb der Schwelle liegen, beträgt:

$$1 - (1 - P_{FA})^N \overset{P_{FA} \ll 1}{\approx} N \cdot P_{FA}$$

- Da bei einem diskreten Signal $N = f_a$ Werte pro Sekunde anfallen, folgt für die Falschalarmrate:

$$R_{FA} \overset{P_{FA} \ll 1}{\approx} f_a \cdot P_{FA} \qquad \text{für statistisch unabhängige Werte}$$

In unserem Fall sind die Werte $c_m[n]$ jedoch statistisch abhängig. Auskunft darüber gibt die in Abb. 8.18 gezeigte Autokorrelationsfunktion (AKF) $R_{c_m c_m}[d]$. Da das Maximum der AKF eines mittelwertfreien Signals der Varianz σ^2 entspricht, erhalten wir:

$$\sigma \approx 5.55 \quad \Rightarrow \quad R_{c_m c_m}[0] = \sigma^2 \approx 31$$

An der AKF erkennen wir, dass die Werte bis zur Verschiebung $d_0 = 8$ stark und darüber hinaus nur noch sehr schwach korreliert sind. Das ist nicht überraschend, da wir durch die LDI-Demodulation eine Korrelation über $M = 8$ Werte – einen Wert durch das Verzögerungsglied zur Bildung der Drehvektoren und $M - 1$ Werte durch das Mittelungsfilter der Länge M – erzeugen, die durch den Korrelator, der Werte im Abstand M verarbeitet, nicht verändert wird. Wir können deshalb für die Falschalarmrate folgende Näherung verwenden:

$$R_{FA} \overset{P_{FA} \ll 1}{\approx} \frac{f_a}{d_0} \cdot P_{FA} \approx \frac{f_a}{M} \cdot P_{FA} = f_s \cdot P_{FA} \quad \Rightarrow \quad \frac{R_{FA}}{f_s} \approx P_{FA}$$

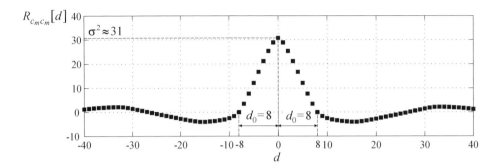

Abb. 8.18 Autokorrelationsfunktion $R_{c_m c_m}[d]$ des Korrelatorsignals $c_m[n]$ bei einer Überabtastung $M = 8$

Demnach entspricht die Wahrscheinlichkeit P_{FA} für einen Falschalarm etwa der auf die Symbolrate f_s normierten Falschalarmrate R_{FA}. Das muss auch so sein, da Übertragungssysteme mit identischen normierten Parametern äquivalent sind.

Zur Berechnung der *Wahrscheinlichkeit für eine Fehldetektion (probability of missing detection)* P_{MD} wird die in Abb. 8.19 gezeigte Verteilungsdichte PDF (E_m) der Detektionsenergie E_m eines Pakets benötigt, die vom Symbol-Rausch-Abstand E_s/N_0 abhängt. Für $E_s/N_0 > 12$ dB erhalten wir eine Gauß-förmige Verteilungsdichte, deren Varianz umgekehrt proportional zum Symbol-Rausch-Abstand ist, siehe Abb. 8.20;

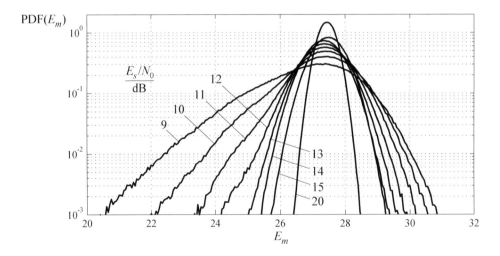

Abb. 8.19 Verteilungsdichte PDF (E_m) der Detektionsenergie E_m eines Pakets in Abhängigkeit vom Symbol-Rausch-Abstand E_s/N_0 (GFSK mit $BT = 1$, Modulationsindex: $h = 1$, Länge der Präambel: $n_P = 32$)

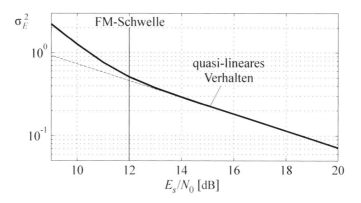

Abb. 8.20 Verlauf der Varianz der Detektionsenergie E_m in Abhängigkeit vom Symbol-Rausch-Abstand E_s/N_0 (GFSK mit $BT = 1$, Modulationsindex: $h = 1$, Länge der Präambel: $n_P = 32$)

in diesem Bereich liegt demnach trotz der nichtlinearen FM-Demodulation ein quasi-lineares Verhalten vor. Für $E_s/N_0 < 12\,\text{dB}$ treten durch Rauschen verursachte Phasen-sprünge – die sogenannten *FM-Klicks* – auf; dadurch nimmt die Varianz stärker zu und die Verteilungsdichte wird *schief*. Der Punkt, ab dem sich die FM-Klicks bemerk-bar machen, wird als *FM-Schwelle* bezeichnet. Die Wahrscheinlichkeit P_{MD} für eine Fehldetektion entspricht der Wahrscheinlichkeit, dass die Detektionsenergie eines Pakets *unterhalb* der Detektionsschwelle $c_{m.det}$ liegt und das Paket demzufolge nicht detektiert wird:

$$P_{MD} = \Pr\{E_m < c_{m.det}\} = \int_{E_m = -\infty}^{c_{m.det}} \text{PDF}\,(E_m)\,dE_m$$

Da diese Wahrscheinlichkeit vor allem für geringe Symbol-Rausch-Abstände von Interesse ist und die Verteilungsdichte in diesem Bereich *nicht* Gauß-förmig ist, müssen wir eine numerische Integration über die Verläufe in Abb. 8.19 vornehmen.

Wenn man die Wahrscheinlichkeit P_{MD} für eine Fehldetektion und die Wahrschein-lichkeit P_{FA} für einen Falschalarm in ein gemeinsames Diagramm einträgt, erhält man die *Kennlinien des Detektors (Receiver Operating Characteristics, ROC)*, die auch als *ROC-Kurven* bezeichnet werden. Da im allgemeinen beide Wahrscheinlichkeiten von einem vorgegebenen Signal-Rausch-Abstand abhängen, wird in der Regel für jeden betrachteten Signal-Rausch-Abstand ein eigenes Diagramm erstellt. Da die Wahrscheinlichkeit P_{FA} in unserem Fall konstant ist, haben wir die Kennlinien in Abb. 8.21 in einem einzelnen Dia-gramm dargestellt. Zur Interpretation erinnern wir noch einmal daran, dass P_{FA} der auf die Symbolrate f_s normierten Falschalarmrate R_{FA} entspricht.

Wenn wir eine Detektionsschwelle $c_{m.det} = 20.5$ wählen, beträgt die Wahrschein-lichkeit für eine Fehldetektion bei einem Symbol-Rausch-Abstand von $E_s/N_0 = 9\,\text{dB}$:

$$P_{MD}\,(\,E_s/N_0 = 9\,\text{dB}\,,\ c_{m.det} = 20.5\,)\ \approx\ 10^{-3}$$

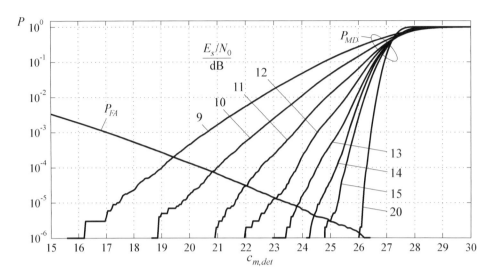

Abb. 8.21 Kennlinien des Detektors: Wahrscheinlichkeit P_{MD} für eine Fehldetektion und Wahrscheinlichkeit P_{FA} für einen Falschalarm

Die Wahrscheinlichkeit für einen Falschalarm beträgt in diesem Fall $P_{FA} = 10^{-4}$, so dass wir bei einer Symbolrate von $f_s = 10\,\text{kHz}$ eine Falschalarmrate

$$R_{FA} \approx f_s \cdot P_{FA} = 10\,\text{kHz} \cdot 10^{-4} = 1\,\text{Hz}$$

erhalten, d. h. im Mittel etwa einen Falschalarm pro Sekunde. Bei einer Symbolrate von $f_s = 1\,\text{MHz}$ treten dann allerdings bereits etwa 100 Falschalarme pro Sekunde auf. Um die Falschalarmrate in diesem Fall auf $10\,\text{Hz}$ zu verringern, müssen wir die Detektionsschwelle auf $c_{m,det} \approx 23.5$ erhöhen; bei $E_s/N_0 = 9\,\text{dB}$ gehen dann etwa 3 % der Pakete verloren.

In der Praxis hängt die Wahl der Detektionsschwelle stark von der verwendeten Kanalcodierung ab. Für eine uncodierte Übertragung ist der hier beschriebene einfache Detektor ausreichend, da in diesem Fall ohnehin ein relativ hoher Symbol-Rausch-Abstand erforderlich ist, damit die Nutzdaten fehlerfrei sind. In diesem Fall können die Anforderungen unter Umständen sogar mit einer Präambel der Länge $n_P = 16$ erfüllt werden. Wird dagegen eine leistungsfähige Kanalcodierung verwendet, ist auch unterhalb der FM-Schwelle eine fehlerfreie Übertragung möglich; dadurch nehmen die Anforderungen an die Detektion stark zu. Allerdings gerät man damit in einen Bereich, für den der einfache LDI-Demodulator ohnehin nicht mehr geeignet ist. Wenn kein geeigneter Kompromiss zwischen einer ausreichend geringen Falschalarmrate R_{FA} und einer ausreichend geringen Fehldetektionswahrscheinlichkeit P_{MD} erzielt werden kann, muss man entweder eine längere Präambel oder einen besseren Detektionsalgorithmus verwenden.

8.2.8   Detektor mit euklidischer Metrik

Die Detektion mittels Korrelation ist in Verbindung mit einer nichtlinearen Vorverarbeitung – in unserem Fall die FM-Demodulation im LDI-Demodulator – kein optimales
Verfahren. Wir haben bereits darauf hingewiesen, dass sich das Rauschen im Bereich der
empfangenen Pakete ganz anders auswirkt als außerhalb davon. Die Leistung des gemittelten Signals $s_i[n]$ ist im Bereich eines Pakets sogar geringer als außerhalb des Pakets,
wie Abb. 8.14 zeigt. Als Folge davon nimmt das Korrelatorsignal $c_m[n]$ auch außerhalb
der Pakete große Werte an, so dass eine hohe Detektorschwelle $c_{m.det}$ benötigt wird, um
die Falschalarmrate R_{FA} gering zu halten.

Unter diesen Bedingungen ist es vorteilhaft, auch das Rauschen außerhalb der Pakete
als empfangene Symbole zu betrachten und die Ähnlichkeit zwischen den empfangenen
Symbolen und den Präambelsymbolen durch ein *Abstandsmaß* zu ermitteln. Abb. 8.22
zeigt die Abstände zwischen den gesendeten und den empfangenen Präambelsymbolen
für ein Beispiel. Zur Vereinfachung der Berechnung verzichten wir auch hier auf eine
Berücksichtigung der Symbolinterferenz, indem wir die Abstände nicht auf die empfangenen Präambelsymbole ohne Rauschen, sondern auf die gesendeten Präambelsymbole
beziehen; dadurch sind die ermittelten Abstände vor allem bei $(-1, 1, -1)$– und $(1, -1, 1)$–
Symbolfolgen deutlich größer als die tatsächlichen Abstände. In Abb. 8.22 ist dies am
Beispiel des gesendeten Präambelsymbols $s_P(15)$ zu erkennen: Aus dem Augendiagramm
in Abb. 8.9 auf Seite 288 folgt, dass das zugehörige Empfangssymbol ohne Rauschen den
Wert $s_{P,r}(15) \approx 0.8$ annimmt und damit deutlich weniger vom empfangenen Signalwert
$s_i[15 \cdot M] \approx 0.7$ abweicht als das gesendete Präambelsymbol $s_P(15) = 1$.

Als Abstandsmaß für die gesamte Präambel verwenden wir eine *euklidische Metrik*,
d. h. wir bilden die Summe der Quadrate der Abstände:

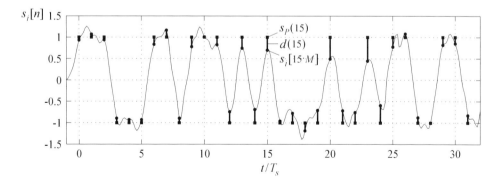

Abb. 8.22 Abstände zwischen den gesendeten und den empfangenen Präambelsymbolen. Die Symbolinterferenz wird in diesem Fall nicht berücksichtigt. ($E_S/N_0 = 10\,\mathrm{dB}$, Präambellänge: $n_P = 32$,
Überabtastfaktor: $M = 8$)

$$d_e = \sum_{i=0}^{n_P-1} d^2[i]$$

Zur mathematischen Beschreibung fassen wir die in die Berechnung eingehenden Werte zu *Zeilenvektoren* zusammen:

- Präambelsymbole: $s_P = [\ s_P(0),\ s_P(1),\ s_P(2),\ \dots,\ s_P(n_P-1)\ ]$
- relevante Abtastwerte des gemittelten Signals $s_i[n]$:

$$s_i = \Big[\ s_i[\,n_0\,],\ s_i[\,n_0+M\,],\ s_i[\,n_0+2M\,],\ \dots,\ s_i[\,n_0+(n_P-1)M\,]\ \Big]$$

n_P Abtastwerte im Abstand M ab der Position n_0

- Abstände: $d = s_P - s_i = [\ d(0),\ d(1),\ d(2),\ \dots,\ d(n_P-1)\ ]$

Damit können wir die euklidische Metrik als Skalarprodukt schreiben:

$$d_e = d\,d^T = (s_P - s_i)(s_P - s_i)^T = s_P s_P^T - 2 s_P s_i^T + s_i s_i^T$$

Dabei gilt für das Skalarprodukt der Präambelsymbol:

$$s_P s_P^T = \sum_{i=0}^{n_P-1} s_P^2(i) \overset{s_P(n)=\pm 1}{=} n_P$$

Damit bilden wir das *euklidische Detektionssignal*:

$$c_{m,e} = n_P - d_e = 2 s_P s_i^T - s_i s_i^T = 2 c_m - s_i s_i^T$$

Dabei ist

$$c_m = s_P s_i^T = \sum_{i=0}^{n_P-1} s_P(i)\, s_i[\,n_0+iM\,]$$

das Korrelatorsignal, das wir bisher verwendet haben. Das Skalarprodukt

$$s_i s_i^T = \sum_{i=0}^{n_P-1} s_i^2[\,n_0+iM\,]$$

entspricht der Energie der Abtastwerte, die in die Berechnung eingehen. Demnach erhalten wir das euklidische Detektionssignal, indem wir die Korrelation bilden, mit 2 multiplizieren und die Energie der Abtastwerte abziehen:

$$c_{m,e} = 2 \sum_{i=0}^{n_P-1} s_P(i)\, s_i[\,n_0+iM\,] - \sum_{i=0}^{n_P-1} s_i^2[\,n_0+iM\,]$$

Das gilt allerdings nur für den Fall, dass kein Frequenzoffset vorliegt. Wir haben bereits gezeigt, dass das gemittelte Signal $s_i[n]$ bei Vorliegen eines Frequenzoffsets f_{off} einen Gleichanteil

$$\mu_{off} = \frac{2 f_{off}}{h f_s}$$

besitzt. Auch haben wir bereits gesehen, dass die Korrelation c_m durch diesen Gleichanteil nicht beeinflusst wird, wenn die Präambel mittelwertfrei ist. Das ist hier der Fall. Der Frequenzoffset wirkt sich demnach nur auf das Skalarprodukt der Abtastwerte aus. Hier müssen wir den Gleichanteil *vor* der Bildung des Skalarprodukts abziehen, damit das euklidische Detektionssignal nicht vom Frequenzoffset abhängt:

$$\left(s_i - \mathbf{1}\, \mu_{off} \right) \left(s_i - \mathbf{1}\, \mu_{off} \right)^T = \sum_{i=0}^{n_P-1} \left(s_i[\, n_0 + iM\,] - \mu_{off} \right)^2$$

Dabei ist $\mathbf{1} = [\,1\,,\dots,\,1\,]$ der Einheitszeilenvektor der Länge n_P. Da wir den Gleichanteil nicht kennen, verwenden wir ersatzweise den Mittelwert der verwendeten Abtastwerte:

$$\hat{\mu}_{off} = \frac{s_i\, \mathbf{1}^T}{n_P} = \frac{1}{n_P} \sum_{i=0}^{n_P-1} s_i[\, n_0 + iM\,]$$

Durch Einsetzen und Vereinfachen erhalten wir die Varianzsumme der Abtastwerte:

$$\left(s_i - \mathbf{1}\,\hat{\mu}_{off} \right) \left(s_i - \mathbf{1}\,\hat{\mu}_{off} \right)^T = s_i s_i^T - n_P \hat{\mu}_{off}^2$$

$$= \sum_{i=0}^{n_P-1} s_i^2[\, n_0 + iM\,] - \frac{1}{n_P} \left(\sum_{i=0}^{n_P-1} s_i[\, n_0 + iM\,] \right)^2$$

Damit haben wir alle Größen bestimmt und erhalten für das euklidische Detektionssignal den Ausdruck:

$$c_{m.e} = 2 \underbrace{\sum_{i=0}^{n_P-1} s_P(i)\, s_i[\, n_0 + iM\,]}_{c_m} - \underbrace{\sum_{i=0}^{n_P-1} s_i^2[\, n_0 + iM\,]}_{c_e} + \frac{1}{n_P} \underbrace{\left(\sum_{i=0}^{n_P-1} s_i[\, n_0 + iM\,] \right)^2}_{c_s}$$

Dabei ist c_m die Korrelation, c_e die Energie und c_s der n_P–fache Gleichanteil der verwendeten Abtastwerte.

Abb. 8.23 zeigt die filterbasierte Realisierung der Berechnung in einem Paket-Detektor mit euklidischer Metrik:

$$c_{m,e}[n] = 2\, s_i[n] * h_m[n] - s_i^2[n] * h_s[n] + \frac{1}{n_P} \left(s_i[n] * h_s[n] \right)^2$$

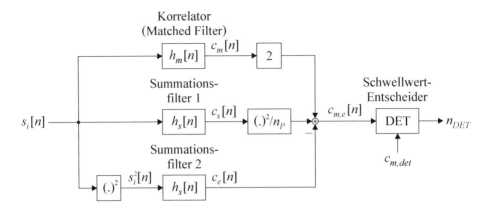

Abb. 8.23 Paket-Detektor mit euklidischer Metrik

Dabei ist $h_m[n]$ das bereits beschriebene lange Matched Filter für die Präambelsymbole und $h_s[n]$ ein Summationsfilter mit n_P Eins-Koeffizienten im Abstand M. In *Matlab* erzeugen wir die beiden Filter mit:

```
% ... der Vektor b_p enthalte die Präambel-Bits ...

h_m = fliplr( kron( 2 * b_p - 1, [ 1 zeros( 1, M - 1 ) ] ) );
h_m = h_m( M : end );
h_s = abs( h_m )
```

Dabei nutzen wir aus, dass das Summationsfilter genau an den Stellen eine Eins aufweist, an denen das Matched Filter die Werte ± 1 annimmt. Die Berechnung des euklidischen Detektionssignals erfolgt mit:

```
% ... der Vektor s_i enthalte das Ausgangssignal des LDI-
%     Demodulators und n_p die Länge der Präambel ...

c_m   = conv( s_i, h_m );
c_s   = conv( s_i, h_s );
c_e   = conv( s_i.^2, h_s );
c_m_e = 2 * c_m - c_e + c_s.^2 / n_p;
```

Die Filter sind *lange* Filter, d. h. die Verarbeitung von Abtastwerten von $s_i[n]$ im Abstand M wird durch die eingefügten Nullen realisiert. In einer praktischen Umsetzung wird statt dessen eine Polyphasen-Filterung mit den *kurzen* Filtern ohne Nullen verwendet, deren Prinzip wir bereits in Abb. 3.80 auf Seite 119 dargestellt haben.

Abb. 8.24 zeigt die Verteilungsdichte des euklidischen Detektionssignals $c_{m,e}$ im Vergleich zur Verteilungsdichte der Korrelation c_m für ein Rauschsignal am Eingang. Aufgrund der nichtlinearen Operationen bei der Berechnung der euklidischen Metrik ist die Verteilungsdichte nicht mehr Gauß-förmig, wie der Vergleich mit der ebenfalls eingezeichneten Gauß-Verteilung mit gleicher Varianz und gleichem Mittelwert zeigt. Wichtig ist

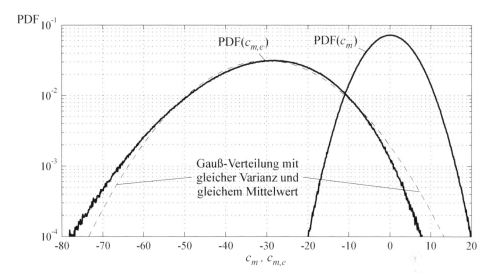

Abb. 8.24 Verteilungsdichte des euklidischen Detektionssignals $c_{m.e}$ im Vergleich zur Verteilungsdichte der Korrelation c_m für ein Rauschsignal am Eingang. Parameter: $M = 8$ und $h = 1$

für uns in erster Linie, dass die Verteilungsdichte im Bereich $c_{m.e} > 10$ stark abgenommen hat; dadurch nimmt auch die Falschdetektionsrate P_{FA} stark ab.

Abb. 8.25 zeigt die Verteilungsdichte $\text{PDF}\left(E_{m.e}\right)$ der Detektionsenergie $E_{m.e}$ eines Pakets in Abhängigkeit vom Symbol-Rausch-Abstand E_s/N_0. Ein Vergleich mit Abb. 8.19 auf Seite 298 zeigt, dass die euklidische Metrik oberhalb der FM-Schwelle ($E_s/N_0 > 12\,\text{dB}$) besser abschneidet als der Korrelator, dass dieser Vorteil jedoch unterhalb der FM-Schwelle zunehmend verloren geht, da die Verteilungsdichte eine starke Aufweitung in Richtung kleinerer Werte erfährt.

Abb. 8.26 zeigt die resultierenden Kennlinien. Ein Vergleich mit Abb. 8.21 auf Seite 300 zeigt, dass sich die Verläufe für die Wahrscheinlichkeiten P_{FA} und P_{MD} bei der euklidischen Metrik deutlich weniger überlappen als bei der gewöhnlichen Korrelation. Unterhalb der FM-Schwelle bei $E_s/N_0 \approx 12\,\text{dB}$ geht dieser Vorteil jedoch zunehmend verloren. Für $E_s/N_0 = 9\,\text{dB}$ liegt der Schnittpunkt zwischen P_{FA} und P_{MD} bei der euklidischen Metrik nur noch um den Faktor 7 unter dem der Korrelation ($3 \cdot 10^{-5}$ versus $2 \cdot 10^{-4}$).

Der Detektor mit euklidischer Metrik eignet sich besonders für eine uncodierte oder eine schwach codierte Übertragung. In diesem Fall liegt der für eine fehlerfreie Übertragung der Nutzdaten erforderliche Symbol-Rausch-Abstand E_s/N_0 oberhalb oder im Bereich der FM-Schwelle. Für einen Betrieb deutlich unterhalb der FM-Schwelle ist eine Optimierung des Detektors nicht mehr sinnvoll; in diesem Fall muss man den LDI-Demodulator durch einen aufwendigeren Demodulator ohne FM-Demodulation ersetzen. Wir gehen darauf nicht weiter ein, weisen aber darauf hin, dass in diesem Fall eine

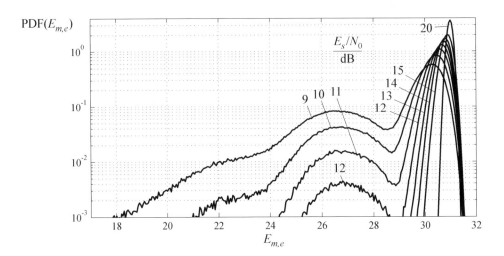

Abb. 8.25 Verteilungsdichte PDF $(E_{m,e})$ der Detektionsenergie $E_{m,e}$ eines Pakets für die euklidische Metrik in Abhängigkeit vom Symbol-Rausch-Abstand E_s/N_0 (GFSK mit $BT = 1$, Modulationsindex: $h = 1$, Länge der Präambel: $n_P = 32$)

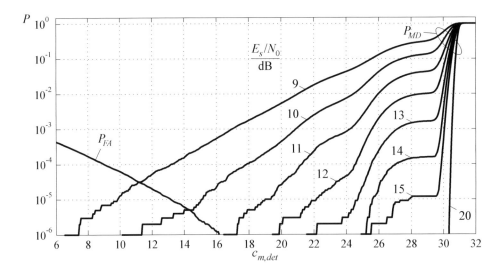

Abb. 8.26 Kennlinien des Detektors mit euklidischer Metrik: Wahrscheinlichkeiten P_{MD} für eine Fehldetektion und Wahrscheinlichkeit P_{FA} für einen Falschalarm

wesentlich aufwendigere Verarbeitung erforderlich ist, die eine große Ähnlichkeit mit der Verarbeitung von PAM-Paketsendungen aufweist.

Der Schwellwert-Entscheider DET in Abb. 8.23 auf Seite 304 prüft, ob die Detektionsschwelle $c_{m,det}$ überschritten wird, und ermittelt das Maximum der Metrik durch

Anheben der Schwelle, siehe Abb. 8.15 auf Seite 294. In *Matlab* wird der Detektor wie folgt realisiert:

```
% ... der Vektor c_m_e enthalte die euklidische Metrik, der Vektor
%      c_s das Summensignal, c_m_det die Detektionsschwelle und
%      l_pkt die Länge des Datenteils des Pakets in Abtastwerten ...

% aktuelle Schwelle auf Detektionsschwelle setzen
c_det = c_m_det;

% Position im Paket (0 = kein Paket detektiert)
p_pkt = 0;

for i = 1 : length( c_m_e )
    % Schwelle überschritten ?
    if c_m_e(i) > c_det
        % Schwelle überschritten -> Schwelle anheben
        c_det = c_m_e(i);
        % zugehöriges Summensignal festhalten
        c_s_i = c_s(i);
        % Verarbeitung des Pakets initialisieren
        ...
        % Position im Paket initialisieren
        p_pkt = 1;
    else
        % Schwelle nicht überschritten -> wird ein Paket
        %                                 verarbeitet ?
        if p_pkt > 0
            % ja -> Position im Paket erhöhen
            p_pkt = p_pkt + 1;
            % Verarbeitung des Pakets fortsetzen
            ...


            % Paket vollständig verarbeitet ?
            if p_pkt >= l_pkt
                % ja -> Verarbeitung des Pakets abschlie{\ss}en
                ...
                % Position im Paket rücksetzen
                % (= Warten auf die nächste Detektion)
                p_pkt = 0;
                % Schwelle zurücksetzen
                c_det = c_m_det;
            end
        end
    end
end
```

Nach dem Überschreiten der Schwelle an der Stelle i wird das zugehörige Summensignal $c_s[i]$ festgehalten, aus dem mit

$$m_i = \frac{c_s[i]}{n_P}$$

der Gleichanteil (*Offset*) des gemittelten Signals $s_i[n]$ und mit

$$\frac{f_{off}}{f_s} = \frac{h\, c_s[i]}{2\, n_P}$$

der relative Frequenzoffset geschätzt wird.

8.2.9   Symbol-Abtastung

Der Detektor ermittelt die Position n_{DET} des letzten Symbols der Präambel, siehe Abb. 8.27. Die Abtastung der n_D Datensymbole $s(k)$ erfolgt im einfachsten Fall durch eine Abtastung des gemittelten Signals $s_i[n]$ im Abstand des Überabtastfaktors M ausgehend von der Position n_{DET} und anschließender Subtraktion des detektierten Gleichanteils m_i:

$$s(k) = s_i[\, n_{DET} + (k+1)M\,] - m_i \quad \text{für } k = 0, \dots, n_D - 1$$

Dabei ist k der Index der Datensymbole. In Abb. 8.27 haben wir $n_{DET} = 31 \cdot M$ angenommen, damit die in der Abbildung dargestellte Zeitachse $n/M = t/T_s$ dem Index der Symbole des Pakets entspricht, d. h. $n/M = 0, \dots, 31$ für die $n_P = 32$ Präambelsymbole und $n/M = 32, \dots, 367$ für die $n_D = 336$ Datensymbole.

Da die Abtastung ohne Interpolation erfolgt, liegt bei einer Überabtastung mit $M = 8$ eine systematische Abtast-Unsicherheit τ_t im Bereich

$$-\tau_{t,max} \le \tau_t \le \tau_{t,max} \quad \text{mit } \tau_{t,max} = \frac{T_s}{2M} \overset{M=8}{=} \frac{T_s}{16}$$

vor. Darauf haben wir bereits im Zusammenhang mit dem Augendiagramm in Abb. 8.9 auf Seite 288 hingewiesen. Mit abnehmendem Symbol-Rausch-Abstand nimmt die Abtast-Unsicherheit weiter zu, da das Maximum der Detektionsmetrik unter dem Einfluss von Rauschen nicht mehr exakt mit dem letzten Symbol der Präambel zusammenfällt. Zur Beurteilung wird der Effektivwert

$$\tau_{t,eff} = \sqrt{\mathrm{E}\left\{\tau_t^2\right\}}$$

der Abtast-Unsicherheit (*timing jitter*) τ_t durch Messung oder Simulation ermittelt. Wir haben den Effektivwert mit *Matlab* ermittelt, indem wir für Symbol-Rausch-Abstände im Bereich $E_s/N_0 = (9 \dots 20)\,\mathrm{dB}$ jeweils 10^6 Detektionen simuliert und die Abweichungen der Detektionszeitpunkte von der Position des letzten Präambelsymbols ermittelt haben. Dabei haben wir davon Gebrauch gemacht, dass bei einer direkten Verbindung von Sender und Empfänger in *Matlab* zwar eine vollkommen synchrone Verarbeitung erfolgt, das Mittelungsfilter h_i der Länge $M = 8$ jedoch aufgrund seiner Verzögerung von $(M-1)/2 = 3.5$ Abtastwerten eine Verschiebung der Abtastraster von Sender und

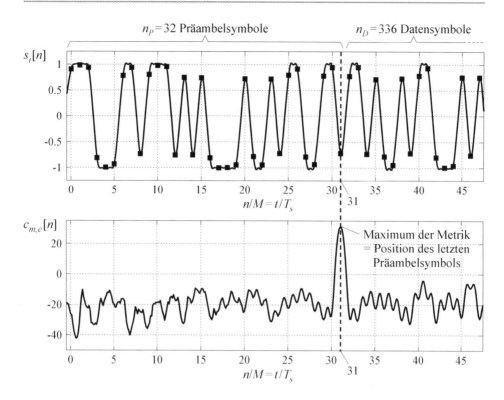

Abb. 8.27 Symbolabtastung im gemittelten Signal $s_i[n]$ mit Bezug auf das Maximum der euklidischen Metrik $c_{m,e}[n]$ (hier: $n_{DET} = 31 \cdot M$)

Empfänger um ein halbes Abtastintervall verursacht; dadurch nimmt der systematische Anteil der Abtast-Unsicherheit den Maximalwert $T_s/16$ an und der auf die Symboldauer normierte Effektivwert beträgt mindestens $\tau_{t,eff}/T_s = 1/16 = 0.0625$. Die Ergebnisse in

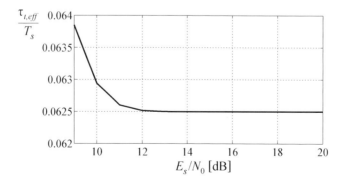

Abb. 8.28 Effektivwert $\tau_{t,eff}$ der Abtast-Unsicherheit (*timing jitter*) τ_t

Abb. 8.28 zeigen, dass der systematische Anteil dominiert und selbst für $E_s/N_0 = 9\,\mathrm{dB}$ nur ein minimaler Anstieg erfolgt, d. h. das Rauschen wirkt sich im betrachteten Bereich praktisch nicht aus.

Bei kurzen Paketen ist die einfache Abtastung mit Bezug auf die Detektionsposition n_{DET} in der Regel ausreichend; dagegen muss bei längeren Paketen die relative Frequenzabweichung zwischen den Taktgeneratoren im Sender und im Empfänger berücksichtigt werden. *Nominal* entsprechen die Symbolraten $f_{s,t}$ im Sender und $f_{s,r}$ im Empfänger der gewünschten Symbolrate $f_s = 1/T_s$; in der Praxis treten jedoch Abweichungen auf, die je nach der Qualität der Taktgeneratoren im Bereich

$$\frac{f_{s,i} - f_s}{f_s} = \frac{\Delta f_{s,i}}{f_s} \approx \pm\left(10^{-6} \dots 10^{-3}\right) \quad \text{für } f_{s,i} \in \{f_{s,t}, f_{s,r}\}$$

liegen. Daraus folgt, dass der Sender die Symbole mit der Symbolrate $f_{s,t}$ im Abstand

$$T_{s,t} = \frac{1}{f_{s,t}} = \frac{1}{f_s + \Delta f_{s,t}} = \frac{1}{f_s\left(1 + \dfrac{\Delta f_{s,t}}{f_s}\right)} \overset{\Delta f_{s,t} \ll f_s}{\approx} T_s\left(1 - \frac{\Delta f_{s,t}}{f_s}\right)$$

erzeugt und der Empfänger die Symbole mit der Symbolrate $f_{s,r}$ im Abstand

$$T_{s,r} = \frac{1}{f_{s,r}} = \frac{1}{f_s + \Delta f_{s,r}} = \frac{1}{f_s\left(1 + \dfrac{\Delta f_{s,r}}{f_s}\right)} \overset{\Delta f_{s,r} \ll f_s}{\approx} T_s\left(1 - \frac{\Delta f_{s,r}}{f_s}\right)$$

abtastet; dadurch tritt im Empfänger pro Symbol eine relative Verschiebung des Abtastzeitpunkts um

$$\frac{\Delta T_s}{T_s} = \frac{T_{s,r} - T_{s,t}}{T_s} \approx \frac{\Delta f_{s,t}}{f_s} - \frac{\Delta f_{s,r}}{f_s}$$

auf. Bei einem Bezug der Symbol-Abtastung auf die Detektionsposition n_{DET} ist der resultierende Fehler in der Mitte der Präambel gleich Null und nimmt bis zum Ende des Pakets auf

$$\frac{\Delta T}{T_s} = \left(\frac{n_P - 1}{2} + n_D\right)\frac{\Delta T_s}{T_s} \overset{n_P \ll n_D}{\approx} n_D \frac{\Delta T_s}{T_s}$$

zu, d. h. die Symbole werden in zunehmendem Maße verschoben abgetastet. Abb. 8.29 zeigt dies an einem Beispiel; dabei haben wir zur Verdeutlichung eine sehr große relative Verschiebung pro Symbol angenommen.

Die zulässige Verschiebung ΔT am Ende des Pakets hängt vom Augendiagramm der Übertragung ab. Da das Auge in unserem Fall sehr groß ist, können wir zusätzlich zur systematischen Abtast-Unsicherheit $\pm T_s/16$ eine weitere Unsicherheit derselben Größe zulassen; wir fordern deshalb:

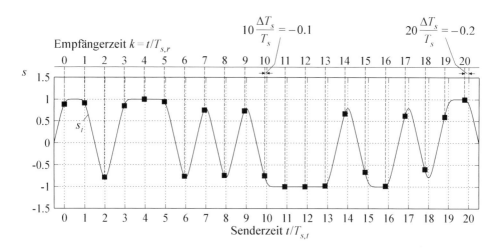

Abb. 8.29 Abtastung der Symbole für eine sehr große relative Verschiebung des Abtastzeitpunkts von $\Delta T_s / T_s = -0.01$

$$\frac{|\Delta T|}{T_s} < \frac{1}{16} \quad \Rightarrow \quad \frac{|\Delta T_s|}{T_s} < \frac{1}{16\left(\dfrac{n_P-1}{2}+n_D\right)} \overset{n_P \ll n_D}{\approx} \frac{1}{16\,n_D}$$

Für unseren Fall mit $n_P = 32$ und $n_D = 336$ erhalten wir:

$$\frac{|\Delta T_s|}{T_s} < \frac{1}{16\,(15.5 + 336)} \approx 1.8 \cdot 10^{-4} = 180 \cdot 10^{-6} = 180\,\text{ppm}$$

Dabei haben wir die für Angaben dieser Art übliche Einheit ppm (*Parts Per Million*) verwendet. Da es sich um die *Summe* der Abweichungen von Sender und Empfänger handelt, müssen wir bei identischen Taktgeneratoren eine Abweichung von kleiner 90 ppm fordern. In einem Sensornetzwerk tritt jedoch sehr häufig der Fall auf, dass die Basisstation über einen hochgenauen Taktgenerator verfügt, während in den Sensoren aus Kostengründen nur einfache Taktgeneratoren verwendet werden können. In diesem Fall ist die Abweichung in der Basisstation im Vergleich zu den Abweichungen in den Sensoren gering und kann in der Regel vernachlässigt werden.

Wenn die Taktgeneratoren nicht ausreichend genau ausgeführt werden können, benötigen wir ein Verfahren, mit dem wir den korrekten Abtastzeitpunkt aus dem gemittelten Signal $s_i[n]$ bestimmen können. Ein einfaches und gleichzeitig leistungsfähiges Verfahren besteht darin, den Betrag des Signals in Abschnitte entsprechend der Symboldauer T_s aufzuteilen und die Abschnitte zu addieren. Abb. 8.30 zeigt die möglichen Verläufe des Betrags über eine Symboldauer. Sie entsprechen der oberen Hälfte des Augendiagramms, siehe Abb. 8.9 auf Seite 288. Wenn wir den Verlauf des Betrags über viele Symbole mitteln und die Symbole aufgrund des Scramblings im Sender pseudo-zufällig sind, erhalten wir den ebenfalls eingezeichneten Mittelwert, der am korrekten Abtastzeitpunkt maximal

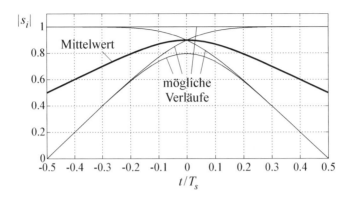

Abb. 8.30 Mittelwert des Betrags des gemittelten Signals s_i über eine Symboldauer für $BT = 1$

wird. Dieses Maximum bestimmen wir bei einem Überabtastfaktor M und einer Mittelung über N Symbole wie folgt:

- Wir entnehmen dem gemittelten Signal $s_i[n]$ einen Abschnitt der Länge $l_K = KM$ ab der Position n_0 und bilden den Betrag.
- Wir teilen den Abschnitt in K Teilabschnitte der Länge M auf, die wir anschließend zu einem Vektor v der Länge M addieren:

$$v = [\, v(0), \dots, v(M-1)\,] \quad \text{mit } v(i) = \sum_{k=0}^{K-1} \left| s_i[\, n_0 + i + Mk\,] \right| \qquad (8.1)$$

- Wir ermitteln das Maximum $v_{max} = v(i_{max})$ des Vektors v.

Der Index i_{max} des Maximums entspricht der Verschiebung des ersten Symbols des Abschnitts bezüglich der Position n_0; für die K Symbole des Abschnitts gilt folglich:

$$s(k) = s_i[\, n_0 + i_{max} + Mk\,] \quad \text{für } k = 0, \dots, K-1$$

Abb. 8.31 verdeutlicht das Verfahren. In *Matlab* schreiben wir dazu:

```
%  ... der Vektor s_i enthalte das gemittelte Signal,
%      n_0 den Beginn des Abschnitts, M den Überabtastfaktor
%      und K die Anzahl der abzutastenden Symbole ...

% Signalabschnitt der Länge K * M entnehmen und Betrag bilden
s_i_betrag = abs( s_i( n_0 + ( 0 : K * M - 1 ) ) );

% Vektor v durch Addition der Teilabschnitte bilden
v = sum( reshape( s_i_betrag, M, K ).' );

% Maximum suchen
```

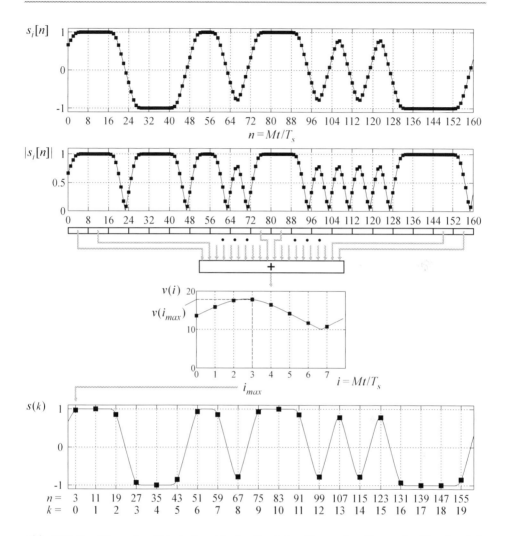

Abb. 8.31 Ermittlung der Abtastzeitpunkte der Symbole $s(k)$ aus dem Betrag des Signals $s_i[n]$:
$M = 8$, $n_0 = 0$, $i_{max} = 3 \Rightarrow s(k) = s_i[3 + 8k]$

```
[ v_max, i_max ] = max( v );

% Symbole abtasten
s = s_i( n_0 + i_max - 1 + ( 0 : M : K * M - 1 ) );
```

Bei der Symbolabtastung müssen wir i_max - 1 schreiben, da die Indizierung eines Vektors in *Matlab* mit Eins beginnt, d. h. i_max = 1 bedeutet, dass das erste Symbol an der Stelle n_0 abgetastet werden muss.

Bezüglich der Länge $l_K = KM$ des Abschnitts existieren gegenläufige Forderungen:

- Sie soll möglichst groß sein, damit wir eine möglichst gute Mittelung erhalten. Das gilt vor allem mit Hinblick auf den Einfluss des Rauschens beim Empfang von Signalen mit geringem Symbol-Rausch-Abstand.
- Sie darf nicht so groß sein, dass sich die Abweichung der Abtastraten zwischen Sender und Empfänger störend bemerkbar macht. Wir haben nämlich bei der Addition der Beträge der Teilabschnitte stillschweigend vorausgesetzt, dass die Symboldauer T_s *exakt* M Abtastwerten des Signals $s_i[n]$ entspricht, was in der Praxis nicht gegeben ist. Wir müssen auch hier die relative Abweichung $\Delta T_s/T_s$ berücksichtigen.

Wir haben hier dieselbe Problematik wie bei der oben beschriebenen Abtastung eines ganzen Pakets ausgehend von der Detektionsposition n_{DET}, nur dass jetzt nicht die Anzahl n_D der Symbole des Pakets, sondern die Anzahl K der Symbole des Abschnitts maßgebend ist; damit erhalten wir mit Bezug auf die Dauer $T_K = K T_s$ und des Abschnitts und die daraus resultierende Verschiebung $\Delta T_K = K \Delta T_s$ innerhalb des Abschnitts die Forderung:

$$\frac{|\Delta T_K|}{T_s} < \frac{1}{16} \quad \Rightarrow \quad \frac{|\Delta T_s|}{T_s} < \frac{1}{16 K} \quad \Rightarrow \quad K < \frac{1}{16 |\Delta T_s|/T_s}$$

Lange Pakete, die aufgrund der maximal zu erwartenden relativen Verschiebung $|\Delta T_s|/T_s$ *nicht* mit Bezug auf die Detektionsposition n_{DET} abgetastet werden können, müssen wir demnach *abschnittsweise* verarbeiten, indem wir für jeden Abschnitt m den auf die Position $n_0(m)$ des Abschnitts bezogenen Abtastzeitpunkt $i_{max}(m)$ ermitteln und die K Symbole des Abschnitts ausgehend von der Position $n_0(m) + i_{max}(m)$ abtasten. Abb. 8.32a verdeutlicht die Vorgehensweise am Beispiel einer Aufteilung in vier Abschnitte; dabei hat der letzte Abschnitt nur ungefähr die Länge K, da die Anzahl n_D der Datensymbole im allgemeinen kein Vielfaches von K beträgt.

Für die Verarbeitung langer GFSK-Pakete ist diese Vorgehensweise in der Regel ausreichend genau. Der Vollständigkeit halber weisen wir noch auf zwei Maßnahmen zur weiteren Verbesserung der Abtastung hin. Die erste Maßnahme folgt aus der Tatsache, dass die Symbole bei der Vorgehensweise gemäß Abb. 8.32a in der Mitte eines Abschnitts genauer abgetastet werden als an den Rändern. Diesen Effekt kann man dadurch verringern, dass man die Abtastzeitpunkte $i_{max}(m)$ gemäß Abb. 8.32b auf der Basis überlappender Abschnitte der Länge K_v ermittelt, anschließend aber nur zur Abtastung von K_s Symbolen in der Mitte der Abschnitte verwendet. Im Grenzfall $K_s = 1$ wird der Abtastzeitpunkt für *jedes einzelne* Symbol des Pakets aus den umgebenden K_v Symbolen ermittelt; dadurch geht die abschnittsweise Ermittlung der Abtastzeitpunkte in eine quasi-kontinuierliche Regelung des Abtastzeitpunkts über.

Die zweite Maßnahme betrifft die Granularität der Abtastzeitpunkte. Wir tasten die Symbole bis jetzt immer noch ohne Interpolation direkt aus den Abtastwerten des gemittelten Signals $s_i[n]$ ab und nehmen dabei eine Abtast-Unsicherheit von $\pm T_s/(2M) = \pm T_s/16$ in Kauf. Das ist eine direkte Folge der Bestimmung des Maximums v_{max} auf der Basis der $M = 8$ Werte des Vektors $v(i)$. Wenn wir jedoch die in Abb. 8.31 auf Seite 313 zusätzlich eingetragenen kontinuierlichen Verläufe betrachten, erkennen wir, dass das Maximum

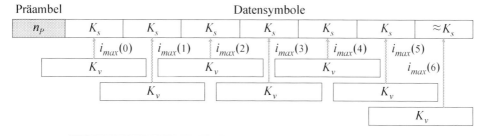

a Aufteilung des Pakets in nicht-überlappende Abschnitte

K_v: Anzahl der Symbole zur Ermittlung des Maximums $i_{max}(.)$
K_s: Anzahl der Symbole, die mit Bezug auf $i_{max}(.)$ abgetastet werden

b Aufteilung des Pakets in überlappende Abschnitte

Abb. 8.32 Ermittlung des Abtastzeitpunkte bei der Verarbeitung eines langen Pakets

etwa bei $i \approx 2.6$ liegt, d. h. die Symbole werden mit $i_{max} = 3$ um etwa 0.4 Abtastwerte *zu spät* abgetastet. Da die kontinuierlichen Verläufe in der Praxis nicht vorliegen und wir auch keine aufwendige Überabtastung der Signale vornehmen wollen, müssen wir das tatsächliche Maximum aus den vorliegenden M Werten des Vektors $v(i)$ berechnen. Dazu betrachten wir die in Abb. 8.33 gezeigte periodische Fortsetzung $v_p(i)$ des Vektors $v(i)$, für die wir eine Fourier-Reihenentwicklung ansetzen können:

$$v_p(i) = v_0 + v_1 \cos(2\pi i/M + \varphi_1) + v_2 \cos(4\pi i/M + \varphi_2) + \cdots$$

$$= v_0 + \sum_{k=1}^{\infty} v_k \cos(2\pi ik/M + \varphi_k)$$

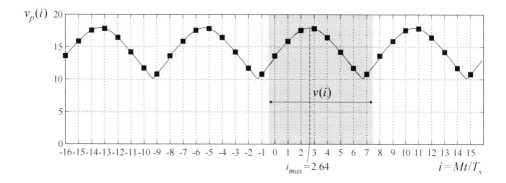

Abb. 8.33 Periodische Fortsetzung $v_p(i)$ des Vektors $v(i)$ der Länge $M = 8$

Aufgrund der Symmetrie der Bögen liegt das Maximum von $v_p(i)$ an derselben Stelle wie das Maximum der Grundwelle:

$$i_{max} = \text{argmax}\,\{v_1 \cos\,(2\pi i/M + \varphi_1)\}\,\big|_{0 \leq i < M} = -\frac{M\varphi_1}{2\pi}$$

Den Winkel φ_1 der Grundwelle können wir mit Hilfe der diskreten Fourier-Transformation berechnen:

$$\varphi_1 = \text{arg}\left\{\sum_{i=0}^{M-1} v(i)\,e^{-j2\pi i/M}\right\}$$

Unter Ausnutzung des Zusammenhangs $\text{arg}\,\{\underline{x}^*\} = -\text{arg}\,\{\underline{x}\}$ erhalten wir:

$$i_{max} = \frac{M}{2\pi}\,\text{arg}\left\{\sum_{i=0}^{M-1} v(i)\,e^{j2\pi i/M}\right\} \tag{8.2}$$

In *Matlab* schreiben wir:

```
i_max = M / ( 2 * pi ) * ...
        angle( v * exp( j * 2 * pi * ( 0 : M - 1 ) / M ).' );
```

Für unser Beispiel erhalten wir $i_{max} = 2.64$.

Zur Symbolabtastung müssen wir nun einen Interpolator verwenden, der eine Verzögerung des Signals $s_i[n]$ entsprechend dem fraktionalen Anteil von i_{max} – in unserem Beispiel 0.64 – realisiert. Wir könnten dazu den im Abschn. 7.4.3 beschriebenen 8-Punkt-Farrow-Interpolator (`interpolator_8.m`) verwenden, zur Symbolabtastung wird die hohe Genauigkeit dieses Interpolators allerdings nicht benötigt; hier können wir einen wesentlich einfacheren 4-Punkt-Farrow-Interpolator verwenden:

```
function h_i = interpolator_4(delta)
% h_i = interpolator_4(delta)
%
% Koeffizienten eines 4-Punkt-Farrow-Interpolators

if (delta < 0) || (delta > 1)
    error('Ungültige Verschiebung');
end

d_i = delta .^ ( 0 : 3 );


c_i = [ 0 -0.48124   0.70609 -0.22485 ;
        1 -0.33412  -1.31155  0.64567 ;
        0  1.0202    0.62547 -0.64567 ;
        0 -0.25639   0.03154  0.22485 ].';

h_i = d_i * c_i;
```

Die Koeffizienten `c_i` des Interpolators haben wir wieder [13] entnommen.

Die Abtastung der Symbole erfolgt mit:

```
% Verschiebung in ganzzahligen und fraktionalen Anteil aufteilen
i_max_int = floor( i_max );
i_max_mod = mod( i_max, 1 );

% Koeffizienten des Interpolators bereitstellen
h_i = interpolator_4( i_max_mod );

% Abtastung mit Interpolation:

% Vektor für Symbole
s_inter = zeros( 1, K );

% Position des ersten Symbols
pos = i_max_int;

for k = 1 : K
    % Symbol abtasten
    s_inter(k) = s_i( pos - 1 : pos + 2 ) * h_i.';
    % Position des nächsten Symbols
    pos = pos + M;
end
```

Die Interpolation erfolgt durch Bildung des Skalarprodukts aus den für das jeweilige Symbol relevanten Abtastwerten

```
s_i( pos - 1 : pos + 2 )
```

des gemittelten Signals $s_i[n]$ und den Koeffizienten `h_i` des Interpolators.

Abb. 8.34 zeigt die Abtastung der Symbole mit und ohne Interpolation. Man erkennt zwar, dass die Symbole mit Interpolation genauer abgetastet werden, die Unterschiede sind jedoch vernachlässigbar gering. In der Praxis wird man deshalb bei einem Überabtastfaktor $M = 8$ keine Interpolation verwenden.

8.3   Demodulation einer PAM-Paketsendung

Wir betrachten im folgenden die in Abb. 8.2 auf Seite 280 beschriebene PAM-Paketsendung mit $n_P = 31$ Präambel-Symbolen und $n_D = 168$ Datensymbolen. Wir verwenden hier die allgemeine Bezeichnung PAM, da die als Präambel verwendete Chu Sequence ein anderes Alphabet besitzt als die Datensymbole. In der Praxis werden derartige Pakete aber auch häufig nach dem Alphabet der Datensymbole – hier QPSK – bezeichnet.

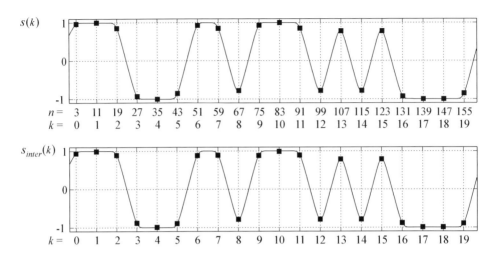

Abb. 8.34 Abtastung der Symbole ohne Interpolation (oben) und mit Interpolation (unten)

8.3.1 Differenzielle Übertragung der Symbole

Wir haben bereits im Abschn. 3.4.6 beschrieben, dass die Detektion der Präambel erheblich erleichtert wird, wenn wir die n_P Symbole der Präambel

$$\underline{s}_P = \left[\, \underline{s}_P(0)\,,\, \underline{s}_P(1)\,,\, \ldots\,,\, \underline{s}_P(n_P - 1)\,\right]$$

als Differenzsymbole auffassen und die daraus resultierenden $(n_P + 1)$ absoluten Symbole

$$\underline{s}_A(k) = \begin{cases} \underline{s}_R & \text{für } k = 0 \\[2mm] \underline{s}_A(k-1)\,\underline{s}_P(k-1) & \text{für } k = 1,\ldots,n_P \end{cases}$$

übertragen; dabei ist $\underline{s}_A(0) = \underline{s}_R$ ein vorzugebendes Referenzsymbol mit Betrag Eins. Im Gegensatz zu Abschn. 3.4.6 verwenden wir hier runde Klammern und den Index k für die Symbole, um die Abgrenzung zu diskreten Signalen mit eckigen Klammern und der diskreten Zeitvariable n zu betonen. Im Empfänger wird die differenzielle Übertragung durch eine Differenzsymbol-Bildung der empfangenen Symbole

$$\underline{s}_{A,r}(k) = \underline{s}_A(k)\, e^{j(2\pi k f_{off}/f_s + \varphi_{off})}$$

rückgängig gemacht:

$$\underline{s}_{P,r}(k) = \underline{s}_{A,r}(k+1)\,\underline{s}_{A,r}^*(k) = \underline{s}_A(k+1)\,\underline{s}_A^*(k)\, e^{j2\pi f_{off}/f_s} = \underline{s}_P(k)\, e^{j2\pi f_{off}/f_s}$$

Dabei wird:

- der Phasenoffset φ_{off} zwischen Sender und Empfänger kompensiert, da die Phasen der Differenzsymbole den Differenzen der Phasen benachbarter absoluter Symbole entsprechen; dadurch fällt der konstante Anteil φ_{off} heraus;
- der Frequenzoffset f_{off} zwischen Sender und Empfänger in eine konstante Drehung mit dem Rotator

$$\underline{w} = e^{j2\pi f_{off}/f_s}$$

umgewandelt.

Dasselbe Verfahren können wir auch für die QPSK-modulierten Datensymbole anwenden und erhalten dadurch die Modulationsart *DQPSK* (*differential QPSK*), die eine wesentlich einfachere Frequenz- und Phasensynchronisation im Empfänger erlaubt. In der Praxis werden zwei Varianten verwendet:

- Bei (gewöhnlichem) DQPSK gemäß Abb. 8.35a werden die auf den i/q-Koordinaten-achsen liegenden Differenzsymbole

$$\underline{s}_m = \left[\, 1 \, , \, j \, , \, -j \, , \, -1 \, \right] \quad \Rightarrow \quad \arg\{\underline{s}_m\} = \left[\, 0 \, , \, \pi/2 \, , \, -\pi/2 \, , \, \pi \, \right]$$

  als Alphabet verwendet; dadurch treten bei der Bildung der absoluten Symbole nur die Drehwinkel 0, $\pm\pi/2$ und π auf, so dass das Alphabet bei Verwendung des Referenzsymbols $\underline{s}_R = 1$ mit dem Referenzwinkel $\varphi_R = 0$ erhalten bleibt. Bei Verwendung eines Referenzsymbols mit einem von Null verschiedenen Referenzwinkel wird das Alphabet zwar um diesen Winkel *gekippt*, das ist aber für die Übertragung unbedeutend, da dieser Winkel wie ein Phasenoffset zwischen Sender und Empfänger wirkt und deshalb bei der Differenzsymbol-Bildung im Empfänger herausfällt.
- Bei $\pi/4$-DQPSK gemäß Abb. 8.35b werden die in den vier i/q-Quadranten liegenden Differenzsymbole

$$\underline{s}_m = \frac{1}{\sqrt{2}} \left[\, 1+j \, , \, -1+j \, , \, 1-j \, , \, -1-j \, \right]$$

$$\Rightarrow \quad \arg\{\underline{s}_m\} = \left[\, \pi/4 \, , \, 3\pi/4 \, , \, -\pi/4 \, , \, -3\pi/4 \, \right]$$

  als Alphabet verwendet. Das entspricht zwar dem gewöhnlichen QPSK-Alphabet, führt aber dazu, dass das Alphabet der absoluten Symbole aufgrund der Rotation um den Winkel $\pi/4$ aus 8 Symbolen besteht. Das Alphabet zerfällt jedoch in zwei Teil-Alphabete, die alternierend verwendet werden. Bezüglich des Referenzsymbols gelten dieselben Aussagen wie bei gewöhnlichem DQPSK.

Der wesentliche Unterschied zwischen den beiden Varianten liegt darin, dass bei $\pi/4$-DQPSK aufgrund der alternierenden Verwendung der beiden Teil-Alphabete keine Übergänge zwischen symmetrisch zum Ursprung liegenden Symbolen auftreten; dadurch

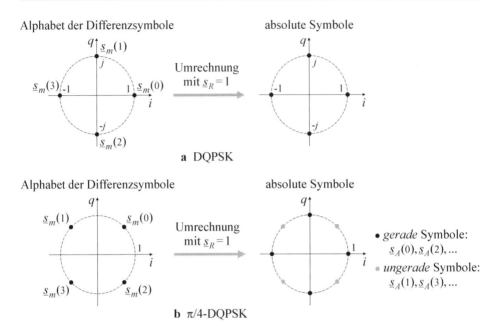

Abb. 8.35 Differenzsymbole und absolute Symbole bei DQPSK und $\pi/4$-DQPSK. In beiden Fällen wird das Referenzsymbol $\underline{s}_R = 1$ verwendet

weist der Betrag des modulierten Basisbandsignals geringere Einbrüche auf und der Spitzenwertfaktor des zugehörigen analogen Sendesignals ist etwas geringer, siehe Abb. 8.36. Diese Eigenschaft reduziert die Anforderungen an die Linearität des Sendeverstärkers, führt aber im Empfänger unter Umständen zu einer höheren Abtast-Unsicherheit (*timing jitter*); deshalb gibt es keine klare Präferenz zwischen den beiden Varianten.

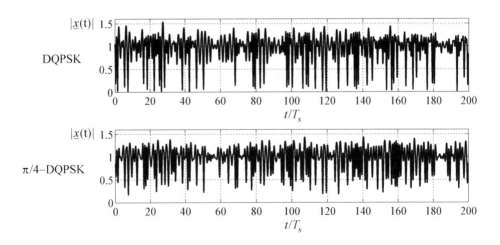

Abb. 8.36 Betragsverlauf eines DQPSK- und eines $\pi/4$-DQPSK-Sendesignals

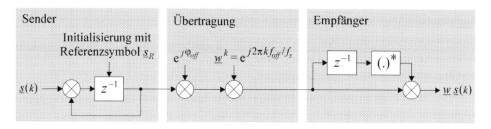

Abb. 8.37 Differenzielle Übertragung der Symbole $\underline{s}(k)$ auf der Symbol-Ebene

Wir können nun die Präambelsymbole $\underline{s}_P$ und die Datensymbole $\underline{s}_D$ zu einem Symbolvektor

$$\underline{s} = \big[\, \underline{s}_P, \underline{s}_D \,\big] = \big[\, \underline{s}_P(0), \ldots, \underline{s}_P(n_P-1), \underline{s}_D(0), \ldots, \underline{s}_D(n_D-1) \,\big]$$

verketten und in einem Zug differenziell übertragen; dabei dient das letzte absolute Symbol der Präambel als Referenzsymbol für die Übertragung der Datensymbole. Das Prinzip der differenziellen Übertragung ist in Abb. 8.37 noch einmal dargestellt. Diese Darstellung bezieht sich allerdings nur auf die Symbole, d. h. sie zeigt nur den Zusammenhang zwischen den Symbolen im Sender und den *zum richtigen Zeitpunkt* abgetasteten Symbolen im Empfänger. Die Verzögerungsglieder z^{-1} beziehen sich auf die Symbolrate f_s. Auch die Übertragung wird nur auf der Symbol-Ebene modelliert. Die Basisbandsignale, die Impulsfilter, das Rauschen und die Symbolabtastung im Empfänger sind nicht enthalten.

8.3.2 Differenzielle Übertragung auf der Signal-Ebene

Abb. 8.38 zeigt das Blockschaltbild für die differenzielle Übertragung einer Paketsendung unter Einbeziehung der Basisbandsignale. Die Einflüsse des nachrichtentechnischen Kanals zwischen dem Basisband-Ausgang $\underline{x}[n]$ des Senders und dem Basisband-Eingang $\underline{x}_n[n]$ des Empfängers werden durch das AWGN-Kanalmodell aus Abb. 3.85 auf Seite 126 modelliert; dabei ist neben den bereits in Abb. 8.37 enthaltenen Frequenz- und Phasenoffsets eine Signalverzögerung T_D und das additive Rauschen $\underline{n}[n]$ zu berücksichtigen.

Im Sender werden zunächst die absoluten Symbole $\underline{s}_A(k)$ gebildet. Das Verzögerungsglied z^{-1} bezieht sich dabei wie in Abb. 8.37 auf die Symbolrate f_s. Anschließend wird das Basisband-Sendesignal $\underline{x}[n]$ mit der Abtastrate $f_a = Mf_s$ gebildet, indem die Symbole um den Faktor M überabgetastet und einer Root Raised Cosine Filterung mit $r = 0.33$ unterzogen werden; dabei wird meist $M = 4$ (T/4-Abtastung) verwendet.

In der Praxis erfolgt die Filterung mit einem Polyphasen-FIR-Filter mit $P = M = 4$ und $Q = 1$, siehe Abschn. 7.2. Alle weiteren Signale in Abb. 8.38 haben ebenfalls die Abtastrate f_a.

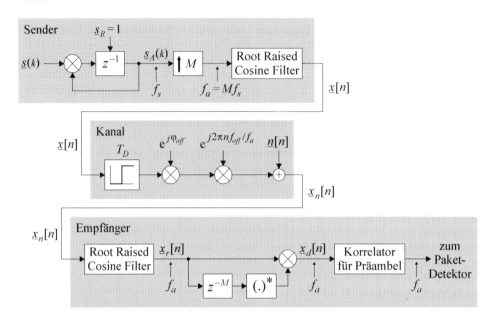

Abb. 8.38 Blockschaltbild für die differenzielle Übertragung einer Paketsendung unter Einbeziehung der Basisbandsignale (Signal-Ebene)

Im Empfänger wird das empfangene Signal $\underline{x}_n[n]$ zunächst einer Root Raised Cosine Filterung unterzogen. Anschließend erfolgt eine überabgetastete, nicht-synchrone Bildung der Differenzsymbole in Form des Differenzsignals $\underline{x}_d[n]$; dabei werden jeweils zwei Abtastwerte im Abstand M zur Bildung eines Abtastwerts des Differenzsignals verwendet:

$$\underline{x}_d[n] = \underline{x}_r[n]\,\underline{x}_r^*[n-M]$$

Das Verzögerungsglied erzeugt auch hier wieder eine Verzögerung um ein Symbol, die nun aber aufgrund der Überabtastung um den Faktor M durch eine Verzögerung um M Abtastwerte realisiert werden muss; die zugehörige Übertragungsfunktion lautet z^{-M}.

Die Modellierung des Kanals haben wir bereits im Abschn. 3.4.13 beschrieben. Von der Verzögerung T_D ist nur der fraktionale Anteil δT_a mit $T_a = 1/f_a$ und

$$\delta T_a = \mathrm{mod}\{T_D, T_a\} \quad \Rightarrow \quad \delta = \frac{\mathrm{mod}\{T_D, T_a\}}{T_a} \quad \Rightarrow \quad 0 \le \delta < 1$$

von Interesse. Dieser Anteil bestimmt die Lage der optimalen Abtastzeitpunkte für die Symbole in Relation zu den Abtastwerten der Signale im Empfänger. Für den Sonderfall $\delta = 0$ fallen die optimalen Abtastzeitpunkte mit Abtastwerten des Signals zusammen; dann entspricht jeder M-te Abtastwert einem Symbol. Im allgemeinen liegen die optimalen Abtastzeitpunke jedoch *zwischen* den Abtastwerten; dann muss die Symbol-Abtastung mit einem Interpolator mit der Verschiebung δ erfolgen. Wir gehen darauf im Abschn. 8.4.2 noch näher ein.

In *Matlab* schreiben wir für den Sender

```
% ... der Vektor s enthalte die Differenzsymbole ...

% absolute Symbole bilden (Referenzsymbol s_R = 1)
l_A = length(s) + 1;
s_A = ones( 1, l_A );
for i = 2 : l_A
    s_A(i) = s_A(i-1) * s(i-1);
end

% Basisbandsignal erzeugen
N = 32;
M = 4;
r = 0.33;
g = root_raised_cosine_filter( N, M, r );
x = conv( kron( s_A, [ M zeros( 1, M - 1 ) ] ), g );
```

und für den Empfänger:

```
% ... x_n enthalte das Eingangssignal des Empfängers ...

% Root Raised Cosine Filterung
x_r = conv( x_n, g );

% Differenzsignal bilden
x_d = x_r( 1 + M : end ) .* conj( x_r( 1 : length(x_r) - M ) );
```

Die Modellierung des Kanals in *Matlab* haben wir bereits auf Seite 122 beschrieben. Die Modellierung des fraktionalen Anteils δT_a der Verzögerung T_D erfolgt mit einem Verzögerungsfilter gemäß Abschn. 7.4.2.

8.4 Signalpegel

Wir haben bisher stillschweigend angenommen, dass die effektive Verstärkung zwischen dem Basisband-Signalausgang im Sender und dem Basisband-Signaleingang im Empfänger gleich Eins ist, so dass der Pegel des Nutzsignals erhalten bleibt. Das ist in der Praxis natürlich nicht der Fall. Die Verstärkungsregelung im Empfänger regelt das empfangene Signal auf einen Sollpegel, bei dem der Aussteuerungsbereich der analogen und digitalen Komponenten möglichst gut ausgenutzt wird; dadurch bewegt sich der Pegel des Nutzsignals zwar in einem relativ engen Bereich, ist aber dennoch unbekannt. Bei theoretischen Betrachtungen und Simulationen in *Matlab* ist es dagegen üblich, identische Pegel des Nutzsignals im Sender und im Empfänger anzunehmen. Man darf dann allerdings keinen Gebrauch von dieser Eigenschaft machen, d. h. die Verarbeitung des Signals im Empfänger darf nicht vom Pegel des Signals abhängen. Das gilt z.B. für die Detektionsschwelle bei der Präambel-Detektion.

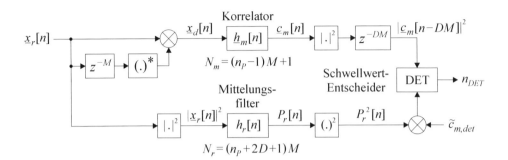

Abb. 8.39 Detektor für eine PAM-modulierte Präambel mit differenzieller Übertragung der Symbole und pegelunabhängiger Detektionsschwelle $c_{m,det}$

8.4.1 Präambel-Detektion

Die Korrelation einer PAM-modulierten Präambel haben wir bereits im Abschn. 3.4.6 beschrieben, allerdings nur auf der Symbol-Ebene und ohne den für die Detektion erforderlichen Schwellwert-Entscheider. Abb. 8.39 zeigt den typischen Aufbau eines Detektors für eine PAM-modulierte Präambel mit differenzieller Übertragung der Symbole und pegelunabhängiger Detektionsschwelle. Im oberen Zweig wird das Differenzsignal $\underline{x}_d[n]$ und daraus durch Faltung mit dem *langen* Matched Filter

$$\underline{h}_m[n] \;=\; \begin{cases} \underline{s}_P^*(n_P - 1 - n/M) & \text{für mod}\,\{n,M\} = 0 \\[2mm] 0 & \text{für mod}\,\{n,M\} \neq 0 \end{cases} \quad \text{für } n = 0, \ldots, M(n_P - 1)$$

die Korrelation $\underline{c}_m[n]$ berechnet. Alternativ können wir die effektivere, in Abb. 3.80 auf Seite 119 gezeigte Polyphasen-Filterung mit dem *kurzen* Matched Filter

$$\underline{h}_m^{(p)} \;=\; \underline{s}_P^*(n_P - 1 - n) \quad \text{für } n = 0, \ldots, n_P - 1$$

verwenden; dabei wird das Signal in M parallelen Zweigen verarbeitet. Abb. 8.40 zeigt die Beträge des Eingangssignals $\underline{x}_r[n]$ und des Korrelatorsignals $\underline{c}_m[n]$ beim Empfang eines Pakets ohne Rauschen.

Wir haben bereits im Abschn. 3.4.6 erläutert, dass für die Detektion nur der Betrag der Korrelation relevant ist, während die Phase zur Bestimmung des relativen Frequenzoffsets f_{off}/f_s verwendet wird. Da die Berechnung des Betrags

$$\left|\underline{c}_m[n]\right| \;=\; \sqrt{\left(\text{Re}\,\{\underline{c}_m[n]\}\right)^2 + \left(\text{Im}\,\{\underline{c}_m[n]\}\right)^2}$$

eine Wurzel-Berechnung erfordert, wird in der Praxis das Betragsquadrat

$$\left|\underline{c}_m[n]\right|^2 \;=\; \left(\text{Re}\,\{\underline{c}_m[n]\}\right)^2 + \left(\text{Im}\,\{\underline{c}_m[n]\}\right)^2$$

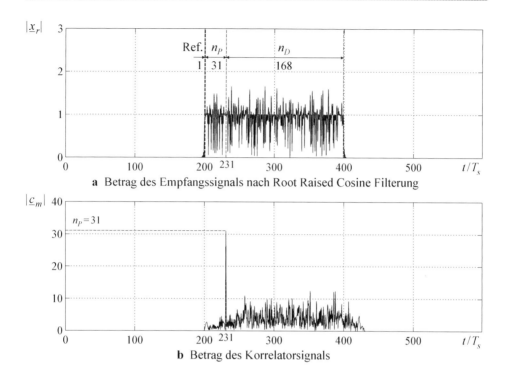

Abb. 8.40 Signale eines empfangenen Pakets ohne Rauschen

als Vergleichsgröße für den Schwellwert-Entscheider verwendet. Dieses Betragsquadrat ist aufgrund der Differenzsignal- und Betragsquadrat-Bildung proportional zum Quadrat der Leistung $P_r[n]$ des relevanten Abschnitts des Eingangssignals $\underline{x}_r[n]$; folglich muss eine Normierung mit $P_r^2[n]$ erfolgen, damit wir eine pegelunabhängige Detektion erhalten. Damit die Normierung ohne Division erfolgen kann, lassen wir das Betragsquadrat unverändert und multiplizieren stattdessen die pegelunabhängige Detektionsschwelle $\tilde{c}_{m,det}$ mit $P_r^2[n]$:

$$\frac{\left|\underline{c}_m[n-DM]\right|^2}{P_r^2[n]} \quad \leftrightarrow \quad \tilde{c}_{m,det} \quad \Rightarrow \quad \left|\underline{c}_m[n-DM]\right|^2 \quad \leftrightarrow \quad \tilde{c}_{m,det} \, P_r^2[n]$$

Die Verzögerung des Korrelatorsignals $\underline{c}_m[n]$ um DM Abtastwerte mit dem Verzögerungsglied z^{-DM} dient dem Laufzeitausgleich und wird im folgenden noch näher erläutert.

Diese Vorgehensweise ist zwar unter numerischen Gesichtspunkten optimal, da Wurzel-Operationen und Divisionen vermieden werden, erschwert aber die graphische Darstellung. Wir stellen deshalb in den folgenden Abbildungen den Betrag des Korrelatorsignals, die Leistung P_r und die normierte Korrelation

$$c_{m,n}[n] \;=\; \frac{\left|\underline{c}_m[n-DM]\right|}{P_r[n]}$$

dar. Letztere vergleichen wir mit der entsprechend umgerechneten Detektionsschwelle:

$$c_{m,det} \;=\; \sqrt{\tilde{c}_{m,det}}$$

Die Berechnung der Leistung $P_r[n]$ erfolgt im unteren Zweig von Abb. 8.39 durch eine Mittelung über das Betragsquadrat des Eingangssignals $\underline{x}_r[n]$. Die Mittelung erfolgt über einen Signalabschnitt, der die $(n_P + 1)$ absoluten Symbole der Präambel sowie jeweils D Symbole davor und danach umfasst; die Länge des Abschnitts beträgt demnach

$$n_r \;=\; n_P + 2D + 1$$

Symbole bzw.

$$N_r \;=\; n_r M \;=\; (n_P + 2D + 1) M$$

Abtastwerte. Daraus folgt für das Mittelungsfilter:

$$h_r[n] \;=\; \frac{1}{N_r} \quad \text{für } n = 0, \dots, N_r - 1$$

Die Einbeziehung von jeweils D Symbolen vor und nach den absoluten Symbolen der Präambel wird benötigt, um unerwünschte Störimpulse am Beginn und am Ende eines Pakets zu unterdrücken. Der Störimpuls am Beginn eines Pakets entsteht dadurch, dass beim Einlaufen der ersten Differenzsymbole in den Korrelator eine vergleichsweise gute Teil-Korrelation für diese Differenzsymbole vorliegt, während die Leistungsberechnung ohne Einbeziehung weiterer Symbole ebenfalls nur wenige Differenzsymbole umfasst; daraus ergeben sich relativ große Werte für die normierte Korrelation. Am Ende eines Pakets tritt derselbe Effekt auf. Die Einbeziehung weiterer Symbole führt nun dazu, dass die ermittelte Leistung am Beginn eines Pakets schneller ansteigt und am Ende eines Pakets langsamer abfällt; dadurch werden die Störimpulse unterdrückt. In der Praxis ist $D = 4$ ausreichend.

Die Berechnung der Leistung $P_r[n]$ kann unter Nutzung des Zusammenhangs

$$\underline{H}_r(z) \;=\; \sum_{n=0}^{N_r-1} h_r[n]\, z^{-n} \;=\; \frac{1}{N_r} \sum_{n=0}^{N_r-1} z^{-n} \;=\; \frac{1}{N_r} \frac{1 - z^{-N_r}}{1 - z^{-1}}$$

rekursiv erfolgen; dabei wird in jedem Schritt das Betragsquadrat des neu hinzukommenden Abtastwertes addiert und das Betragsquadrat des herausfallenden Abtastwertes subtrahiert:

$$P_r[n] \;=\; P_r[n-1] + \frac{1}{N_r} \left(\left| \underline{x}_r[n] \right|^2 - \left| \underline{x}_r[n - N_r] \right|^2 \right)$$

Dadurch wird der Rechenaufwand erheblich reduziert. In der Praxis wird zusätzlich auf die Division durch N_r verzichtet, d. h. es wird $N_r P_r[n]$ bestimmt; der Faktor N_r wird in diesem Fall mit der Detektionsschwelle verrechnet. Bei Verwendung einer Festkomma-Arithmetik ist die rekursive Berechnung direkt anwendbar, da in diesem Fall jedes

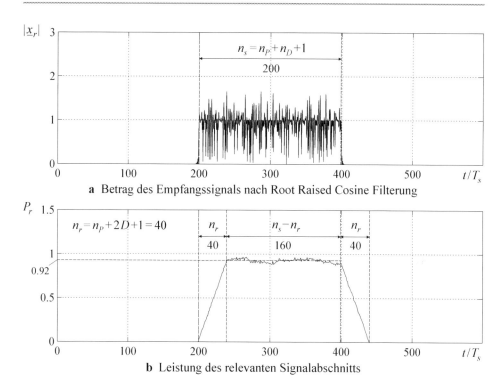

a Betrag des Empfangssignals nach Root Raised Cosine Filterung

b Leistung des relevanten Signalabschnitts

Abb. 8.41 Signale eines empfangenen Pakets ohne Rauschen (Teil 2). Parameter: $n_P = 31$, $n_D = 168, D = 4$

addierte Betragsquadrat N_r Schritte später *exakt* subtrahiert wird; dagegen treten bei einer Fließkomma-Arithmetik kumulierende Rundungsfehler auf, die u.a. dazu führen können, dass $P_r[n]$ negativ wird. Die rekursive Berechnung kann deshalb nur dann mit einer Fließkomma-Arithmetik erfolgen, wenn in regelmäßigen Abständen ein nicht-rekursiver Berechnungsschritt durchgeführt wird, der den kumulierten Fehler eliminiert. In *Matlab* ist die rekursive Berechnung allerdings nicht effektiv, da sie als Schleife programmiert werden muss; hier verwenden wir die gewöhnliche Faltung mit $h_r[n]$.

Abb. 8.41 zeigt den Verlauf der Leistung $P_r[n]$ für ein empfangenes Paket. Mit $n_P = 31$ und $D = 4$ umfasst der ausgewertete Signalabschnitt

$$n_r = n_P + 2D + 1 = 40$$

Symbole; dadurch erhalten wir einen Ein- und einen Ausschwingvorgang entsprechender Länge. Abb. 8.42 zeigt die resultierende normierte Korrelation $c_{m,n}[n]$ mit der Verschiebung um $D = 4$ Symbole. Wenn die Normierung mit der Leistung P_s der abgetasteten Symbole erfolgen würde, würden wir auch für die normierte Korrelation den Maximalwert $n_P = 31$ erhalten; die berechnete Leistung $P_r[n]$ ist jedoch aus zwei Gründen geringer:

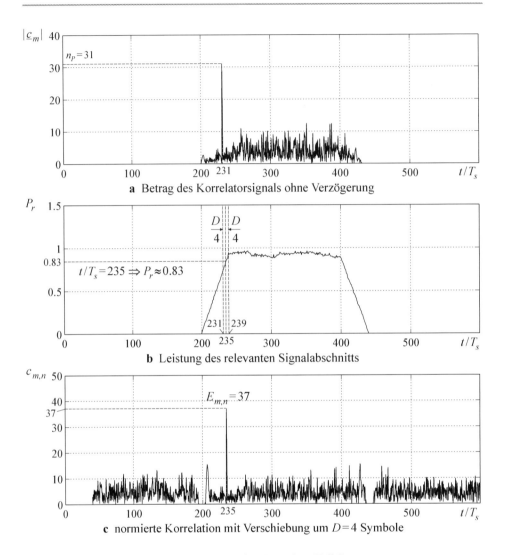

a Betrag des Korrelatorsignals ohne Verzögerung

b Leistung des relevanten Signalabschnitts

c normierte Korrelation mit Verschiebung um $D=4$ Symbole

Abb. 8.42 Signale eines empfangenen Pakets ohne Rauschen (Teil 3).
Parameter: $n_P = 31, n_D = 168, D = 4$

- Die Leistung des Signals $\underline{x}_r[n]$ ist geringer als die Leistung P_s der abgetasteten Symbole, siehe (3.14) und (3.15) auf Seite 129. Für unser Beispiel mit einem Rolloff-Faktor von $r = 0.33$ erhalten wir das Verhältnis:

$$k_P = \frac{P_{x,r}}{P_s} \overset{P_n=0}{=} \frac{P_r}{P_s} = 1 - \frac{r}{4} \approx 0.92$$

Dabei machen wir davon Gebrauch, dass sich die berechnete Leistung P_r aus der Nutzsignalleistung $P_{x,r}$ und der Rauschleistung P_n zusammensetzt und ohne

Rauschen $P_r = P_{x,r}$ gilt. In unserem Beispiel mit $P_s = 1$ erhalten wir demnach im eingeschwungenen Zustand $P_r[n] \approx k_P \approx 0.92$, siehe Abb. 8.41b.

- Zum Zeitpunkt des Maximums gehen in die Leistungsberechnung $D = 4$ Symbole *vor* der Präambel ein, die noch keinen Beitrag liefern; dadurch ist die berechnete Leistung um den zusätzlichen Faktor

$$k_D = (n_r - D)/n_r = 1 - D/n_r$$

geringer. In unserem Beispiel mit $n_r = 40$ und $D = 4$ gilt $k_D = 0.9$.

Die normierte Korrelation zum Detektionszeitpunkt bezeichnen wir als *normierte Detektionsenergie* $E_{m,n}$; ohne Rauschen gilt:

$$E_{m,n} = \max\left\{c_{m,n}\right\} = \frac{n_P}{k_P k_D}$$

Für unser Beispiel erhalten wir den in Abb. 8.42c gezeigten Wert $E_{m,n} \approx 37$.

Abb. 8.43 zeigt die Signale eines empfangenen Pakets mit einem Symbol-Rausch-Abstand $E_s/N_0 = 6\,\text{dB}$. In diesem Fall geht auch die Leistung P_n des Rauschens in die berechnete Leistung P_r ein; dabei gilt im Maximum der Korrelation:

$$P_r = k_P k_D P_s + P_n = \left(k_P k_D + \frac{1}{E_s/N_0}\right) P_s \quad \text{mit } E_s/N_0 = \frac{P_s}{P_n}$$

Daraus folgt für die normierte Detektionsenergie $E_{m,n}$:

$$E_{m,n} = \frac{n_P P_s}{P_r} = \frac{n_P}{k_P k_D + \dfrac{1}{E_s/N_0}}$$

In unserem Beispiel mit $n_P = 31$, $k_P = 0.92$, $k_D = 0.9$ und $E_s/N_0 = 4 = 6\,\text{dB}$ gilt:

$$E_{m,n} = \frac{31}{0.92 \cdot 0.9 + 0.25} \approx 29$$

Die tatsächlich auftretenden Werte schwanken um diesen Wert, da die Leistung des Rauschens im betrachteten Signalabschnitt statistischen Schwankungen unterworfen ist und nur *im Mittel* den Wert P_n annimmt. Wie bei der Detektion eines GFSK-Pakets im Abschn. 8.2.5 müssen wir auch hier die Verteilungsdichten der Größen bestimmen, um genauere Aussagen zu erhalten. Wir können aber bereits jetzt festhalten, dass die mit abnehmendem Symbol-Rausch-Abstand E_s/N_0 ebenfalls abnehmende Detektionsenergie $E_{m,n}$ den Arbeitsbereich des Detektors *nach unten* begrenzt.

Ein weiterer Verlust entsteht dadurch, dass die Größen nicht kontinuierlich, sondern mit einem Überabtastfaktor M berechnet werden; dadurch tritt bei der Suche nach dem Maximum der normierten Korrelation eine maximale Verschiebung von

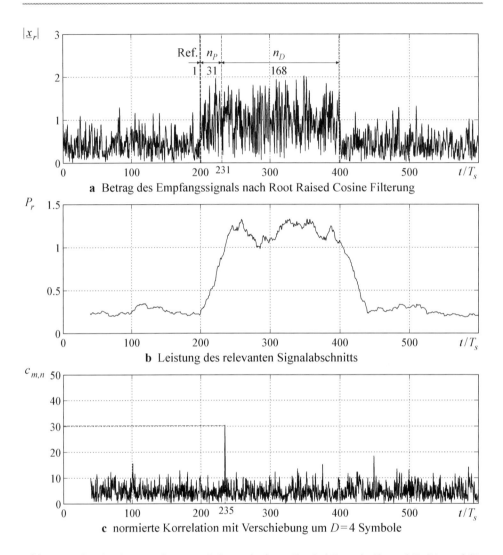

a Betrag des Empfangssignals nach Root Raised Cosine Filterung

b Leistung des relevanten Signalabschnitts

c normierte Korrelation mit Verschiebung um $D = 4$ Symbole

Abb. 8.43 Signale eines empfangenen Pakets mit einem Symbol-Rausch-Abstand $E_s/N_0 = 6\,\mathrm{dB}$. Parameter: $n_P = 31, n_D = 168, D = 4$

$$\Delta T_{max} = \frac{T_s}{2M} = \frac{T_a}{2} \quad \Rightarrow \quad \delta_{max} = \frac{\Delta T_{max}}{T_a} = 0.5$$

auf. Der resultierende Verlust hängt vom Rolloff-Faktor r und in geringerem Maße auch von den Präambelsymbolen ab. Abb. 8.44 zeigt den kontinuierlichen Verlauf der normierten Korrelation sowie die Abtastwerte bei idealer Abtastung mit $\delta = 0$ und maximaler Verschiebung mit $\delta = \delta_{max} = 0.5$ für unser Beispiel mit T/4-Abtastung ($M = 4$) und $r = 0.33$. Bei maximaler Verschiebung nimmt die normierte Detektionsenergie $E_{m,n}$ von 37 auf 35 ab. Für die Praxis ist dies tolerabel. Aus diesem Grund sind die in Abb. 8.44

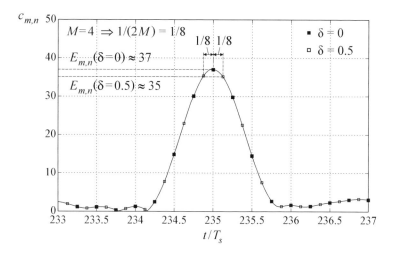

Abb. 8.44 Abhängigkeit der normierten Detektionsenergie $E_{m,n}$ von der fraktionalen Verschiebung δ zwischen dem optimalen Abtastzeitpunkt und dem nächstgelegenen Abtastwert bei T/4-Abtastung ($M = 4$)

gezeigten Verhältnisse eine wesentliche Ursache für die in der Praxis vorherrschende Verarbeitung von PAM-Paketsendungen mit $T/4$-Abtastung. Eine höhere Überabtastung hätte zwar einen geringeren Verlust zur Folge, in der Regel rechtfertigt dies aber nicht den damit verbundenen höheren Rechenaufwand. Umgekehrt nimmt der Verlust bei einer geringeren Überabtastung intolerabel zu.

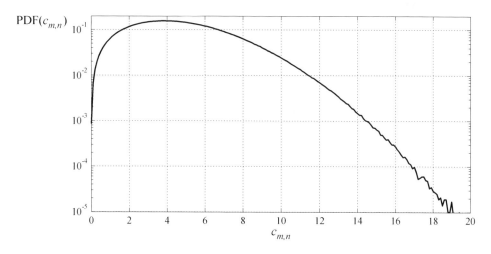

Abb. 8.45 Verteilungsdichte des normierten Korrelatorsignals $c_{m,n}$ bei Rauschen am Eingang. Parameter: $np = 31$, $D = 4$, $r = 0.33$

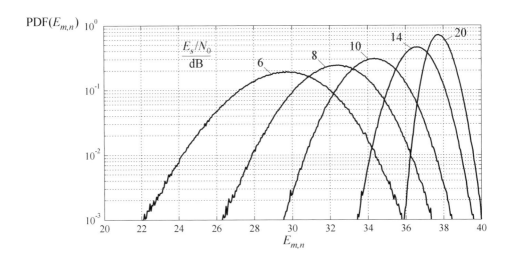

Abb. 8.46 Verteilungsdichte der normierten Detektionsenergie $E_{m,n}$ in Abhängigkeit vom Symbol-Rausch-Abstand E_s/N_0. Parameter: $np = 31$, $D = 4$, $r = 0.33$

Die Festlegung der Detektionsschwelle $c_{m,det}$ erfolgt wie bei einer GFSK-Paketsendung, siehe Abschn. 8.2.5; dazu werden die Verteilungsdichte des normierten Korrelatorsignals $c_{m,n}$ bei Rauschen am Eingang und die Verteilungsdichte der normierten Detektionsenergie $E_{m,n}$ in Abhängigkeit vom Symbol-Rausch-Abstand E_s/N_0 benötigt, siehe Abb. 8.45 und 8.46. Aus diesen Verteilungen erhalten wir die in Abb. 8.47 dargestellten Kennlinien des Detektors mit den Wahrscheinlichkeiten P_{MD} für eine Fehldetektion und P_{FA} für einen Falschalarm. Aufgrund der geringen Überlappung der Kurven ist der Detektor sehr robust. Mit einer normierten Detektionsschwelle $c_{m,det} \approx 20 \ldots 22$ wären beide Fehlerwahrscheinlichkeiten selbst bei $E_s/N_0 = 6\,\text{dB}$ sehr gering.

Da für unser Beispiel ohne Kanalcodierung eine fehlerfreie Übertragung bei einem Symbol-Rausch-Abstand unter $10\,\text{dB}$ praktisch ausgeschlossen ist, wäre in diesem Fall auch eine deutlich kürzere Präambel ausreichend. In der Praxis wird bei QPSK-Paketsendungen jedoch häufig eine Kanalcodierung mit einem Codier-Gewinn von $3 \ldots 5\,\text{dB}$ verwendet, z.B. ein Faltungscode mit der Code-Rate $R = 1/2$; siehe hierzu [17]. Durch die Kanalcodierung wird der nutzbare Bereich für den Symbol-Rausch-Abstand etwa um den Codier-Gewinn *nach unten* erweitert; dann nimmt auch die erforderliche Länge für die Präambel zu.

8.4.2 Symbol-Abtastung

Die Symbol-Abtastung eines PAM-Pakets erfolgt im wesentlichen mit denselben Verfahren wie die Symbol-Abtastung eines GFSK-Pakets, die wir im Abschn. 8.2.9 beschrieben haben, jedoch mit folgenden Erweiterungen bzw. Modifikationen:

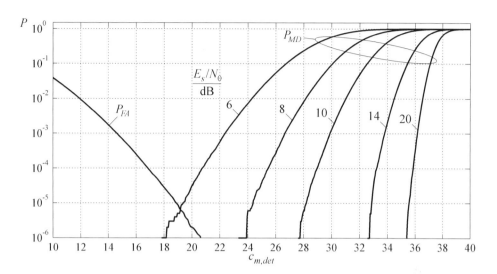

Abb. 8.47 Kennlinien des Detektors: Wahrscheinlichkeit P_{MD} für eine Fehldetektion und Wahrscheinlichkeit P_{FA} für einen Falschalarm

- Bei PAM-Paketen wird der Abtastzeitpunkt der Symbole in der Regel *nicht* vom Detektionszeitpunkt n_{DET} der Präambel abgeleitet, da dieser aufgrund der geringeren Überabtastung – $M = 4$ anstelle von $M = 8$ – und der kleineren Öffnung des Augendiagramms zu ungenau ist, siehe Abb. 3.60 auf Seite 98; lediglich bei einem Rolloff-Faktor $r = 1$ kann man ohne größeren Verlust vom Detektionszeitpunkt ausgehen und die damit verbundene Abtast-Unsicherheit $\pm T_s/(2M) = \pm T_s/8$ in Kauf nehmen. Andernfalls wird der Abtastzeitpunkt aus dem Betrag des Signals $\underline{x}_r[n]$ ermittelt; dazu wird das durch Abb. 8.31 auf Seite 313 und (8.2) auf Seite 316 beschriebene Verfahren verwendet.
- Es werden nicht nur die Datensymbole, sondern auch die Präambel-Symbole abgetastet. Dazu verwenden zunächst die absoluten Symbole $\underline{s}_{A,r}(k)$ aus dem Signal $\underline{x}_r[n]$ abgetastet und daraus mittels Differenzsymbol-Bildung die Präambel- und Datensymbole erzeugt.
- Aus den abgetasteten Präambel-Symbolen wird der Rotator $\underline{w}$ und daraus der Frequenzoffset f_{off} berechnet. Der Frequenzoffset wird durch eine Rotation der Datensymbole mit dem konjugiert-komplexen Rotator $\underline{w}^*$ kompensiert.

Der Detektionszeitpunkt n_{DET} des Detektors liegt aufgrund der Einbeziehung von D Symbolen vor und nach der Präambel um D Symbole bzw. *DM* Abtastwerte *hinter* dem letzten absoluten Symbol der Präambel; demnach liegen $(n_P + D)$ absolute Symbole *vor* dem zum Detektionszeitpunkt gehörenden absoluten Symbol und $(n_D - D)$ absolute Symbole *dahinter*. Abb. 8.48 zeigt die Zusammenhänge bei T/4-Abtastung ($M = 4$) und maximaler Verschiebung zwischen den Abtastzeitpunkten der Symbole und den Abtastwerten des Signals ($\delta = 0.5$).

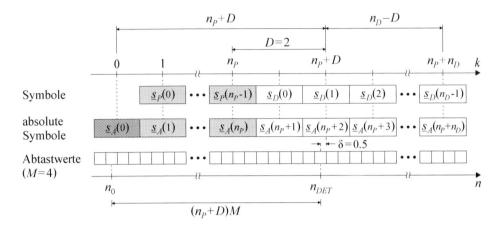

Abb. 8.48 Detektionszeitpunkt, Symbole und Abtastwerte beim Empfang eines differenziell über-tragenen PAM-Pakets mit n_P Präambel-Symbolen und n_D Datensymbolen bei maximaler Ver-schiebung zwischen den Abtastzeitpunkten der Symbole und den Abtastwerten des Signals ($\delta = 0.5$). Parameter: $M = 4$, $D = 2$

Wir nehmen im folgenden an, dass die Abtastraten des Senders und Empfängers so genau sind, dass wir die Abtastzeitpunkte für das gesamte Paket in einem Schritt bes-timmen können; andernfalls müssen wir das Paket gemäß Abb. 8.32 auf Seite 315 in Abschnitte aufteilen und die Abtastzeitpunkte für jeden Abschnitt getrennt bestimmen. Aus den Beträgen der relevanten Abtastwerte in Abb. 8.48 wird der Vektor

$$v = [\, v(0), \dots, v(M-1)\,] \quad \text{mit } v(i) = \sum_{k=0}^{n_P+n_D} \big| \underline{x}_r[\, n_0 + i + Mk\,]\big|$$

zur Bestimmung der Abtastzeitpunkte gebildet; dabei gilt für den Aufpunkt n_0 :

$$n_0 = n_{DET} - (n_P + D)\,M$$

Im Gegensatz zur Bestimmung des Vektors v für ein GFSK-Paket mit (8.1) auf Seite 312 müssen hier die Beträge des *komplex-wertigen* Signals $\underline{x}_r[n]$ berechnet werden:

$$\big|\underline{x}_r[n]\big| = \sqrt{\big(\operatorname{Re}\{\underline{x}_r[n]\}\big)^2 + \big(\operatorname{Im}\{\underline{x}_r[n]\}\big)^2}$$

Alternativ kann man auf die Wurzel-Operationen verzichten und die Betragsquadrate

$$\big|\underline{x}_r[n]\big|^2 = \big(\operatorname{Re}\{\underline{x}_r[n]\}\big)^2 + \big(\operatorname{Im}\{\underline{x}_r[n]\}\big)^2$$

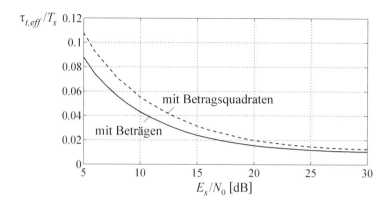

Abb. 8.49 Effektivwert der Abtast-Unsicherheit (*timing jitter*) $\tau_{t,eff}$ in Abhängigkeit vom Symbol-Rausch-Abstand E_s/N_0

verwenden:

$$v(i) = \sum_{k=0}^{n_P+n_D} \left| \underline{x}_r[\, n_0 + i + Mk \,] \right|^2 \quad \text{für } i = 0, \ldots, M-1 \tag{8.3}$$

Dadurch nimmt die Abtast-Unsicherheit (*timing jitter*) zu, allerdings nur in einem Maße, das in der Praxis in der Regel in Kauf genommen werden kann. Abb. 8.49 zeigt den Effektivwert der Abtast-Unsicherheit für unser Beispiel.

Aus dem Vektor v erhalten wir mit

$$i_{max} = \frac{M}{2\pi} \arg \left\{ \sum_{i=0}^{M-1} v(i)\, e^{j 2\pi i/M} \right\}$$

die Verschiebung der optimalen Abtastzeitpunkte bezüglich des Aufpunktes n_0. Die Berechnung ist für $M = 4$ besonders einfach, da der Faktor $e^{j2\pi i/M}$ in diesem Fall nur die Werte $\{\, 1, j, -1, -j \,\}$ annimmt; dann gilt:

$$i_{max} = \frac{M}{2\pi} \arg \left\{ v(0) - v(2) + j\, (v(1) - v(3)) \right\}$$

In *Matlab* erfolgt die Berechnung mit der Funktion `atan2`:

```
i_max = M / ( 2 * pi ) * atan2( v(2) - v(4) , v(1) - v(3) );
```

Dabei ist zu beachten, dass die Indizierung von Vektoren in *Matlab* nicht mit Null, sondern mit Eins beginnt, und dass der erste Parameter der Funktion `atan2` dem Imaginärteil entspricht; es gilt also: $v(1) - v(3) \Rightarrow$ `v(2) - v(4)` und $v(0) - v(2) \Rightarrow$ `v(1) -` `v(3)`. Die Zerlegung der Verschiebung i_{max} in einen ganzzahligen und einen fraktionalen

Anteil sowie die Abtastung der Symbole durch Interpolation mit einem 4-Punkt-Farrow-Interpolator haben wir bereits im Abschn. 8.2.9 beschrieben, siehe Seite 317; dabei tritt das Signal $\underline{x}_r[n]$ an die Stelle des Signals $s_i[n]$ und die Anzahl der abgetasteten Symbole entspricht der Anzahl der absoluten Symbole des PAM-Pakets: $K = 1 + n_P + n_D$. Aus den abgetasteten absoluten Symbolen $\underline{s}_{A,r}(k)$ mit $k = 0, \ldots, K - 1$ werden durch Differenzsymbol-Bildung die Präambel-Symbole $\underline{s}_{P,r}(k)$ und die Datensymbole $\underline{s}_{D,r}(k)$ gebildet:

$$\underline{s}_{P,r}(k) = \underline{s}_{A,r}(k+1)\,\underline{s}_{A,r}^*(k) \qquad \text{für } k = 0, \ldots, n_P - 1$$

$$\underline{s}_{D,r}(k) = \underline{s}_{A,r}(k+n_P+1)\,\underline{s}_{A,r}^*(k+n_P) \quad \text{für } k = 0, \ldots, n_D - 1$$

Aus den empfangenen Präambel-Symbolen $\underline{s}_{P,r}(k)$ erhalten wir durch Kreuzkorrelation den Rotator:

$$\underline{\hat{w}} = |\underline{\hat{w}}|\,e^{j\hat{\varphi}_w} = \sum_{k=0}^{n_P-1} \underline{s}_{P,r}(k)\,\underline{s}_P^*(k)$$

Der Winkel $\hat{\varphi}_w$ dieses Rotators ist ein Schätzwert für den Winkel

$$\varphi_w = 2\pi f_{off}/f_s$$

des Rotators $\underline{w}$, der die Drehung der Differenzsymbole aufgrund des Frequenzoffsets f_{off} beschreibt. Dagegen ist der Betrag von $\underline{\hat{w}}$ proportional zur Amplitude des Empfangssignals. Wir könnten diesen Betrag zur Verstärkungsregelung nutzen, indem wir die Symbole mit dem Faktor $n_P/|\underline{\hat{w}}|$ skalieren. Das ist allerdings nicht notwendig, da für die weitere Auswertung nur die Winkel der Symbole maßgebend sind. Demnach können wir die Drehung der Symbole um den Winkel φ_w durch eine Multiplikation mit dem konjugiert-komplexen Rotator $\underline{\hat{w}}^*$ mit dem Winkel $-\hat{\varphi}_w \approx -\varphi_w$ kompensieren, ohne die Auswirkungen auf den Betrag der Symbole zu beachten.

Die weitere Verarbeitung der Datensymbole hängt vom verwendeten Alphabet der Differenzsymbole ab: DQPSK oder $\pi/4$-DQPSK. Mit Hinblick auf die Ermittlung der Datenbits erweist es sich als sinnvoll, die Symbole gemäß Abb. 8.50 so zu drehen, dass sie *in* den vier Quadranten der i/q-Ebene liegen. In diesem Fall kann man die Datenbits aus den Vorzeichen der Real- und der Imaginärteile der gedrehten Symbole ableiten. Die erforderliche Drehung um den Winkel

$$\varphi_r = \begin{cases} \pi/4 - \varphi_w \approx \pi/4 - \hat{\varphi}_w & \text{bei DQPSK} \\[2mm] -\varphi_w \approx \quad\;\; -\hat{\varphi}_w & \text{bei } \pi/4\text{-DQPSK} \end{cases}$$

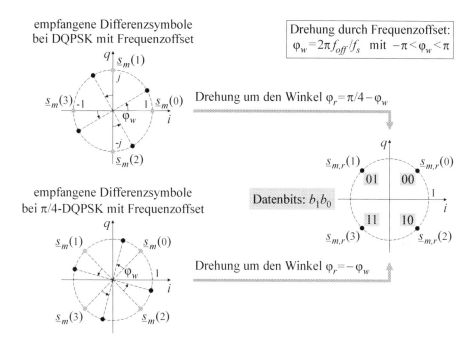

Abb. 8.50 Drehung der empfangenen Differenzsymbole vor der Entscheidung

erfolgt durch Multiplikation mit den entsprechenden Rotatoren:

$$
\underline{w}_r = \begin{cases} (1+j)\,\underline{\hat{w}}^* & \text{bei DQPSK} \\ \underline{\hat{w}}^* & \text{bei } \pi/4\text{-DQPSK} \end{cases}
$$

Dann gilt für die Datenbits $b_1(k)$ und $b_0(k)$ des Datensymbols $\underline{s}_{D,r}(k)$ gemäß Abb. 8.50

$$
b_0(k) = \begin{cases} 0 & \text{für } i \geq 0 \\ 1 & \text{für } i < 0 \end{cases}
$$

$$
b_1(k) = \begin{cases} 0 & \text{für } q \geq 0 \\ 1 & \text{für } q < 0 \end{cases}
$$

mit:

$$
i = \mathrm{Re}\left\{ \underline{w}_r\,\underline{s}_{D,r}(k) \right\} \quad , \quad q = \mathrm{Im}\left\{ \underline{w}_r\,\underline{s}_{D,r}(k) \right\}
$$

In *Matlab* schreiben wir dazu:

```
% ... der Vektor s_d_r enthalte die Datensymbole
%     und w_r den erforderlichen Rotator ...

s   = w_r * s_d_r;
b_0 = double( real( s ) < 0 );
b_1 = double( imag( s ) < 0 );
```

Die Zusammenfassung der Datenbits zu einem Datenbit-Vektor b_D hängt von der Zuordnung der Bits im Sender ab; entweder

```
b_d = reshape( [ b_0 ; b_1 ], 1, [] );
```

oder:

```
b_d = reshape( [ b_1 ; b_0 ], 1, [] );
```

Dabei werden die Vektoren `b_0` und `b_1` zu einer Matrix mit zwei Zeilen zusammengefasst, die anschließend mit `reshape` spaltenweise ausgelesen wird.

8.5 Zusammenfassung

Wir haben in diesem Kapitel zwei einfache Verfahren zur Paket-Übertragung beschrieben. In beiden Fällen haben wir eine *inkohärente* Demodulation durchgeführt, die keine Schätzung der Trägerphase erfordert; dadurch wird der Rechenaufwand für die Synchronisation und die Auswertung der Symbole minimiert. Die Unabhängigkeit von der Trägerphase wird bei beiden Verfahren dadurch erzielt, dass im Sender eine Integration bzw. Summation der Phase erfolgt, die im Empfänger durch eine Differentiation bzw. Subtraktion der Phase rückgängig gemacht wird; letzteres eliminiert die Trägerphase. Bei GFSK erfolgt dies auf der *Signal-Ebene* durch eine Integration des Modulationssignals im FM-Modulator des Senders und eine Differentiation des Modulationssignals im FM-Demodulator des Empfängers. Bei DQPSK wird dieses Prinzip auf der *Symbol-Ebene* angewendet, indem die Phasen der Symbole bei der Bildung der absoluten Symbole im Sender summiert und bei der Differenzsymbol-Bildung im Empfänger subtrahiert werden.

Zur Beurteilung der Leistungsfähigkeit eines Verfahrens werden zwei Kenngrößen verwendet: die *Bandbreiten-Effizienz* (*bandwidth efficiency*) Γ und die Leistungseffizienz (*power efficiency*) E_b/N_0. Die Bandbreiten-Effizienz entspricht dem Verhältnis aus der Nutzdatenrate f_U (*user data rate*) und der Bandbreite B_{ch} des Signals:

$$\Gamma \;=\; \frac{f_U}{B_{ch}}$$

Bei Paket-Sendungen mit einer Präambel und einem CRC-Code zur Fehlererkennung ist diese Definition nicht ohne weiteres anwendbar. Streng genommen muss man die Nutzdatenrate f_U dadurch berechnen, dass man die Anzahl der Nutzbits eines Pakets durch die Dauer des Pakets dividiert. In der Praxis ist es jedoch üblich, anstelle der Bandbreiten-Effizienz der Paket-Sendung die Bandbreiten-Effizienz Γ_{MCS} des verwendeten *Modulations- und Codier-Schemas* (*Modulation and Coding Scheme, MCS*) anzugeben; dabei werden nur die Modulation der Datensymbole und die Kanalcodierung berücksichtigt. Ohne Kanalcodierung und ohne Berücksichtigung der Präambel und des CRC-Codes entspricht die Nutzdatenrate f_U dem Produkt aus der Symbolrate f_s und der Anzahl m der Bits pro Symbol; daraus folgt für unsere Beispiele:

$$\Gamma_{MCS} = \frac{mf_s}{B_{ch}} = \begin{cases} \dfrac{f_s}{(1+h)f_s} = 0.5 & \text{für GFSK mit } m = 1 \text{ und } h = 1 \\[2ex] \dfrac{2f_s}{(1+r)f_s} = 1.5 & \text{für DQPSK mit } m = 2 \text{ und } r = 0.33 \end{cases}$$

Demnach ist die MCS-Bandbreiten-Effizienz der DQPSK-Übertragung um den Faktor 3 höher. Vor diesem Hintergrund mag es verwundern, dass in praktischen Telemetrie-Systemen dennoch überwiegend eine GFSK-Übertragung verwendet wird. Die Ursache dafür ist die besonders einfache und kostengünstige analoge Signalerzeugung im Sender, siehe Abb. 3.71a auf Seite 108.

Die Leistungseffizienz E_b/N_0 beschreibt, um welchen Faktor die pro Nutzdatenbit empfangene Energie E_b über der empfangenen Rauschleistungsdichte N_0 liegen muss, damit eine vorgegebene Bitfehlerrate (*Bit Error Rate, BER*) nicht überschritten wird. Auch hier muss wieder zwischen der Leistungseffizienz der Paket-Sendung und der Leistungseffizienz des verwendeten Modulations- und Codier-Schemas unterschieden werden. Bei einer Paket-Übertragung mit CRC-Code ist allerdings nicht die Bitfehlerrate, sondern der *Paket-Durchsatz*, d. h. der Prozentsatz der fehlerfrei übertragenen Pakete in Abhängigkeit vom Signal-Rausch-Abstand, von Interesse. Eine genauere Betrachtung sprengt jedoch den Rahmen unserer Darstellung; wir begnügen uns deshalb mit dem Hinweis, dass auch hier die DQPSK-Übertragung der GFSK-Übertragung überlegen ist.

Anhang A: Eine kurze Einführung in *Matlab/Octave*

Inhaltsverzeichnis

Wir geben im folgenden eine Übersicht über die wichtigsten Operatoren und Funktionen, die wir in unseren Beispielen verwendet haben. Der Schwerpunkt liegt dabei auf der Umsetzung von Signalverarbeitungsfunktionen wie *Filtern, Mischen, Korrelieren, Über-/Unterabtasten* in *Matlab/Octave*. Diese kurze Einführung ersetzt keinen Kurs in *Matlab/Octave*.

© Springer-Verlag GmbH Deutschland 2017
A. Heuberger und E. Gamm, *Software Defined Radio-Systeme für die Telemetrie*,
DOI 10.1007/978-3-662-53234-8

A.1 Vektoren

A.1.1 Zeilen- und Spaltenvektoren

Diskrete Signale werden durch Zeilen- oder Spalten-Vektoren dargestellt, z. B.:

$$a = [\,1\,2\,3\,] \quad , \quad b = \begin{bmatrix} 4 \\ 5 \\ 6 \end{bmatrix}$$

In *Matalb* schreiben wir dazu:

```
% Zeilenvektor
a = [ 1 2 3 ];
% Spaltenvektor
b = [ 4 ; 5 ; 6 ];
```

Wir bevorzugen Zeilenvektoren, da Signale üblicherweise von links nach rechts und nicht von oben nach unten dargestellt werden.

Bei diskreten Zeitsignalen wird der Signalvektor häufig durch einen *Zeitvektor* ergänzt, der die diskreten Zeitpunkte der einzelnen Signalwerte enthält und in der Regel mit dem aus zwei Doppelpunkten bestehenden *Von-Schrittweite-Bis*–Operator erzeugt wird:

```
% Zeitvektor
von = 0;
sw  = 0.01;
bis = 1;
t = von : sw : bis;

% Signalvektor
s = sin( 2 * pi * t );
```

Der Zeitvektor ist immer dann von Bedeutung, wenn das Signal mit der zugehörigen Zeitachse (x-Achse) graphisch dargestellt werden soll:

```
plot( t, s );
```

Wenn kein Bezug zur Zeitachse benötigt wird, schreibt man einfach:

```
plot( s );
```

In diesem Fall wird die Zeitachse mit den Indices der Elemente des Vektors gebildet.

A.1.2 Komplex-wertige Vektoren

Komplex-wertige Vektoren beinhalten komplex-wertige Elemente mit Real- und Imaginärteil. Die Einheit j des Imaginärteils wird in *Matlab* durch den Suffix i gekennzeichnet:

```
% Zeilenvektor
c = [ 1 - 2i    2 + 3i    3 + 1i ];
% Spaltenvektor
d = [ 4 + 1i ; 5 - 3i ; 6 + 2i ];
```

Die Erzeugung komplex-wertiger Vektoren kann auch dadurch erfolgen, dass Real- und Imaginärteil als getrennte Vektoren erzeugt und anschließ end addiert werden:

```
% Realteil
c_r = [ 1 2 3 ];
% Imaginärteil
c_i = [ -2 3 1 ];
% komplex-wertigen Vektor erzeugen
c = c_r + 1i * c_i;
```

Die Anteile können mit den Funktionen real und imag extrahiert werden:

$$\text{Realteil:} \quad \texttt{real(c)} \quad \Rightarrow \quad [\,1\,2\,3\,]$$

$$\text{Imaginärteil:} \quad \texttt{imag(c)} \quad \Rightarrow \quad [\,-2\,3\,1\,]$$

Bei komplex-wertigen Vektoren erhält man mit der Funktion conj den *konjugiert-komplexen* Vektor, bei dem der Realteil unverändert und der Imaginärteil negiert ist:

$$\text{Realteil:} \quad \texttt{real(conj(c))} \quad \Rightarrow \quad [\,1\,2\,3\,]$$

$$\text{Imaginärteil:} \quad \texttt{imag(conj(c))} \quad \Rightarrow \quad [\,2\,-3\,-1\,]$$

A.1.3 Umwandlungen

Die Umwandlung von Zeilen- in Spaltenvektoren und umgekehrt erfolgt mit den Operatoren . ' und ' ; dabei entspricht . ' einer *Transponierung*, für die in der Mathematik ein hochgestelltes T verwendet wird, und ' einer *konjugiert-komplexen Transponierung*, für die in der Mathematik ein hochgestelltes H verwendet wird:

$$\text{Transponierung } c^T: \quad \texttt{c.'} \quad \Rightarrow \quad \begin{bmatrix} 1 - 2i \\ 2 + 3i \\ 3 + 1i \end{bmatrix}$$

$$\text{konjugiert-komplexe Transponierung } c^H: \quad \texttt{c'} \quad \Rightarrow \quad \begin{bmatrix} 1 + 2\,\mathrm{i} \\ 2 - 3\,\mathrm{i} \\ 3 - 1\,\mathrm{i} \end{bmatrix}$$

Bei reellen Vektoren sind die beiden Operatoren gleichwertig. Die Funktionen `fliplr` und `flipup` bewirken eine horizontale bzw. vertikale Spiegelung:

$$\text{horizontale Spiegelung:} \quad \texttt{fliplr(a)} \quad \Rightarrow \quad [\,3\,2\,1\,]$$

$$\text{vertikale Spiegelung:} \quad \texttt{flipud(b)} \quad \Rightarrow \quad \begin{bmatrix} 6 \\ 5 \\ 4 \end{bmatrix}$$

A.1.4 Multiplikation

Der Operator $*$ erzeugt bei Vektoren entweder das *Skalarprodukt* oder das *Vektorprodukt*:

$$\text{Skalarprodukt:} \quad \texttt{a} * \texttt{b} \quad \Rightarrow \quad [\,1\,2\,3\,] \begin{bmatrix} 4 \\ 5 \\ 6 \end{bmatrix} = 1 \cdot 4 + 2 \cdot 5 + 3 \cdot 6 = 32$$

$$\text{Vektorprodukt:} \quad \texttt{b} * \texttt{a} \quad \Rightarrow \quad \begin{bmatrix} 4 \\ 5 \\ 6 \end{bmatrix} [\,1\,2\,3\,] = \begin{bmatrix} 4 & 8 & 12 \\ 5 & 10 & 15 \\ 6 & 12 & 18 \end{bmatrix}$$

Für die Signalverarbeitung ist jedoch in erster Linie das *elementweise* Produkt mit dem Operator $.*$ von Interesse:

$$\text{Zeilenvektoren:} \quad \texttt{a} .* \texttt{c} \quad \Rightarrow \quad [\,1\,2\,3\,] \odot [\,1 - 2\,\mathrm{i} \quad 2 + 3\,\mathrm{i} \quad 3 + 1\,\mathrm{i}\,]$$

$$= [\,1 - 2\,\mathrm{i} \quad 4 + 6\,\mathrm{i} \quad 9 + 3\,\mathrm{i}\,]$$

$$\text{Spaltenvektoren:} \quad \texttt{b} .* \texttt{d} \quad \Rightarrow \quad \begin{bmatrix} 4 \\ 5 \\ 6 \end{bmatrix} \odot \begin{bmatrix} 4 + 1\,\mathrm{i} \\ 5 - 3\,\mathrm{i} \\ 6 + 2\,\mathrm{i} \end{bmatrix} = \begin{bmatrix} 16 + 4\,\mathrm{i} \\ 25 - 15\,\mathrm{i} \\ 36 + 12\,\mathrm{i} \end{bmatrix}$$

A.1.5 Wiederholungen

Mit der Funktion `repmat` kann man einen Vektor horizontal und vertikal wiederholen:

$$\texttt{repmat(a , 3 , 2)} \Rightarrow \begin{bmatrix} 1 & 2 & 3 & 1 & 2 & 3 \\ 1 & 2 & 3 & 1 & 2 & 3 \\ 1 & 2 & 3 & 1 & 2 & 3 \end{bmatrix}$$

Eine besondere Art der Wiederholung ist das *Kronecker-Produkt*, für das in der Mathematik das Zeichen $\otimes$ verwendet wird. Das Kronecker-Produkt `kron` ist zwar für Matrizen definiert, wir verwenden es aber nur für Vektoren, d. h. Matrizen mit nur einer Zeile oder nur einer Spalte; dabei wird jedes Element des ersten Vektors durch das Produkt aus dem jeweiligen Element und dem gesamten zweiten Vektor ersetzt:

$$\texttt{kron(a, b)} \Rightarrow [1\,2\,3] \otimes \begin{bmatrix} 4 \\ 5 \\ 6 \end{bmatrix} = \begin{bmatrix} 4 & 8 & 12 \\ 5 & 10 & 15 \\ 6 & 12 & 18 \end{bmatrix}$$

Wir verwenden das Kronecker-Produkt häufig, um Nullen in ein Signal einzufügen:

$$\texttt{kron(a, [1 0])} \Rightarrow [1\,2\,3] \otimes [1\,0] = [1\,0\,2\,0\,3\,0]$$

A.1.6 Multiplexer und Demultiplexer

Ein mehrkanaliges Signal wird in der Regel als Matrix dargestellt; dabei entspricht jede Zeile der Matrix einem Kanal. Übertragen wird ein derartiges Signal häufig *verschachtelt* (*interleaved*), in dem die Kanäle über einen Multiplexer zu einem Signal zusammengefasst und nach der Übertragung mit einem *Demultiplexer* wieder getrennt werden. Die erforderlichen Umformungen der Signal-Matrix in einen Vektor und zurück können mit der Funktion `reshape` durchgeführt werden. Diese Funktion dient dazu, eine $M \times N$–Matrix in eine $P \times Q$–Matrix mit $M \cdot N = P \cdot Q$ umzuwandeln. Bei zwei Kanälen stellen sich die Umformungen wie folgt dar:

```
% Kanal 1
s_1 = [ 1 2 3 ];
% Kanal 2
s_2 = [ 4 5 6 ];
% Verkettung zu einer 2 x 3 - Matrix
s = [ s_1 ; s_2 ];
```

```
% Multiplexer = Umwandlung in einen Vektor der Länge 6

v = reshape( s, 1, 6 );

% ... Übertragung bzw. Verarbeitung ...

% Demultiplexer = Umwandlung in eine 2 x 3 - Matrix
r = reshape( v, 2, 3 );
```

Der dritte Parameter von `reshape` kann durch `[]` ersetzt werden, da er aufgrund der Forderung nach Gleichheit der Anzahl der Elemente redundant ist; wir können also auch schreiben:

```
% Multiplexer = Umwandlung in einen Vektor der Länge 6
v = reshape( s, 1, [] );

% ... Übertragung bzw. Verarbeitung ...

% Demultiplexer = Umwandlung in eine 2 x 3 - Matrix
r = reshape( v, 2, [] );
```

A.2   Funktionen zur Signalverarbeitung

A.2.1   Faltung

Eine der wichtigsten Operationen der digitalen Signalverarbeitung ist die *diskrete Faltung* (*Discrete Convolution*) bzw. *FIR-Filterung* mit der Funktion `conv`. Eine FIR-Filterung kann man zwar auch mit der Funktion `filter` durchführen, die zur Realisierung allgemeiner Filter dient und damit auch für FIR-Filter geeignet ist, die besondere Stellung einer FIR-Filterung als Faltung kommt damit aber nicht zum Ausdruck; wir bevorzugen deshalb die Funktion `conv`. Abb. A.1 zeigt ein Beispiel für die Faltung eines Signals x mit einem FIR-Filter h. In *Matlab* schreiben wir dazu:

```
x = [ 1 2 0 -1 -2 -1 1 2 ];
h = [ 0.1 0.4 0.3 0.2 0.1 ];
y = conv( x, h );
```

In dieser Form können wir die Faltung nur bei *endlich langen* Signalen durchführen. Das ist bei den meisten unserer Beispiele der Fall. Wir haben aber auch Beispiele, bei denen das zu verarbeitende Signal entweder so lang ist, dass es nicht als Ganzes verarbeitet werden kann, oder in Echtzeit von einem Empfänger eingelesen wird. In beiden Fällen muss das Signal *blockweise* verarbeitet werden. Man bezeichnet diesen Fall als *Blockverarbeitung*, *Echtzeitverarbeitung* (*Real Time Processing*) oder *Fließverarbeitung* (*Streaming*). Die Verarbeitung läuft dabei so lange, bis sie gestoppt wird. Bei allen

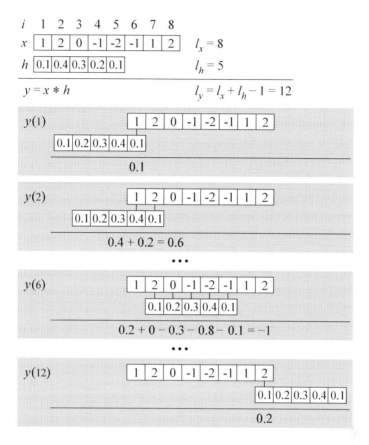

Abb. A.1 Beispiel für die Faltung eines Signals x mit einem FIR-Filter h

Funktionen, die einen Ausgangswert aus *mehreren* Eingangswerten bilden, wie dies bei der Faltung der Fall ist, muss durch eine spezielle Datenhaltung dafür gesorgt werden, dass die blockweise Verarbeitung des Signals dasselbe Ergebnis liefert wie eine Verarbeitung des Signals als Ganzes.

Abb. A.2 zeigt ein Beispiel zur blockweisen Faltung eines Signals x mit einem FIR-Filter h. Die Blocklänge beträgt $l_b = 8$, die Filterlänge $l_b = 5$. Aus der Filterlänge $l_b = 5$ folgt, dass bei der Verarbeitung des ersten Wertes eines Blocks $l_z = l_h - 1 = 4$ Werte des vorausgehenden Blocks benötigt werden, damit man dasselbe Ergebnis erhält wie bei einer Verarbeitung des ganzen Signals. Diese l_z Werte entsprechen den *Zustandsgrößen* des Filters am Ende der Verarbeitung des vorausgehenden Blocks. Wir müssen demnach jeden Block x_n durch Voranstellen der l_z letzten Werte des vorausgehenden Blocks zu einem erweiterten Block $x_{n,z}$ ergänzen, siehe Abb. A.2. Anschließend berechnen wir die Faltung des erweiterten Blocks mit dem FIR-Filter mit der Funktion `conv`; dabei erhalten wir

$$l_y = l_x + l_h - 1 = l_b + l_z + l_h - 1 = l_b + 2l_h - 2 = l_b + 2l_z$$

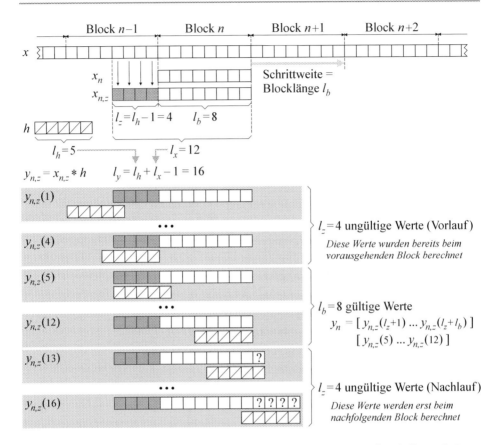

Abb. A.2 Beispiel zur blockweisen Faltung eines Signals x mit einem FIR-Filter h (*Streaming*)

Werte. Von diesen Werten sind die ersten l_z Werte aufgrund der unvollständigen Überlappung von $x_{n,z}$ und h ungültig; das stört aber nicht, da diese Werte bereits beim vorausgehenden Block berechnet wurden. In die letzten l_z Werte gehen Signalwerte des nächsten Blocks ein, die noch nicht vorliegen und in Abb. A.2 mit Fragezeichen gekennzeichnet sind. Nach Abzug dieser Werte verbleiben $l_b = 8$ gültige Werte, die den zum Eingangsblock x_n gehörenden Ausgangsblock y_n bilden.

Am Ende der Verarbeitung eines Blocks müssen wir die l_z letzten Werte von x_n als Zustandsgrößen für die Verarbeitung des nächsten Blocks aufbewahren. Das setzt allerdings voraus, dass die Länge l_z der Zustandsgrößen nicht größer ist als die Blocklänge l_b, d. h. es muss $l_z \leq l_b$ gelten. Für $l_z > l_b$ setzen sich die Zustandsgrößen aus Werten von mehreren vorausgehenden Blöcken zusammen; dadurch wird die Verwaltung der Zustandsgrößen aufwendiger.

Eine blockweise Faltung mit $l_z \leq l_b$ stellt sich in *Matlab* wie folgt dar:

```
% ... der Vektor h enthalte die Filterkoeffizienten ...
% Länge der Zustandsgrößen
l_z = length(h) - 1;
% Zustandsgrößen initialisieren
z = zeros( 1, l_z );
% Verarbeitungsschleife
run = 1;
while run == 1
    % nächsten Block holen
    x_n = ...;
    % Block mit Zustandsgrößen verketten
    x_n_z = [ z x_n ];
    % erweiterten Block filtern
    y_n_z = conv( x_n_z, h );
    % Ausgangswerte entnehmen
    y_n = y_n_z( l_z + 1 : l_z + length(x_n) );
    % Zustandsgrößen aufbewahren
    z = x_n( end - l_z + 1 : end );
    % Ausgangswerte weiter verarbeiten
    ...
    % Abbruchbedingung prüfen
    if ...
        run = 0;
    end
end
```

In diesem Fall kann die Länge $l_b = $ length(x_n) sogar von Block zu Block variieren, solange $l_b \geq l_z$ gilt.

Bei einer blockweisen Faltung ist es dann allerdings von Vorteil, anstelle der Funktion conv die Funktion filter zu verwenden, da sie eine Verwaltung der Zustandsgrößen für alle Fälle – also auch für den Fall $l_z > l_b$ – enthält; wir schreiben dann:

```
% ... der Vektor h enthalte die Filterkoeffizienten ...
% Länge der Zustandsgrößen
l_z = length(h) - 1;
% Zustandsgrößen initialisieren
z = zeros( 1, l_z );
% Verarbeitungsschleife
run = 1;
while run == 1
    % nächsten Block holen
    x_n = ...;
    % Block filtern
    [ y_n, z ] = filter( h, 1, x_n, z );
    % Ausgangswerte weiter verarbeiten
    ...
    % Abbruchbedingung prüfen
    if ...
        run = 0;
    end
end
```

Die Zustandsgrößen werden als vierter Eingabevektor an `filter` übergeben und aktualisiert im zweiten Ausgabevektor zurückgegeben.

A.2.2 Korrelation

Eine Korrelation entspricht einer *Matched Filterung* mit dem gespiegelten, konjugiertkomplexen Korrelationssignal; wir können deshalb schreiben:

```
% ... der Vektor x enthalte das zu korrelierende Signal
%     und der Vektor x_c das Korrelationssignal ...

% Matched Filter bilden
h_c = fliplr( conj( x_c ) );

% Korrelation berechnen
y = conv( x, h_c );
```

Mit `x_c = x` erhalten wir die Autokorrelationsfunktion von `x`.

A.2.3 Komplexe Mischung

Eine komplex-wertige Mischung

$$\underline{y}(t) = \underline{x}(t)\, e^{j(2\pi f_m t + \varphi_m)} \quad \Rightarrow \quad \underline{y}[n] = \underline{x}[n]\, e^{j(2\pi f_m T_a n + \varphi_m)} \quad \text{mit } T_a = 1/f_a$$

mit der Mischfrequenz f_m und der Abtastrate f_a stellt sich bei Beschränkung auf den Bereich $t \geq 0$ bzw. $n \geq 0$ wie folgt dar:

```
% ... der Vektor x enthalte das zu mischende Signal, f_m die
%     Mischfrequenz, p_m die Anfangsphase und f_a die Abtastrate ...

n = 0 : length(x) - 1;
y = x .* exp( 1i * ( 2 * pi * n * f_m / f_a + p_m ) );
```

Wie bei der Faltung kann auch bei der Mischung eine blockweise Verarbeitung erfolgen. Obwohl bei der Mischung keine Werte über Blockgrenzen hinweg zusammengefasst werden, tritt dennoch eine Zustandsgröße auf: die Anfangsphase φ_m bzw. der zugehörige Anfangswert des Mischsignals `exp(...)` für $n = 0$:

$$z = e^{j\varphi_m}$$

Den Anfangswert für den nächsten Block kann man ermitteln, indem man die Länge des Mischsignals `exp(...)` um Eins erhöht und den letzten Wert als Anfangswert für den nächsten Block abspaltet:

```
% ... f_m enthalte die Mischfrequenz, p_m die Anfangsphase
%     und f_a die Abtastrate ...

% Anfangswert für den ersten Block
z = exp( 1i * p_m );

% Verarbeitungsschleife
run = 1;
while run == 1
    % nächsten Block holen
    x_n = ...;
    % Mischsignal bilden
    n = 0 : length(x_n)
    m = z * exp( 2i * pi * n * f_m / f_a );
    % Mischen
    y_n = x_n .* m( 1 : end - 1 );
    % Anfangswert für den nächsten Block
    z = m( end );
    % Ausgangswerte weiter verarbeiten
    ...
    % Abbruchbedingung prüfen
    if ...
        run = 0;
    end
end
```

Auch hier kann die Blocklänge `length(x_n)` von Block zu Block variieren.

A.3   Spezielle Funktionen zur Echtzeitverarbeitung

Wir haben einige Beispiele erstellt, die einen USB-Miniatur-Empfänger gemäß Abb. 3.33 auf Seite 68 zum Empfang von Funksignalen verwenden; dabei wird das Basisbandsignal des Empfängers mit einer speziellen Funktion in *Matlab* eingelesen und in Echtzeit verarbeitet. Für den Empfang von Rundfunksignalen haben wir mit einer weiteren Funktion die Möglichkeit einer Echtzeit-Audioausgabe geschaffen. Wir beschreiben hier nur die Anwendung dieser Funktionen; auf die internen Abläufe zur Sicherstellung der Echtzeitverarbeitung gehen wir nicht ein.

A.3.1   Funksignalempfang mit einem RTL-SDR-Empfänger

Die Funktion `mexrtlsdr` erlaubt das blockweise Einlesen des Basisbandsignals eines RTL-SDR-kompatiblen USB-Miniatur-Empfängers in *Matlab* in Echtzeit. Durch Eingabe von `mexrtlsdr` erhalten wir die folgende Beschreibung:

```
[...] = mexrtlsdr(func,...)

  Read complex baseband data from RTL-SDR compatible USB stick

  1) Get MGC values: mgc = mexrtlsdr('mgc')
       mgc  = tuner gains in dB for manual gain control

  2) Initialization: [len,tref] = mexrtlsdr('init',sr,bw,freq,bps,...
                                             buf,mgci)
       sr   = sample rate in samples per second
       bw   = bandwidth in Hz (bw <= 0.8 * sr)
       freq = center frequency in Hz
       bps  = data blocks per second (1...100)
       buf  = number of internal buffers (2...100)
       mgci = manual gain selection (1...length(mgc), 0 = AGC)
       len  = length of a single data block; calculated
              by rounding sr/bps to a multiple of 256
       tref = reference time for TOA calculations

  3) Get data: [data,id,toa,wt] = mexrtlsdr('data',wait)
       wait = 1: wait for data
       wait = 0: return data=[], if no data are available
       data = row vector with complex baseband data block
       id   = sequence number; may be checked for consecutive
              values to detect lost data blocks
       toa  = time of arrival of the data block
       wt   = waiting time for the data block

  4) Stop: mexrtlsdr('stop')
```

Die Methode 'mgc' wird nur benötigt, wenn bei der Initialisierung mit der Methode 'init' eine manuelle Einstellung der Verstärkung des Empfängers (*Manual Gain Control, MGC*) erfolgen soll. Wir verwenden in unseren Beispielen in der Regel die automatische Verstärkungsregelung (*Automatic Gain Control, AGC*) und verwenden die MGC nur, wenn die AGC kein zufriedenstellendes Ergebnis liefert.

Die Initialisierung des Empfängers erfolgt mit der Methode 'init'; dabei werden drei Gruppen von Parameteren angegeben:

- Mit den Parametern sr (Abtastrate des Signals) , bw (Bandbreite des Signals) freq (Mittenfrequenz des Signals) wird das zu empfangende Signal ausgewählt; dabei kann die Bandbreite maximal 80 % der Abtastrate
- Mit den Parametern bps (Anzahl Signaldatenblöcke pro Sekunde) und buf (Anzahl Signalpuffer) wird die Übergabe der Daten an *Matlab* konfiguriert. Günstige Werte für die Anzahl der Blöcke pro Sekunde liegen im Bereich 10...20. Der Wert wird nicht exakt eingehalten, da die Länge der Blöcke, die im Ausgabeparameter len zurückgegeben wird, ein Vielfaches von 256 betragen muss; die tatsächliche Anzahl der Blöcke pro Sekunde beträgt demnach sr/len. In den meisten Fällen sind 2 Signalpuffer ausreichend: Ein Puffer wird vom Empfänger geschrieben, während der andere zur Übergabe an *Matlab* bereit steht. Da die Verarbeitung in *Matlab* unter

bestimmten Bedingungen stocken kann, kann es erforderlich sein, die Anzahl der Puffer zu erhöhen, um eine unterbrechungsfreie Verarbeitung zu gewährleisten.

- Mit dem Parameter `mgci` wird ein MGC-Wert ausgewählt oder die AGC aktiviert (`mgci = 0`).

Neben dem Ausgabeparameter `len` wird eine interne Zeitmarke `tref` ausgegeben, die zur Fehlersuche dient und auf die wir hier nicht eingehen.

Das Einlesen von Signaldaten erfolgt mit der Methode `'data'`; dabei gibt der Parameter `wait` an, ob auf die Bereitstellung von Daten gewartet werden soll. Auf die Nutzung dieses Parameters gehen wir im nachfolgenden Beispiel ein. Die Daten werden im Ausgabeparameter `data` übergeben; zusätzlich wird im Ausgabeparameter `id` eine fortlaufende Blocknummer übergeben, mit der geprüft werden kann, ob alle Blöcke eingelesen oder ob Blöcke nicht rechtzeitig eingelesen und deshalb übersprungen wurden. Die weiteren Parameter `toa` und `wt` dienen wieder der Fehlersuche.

Mit der Methode `'stop'` wird das Einlesen der Daten beendet.

Das folgende Anwendungsbeispiel beinhaltet einen Mechanismus, der eine mitlaufende Visualisierung der empfangenen oder anderer, bei der Verarbeitung anfallender Daten ermöglicht, ohne dass Signaldatenblöcke verloren gehen. Eine mitlaufende Visualisierung ist im Grundsatz immer problematisch, da die zur Aktualisierung der angezeigten Graphiken benötigte Rechenzeit starken Schwankungen unterliegen und dadurch zu Stockungen in der Echtzeitverarbeitung führen kann. Es ist deshalb sinnvoll, die Aktualisierung der Graphiken mit dem Befehl `drawnow` nur dann vorzunehmen, wenn auf Signaldaten gewartet werden muss, und gleichzeitig die Anzahl der Signalpuffer so weit zu erhöhen, dass keine Daten verloren gehen; letzteres muss experimentell erfolgen. Sporadische Engpässe in der zur Verfügung stehenden Rechenleistung führen in diesem Fall nicht mehr zu Stockungen in der Verarbeitung, sondern nur noch zu Stockungen in der Visualisierung.

Vor diesem Hintergrund stellt sich die Echtzeit-Verarbeitungsschleife in *Matlab* am Beispiel eines FM-Rundfunksenders wie folgt dar:

```
% ... Aufbau der Graphiken zur Visualisierung ...

% Parameter zum Empfang eines FM-Rundfunksenders
sr   = 256000;
bw   = 200000;
freq = 98.6e6;

% Puffer
bps = 10;
buf = 2;
% Parametrierung mit AGC
len = mexrtlsdr( 'init', sr, bw, freq, bps, buf, 0 );

% Verarbeitungsschleife
```

```
run = 1;
update = 0;
while run == 1
    % Einlesen von Daten OHNE Warten
    data = mexrtlsdr( 'data', 0 );
    % Daten vorhanden ?
    if isempty( data )
        % keine Daten vorhanden:


        % Visualisierung erforderlich ?
        if update == 1
            % ja -> Kennzeichen für Aktualisierung rücksetzen
            update = 0;
            % ... Befehle zum Aktualisieren der Graphiken ...
            drawnow;
        else
            % nein -> 10 ms warten
            pause( 0.01 );
        end
    else
        % Daten vorhanden:
        % ... Befehle zum Verarbeiten der Daten ...
        % ... Setze update = 1, wenn eine Aktualisierung
        %     der Graphiken erfolgen soll ...
    end

    % Abbruchbedingung prüfen
    if ...
        run = 0;
    end
end

% Ende der Verarbeitung
mexrtlsdr( 'stop' );
```

Zwischen der Initialisierung mit `'init'` und dem ersten Einlesen von Daten mit `'data'` dürfen keine Operationen mit hohem Rechenzeitbedarf durchgeführt werden.

A.3.2 Audioausgabe

Die Funktion `mexaudioout` erlaubt eine blockweise Echtzeit-Audioausgabe unter *Matlab*. Durch Eingabe von `mexaudioout` erhalten wir die folgende Beschreibung:

```
[...] = mexaudioout(func,...)

  Output audio data via default device

  1) Initialization: len = mexaudioout('init',sr,bps,buf,tref)
```

```
        sr   = sample rate in samples per second
        bps  = data blocks per second (1...100)
        buf  = number of internal buffers (2...100)
        tref = reference time for TOA calculation
        len  = length of audio data block

  2) Output data: mexaudioout('data',data,wait)
        data = real-valued row vector with audio data
        wait = wait for empty output buffer, if wait > 0

  3) Stop: mexaudioout('stop')
```

Die Initialisierung der Audioausgabe erfolgt mit der Methode 'init'; dabei haben die Parameter sr, bps und buf dieselbe Bedeutung wie bei der im letzten Abschnitt beschriebenen Funktion mexrtlsdr. Der Parameter tref dient auch hier wieder nur der Fehlersuche.

Die Ausgabe der Audiodaten erfolgt mit der Methode 'data'; dabei kann mit dem Parameter wait festgelegt werden, ob für den Fall, dass kein freier Puffer zur Verfügung steht, auf einen Puffer gewartet wird oder die Audiodaten verworfen werden. Die Verwendung von wait hängt mit der Zeitsteuerung der Verarbeitung zusammen:

- *Kein Warten* (wait = 0), wird gewählt, wenn bereits eine Zeitsteuerung durch eine andere Funktion vorliegt. Das ist zum Beispiel der Fall, wenn die auszugebenden Audiodaten aus einem Signal gewonnen werden, dass mit der im letzten Abschnitt beschriebenen Funktion mexrtlsdr eingelesen wird. In diesem Fall liegt bereits eine zeitliche Steuerung vor.
- *Warten* (wait > 0) wird gewählt, wenn die Audiodaten in *Matlab* erzeugt oder von einer Datei gelesen werden; in diesem Fall muss die Bereitstellung der Daten *mindestens* in Echtzeit erfolgen und überschüssige Zeit durch das Warten auf einen freien Puffer *verbraucht* werden.

Mit der Methode 'stop' wird die Ausgabe beendet.

A.3.3 Beispiel

Als Beispiel betrachten wir den Empfang eines FM-Rundfunksenders in Echtzeit. Dabei lesen wir das Empfangssignal mit der Funktion mexrtlsdr ein und geben das FM-demodulierte Audiosignal mit der Funktion mexaudioout aus:

```
% Empfaenger initialisieren
sample_rate      = 256e3;
bandwidth        = 200e3;
center_frequency = 99.8e6;
```

```
blocks_per_sec    = 10;
number_of_buffers = 2;
[len,t_ref] = mexrtlsdr('init',sample_rate,bandwidth,
                        center_frequency,...blocks_per_sec,
                        number_of_buffers,0);

% Anzeige des Spektrums initialisieren
fft_len = 1024;
display_range = [-60 -10];
[s,f] = power_spectrum_density([],sample_rate,fft_len);
figure(1);
h = plot(0.001*f,s);
grid;
axis([0.001*min(f)*[1 -1] display_range]);
xlabel('fo [kHz]');
ylabel('S [dB]');
title(sprintf('PSD: fc = %g MHz',1e-6 * center_frequency));

% Polyphasenfiler initialisieren
p_poly = 3;
q_poly = 16;
audio_sample_rate = sample_rate * p_poly / q_poly;
audio_bandwidth   = 12e3;
b_poly = lowpass_filter(audio_bandwidth/sample_rate);
[x_audio,z_poly] = mexpoly(0,p_poly,q_poly,b_poly);

% Audioausgabe initialisieren
mexaudioout('init',audio_sample_rate,blocks_per_sec,...
            number_of_buffers,t_ref);

% Verarbeitungsschleife initialisieren
run         = 1;
update      = 0;
next_id     = 0;
last_sample = 1;


% Verarbeitungsschleife
while run == 1
    % Signalabschnitt vom Empfaenger einlesen
    [data,id] = mexrtlsdr('data',0);
    % Signalabschnitt vorhanden ?
    if isempty(data)
        % nein -> Spektum vorhanden ?
        if update == 1
            % ja -> Spektrum anzeigen
            update = 0;
            try
                set(h,'YData',s);
                drawnow;
            catch
                run = 0;
            end
```

```
        else
            % nein -> 10 ms warten
            pause(0.01);
        end
    else
        % ja -> Signalabschnitt verarbeiten
        % Sequenz-Nummer pruefen
        if id > next_id
            for i = next_id : id-1
                fprintf(1,'Empfaenger: id = %4d verloren !\n',i);
            end
        end
        next_id = id + 1;
        % Spektrum berechnen
        s = power_spectrum_density(data,sample_rate,fft_len);
        % Anzeige des Spektrum anfordern
        update = 1;
        % FM-Demodulation
        x_fm = angle(data .* conj([last_sample data(1:end-1)]));
        last_sample = data(end);
        % Unterabtastung auf die Audio-Abtastrate
        [x_audio,z_poly] = mexpoly(x_fm,p_poly,q_poly,b_poly,z_poly);
        % Audioausgabe
        mexaudioout('data',x_audio);
    end
end

% Empfaenger stoppen
mexrtlsdr('stop');
% Audioausgabe stoppen
mexaudioout('stop');
% Anzahl der verarbeiteten Abschnitte ausgeben
fprintf(1,'Abschnitte = %d\n',next_id);
```

Das Empfangssignal hat die Abtastrate `sample_rate` = 256e3 (256 kHz) und die Bandbreite `bandwidth` = 200e3 (200 kHz). Die Frequenz des empfangenen Rundfunksenders beträgt `center_frequency` = 99.8e6 (99.8 MHz). Das FM-demodulierte Signal `x_fm` wird mit der Polyphasen-Filterfunktion `mexpoly` auf die Audio-Abtastrate

$$\frac{\texttt{p\_poly}}{\texttt{q\_poly}} \cdot 256\,\text{kHz} \;=\; \frac{3}{16} \cdot 256\,\text{kHz} \;=\; 48\,\text{kHz}$$

unterabgetastet, bevor es ausgegeben wird. Die Verarbeitungsschleife wird beendet, indem das Fenster mit der Spektrumsanzeige geschlossen wird.

Die voreingestellte Frequenz des Runkfunksenders – hier 98.6 MHz für den Sender *Charivari Nürnberg* – muss auf die Frequenz eines nahegelegenen FM-Rundfunksenders abgeändert werden. Da sich die Empfangspegel verschiedener Rundfunksender je nach Standort stark unterscheiden, sollte man bevorzugt den stärksten Sender auswählen. Schwache Sender können aufgrund des geringen Inband-Dynamikbereichs des Empfängers nicht empfangen werden.

Für experimentierfreudige Leser stellt sich nun natürlich die Frage nach einem automatischen Sendersuchlauf. Auch dies lässt sich mit *Matlab/Octave* bewerkstelligen. Dazu muss das UKW-Frequenzband 88 . . . 108 MHz mit einer Schrittweite von 100 kHz abgesucht werden. Bei jeder Frequenz muss durch eine Auswertung des Spektrums oder des FM-demodulierten Signals festgestellt werden, ob ein FM-Signal oder Rauschen vorliegt. Wir gehen darauf nicht weiter ein und wünschen statt dessen viel Erfolg beim Experimentieren!

Anhang B: Ergänzungen

Inhaltsverzeichnis

B.1 Rauschbandbreite eines Tiefpass-Filters

Abb. B.1 zeigt die Filterung eines Rauschsignals n mit einer konstanten Rauschleistungs-dichte $S_n(f) = S_{n,0}$ durch ein Tiefpass-Filter mit der Übertragungsfunktion:

$$\underline{H}(f) = \begin{cases} \int\limits_{t=-\infty}^{\infty} h(t)\, e^{-j2\pi ft}\, dt & \text{für } -\infty < f < \infty \quad \text{(kontinuierliches Filter)} \\[2em] \sum\limits_{n=-\infty}^{\infty} h[n]\, e^{-j2\pi nf/f_a} & \text{für } -f_a/2 < f < f_a/2 \quad \text{(diskretes Filter)} \end{cases}$$

Dabei ist $h(t)$ bzw. $h[n]$ die Impulsantwort des Filters. Wir beschränken uns im folgenden auf Filter mit einer reell-wertigen Impulsantwort.

Wir betrachten zunächst den kontinuierlichen Fall. Für die Übertragung der Rauschleistungsdichte ist die Leistungsübertragungsfunktion $|\underline{H}(f)|^2$ maßgebend, so dass wir am Ausgang des Filters die Rauschleistungsdichte

$$S_y(f) = S_n(f)\,|\underline{H}(f)|^2 = S_{n,0}\,|\underline{H}(f)|^2$$

erhalten; daraus erhalten wir durch Integration die Rauschleistung P_y am Ausgang:

$$P_y = \int\limits_{-\infty}^{\infty} S_y(f)\, df = \int\limits_{-\infty}^{\infty} S_n(f)\,|\underline{H}(f)|^2\, df = S_{n,0} \int\limits_{-\infty}^{\infty} |\underline{H}(f)|^2\, df \tag{B.1}$$

© Springer-Verlag GmbH Deutschland 2017
A. Heuberger und E. Gamm, *Software Defined Radio-Systeme für die Telemetrie*,
DOI 10.1007/978-3-662-53234-8

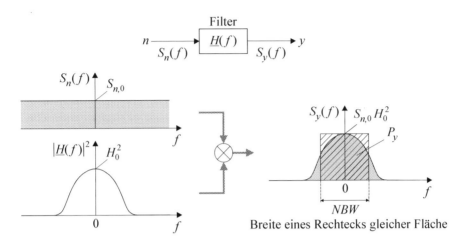

Abb. B.1 Filterung eines Rauschsignals mit konstanter Rauschleistungsdichte $S_{n,0}$ und resultierende Rauschbandbreite *NBW* des Filters

Sie entspricht der im rechten Teil von Abb. B.1 grau dargestellten Fläche unter dem Verlauf der Rauschleistungsdichte $S_y(f)$.

Da die Rauschleistung P_y am Ausgang eines Filters in der Praxis häufig benötigt wird und die Integration bei einer konstanten Rauschleistungsdichte $S_{n,0}$ am Eingang nur über die Leistungsübertragungsfunktion $|\underline{H}(f)|^2$ des Filters erfolgen muss, kann man den Zusammenhang zwischen $S_{n,0}$ und P_y durch die Gleichverstärkung

$$H_0 \;=\; \underline{H}(f=0)$$

und einen weiteren Parameter des Filters beschreiben, der als *Rauschbandbreite (noise bandwidth) NBW* bezeichnet und so gewählt wird, dass

$$P_y \overset{!}{=} S_{n,0}\, H_0^2 \cdot NBW \tag{B.2}$$

gilt. Dies entspricht der Ersetzung der im rechten Teil von Abb. B.1 grau dargestellten Fläche durch ein flächengleiches Rechteck mit der Höhe $S_{n,0}\, H_0^2$ und der Breite *NBW*. Durch Gleichsetzen von (B.1 und B.2) erhalten wir:

$$NBW \;=\; \frac{1}{H_0^2} \int_{-\infty}^{\infty} |\underline{H}(f)|^2 \, df \;\overset{Parseval}{=}\; \frac{1}{H_0^2} \int_{-\infty}^{\infty} h^2(t)\, dt$$

Dabei haben wir davon Gebrauch gemacht, dass das Integral über die Leistungsübertragungsfunktion nach dem *Theorem von Parseval* dem Integral über das Quadrat der Impulsantwort entspricht. Im hier betrachteten kontinuierlichen Fall trägt das Theorem allerdings nicht zu einer Vereinfachung der Berechnung bei.

Im diskreten Fall können wir in gleicher Weise vorgehen, müssen dazu aber das Integrationsintervall in (B.1) von $[-\infty, \infty]$ auf den Hauptbereich $[-f_a/2, f_a/2]$ einschränken:

$$P_y = S_{n,0} \int_{-f_a/2}^{f_a/2} |\underline{H}(f)|^2 \, df$$

Daraus folgt für die Rauschbandbreite eines FIR-Filters der Länge N:

$$NBW = \frac{1}{H_0^2} \int_{-f_a/2}^{f_a/2} |\underline{H}(f)|^2 \, df \overset{Parseval}{=} \frac{f_a}{H_0^2} \sum_{n=0}^{N-1} h^2[n]$$

In diesem Fall erweist sich das Theorem von Parseval als sehr hilfreich, da wir das Integral durch eine Summe über die Quadrate der Filterkoeffizienten $h[n]$ ersetzen können. Auch die Gleichverstärkung H_0 können wir auf einfache Weise aus den Filterkoeffizienten berechnen:

$$H_0 = \underline{H}(f=0) = \underline{H}(z=1) = \sum_{n=0}^{N-1} h[n] \quad \Rightarrow \quad H_0^2 = \left(\sum_{n=0}^{N-1} h[n]\right)^2$$

Damit erhalten wir für die Rauschbandbreite eines FIR-Filters der Länge N den Ausdruck:

$$NBW = \frac{f_a \sum_{n=0}^{N-1} h^2[n]}{\left(\sum_{n=0}^{N-1} h[n]\right)^2} \tag{B.3}$$

In der Praxis ist häufig die relative Rauschbandbreite NBW/f_a von Interesse, die in *Matlab* unter Nutzung des Skalarprodukts mit

```
NBW_rel = h * h' / sum(h)^2
```

berechnet wird.

B.2 Fensterfunktionen

Im Folgenden geben wir die Definitionsgleichungen (Abb. B.2), die Verläufe (Abb. B.3) und die Frequenzgänge (Abb. B.4 – B.7) einiger ausgewählter Fensterfunktionen an, die bei der Spektrumsberechnung mittels FFT verwendet werden:

Fenster	Funktion $w[n]$ $(n = 0, \dots, N-1)$
Hann	$0.5 \left(1 - \cos \dfrac{2\pi n}{N-1} \right)$
Hamming	$0.54 - 0.46 \cos \dfrac{2\pi n}{N-1}$
Blackman	$0.42 - 0.5 \cos \dfrac{2\pi n}{N-1} + 0.08 \cos \dfrac{4\pi n}{N-1}$
Flat-Top	$1 - 1.93 \cos \dfrac{2\pi n}{N-1} + 1.29 \cos \dfrac{4\pi n}{N-1} - 0.388 \cos \dfrac{6\pi n}{N-1} + 0.028 \cos \dfrac{8\pi n}{N-1}$

Abb. B.2 Fensterfunktionen

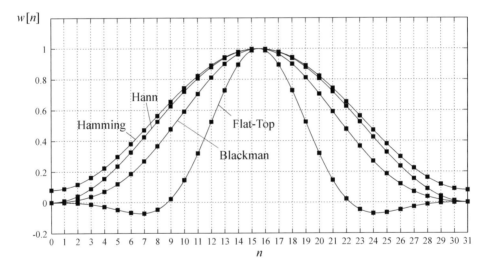

Abb. B.3 Fensterfunktionen der Länge $N = 32$

- Das *Hann-Fenster* (Abb. B.4) und das *Hamming-Fenster* (Abb. B.5) gehören zu den klassischen Fensterfunktionen, die nur noch selten verwendet werden.
- Das *Blackman-Fenster* (Abb. B.6) ist ein typisches *Kompromiss*-FFT-Fenster, d. h. es ist bezüglich *allen* Forderungen, die an eine Fensterfunktion zur Spektrumsberechnung gestellt werden können, weder besonders gut noch besonders schlecht.
- Das *Flat-Top-Fenster* (Abb. B.7) ist ein spezielles Fenster zur exakten Messung der Amplitude sinusförmiger Signale.

Die Frequenzgänge der Fenster stellen wir für die Länge $N = 32$ dar; dabei stellen wir zusätzlich die verschobenen Frequenzgänge dar, die sich durch die Funktion der FFT als Filterbank ergeben. Die besondere Eigenschaft des *Flat-Top-Fensters* zeigt sich darin, dass sich die Frequenzgänge der FFT-Filterbank zu einer durchgehenden Linie bei

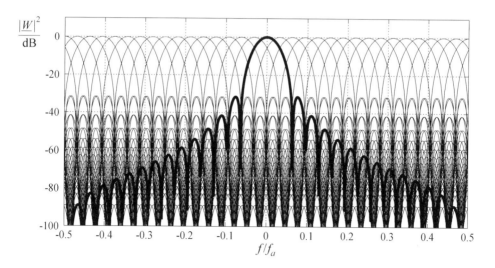

Abb. B.4 Frequenzgang eines Hann-Fensters der Länge $N = 32$ inklusive der Frequenzgänge der resultierenden FFT-Filterbank

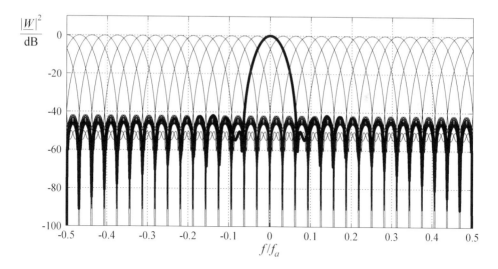

Abb. B.5 Frequenzgang eines Hamming-Fensters der Länge $N = 32$ inklusive der Frequenzgänge der resultierenden FFT-Filterbank

0 dB ergänzen, siehe Abb. B.7; dadurch wird die Amplitude eines sinusförmigen Signals unabhängig von der Frequenz des Signals korrekt wiedergegeben. Erkauft wird dies allerdings mit einem breiten Durchlassbereich, der eine Trennung eng beieinander liegender sinusförmiger Signalanteile erschwert.

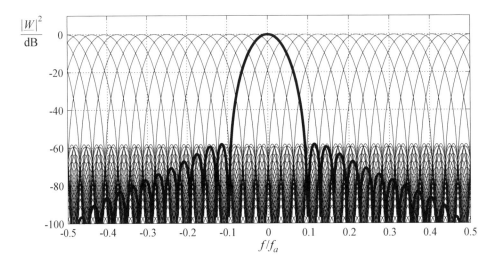

Abb. B.6 Frequenzgang eines Blackman-Fensters der Länge $N = 32$ inklusive der Frequenzgänge der resultierenden FFT-Filterbank

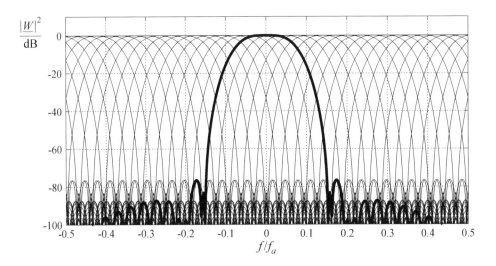

Abb. B.7 Frequenzgang eines Flat-Top-Fensters der Länge $N = 32$ inklusive der Frequenzgänge der resultierenden FFT-Filterbank

Anhang C: Verzeichnis der *Matlab/Octave*-Funktionen

Inhaltsverzeichnis

Im Folgenden geben wir eine Übersicht über die *Matlab/Octave*-Funktionen der einzelnen Kapitel. Dabei geben wir auch die Nummern der Abbildungen an, die mit diesen Funktionen erzeugt wurden.

© Springer-Verlag GmbH Deutschland 2017
A. Heuberger und E. Gamm, *Software Defined Radio-Systeme für die Telemetrie*,
DOI 10.1007/978-3-662-53234-8

C.1 `sig` – Signale und Spektren

Beispiel	Abb.
`sig_sinussignal` Darstellung eines Sinussignals	2.1, 2.2
`sig_sinussignal_spektrum` Darstellung des Spektrums eines Sinussignals	2.3
`sig_fft_filterbank` Filterwirkung der FFT mit einem Blackman-Fenster	2.4
`sig_rauschbandbreite` Berechnung der Rauschbandbreite eines Blackman-Fensters	–
`sig_fensterfunktion` Fensterung eines Signals	2.6
`sig_mehrfrequenzsignal` Erzeugung und Darstellung eines Mehrfrequenz-Tonwahlsignals	2.7
`sig_spektrum_beispiel` Audiowiedergabe und Spektrumanzeige eines Mehrfrequenz-Tonwahlsignals	–
`sig_spektrum_beispiel_1` Anzeige des Spektrums eines Tonpaars eines Mehrfrequenz-Tonwahlsignals	2.8
`sig_spektrum_beispiel_2` 3D-Anzeige der Spektren eines Mehrfrequenz-Tonwahlsignals	2.9
`sig_spektrum_beispiel_3` Anzeige des Spektrogramms eines Mehrfrequenz-Tonwahlsignals	2.10
`sig_spektrum_sinus_rauschen` Spektrum eines Sinussignals mit Rauschen in Abhängigkeit von der Auflösungsbandbreite (FFT-Länge)	2.11
`sig_tiefpassfilter` Frequenzgang eines Tiefpass-Filters vor und nach der Fensterung	2.13, 2.14
`sig_tiefpassfilter_berechnung` Darstellung der Schritte bei der Berechnung eines Tiefpass-Filters	2.15
`sig_ueberabtastung` Beispiel zur Überabtastung eines Sinussignals	–

Abb. C.1 Beispiele zum Kap. 2: *Signale und Spektren*

C.2 sdr – Aufbau und Signale eines SDR-Systems

Beispiel	Abb.
sdr_am_fm_beispiel Audiowiedergabe und Darstellung eines AM- bzw. FM-modulierten Rundfunksignals	3.11, 3.12, 3.13, 3.14
sdr_am_hochpass_filter Frequenzgang des Hochpass-Filters für ein AM-moduliertes Rundfunksignal	3.15
sdr_preselector_kw Preselector-Filterbank für einen Kurzwellen-Amateurfunk-Empfänger	3.23
sdr_crc_beispiel Beispiel zu Berechnung und Prüfung eines CRC-Codes	3.38
sdr_prbs_beispiel Beispiel zur Autokorrelationsfolge einer Pseudo-Zufallsfolge (PRBS)	3.42
sdr_praeambel Berechnung der Autokorrelationsfunktionen von Praeambeln	3.47
sdr_praeambel_foff_1 Berechnung der Kreuzkorrelationsfunktion einer Chu Sequence für verschiedene Werte des relativen Frequenzoffsets	3.49
sdr_praeambel_foff_2 Berechnung des zentralen Wertes und des größten Nebenwertes im Betrag der Kreuzkorrelationsfunktion einer Chu Sequence	3.50, 3.52
sdr_root_raised_cosine Root Raised Cosine Impulse und zugehörige Frequenzgänge	3.54, 3.55
sdr_root_raised_cosine_filter Beispiele für Root Raised Cosine Filter mit T/4-Abtastung	3.56
sdr_nyquist_impulse Impulse und Beispiel zur Übertragung von Symbolen mit Nyquist-Impulsen	3.58, 3.59
sdr_augendiagramm Augendiagramme für BPSK-Modulation mit Raised Cosine Impulsen	3.60

Abb. C.2 Beispiele zum Kap. 3: *Aufbau und Signale eines Software Defined Radio-Systems* (Teil 1)

Beispiel	Abb.
`sdr_da_frequenzgang` Frequenzgang des Mittelungsfilters einer D/A-Umsetzung	3.64
`sdr_gauss_filter` Impulsantwort und Frequenzgang eines Gauß-Filters	3.68
`sdr_gfsk_signale_bt` Spektren und Signalabschnitte von GFSK-Signalen	3.70
`sdr_gfsk_signal` Beispiel für eine diskrete Gauß-Filterung mit $BT = 1$	3.72
`sdr_fsk_signal_manchester` Spektren einer uncodierten FSK-Übertragung und einer Übertragung mit Manchester-Codierung gemäß EN 13757-4	3.74
`sdr_zigbee` Spektren eines Zigbee-Signals im Sender und im Empfänger	3.78, 3.79
`sdr_zigbee_signale` Zigbee-Signale im Sender und im Empfänger	3.81
`sdr_kanal_symbol_snr` Spektren und Symbole bei einer Übertragung mit QPSK-Alphabet	3.88, 3.89 3.90
`sdr_kanal_symbole_verteilung` Verteilung der Symbole bei einer Übertragung mit QPSK-Alphabet und einem Symbol-Rausch-Abstand von 10 dB	3.91
`sdr_kanal_symbolfehlerrate` Symbolfehlerrate für verschiedene Symbol-Alphabete	3.92

Abb. C.3 Beispiele zum Kap. 3: *Aufbau und Signale eines Software Defined Radio-Systems* (Teil 2)

C.3 `ueb` – Übertragungsstrecke

Beispiel	Abb.
`ueb_leitung` Dämpfungsbelag und Dämpfung einer typischen Koaxialleitung	5.3
`ueb_freiraumdaempfung` Freiraumdämpfung einer Funkübertragungsstrecke	5.4
`ueb_parabolantenne` Strahlengang einer Parabolantenne	5.5
`ueb_raumwinkel` Kugelsegment zur Definition des Raumwinkels	5.7
`ueb_dipol` Richtcharakteristik einer Dipol-Antenne	5.8
`ueb_polarisation` Polarisationsdämpfung bei Fehlausrichtung der Antennen	5.14
`ueb_schleifenantenne` Richtcharakteristik einer magnetischen Schleifenantenne	5.18
`ueb_gruppenantenne` Horizontale Richtcharakteristik einer Gruppenantenne mit 2 Elementen	5.21, 5.22
`ueb_gruppenantenne_n` Horizontale Richtcharakteristik einer Gruppenantenne mit N Elementen	5.23
`ueb_strahlungswiderstand` Strahlungswiderstand einer vertikalen Stabantenne	5.25
`ueb_groundplane_anpassung` Anpassung einer Groundplane-Antenne	5.36

Abb. C.4 Beispiele zum Kap. 5: *Übertragungsstrecke*

C.4 `daten` – Leistungsdaten eines Empfängers

Beispiel	Abb.
`daten_rauschleistungsdichte` Rauschleistungsdichte einer Komponente	6.2
`daten_ad_umsetzer` Quantisierung und Quantisierungsfehler bei einem Sinussignal	6.7
`daten_beispiel_rauschzahl` Berechnung der Rauschzahl eines Empfängers	–
`daten_kennlinie` Nichtlineare Kennlinie, resultierende Signale und Amplituden der Grundwelle und der Oberwellen	6.9, 6.10 6.11
`daten_intermodulation` Signal, Spektrum und Amplituden der Signalanteile bei Zweiton- Intermodulation	6.12, 6.14 6.15
`daten_beispiel_iip3` Berechnung der Eingangs-Interceptpunkts 3.Ordnung eines Empfängers	–
`daten_beispiel_kennlinien` Verlauf der Rauschzahl und des Eingangs-Interceptpunkts 3.Ordnung eines Empfängers in Abhängigkeit von der Verstärkungseinstellung	6.18, 6.21

Abb. C.5 Beispiele zum Kap. 6: *Leistungsdaten eines Empfängers*

C.5   ddc – **Digital Downconverter**

Beispiel	Abb.
ddc_cic_frequenzgang Frequenzgang eines CIC-Filters	7.5, 7.6
ddc_cic_bandbreite Alias-Dämpfung eines CIC-Filters in Abhängigkeit von der Bandbreite	7.7
ddc_ddc_cfir Frequenzgänge zum Kompensationsfilter CFIR eines CIC-Filters	7.14
ddc_polyphasen_fir_cfir Beispiel für ein Polyphasen-Filter zur Unterabtastung eines Rundfunk-Signals von 48 kHz auf 32 kHz	–
ddc_halbband_filter_1 Frequenzgang eines Halbband-FIR-Filters mit $k = 1$	7.25
ddc_halbband_filter_approx Approximation des Frequenzgangs eines Halbband-FIR-Filters	7.26
ddc_halbband_filter Frequenzgänge von Halbband-FIR-Filtern mit $k = 2, \ldots, 5$	7.27
ddc_verzoegerung_h_delta Koeffizienten bzw. Impulsantowrt) eines Verzögerungsfilters	7.36
ddc_verzoegerung_signale Signale bei der fraktionalen Verzögerung eines diskreten Signals	7.37
ddc_beamforming_filter Berechnung der Filterkoeffizienten für die Verzögerungsfilter in einem 4-Pfad-Beamformer für einen linearen Antennen-Array	7.39
ddc_interpolator_8 Interpolationsfunktion für einen 8-Punkt-Farrow-Interpolator	7.40, 7.41
ddc_interpolator_signale Interpolation eines Signals mit einen 8-Punkt-Farrow-Interpolator	7.43

Abb. C.6 Beispiele zum Kap. 7: *Digital Downconverter*

C.6 `demod` – Demodulation

Beispiel	Abb.
`demod_gfsk_signale` Signale und Spektren im Demodulator bei GFSK	8.6, 8.7
`demod_gfsk_isi` Übertragungsimpuls und Augendiagramm bei GFSK	8.8, 8.9
`demod_gfsk_ldi` LDI-Demodulation einer GFSK-Paketsendung	8.10, 8.11
`demod_gfsk_matched_filter` Matched Filter für die Präambel-Korrelation bei GFSK	8.12
`demod_gfsk_korrelation` Präambel-Korrelation bei GFSK	8.14, 8.15 8.22, 8.27
`demod_gfsk_korrelator_rauschen` Verteilungsdichten der Korrelatorsignale bei Rauschen am Eingang	8.16, 8.24
`demod_gfsk_korrelator_p_fa` Wahrscheinlichkeit für einen falschen Alarm, Autokorrelationsfunktion	8.17, 8.18
`demod_gfsk_korrelator_verteilung` Verteilungsdichten und Detektorkennlinien bei GFSK-Präambeldetektion (Simulationsfunktion: `demod_gfsk_korrelator_verteilung_sim`)	8.19, 8.20 8.21, 8.25 8.26, 8.28
`demod_gfsk_abtastratenfehler` Symbolabtastung eines GFSK-Signals mit einem relativen Fehler von 1%	8.29
`demod_gfsk_betrag` Verlauf des Betrags über die Dauer eines Symbols bei GFSK	8.30
`demod_gfsk_abtastzeitpunkt` Bestimmung des Abtastzeitpunkts eines GFSK-Signals durch Mittelung des Betrags über mehrere Symbole	8.31, 8.33 8.34

Abb. C.7 Beispiele zum Kap. 8: *Demodulation digital modulierter Signale* (Teil 1: GFSK)

Beispiel	Abb.
`demod_betrag_dqpsk` Betragsverlauf eines DQPSK- und eines $\pi/4$-DQPSK-Sendesignals	8.36
`demod_pam_korrelation` Empfangssignal und Korrelationssignale eines PAM-Pakets	8.40, 8.41 8.42, 8.43 8.44
`demod_pam_korrelator_rauschen` Verteilungsdichte des normierten Korrelationssignals bei Rauschen am Eingang	8.45
`demod_pam_korrelator_verteilung` Verteilungsdichten und Detektorkennlinien bei PAM-Präambeldetektion (Simulationsfunktion: `demod_pam_korrelator_verteilung_sim`)	8.46, 8.47
`demod_pam_timing_jitter` Abtast-Unsicherheit in Abhängigkeit vom Symbol-Rausch-Abstand	8.49

Abb. C.8 Beispiele zum Kap. 8: *Demodulation digital modulierter Signale* (Teil 2: PAM)

Literatur

[1] Gross, F.: Smart Antennas for Wireless Communications. McGraw-Hill (2005)

[2] Tietze, U., Schenk, Ch., Gamm, E.: Halbleiter-Schaltungstechnik, 15. Aufl. Springer Vieweg (2016)

[3] Grünigen, D.C. von: Digitale Signalverarbeitung, 5. Aufl. Hanser (2014)

[4] Kammeyer, K.-D.: Nachrichtenübertragung, 4. Auflage. Vieweg-Teubner (2011)

[5] Ohm, J., Lüke, H.D.: Signalübertragung, 11. Aufl. Springer (2010)

[6] Koopmann, P.: Cyclic Redundancy Code (CRC) Polynomial Selection for Embedded Networks. Int. Conf. on Dependable Systems and Networks, DSN-2004

[7] Koopmann, P.: 32-Bit Cyclic Redundancy Codes for Internet Applications. Int. Conf. on Dependable Systems and Networks, DSN-2002

[8] Seidel, S.Y., Rappaport, T.S.: 914 MHz Path-Loss Prediction Models for Indoor Wireless Communications in Multifloored Buildings. IEEE T. Antenn. Propag. **40**(2), 207–217 (1992)

[9] Rappaport, T.S.: Wireless Communications: Principles and Practice. Prentice Hall (2002)

[10] Vlcek, A., Hartnagel, H.L., Mayer, K., Zinke, O.: Zinke-Brunswig – Hochfrequenztechnik 1, 6. Aufl. Springer (2000)

[11] 4nec2: NEC Based Antenna Modeler and Optimizer. `http://www.qsl.net/4nec2/` (2017). Zugegriffen: 02. Jan. 2017

[12] Kogure, H., Kogure, Y., Rautio, J.C.: Introduction to Antenna Analysis Using EM Simulators. Artech House Inc. (2011)

[13] Meyr, H., Moeneclaey, M., Fechtel, S.A.: Digital Communication Receivers. Wiley (1998)

[14] Hashemi, H.: The Indoor Radio Propagation Channel. P. IEEE **81**(7), 943–968 (1993)

[15] Rajan, S., Wang, S., Inkol, R., Joyal, A.: Efficient Approximations for the Arctangent Function. IEEE Signal Processing Magazin, May 2006, pp. 108–111

[16] Leon-Garcia, A.: Probability and Random Processes for Electrical Engineering, 3. Aufl. Addison-Wesley (2008)

[17] Lin, S., Costello, J.C.: Error Control Coding, 2. Aufl. Pearson Prentice Hall (2004)

© Springer-Verlag GmbH Deutschland 2017
A. Heuberger und E. Gamm, *Software Defined Radio-Systeme für die Telemetrie*,
DOI 10.1007/978-3-662-53234-8

Sachverzeichnis

© Springer-Verlag GmbH Deutschland 2017
A. Heuberger und E. Gamm, *Software Defined Radio-Systeme für die Telemetrie*,
DOI 10.1007/978-3-662-53234-8